国外信息技术优秀图书选译

移动对象数据库

Moving Objects Databases

Ralf Hartmut Güting　Markus Schneider　著

金培权　岳丽华　译

高等教育出版社

图字:01-2008-5790 号

图书在版编目(CIP)数据

移动对象数据库/(德)古廷(Güting,R.H.),(德)施奈得(Schneider,M.)著;金培权,岳丽华译.北京:高等教育出版社,2009.10

书名原文:Moving Objects Databases
ISBN 978-7-04-027734-0

Ⅰ.移… Ⅱ.①古…②施…③金…④岳… Ⅲ.数据库系统—研究 Ⅳ.TP311.13

中国版本图书馆 CIP 数据核字(2009)第 110896 号

策划编辑	刘 英	**责任编辑**	刘 英	**封面设计**	刘晓翔
版式设计	陆瑞红 范晓红	**责任校对**	刘 莉	**责任印制**	陈伟光

出版发行	高等教育出版社	购书热线	010-58581118
社　　址	北京市西城区德外大街 4 号	咨询电话	400-810-0598
邮政编码	100120	网　　址	http://www.hep.edu.cn
总　　机	010-58581000		http://www.hep.com.cn
		网上订购	http://www.landraco.com
经　　销	蓝色畅想图书发行有限公司		http://www.landraco.com.cn
印　　刷	涿州市星河印刷有限公司	畅想教育	http://www.widedu.com
开　　本	787×1092　1/16	版　　次	2009 年 10 月第 1 版
印　　张	21.25	印　　次	2009 年 10 月第 1 次印刷
字　　数	420 000	定　　价	48.00 元

物料号 27734-00

译 者 序

最近十年以来，交通管理、环境监测、森林火灾监测、目标跟踪等各种应用对数据管理技术提出了新的要求。这类应用中的大部分数据是随时间而演变的空间数据，或称为移动对象或移动数据。移动对象数据库是近年来新兴的一个研究领域，其主要研究目标是在数据库中建立移动对象的有效表示方法，并提供高效的查询处理机制。近年来随着3S(GIS、GPS、RS)、RFID、无线传感网等技术的飞速发展，获取海量的移动数据已成为可能，因此如何对移动数据进行管理和分析已成为当前企业界和学术界共同关注的问题。对于广大从事移动数据管理、GIS数据分析等工作的研究人员以及交通、环境等行业的专业开发人员而言，要研究移动对象数据管理技术或者开发相关的移动对象应用系统，必须学习移动对象数据库领域的基本概念和技术，了解移动对象数据库的数据模型、索引、查询处理等方面的最新进展。

本书是目前关于移动对象数据库的第一本系统性的专著，它不仅给出了移动对象数据库的基本概念和方法，也包括了这一领域当前最新的研究进展。书中对移动对象数据库的基本概念、与空间数据库/时态数据库之间的联系以及移动对象数据库系统的原理进行了深入阐述，因此无论是对于初学人员还是专家学者，它都是一本非常有价值的参考书。

本书的两位作者 Ralf H. Güting 和 Markus Schneider 是移动对象数据库领域著名的研究者，在移动对象数据库和时空数据库方面做出了许多开创性的工作。他们2000年发表在数据库领域顶级期刊 *ACM Transaction on Database Systems* 上的关于移动对象数据模型的论文（也是本书内容的主要来源之一）是目前该期刊上引用率第一的文章。Ralf H. Güting 于1994年发表在 *VLDB Journal* 上的关于空间数据库的论文是该期刊迄今引用率第二高的文章。他们都是著名的时空数据库项目（CHOROCHRONOS 项目）的核心成员。Ralf H. Güting 目前是德国哈根大学计算机系的全职教授，Markus Schneider 是美国佛罗里达大学计算机系的副教授。目前，本书已经在哈根大学和佛罗里达大学作为计算机科学专业研究生课程的教材使用，我们在中国科学技术大学计算机系研究生课程的教学中也使用了该书中的部分内容。

本书逻辑结构清晰，内容深入全面，技术实用且先进，叙述深入浅出，是一本难得的高层次的教科书。本书既可作为高等学校计算机专业研究生教材或本科生相关课程参考书，也可作为从事相关研究或开发工作的专业技术人员的高级参考资料。

金培权全面组织了本书的翻译，岳丽华在本书的翻译和审校中做了大量的工作。参加翻译的还有崔凯、李志、李筱文、刘彦宏、苏轩、文世挺和杨洋。

在本书的翻译过程中，译者对书中一些明显的笔误和排版错误做了订正。

限于译者水平，译文中疏漏在所难免，欢迎读者批评指正。

译　者

2009 年 3 月于中国科学技术大学

序

飓风在数据库中该如何表示？海浪和海流该如何表示？在海上作业的轮船又该如何表示？如果我们已经有了某种表示方法，那么它能回答一些我们感兴趣的复杂问题吗？比如，根据航海经验，海上的平均海流速度和风速是多少？……这些都是空间数据库中具有挑战性的问题。但是，空间数据库是静态的。现在我们考虑一个更现实的问题，就是飓风、海流以及轮船都是移动的对象。在这种情况下，我们应该怎样组织和索引数据库？应该提供什么样的查询语言来回答诸如“救援船只和直升机需要多久才能到达事故现场”这样的问题？

随着无线移动计算、RFID以及传感器网络技术的发展，似乎我们所遇到的每一个问题都要求我们去处理四维时空中的移动对象。产品制造、环境监测、交通与分配、应急服务、电信等应用都面临着同样的挑战性问题，即如何表示和查询描述了移动对象的数据库。

在15年前[①]，这些数据表示和数据查询的问题还很难处理——我们不得不用人工或者近似的方式来解决每一个问题。但是，在过去10年里，空间数据库、时态数据库、数据库索引、数据查询等领域取得了极大的进展。我们已经知道了应该如何去使用紧凑的结构表示一个三维对象，并且也知道了应该如何对时间和动态性方面的问题进行表达和推理。在最近5年里，空间数据库和时态数据库研究的集成促使了时空数据类型和处理方法的产生。

本书代表了时态和空间数据库概念和技术集成的一个里程碑。它将现有的研究成果统一组织成了一个有机的整体，同时也给出了多个研究领域中的一些新成果和新技术。针对每种情况，作者都从已有知识开始，然后借助抽象和一般化的模型介绍新的概念，最后将新的想法转换为实际的数据结构表示或者类SQL查询语言的扩展。同样通过这种方式，本书不仅给出了非常好的内容，也提供了很好的参考文献。它可以将你带领到研究的前沿。因此，对于一个想在这个领域里取得进展的新的研

① 译者注：此处以原书写作时间2005年为参照。本书后续内容中类似的时间均以2005年为参照。

究者来说,这本书是一个重要的起点。

Ralf Güting 和 Markus Schneider 是时空数据库研究领域中的领军人物。我本人也正在从事时空数据库外围领域的一些研究工作,也了解时空数据库的一些进展。但是,当我读到这本书的书稿时,随着一章一章内容的推进,我不得不一次又一次地发出惊叹。艾伦·凯(Alan Kay)曾经说过"正确的观点胜过100分智商"——意思是说如果你能用正确的方式看待问题,那么就很容易理解问题及其解决方法。这本书包含了许许多多的"正确观点"。现在我自己也迫不及待地想将这种观点应用到我自己的研究问题中。

Jim Gray

Microsoft 研究院

献给 *Edith*，*Nils David* 和 *Helge Jonathan*

R. H. G.

献给 *Annette*，*Florian Markus*，*Tim Christopher*
以及我的父母 *Hans* 和 *Christel Schneider*

M. S.

目　　录

前　　言

本书主要讨论移动对象数据库,这是近年来备受关注的一个相对较新的研究领域。移动对象数据库总的研究目标是允许用户在数据库中表示移动实体,并执行有关移动的查询。移动实体的一些例子,如汽车、卡车、飞机、轮船、手机用户、恐怖分子、北极熊等。对于这些例子来说,通常我们只关心对象随时间变化的空间位置,而不关心对象的空间范围。因此,我们可以将它们表示为移动点。但是,具有范围的移动实体也是存在的——例如飓风、森林火灾、石油泄漏、军队和流行病等。这些对象可以表示为移动区域。

移动对象本质上是随时间而变化的几何实体。支持移动对象的数据库是一种特殊类型的时空数据库。术语移动对象强调几何实体现在是随时间连续变化的,这一点与早期仅支持离散变化的时空数据库是不同的。需要注意的是,离散变化可以看成是连续变化的一种特殊情形,所以移动对象数据库可以同时支持两种变化。

移动对象数据库领域的一些研究方向是随目前电子消费品的发展趋势而产生的。支持无线网络和位置感知(即配备了 GPS)的设备价格已经相对比较便宜,例如个人数字助理(PDA)、车辆上的片上单元,甚至手机等,并且预计在不久的将来这些设备将大范围普及。这将带来许多新的应用,例如基于位置的服务等。类似地,大型零售企业也正在试图通过室内定位设备对它们的商品进行跟踪(例如使用 RFID 标签)。所有这些趋势意味着我们即将面临海量的移动信息(有时称为轨迹),而且需要在数据库中对这些信息进行管理和分析。

本书的重点即在于支持这类应用的底层数据库技术上。对于众多的非传统数据库应用来说,扩展数据库技术处理移动对象意味着需要在 DBMS 数据模型中提供相应的技术来描述移动实体,并且需要通过某种方式扩展查询语言来分析移动数据(例如提供相应的谓词表示)。另外,这意味着 DBMS 的内核也必须要扩展。对于这一点,现在有两种主要的策略:一种是在一个已有的 DBMS 之上建立一个实现层,并将移动对象的表示和谓词等映射到底层 DBMS 已有的功能上;另一种是真正扩展 DBMS 内核,并为 DBMS 提供移动对象的数据结构、操作方法、特殊的索引以及连接算法等扩展。

对于数据库中的移动对象,目前存在两种主要视角:第 1 种视觉主要关心如何连续地维护移动对象的当前位置信息以及近期未来的位置信息;第 2 种视觉考虑将移动对象的整个移动历史都存储在数据库中，并且可以执行针对过去任何时间的查询（也有可能针对未来时间，如果我们允许“历史”中也包括未来的话）。本书将对这两种方式都进行深入讨论。

目的与读者

本书主要有3个目的：

- 本书可以作为研究生和高年级本科生的教材。
- 本书提供了移动对象数据库这一新领域中主要概念和成果的清晰而具体的描述，这对于准备进入移动对象数据库领域的研究人员来说应当是有参考价值的。
- 工业领域专家，例如空间数据分析人员、GIS专家以及软件开发人员等，可以通过本书了解移动对象数据库研究的基本现状。

结构和组织

第1章介绍了本书的主题，并简要描述了数据库管理系统、空间数据库系统以及时态数据库系统的本质特征。然后，我们说明了传统数据库技术不能用于实现移动对象的建模与实现，因此需要新的概念和技术。为此，该章给出了大量的应用例子，并以此说明了研究移动对象概念的必要性。

第2章综述了两种早期的时空模型。第一种模型基于单纯复形的时态扩展；第二种采用了基于事件的方法。

第3章主要讨论与当前以及近期未来位置相关的位置管理问题，并详细描述了目前最主要的MOST模型的主要概念及构成。此外，还包括基于时态逻辑的查询语言FTL、更新代价与不精确性之间的平衡问题以及移动对象轨迹的不确定性问题等内容。

第4章介绍了本书作者提出的移动对象建模方法，它对空间对象随时间而发生的移动或演变历史进行建模。这一建模方法基于抽象数据类型的概念。抽象数据类型可以作为属性类型在数据库模式中使用。我们提出了两个不同抽象层次的模型：一个是包含时空数据类型和操作的抽象模型，另一个是为抽象模型中的类型提供了有限表示结构的离散模型。此外，我们引入了时空谓词的概念来增强抽象模型。时空谓词可以用于时空选择和时空连接的表示。

第5章给出了抽象模型中的数据类型和操作的数据结构和算法。根据数据库系统的需要设计数据结构，并为时态数据类型和提升操作设计相应的算法。移动对象上的提升操作是从相应空间对象的静态操作上系统导出的操作。

第6章讨论移动对象的约束表示方法。约束方法使用了无限关系作为k维空间中几何实体的抽象模型，并且使用约束关系来表示相应的离散模型。最后，该章还讨论了这一离散模型的实现。

第7章关注时空索引。该章首先讨论一些必要的几何学前提，这些前提保证本书可以独立于其他教材而自成体系。然后我们介绍了移动对象索引的要求。最后，给出了针对当前位置与近期未来位置的索引结构以及针对移动历史的索引结构。

第 8 章给出了移动对象数据库中另一些研究领域的简介。这些领域不在本书的讨论范围之内。

本书的内容是针对自学而设计的，目前本书已经在哈根远程教育大学(Fern－university Hagen)作为课程材料使用。在每一章的正文中我们都提供了一些练习。我们鼓励读者在遇到这些练习时努力去解答。书后也给出了习题的答案。进一步的练习放在每一章的最后，这些练习可以作为作业使用。每一章中也给出了参考文献注释，说明了该章内容主要的来源以及相关工作。

预备知识及课程设置建议

本书适合于任何具有一般性数据库系统概念和知识背景的学生或者研究人员。数据库系统实现方面的深层次知识对于本书的学习会有一定的帮助，但不是必需的。空间和时态数据库的背景知识也是有用的，但同样也不是必需的。本书的第 1 章中提供了对这些领域的几个简介。

在德国哈根远程教育大学，本书主要以如下两种方式使用：

■ 在一门一学期的研究生课程中我们使用了本书全部的内容。该课程覆盖了建模和实现方面的问题。

■ 在一门短期课程中，我们使用了第 1 章到第 4 章的内容。该课程只关注建模方面的内容。

在佛罗里达大学，本书目前在一门一学期的研究生课程中使用。该课程是以讨论班的形式开设的。授课教师首先会对移动对象数据库领域做一个全面的介绍，然后给研究生们分配某些章节，并要求他们做扩展性的独立研究。每一章后面的参考文献注释引领学生去找到其他的材料。学生们必须做一次详细的汇报，并写一份报告。此外，该课程同时使用了一个要求实现一个原型系统的课程项目。

对于短期课程，还有另外一些可能的内容选择：

■ 一门关于建模的短期课程可以包括第 1 章到第 4 章，但是可以用 6.1 节和 6.2 节替换 4.4 节，从而可以将约束模型包含进来。

■ 第 3 章、第 4 章和第 6 章的内容是同一问题的不同方案——因此我们可以按任意顺序安排它们或者也可以略掉这些内容。但是为了保持内容上的平衡，我们建议至少应包括第 1 章和第 3 章以及 4.1 节～4.3 节。

■ 第 5 章描述了第 4 章中模型的实现方法(4.1 节～4.3 节)。

■ 7.3 节介绍了当前和近期未来移动的索引技术——因此该节与第 3 章相关。7.4 节内容覆盖了轨迹或者移动历史的索引，因此它与第 4 章中的模型相关。不过，你也可以不阅读这几章的内容而直接研究索引问题。

致谢

在一定程度上，写作本书是我们在移动对象数据库领域的研究工作成果之一。首先，非常感谢我们的一些同事，与他们一起工作是一种快乐。20 世纪 90 年代后期由欧盟资助的 CHOROCHRONOS 项目现在已经极具影响力，该项目是由 Timos Sellis 和 Manolis Koubarakis 领导的。我们感谢他们的卓越领导和项目组织，也感谢他们在项目初始就邀请我们参与了研究。我们非常喜欢与他们以及其他项目研究人员进行开会和讨论，他们是 Andrew Frank，Stéphane Grumbach，Christian Jensen，Nikos Lorentzos，Yannis Manolopoulos，Enrico Nardelli，Barbara Pernici，Hans - Jörg Schek，Michel Scholl，Babis Theodoulidis 和 Nectaria Tryfona。

本书第 4 章和第 5 章中所讨论的是我们自己的方法，源于我们与另外一些研究人员的合作以及一些共同完成的论文。我们向他们表示衷心的感谢。他们是 Martin Erwig，Luca Forlizzi，Enrico Nardelli，Christian Jensen，Jose Antonio Cotelo Lema，Mike Böhlen，Nikos Lorentzos 和 Michalis Vazirgiannis。与他们的合作是一件非常愉悦的事情，我们也为我们之间的合作成果感到自豪。

我们要特别感谢 Christian Jensen 的一贯支持和建议，还有特别感谢 Ouri Wolfson，感谢他与我们之间进行了多次很有意义的讨论，也感谢他在 Ralf 访问芝加哥大学时给予的热情接待。

我们还要感谢支持我们工作的一些研究机构。Ralf 的研究得到了 DFG（德国研究联合会）项目的支持（项目编号 Gu293/8 - 1）。Markus 的研究得到了 NSF（国家科学基金）项目的支持（项目编号 NSF - CAREER - IIS - 0347574）。

我们的书稿受到了 Jim Gray 以及 Morgan Kaufmann 出版社编辑 Rick Adams 和 Diane Cerra 的热烈欢迎，并且后来还得到了他们的真诚帮助。对此我们表示衷心的感谢。对于他们在确定评审专家委员会时所表现出来的工作效率和专业水平，我们也表示由衷的钦佩。我们要感谢所有的审稿人 Ouri Wolfson，Shashi Shekhar，Vassilis Tsotras，Max Egenhofer，Cyrus Shahabi 和 Agnès Voisard，感谢他们在如此短的时间里为本书提供了细致和严谨的意见，也感谢他们对本书的支持以及提供很多有用的建议，其中的某些建议我们只能在第二版中实现。我们也要感谢 Ouri Wolfson，Vassilis Tsotras 和 Agnès Voisard 对书稿的部分章节进行了第二轮审稿，并提供了详细的审阅意见。

我们感谢哈根远程教育大学的研究助理 Dirk Ansorge，Helge Bals，Thomas Behr 以及 Markus Spiekermann，感谢他们阅读了课程材料，并提供了修改意见，特别要感谢他们完成了所有的作业练习，他们做得非常好。

我们也要感谢哈根远程教育大学的学生们，他们努力学习课程并且为本书提供了反馈和错误改正意见，这里我们特别要感谢 Matthias Ruth，Stefan Schmidt 和 Marten Jung。

Ralf Hartmut Güting
德国哈根
Markus Schneider
美国佛罗里达州盖恩斯维尔
2005 年 2 月

第1章 概 述

本书的主题是扩展数据库技术以支持数据库中的移动对象表示,术语为移动对象数据库。这是从20世纪90年代后半叶发展起来的一个新的热门研究领域。一般地,移动对象是指随时间变化的几何对象,因此移动对象数据库是一种特殊类型的时空数据库。时空数据库的产生源自于空间数据库和时态数据库,前者处理数据库中几何对象的描述,后者研究数据随时间的演变。与早期时空数据库研究中仅支持离散变化不同,移动对象数据库强调这样一个事实,即几何对象的变化有可能是连续的。

本章概要阐述移动对象数据库及其某些背景知识。我们首先简要回顾数据库管理系统的功能,之后是对空间和时态数据库的一个简介,然后深入讨论本书的主题,解释移动对象数据库的一些不同观点并介绍移动对象和应用的类型。

1.1 数据库管理系统

尽管假设读者熟悉数据库系统的一般性概念,这里我们仍简要回顾一下数据库系统的主要内容。

数据库管理系统(DBMS)是一种管理数据库的软件。数据库是相关数据元素的集合,这些数据元素通常在企业或者组织的业务中占有核心地位。一个数据库一般被多个不同的应用程序和用户使用,它们各自可能只需要其中的部分数据。数据库的功能之一是为所有这些应用程序提供一个单一的表示,从而避免因应用程序各自管理自己的数据而可能带来的数据冗余和不一致等问题。

DBMS为应用程序提供了高层的数据模型、相关的查询和数据操纵语言。数据模型是关于数据组织的一个逻辑视图,通常这与数据在物理存储介质上的实际存放方式有较大的不同。最流行的数据模型之一是关系模型。关系模型为用户提供了这样的视图,即数据都组成简单的表。查询语言建立在数据模型所提供的概念之上。例如,在关系模型中,我们可以从给定的表中选择满足特定条件的行或者一个列子集，并构建成一个新表。

在数据模型中，数据的逻辑视图和实际的物理表示之间的分割称为数据独立性原则。这是 DBMS 技术最基础的贡献之一。数据库系统的三层体系结构是一个被广泛认可的体系结构模型。在三层体系结构中，数据独立性实际出现在两个不同的层次，如图 1.1 所示。物理层描述数据在存储介质中的组织方式，逻辑层则按照前述的数据模型定义数据，而最高层为每个应用程序提供它们各自部分数据的视图，这些数据都源自于逻辑层，并可能通过某种方式进行转换。物理数据独立性是指我们可以重新组织数据的物理结构而不影响逻辑层的数据表示，逻辑数据独立性允许我们在某种程度上改变逻辑层，但同时不影响特定应用程序的数据视图。在不同层之间进行高效映射是 DBMS 的任务。特别是查询优化器部件需要将逻辑层发出的查询转换为物理层上的高效访问计划。

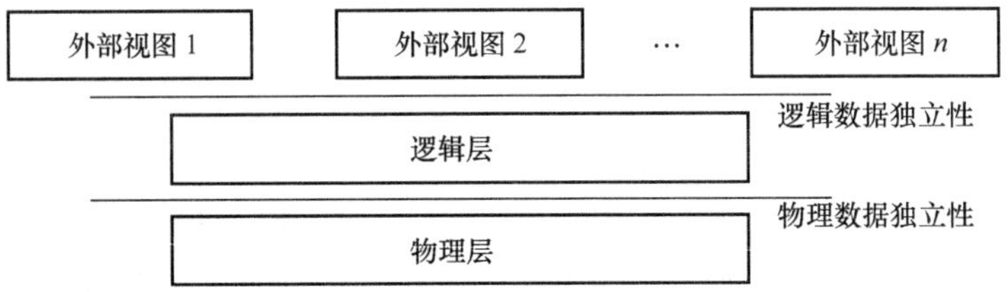

图 1.1　三层体系结构

数据库中的数据是一种有价值的资源，因此 DBMS 的功能之一就是保护数据，防止其被破坏。目前，应用对数据库的修改被封装为事务。对于一个事务，要么它的所有修改都应用到数据库上，要么什么也不应用，所以一个事务将数据库从一个一致状态转换到了另一个一致状态。DBMS 管理多个应用程序对数据库的并发访问并实现相互间的隔离。一个事务 T 所执行的修改只有当 T 完成之后才能被其他事务看见。DBMS 也记录了一个事务所执行的所有物理修改，并能够在大多数故障情况下（例如，应用软件、DBMS 自身的崩溃以及大部分的硬件故障）将数据库恢复到事务执行之前的一致状态。

数据保护的其他方面还包括数据模型所提供的一致性约束（数据元素之间需要满足特定联系的规则）的形式化表示方法，以及对不同用户组的访问权限的管理。

传统的数据库管理系统是针对相对简单的商业应用设计的。例如，关系模型中属性类型可以使用的数据类型非常简单，基本只有整数、浮点数或者短文本串。在最近 20 年中，数据库研究的一个目标是扩大应用范围，从而尽可能地使得任何应用程序所使用的任意数据都能够通过 DBMS 进行管理，通过高层数据模型进行描述，并通过功能强大的查询语言进行访问。例如，我们希望能够存储图像、地图、音乐、视频、CAD 文档、科学实验数据、气象测量数据，等等。对于所有这些类型的数据，我们关注于数据模型和查询语言的适当扩展，以便这些数据上的任意查询都可以以一种尽量简单的方法来形式化表示，并且可以由 DBMS 来有效（意指快速）地回答。比如，我们想检索包含有给定形状的图像（“查找包含有飞机的图像”），或者想获得某个地带雨水的分布图。

关于本书的主题“移动对象数据库”，我们注意到传统数据库和标准的关系模型存在着如下的限制：

（1）我们希望表示几何形状，例如一个国家的区域。除了一些简单的对象（比如点，它的坐标可以表示为数值属性）之外，目前还没有很好的方法来实现这一点。

（2）我们希望表示实体随时间而发生的演变。但是由于数据库中的数据表示通常只反映现实世界的当前状态，因此没有办法来知道过去的情况。

（3）我们希望表示当前或者过去时间里对象的移动情况。对于当前的移动对象，这可能意味着它们的位置是连续更新的，而传统技术处理这样的情况是不可行的。

下面 3 节将讨论这些限制。

1.2　空间数据库

空间数据库的目标是扩展 DBMS 的数据模型和查询语言，使其能够以某种自然的方式表示和查询几何对象。这样一个 DBMS 的实现需要扩展相应的几何形状数据结构、执行几何计算的算法、多维空间索引技术以及查询优化器（转换规则，代价函数），以便能够将查询语言映射到新的几何相关的部件上。

空间数据库的主要研究动机是支持地理信息系统（GIS）。早期的 GIS 对数据库技术的使用很有限，例如，它们会将非空间数据存储在 DBMS 中，而将几何数据放在文件中单独管理。但是，随着空间数据库技术的成熟，目前所有主流的 DBMS 产品（如 Oracle、IBM DB2 和 Informix 等）都提供了空间扩展。因此，现在我们很容易将 GIS 整个构建在 DBMS 之上，即将所有数据都存储在 DBMS 中。

虽然 GIS 是空间数据库的主要驱动力，但空间数据库的应用范围更广阔。除了地理空间之外，我们也可以在数据库中表示其他一些我们感兴趣的空间，例如：

- VLSI 设计布局（通常涉及大量的矩形）；
- 人体的三维模型；
- 分子生物学中所研究的蛋白质结构。

空间数据库与图像数据库之间存在着重要区别。虽然地理空间也可以通过图像来表示，例如通过航拍或卫星图片，但空间 DBMS 的目的是表示空间中具有清晰的位置和范围定义的实体，而图像数据库只是以图像的形式来管理实体。当然，两者之间存在一定的联系。例如，可以使用特征提取技术来提取图像中的空间实体并将它们存储在空间数据库中。

1.2.1 空间概念建模

空间数据库中要存储的是什么样的实体？考虑一下地理空间，很显然任何可能出现在纸质地图上的东西都可以是这样的实体，例如城市、河流、高速公路网络、地标、国界、医院、地铁站、森林和玉米地等。

为了对这些不同的实体进行建模，我们引入独立对象建模和空间相关的对象集合建模的概念。

对于独立对象的建模，3种基本的抽象是点、线和区域。一个点(Point)表示了一个对象(的几何特性)，但它只关注对象的空间位置，不关心对象的空间范围。点对象的例子包括大尺度地图上的城市、地标、医院和地铁站等。一条线(line)(在这里都是指空间中的一条曲线)是对空间移动或空间链接的基本抽象。线对象的例子有河流、高速公路、电话线路等。最后，一个区域(region)是对二维空间中具有空间范围的实体的抽象。通常，区域可能包含有孔洞，也可能包含若干不相连的部分，如图1.2所示。

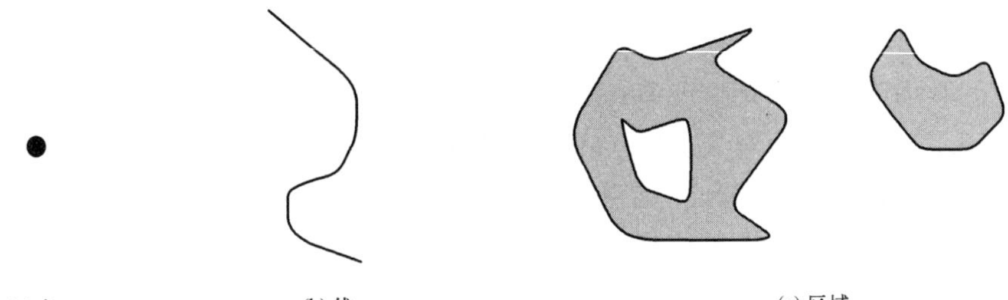

(a) 点　(b) 线　(c) 区域

图1.2　3种基本的抽象：点、线和区域

对于空间相关的对象集合，两个最重要的例子是(平面)划分和网络。

划分(如图1.3所示)可看做是一个不相交的区域对象的集合。

在划分概念中，我们特别关注空间相邻关系——即区域对象之间存在着共同的边界。划分可以用来表示所谓的主题地图。

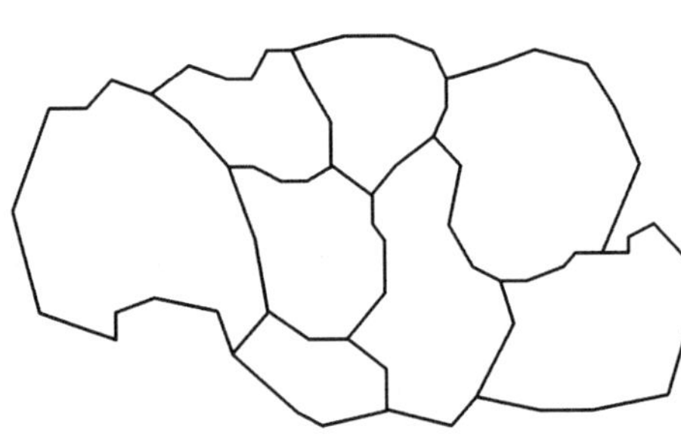

图1.3　一个划分

网络(如图 1.4 所示)可看做是嵌入在平面上的一个图,它包含了一个作为结点的点对象集合以及一个表示边的几何特性的线对象集合。网络在地理空间中是普遍存在的,例如高速公路、河流、公共交通和电力线路等。

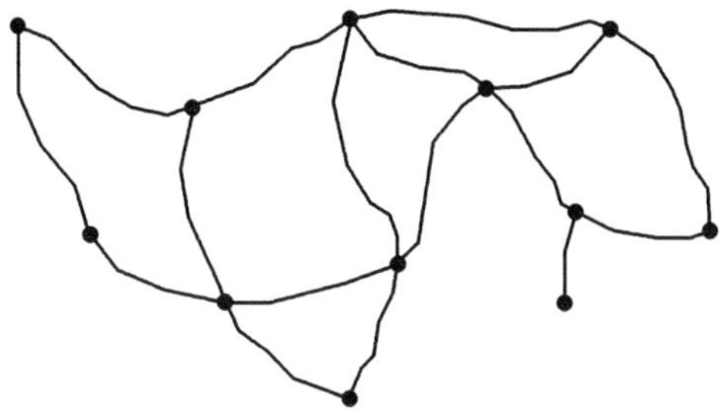

图 1.4 一个网络

我们所提到的只是空间 DBMS 所支持的一些最基础的抽象。其他空间相关的对象集合还有嵌套划分(例如一个国家划分为省,而省又划分为地区,等等)以及数字地形(高层)模型等。

1.2.2 数据模型和查询语言扩展

现在我们考虑如何将这些基本抽象嵌入到 DBMS 的数据模型中。对于独立对象抽象,即点、线和区域,一种很自然的方法就是引入相应的抽象数据类型或者空间数据类型(spatial data types,SDTs)。一个空间数据类型封装了数据结构及其操作(比如区域的)。数据结构上的操作有可能是:① 谓词(比如检查两个区域是否相连,或者一个区域是否包含在另一个区域中);② 产生新的 SDT 值的操作(比如产生两个区域之间的差,或者产生一条线和一个区域相交的结果);③ 数值操作,例如计算一个区域的面积或者一个点和一条线之间的距离;④ 作用在 SDT 值集上的操作(比如将一个区域集合聚集为一个区域,或者在一个点集中找到与查询点最近的某个点)。

一个空间数据类型集合以及相关的操作形成了一个空间代数。空间代数设计中的一个重要问题是操作的封闭性和完整性。我们必须仔细选择数据类型以保证操作的封闭性。例如,两条线的交操作一般会产生一个点集[①],而两个区域间的差操作(即便这两个区域都是简单区域)可能会产生一个由多个有孔洞并且不相连的部分所构成的区域。ROSE 代数是一种具有很好封闭性的代数,它提供了 *points*、*line* 和 *region* 类型[②]。图 1.5 所示为这 3 种类型的数据结构。这里,*points* 类型表示一个点集,*line* 类型表示一个折线集合,而 *region* 类型则表示一个带孔洞的区域

① 如果作为操作数的两条线存在着重叠,那么交的结果也可能是线。这种情况一般由另外的操作定义。

② 事实上,ROSE 代数所使用的第 2 种和第 3 种数据类型是 *lines* 和 *regions*。这里我们给它们重新命名以保证与本书后面内容一致。

集合。因此,我们可以定义如下一些操作:

intersection: *line* × *line* → *points*
minus: *region* × *region* → *region*
contour: *region* → *line*
sum: *set*(*line*) → *line*
length: *line* → *real*

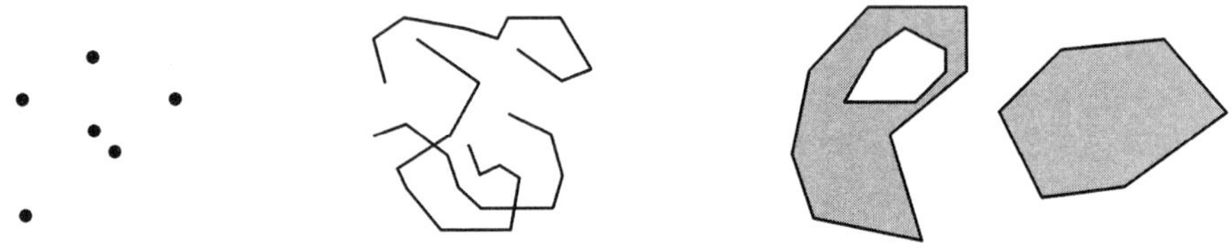

(a) 一个 *points* 值　(b) 一个 *line* 值　(c) 一个 *region* 值

图 1.5 空间数据类型 *points*、*line* 和 *region*

一旦定义了这些空间数据类型,我们就可以将它们以属性类型的方式嵌入到 DBMS 数据模型中。这样一来,除了 *int*、*real*、*string* 等标准类型之外,现在还有 *points*、*line* 和 *region* 这些空间数据类型。这些类型可以在任何 DBMS 数据模型中使用,不管是关系数据模型、面向对象数据模型,还是其他的模型。如果在关系环境中使用,可以通过如下的关系来表示城市、河流以及国家:

```
cities (name: string,population: int,location: points)
rivers (name: string,route: line)
highways (name: string,route: line)
states (name: string,area: region)
```

对于空间数据库查询,通过在 SQL 这样的标准查询语言中使用空间属性上的 SDT 操作来进行表达。例如,假设有如下两个谓词:

inside: *points* × *region* → *bool*
adjacent: *region* × *region* → *bool*

然后,可以用如下语句表达以下查询:

(1)法国城市人口总数是多少?

```
SELECT SUM(c.pop)
FROM cities AS c,states AS s
WHERE c.location inside s.area AND s.name ='France'
```

(2)返回位于德国境内的那一段莱茵河。

```
SELECT intersection(r.route,s.area)
FROM rivers AS r,states AS s
WHERE r.name ='Rhine' AND s.name ='Germany'
```

(3)返回每个国家以及与该国家相邻的国家数量。

```
SELECT s.name,COUNT(*)
FROM states AS s,states AS t
WHERE s.area adjacent t.area
GROUP BY s.name
```

练习 1.1 请使用 SQL 和数据类型操作表达如下的查询。对每一种情况,请首先根据需要定义新的 SDT 操作,然后再写出查询语句:

(1) 距离莱茵河(Rhine)两岸 10 km 范围内居住有多少人?(城市表示为点,因此如果某个城市[点]在给定的距离之内,我们可以计算该城市的总人口数。)

(2) 德国与哪一个邻国拥有最长的公共边界?

(3) 查找高速公路上所有河流、桥梁的位置,要求返回一个包括高速公路名、河流名以及桥梁位置的关系。

可以使用如下符号来形式化表示查询:

① 赋值:语句 `LET 〈name〉 = 〈query〉`将一个查询结果赋值给一个名为 *name* 的新对象,这个 *name* 对象可以在查询的后续步骤中直接使用。

② 多步骤查询:可以将一个查询写成一系列带有一个或多个查询表达式的赋值语句,赋值语句之间通过分号分隔。最后一个赋值就是查询的结果。

③ 定义导出值:假设新/老数据类型上的任何 ADT 操作都可以出现在 WHERE 子句中,并且可以用在 SELECT 子句中生成新的属性值。用`〈expression〉 AS 〈new attrname〉`来表示这种新属性值的导出。 ■

1.2.3 实现策略

为了实现上述模型,很显然需要定义类型的数据结构以及操作的实现算法。此外,还需要支持基于空间条件的选择和连接操作。对于空间选择操作,我们可能需要一些特殊的索引结构。R 树是一种广泛使用的索引结构,该索引结构以分层的方式来组织矩形。在这种索引中,真正的 SDT 值(例如 *region*)表示为它们的最小包围矩形(MBR,也称最小包围盒)。为了支持空间连接,可以使用一些特殊的算法,其中有些算法利用了空间索引。

为了把这些组件嵌入到 DBMS 中,需要一种可扩展的 DBMS 体系结构。DBMS 应当提供相应的组件注册接口来注册下面这些组件:

- 类型的数据结构;
- 数据类型操作的算法;
- 带有相应存取方法的空间索引结构;
- 空间连接方法;

- 所有方法的代价函数,这是查询优化器所需要的;
- 关于对象空间分布的统计量,这是选择性估计所需要的;
- 查询优化器的扩展(例如,对转换规则的扩展);
- 类型和操作在查询语言中的注册;
- 用于表达空间数据的用户接口扩展,比如在查询时输入空间值的方式。

从20世纪80年代中期开始,学术界已经对这样的可扩展体系结构进行了研究。在过去的几年里,一些功能已经出现在商用系统中,特别是属性数据类型和操作的扩展,现在这些已经广为人知。我们可以将这样的一种空间代数在不同的DBMS系统中实现为数据刀片(*data blade*)、插件(*cartridge*)或者扩展器(*extender*)。索引结构和查询优化器的扩展要困难得多,但是它们的部分功能也已经有了相应的实现。

1.3 时态数据库

1.3.1 传统数据库中的时态信息管理

传统DBMS中的数据库通常只描述进入数据库时的现实世界当前状态。现实世界当前状态的改变则通过某种更新操作反映到数据库中。这种更新往往会有滞后,而且一旦执行,更新之前的状态就不复存在。

当然,对许多(也许是大多数)应用而言,仅仅保存当前状态还不够,它们往往需要维护某种历史信息。在传统数据库中,应用程序自己管理时间也是可能的。它们可以在数据库结构中增加显式的时间属性,然后在查询语句中执行适当的计算。例如,假设某个公司拥有如下员工表:

```
employee (name: string,department: string,salary: int)
```

如果该公司想保存以前的部门信息以及员工工资信息,它可以把员工表扩展成如下形式:

```
employee (name: string, department: string, salary: int,
          start: date,end: date)
```

传统数据库通过 `date` 或 `time` 这样的数据类型对这类问题提供的支持非常有限,我们将在后面内容对此进行讨论。

然而,应用程序处理这类形式的时间非常困难,也容易出错,并且会导致查询表达复杂化和查询执行效率的低下。例如,如果在两个扩展了时间属性的表(如前所述)上执行连接操作,必须通过增加显式的查询条件来确保只有那些具有重叠时间间隔的元组才执行连接。这些条件通常是时间属性上的一些不等式,而传统DBMS中的查询优化策略在处理不等值连接时常常效率比较低(它们更关注等值连接),因此容易导致低效的查询处理。反之,如果DBMS内建了真正的时态支持能力,这类操作可以自动完成。我们不需要在查询中加入额外的条件,而且查询执行计划也可以进行调整,使得这类连接操作可以高效地完成。

时态数据库的目标就是将时态概念紧紧地集成到 DBMS 数据模型和查询语言中,并对数据库系统进行扩展以获得较高的查询性能。

1.3.2 时间域

首先,我们来考虑一下怎样对时间本身进行建模。通常,时间被看成是从过去延伸到未来的一维空间。这里有两种不同的建模观点:一种认为时空是有界时空,而另一种认为时空是无限时空。有界模型假定时间存在着一个起点和一个终点。

时间可以是离散的、密集的或连续的。离散时间模型与自然数或者整数是同构的。密集时间模型则与有理数或者实数同构,即任意两个时刻中间存在着另一个时刻,而连续模型与实数同构。虽然大多数人认为时间是连续的,但由于实现方面的原因,时态数据库模型通常使用离散时间表示模型。不过在本书的后面内容中,我们将会使用连续时间模型,因为连续模型更适合于移动对象的处理。

在连续时间模型中,每一个实数对应着一个"时间点"。在离散时间模型中,每一个自然数对应着一个我们称之为"时间子"(*chronon*)的原子时间间隔。若干连续的时间子可以组合成更大的单位,我们称之为"时间块"(*granules*)(例如小时、星期或年等)。

时间还可以分为绝对时间(*absolute time*)和相对时间(*relative time*)(也称固定时间和浮动时间)。例如,"2002 年 1 月 22 日 12:00 P. M. "是一个绝对时间,而"3 个星期"是一个相对时间。

可以使用如下数据类型来表示上面所讨论的这些时间概念:

■ `instant`:在离散时间模型中,它是时间轴上一个特定的时间子;在连续时间模型中,它是时间轴上的一个点。

■ `period`:时间轴上一个固定的时间间隔。

■ `periods`:时间轴上一些不相连的固定时间间隔所构成的集合,在文献中通常被称为时态元素。我们使用 *periods* 这个名称以保持与本书后面内容一致。

■ `interval`:一个有向的浮动时间段,即一个具有固定长度、但起始和终止时刻不确定的时间间隔。

在 SQL-92 标准中,还给出了以下另一些"实用的"数据类型:

■ `date`:公元 1 年到公元 9999 年之间的某一天。

■ `time`:24 小时(一天)内的某一秒。

■ `timestamp`:某一天中某一秒的一部分(通常是 1 微秒)。

1.3.3 时间维

现在转到时间域的语义上来。尽管有多种不同的时间语义可以考虑,但是最重要的两种时间类型是有效时间和事务时间。有效时间是指一个事件在现实世界中发生的时间,或者是一个事实在现实世界中成立的时间。事务时间是指数据库中记录

（事件或事实的）变化的时间，或者是某个特定数据库状态存在的时间间隔。

根据这些时态语义，我们把传统数据库称为快照数据库，把只支持有效时间的数据库称为有效时间数据库或历史数据库，把只支持事务时间的数据库称为事务时间数据库或回滚数据库，把同时支持两种时间的数据库称为双时态数据库。术语时态数据库是指提供了任何一种类型的时间支持的模型或系统。

图1.6～图1.9所示为这4种数据库类型的说明。图1.6所示为传统数据库中一个具有3个属性和3个元组的简单关系，我们称之为一个快照关系。表格的行表示元组，列表示属性。

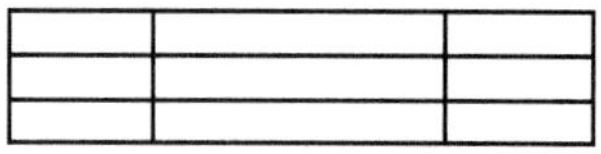

图1.6　一个快照关系

图1.7引入了有效时间维。可以看到，3个元组中的每一个都有一些过去时间里的不同版本，每个版本对应着一个特定的有效时间间隔。事实上，关系中还存在着第4个元组，只不过它现在已经不再有效了。

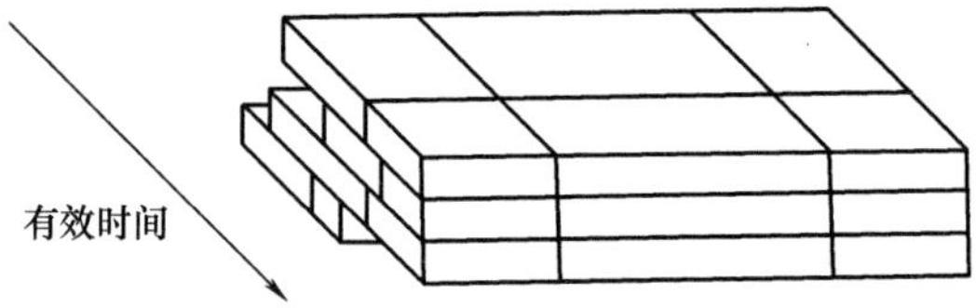

图1.7　一个有效时间关系

图1.8所示为事务时间维。这里，第1个事务在关系中插入了3个元组，第2个事务插入了第4个元组，然后第3个事务删除了第2个元组同时又插入了1个元组。

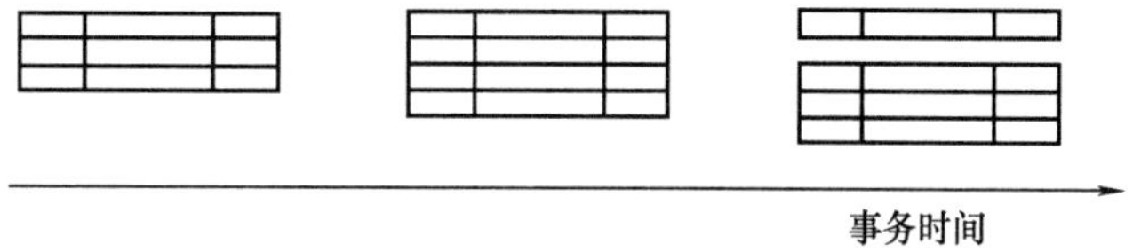

图1.8　一个事务时间关系

最后，图1.9所示为一个双时态关系。这里，一个初始的事务创建了2个元组并让它们从现在开始一直有效。第2个事务修改了第2个元组的值并插入了第3个元组，同样让它从现在开始一直有效。第3个事务从数据库中删除了第2个和第3个元组（图中以阴影表示，即这些元组不再有效了），但第1个元组仍然有效。此外，该事务还修改了第2个元组的起始有效时间（假设前一个起始时间是错误的）。

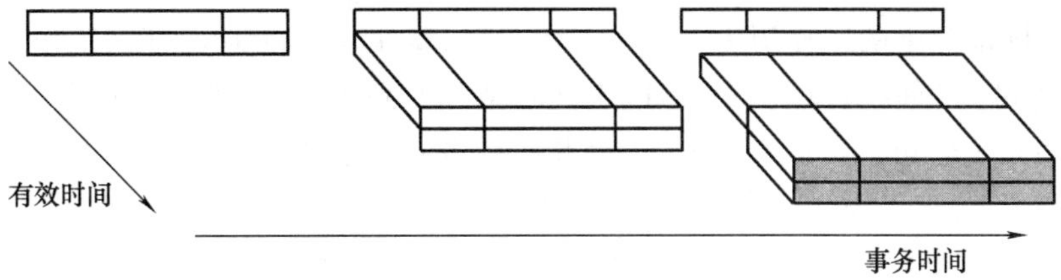

图 1.9 一个双时态关系

注意这些图中所表示的是当前时刻各自的数据库内容。例如,在显示了事务时间关系的图 1.8 中,可以访问数据库的所有历史状态。

1.3.4 数据模型扩展

现在的问题是如何把时间集成到 DBMS 数据模型中。时态数据库中的一般做法是把 DBMS 数据模型中的元素(例如元组)看成是事实并将它们与时间域(时间戳)相关联来表示何时这些事实是有效的。一些具体的选择如下:

- 数据模型扩展:最重要的模型是关系模型和面向对象模型。
- 事实的粒度:最相关的粒度是元组/对象和属性。
- 所使用的时间戳类型:包括单个时间子(*instant*)、单个时间间隔(*period*)以及时间间隔集合(*periods*)。
- 时间维:支持有效时间、事务时间和双时态。

已有的文献中已经提出了许多种时态数据模型(将近 40 种[Zaniolo 等,Part II: Temporal Databases,1997]),它们都可以根据上面的标准进行分类。表 1.1 所列为其中的一部分模型。虽然有的模型涉及了两个时间维,但我们将它们只列在表 1.1 的一个单元格中。表中所用的名称要么是模型的名字,要么是提出该模型作者的名字,具体的细节可以参考本章最后的文献注释。

表 1.1 时态数据模型分类

		时刻	时间区间	时态元素
有效时间	带时间戳的属性值	Lorentzos	Tansel	历史关系数据模型(HRDM)
	带时间戳的元组	Segev	Sarda	双时态概念数据模型(BCDM)
事务时间	带时间戳的属性值	Caruso	—	Bhargava
	带时间戳的元组	Ariav	Postgres	双时态概念数据模型(BCDM)

现在我们使用一个很简单的例子来讨论一些时态数据模型。第 1 个模型是 Segev 提出的,它给每个元组增加了一个表示其有效时间的时间戳(以时刻表示)。

表1.2所列的例子描述了在某个特定的月份里(比如2002年1月)两个员工Lisa和John在不同部门中的工作历史。在1月1日时,Lisa开始在Toys部门工作。到1月8日,她转到了Books部门。到1月14日时她又回到了Toys部门。最后,在1月16日Lisa离开了公司。John在1月11日开始在Books部门工作,并且一直在那里。在这个模型中,要求单独用一个非码属性值都为Null的元组来表示有效时间的终止。

第2个模型是Sarda提出的,它使用时间区间时间戳。表1.3所列是同样的信息在这个模型中的表示。这里,Null值已经不再需要。有效时间中的符号“∞”表示“一直”(即有效时间区间的右端是未知的)。

表1.2 Segev模型

姓名	部门	时间
Lisa	Toys	1
Lisa	Books	8
Lisa	Toys	14
Lisa	Null	17
John	Books	11

表1.3 Sarda模型

姓名	部门	时间
Lisa	Toys	[1 - 7]
Lisa	Books	[8 - 13]
Lisa	Toys	[14 - 16]
John	Books	[11 - ∞]

除了元组,我们也可以给属性值加时间戳。在历史关系数据模型HRDM中,属性值是从时间到某个域的函数(如表1.4所列)。这里,Lisa和John的整个工作历史可以只表示为两个元组,每个人一个。

表1.4 HRDM模型

姓名	部门
1 → Lisa … 16 → Lisa	1 → Toys … 7 → Toys 8 → Books … 13 → Books 14 → Toys … 16 → Toys
11 → John 12 → John …	11 → Books 12 → Books …

练习1.2 Jones先生12月5日从London到Edinburgh进行了一次旅行。其间他在Grand宾馆住了3个晚上,12月8日时他觉得Grand宾馆太贵,于是转到了一个便宜的名为Traveler's Inn的宾馆,并在那里住了1个星期。12月15日,他完成了本次旅行的商务工作,于是到Aviemore滑雪中心开始短暂的滑雪度假,在那里他住在Golf宾馆过了一个周末。星期天即12月17日,他回到了家。

与此同时,他的妻子Anne觉得一个人在家里闷得慌,于是她12月7日去拜访她在Brighton的朋友Linda,并在Linda那里过了5天。12月12日,她回到了家。12月16日,她去看望她的父母并陪他们过一阵子。今天,也就是12月20日,她仍然在她父母那里。

分别用Segev模型、Sarda模型和HRDM模型表示自12月5日以来的时态信息。

■

上面讨论的3个模型都只支持有效时间。下面将Lisa和John的例子扩展到双时态的情况。我们考虑如何将Lisa和John的信息记录到数据库中,这涉及如下事务:

(1) 1月6日,管理层获知Lisa从1月1日开始到Toys部门工作,并会在那里一直工作到1月15日。

(2) 1月10日,Lisa于1月8日转到Books部门的消息已经公布并进入了数据库。Lisa仍然预计会工作到1月15日。

(3) 1月12日,公司决定Lisa将于1月14日回到Toys部门,并在那里一直工作到1月20日,这比原先预计的时间延长了一点。同时,系统也知道了新员工John在前一天已经开始在Books部门工作。

(4) 1月20日,Lisa于1月16日离开公司的信息进入了数据库。

图1.10所示为这个例子的双时态空间。这里,横轴表示事务时间,纵轴表示有效时间。图1.10(a)所示为在第2个事务之后的数据库状态,而图1.10(b)所示为最终的状态。图1.10中向右的箭头表示了这样一个事实,即事务时间是“直到被修改”(until changed)。向上的箭头表示有效时间的终点是未知的。注意,只要我们在图上画一条垂直线,就可以知道在此特定时刻数据库已经了解的信息。例如,在当前时间(如1月20日),我们在图1.10中所得到的工作历史信息与有效时间表中是一样的。

Bhargava提出的模型是一个使用了属性值时间戳技术的双时态模型。在双时态空间中,一个时间戳是一个矩形。表1.5所列为上例(图1.10[b])的模型表示。值*uc*(“直到被修改”[until changed])表示事务时间是一个右端开放的时间间隔。

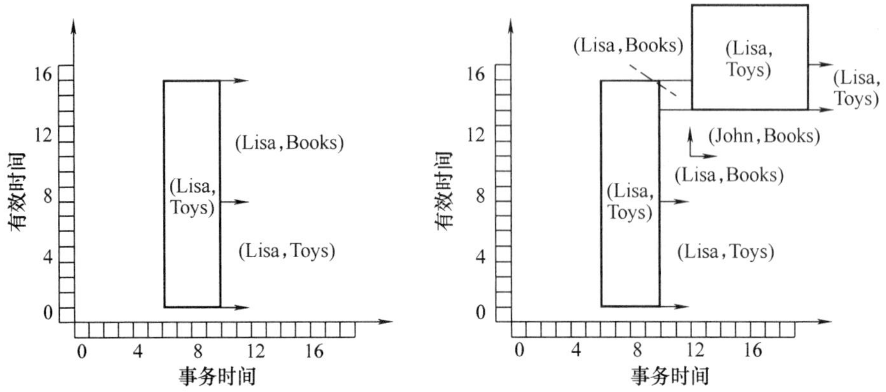

(a) 第2个事务之后状态　(b) 最终状态

图 1.10　双时态空间

表 1.5　Bhargava 模型

姓名	部门
[6,9] × [1,15] Lisa	[6,9] × [1,15] Toys
[10,*uc*] × [1,13] Lisa	[10,*uc*] × [1,7] Toys
[10,11] × [14,15] Lisa	[10, *uc*] × [8,13] Books
[12,19] × [14,20] Lisa	[10,11] × [14,15] Books
[20,*uc*] × [14,16] Lisa	[12,19] × [14,20] Toys
	[20,*uc*] × [14,16] Toys
[12,*uc*] × [11,∞] John	[12,*uc*] × [11,∞] Books

练习 1.3　对练习 1.2 中的例子进行扩展。假设现在把 Anne 的母亲 Jennifer 所知道的她女儿和女婿(当然,她叫他的名字 Keith)的位置信息考虑进来。从 12 月 1 日开始。在这一天,Jennifer 认为他们和往常一样都呆在家里,然后,如下事件改变了她对于 Anne 和 Keith 位置的认识:

(1) 12 月 6 日,Anne 给她打电话,并告诉她 Keith 昨天出发到 Edinburgh 出差,他将在那里待两个星期;她自己计划明天去 Linda 那里一个星期。

(2) 12 月 13 日,Anne 又给她打了个电话,并说她昨天已经回到家了。

(3) 12 月 16 日,Anne 来家里看她。

(4) 12 月 19 日,她收到 Keith 从 Aviemore 寄来的一张贺卡,描述了他去滑雪休假的事。Keith 写道他已于星期五(昨天)到达 Aviemore,并且将于明天回家。

请画出表达 Jennifer 所了解(关于 Anne 和 Keith 位置)知识的双时态空间图,从 12 月 13 日开始一直到 12 月 19 日。给 Anne 和 Keith 分别画一个图,否则图会过于拥挤。 ■

我们要讨论的最后一个模型是双时态概念数据模型(BCDM)。该模型使用元组时间戳,其中每个时间戳都是一个双时态元素,即一个双时态时间子的有限集合。在一个关系实例中不允许存在着两个等值的元组,因此,一个事实的所有历史都表达在一个元组中。表 1.6 所列为示例的双时态数据库在这一模型中的表示。

表 1.6 BCDM 模型(1 月 20 日)

姓名	部门	时间
Lisa	Toys	{(6,1),…,(6,15),…,(9,1),…,(9,15), (10,1),…,(10,7),…,(19,1),…,(19,7),(*uc*,1),…,(*uc*,7), (12,14),…,(12,20),…,(19,14),…,(19,20), (*uc*,14),…,(*uc*,16)}
Lisa	Books	{(10,8),…,(10,13),…,(19,8),…,(19,13),(*uc*,8),…, (*uc*,13),(10,14),(10,15),(11,14),(11,15)}
John	Books	{(12,11),(12,12),…,(12,∞),(13,11),…,(13,∞),…, (19,11),…,(19,∞),(*uc*,11),…,(*uc*,∞)}

所以,BCDM 模型只是简单地罗列了组成一个元组的双时态元素的所有双时态时间子。这种庞大的表示看起来没有必要。但 BCDM 的目的并不在于设计一种有效的表示方式,而是在于提供一种简单的语义。作者的想法是可以将这个模型映射到一种具有高效空间表示的具体实现上。比如,可以使用与 Bhargava 模型类似的方法计算出时态元素的一种最小分解,并将它表示为一个矩形集。

如果仔细思考图 1.10 到表 1.6 的转换过程,你会发现一些问题。涉及符号"∞"(对于有效时间)和"*uc*"(对于事务时间)的右端开放的时间间隔是如何进行转换的?前面我们曾提到时态元素是时间子的有限集,那么这一点是如何做到的?

这个问题的答案是这样的:BCDM 模型使用了有界时间模型。对于有效时间,其时间模型是一个由时间子 $\{t_1, t_2, \cdots, t_k\}$ 所构成的集合,其中 t_1 是起始时间,t_k 是终止时间,并且假设它们分别位于过去和未来。对于事务时间,其时间模型是时间子集合 $\{t'_1, \cdots, t'_l\} \cup \{uc\}$。于是,一个有效时间间隔 $[t_j, \infty]$ 就被解释为一个时间子的集合 $\{t_j, \cdots, t_k\}$。但对于事务时间,事情稍微有些复杂,因为我们假设 *uc* 值是随当前时间而变化的。如果 $t'_m = now$,则一个事务时间间隔 $[t_j', uc]$ 被解释为时间间隔 $\{t'_j, \cdots, t'_{m-1}, uc\}$。在每一个时钟周期,我们通过将一个表示当前时间的新的时间子添加到关系实例中的时态元素来更新时态元素。所以,在表 1.6 中我们指出该关系实例是在时间 20 的实例,这一点很重要。此时,对于元组(John,Books),组成事务时间的时间子是{12,13,…,19,uc}。在时间 21,它们将更新为{12,13,…,19,20,uc}。

1.3.5 查询语言扩展:TSQL2

我们要讨论的时态查询语言 TSQL2 是基于 BCDM 数据模型的语言。TSQL2 是由早期提出时态模型和查询语言的 18 位研究者联合设计的。TSQL2 是 SQL-92 的一个超集,并已经集成到了 SQL3 标准中。

在 TSQL2 中,一个双时态关系的定义如下所述。下面是一个详细的例子,假设我们想表示一个医生数据库中的处方,每个处方记录了为一个病人开的药以及服用时间。这个例子可以通过如下数据定义语句来实现:

```
CREATE TABLE prescription (
    name char(30),
    drug char(30),
    dosage char(30),
    frequency interval minute)
AS VALID STATE DAY AND TRANSACTION
```

这里,name 是病人姓名,frequency 是指服药间隔的时间(分钟)。子句 AS VALID STATE DAY AND TRANSACTION 称为双时态状态关系。其中,有效时间的粒度是天,而事务时间的粒度则依赖于系统,比如可能是微秒。

TSQL2 中的关系共有如下 6 种不同类型:

- 快照关系;
- 有效时间状态关系(通过 AS VALID STATE 说明);
- 有效时间事件关系(AS VALID EVENT);
- 事务时间关系(AS TRANSACTION);
- 双时态状态关系(AS VALID STATE AND TRANSACTION);
- 双时态事件关系(AS VALID EVENT AND TRANSACTION)。

状态关系和事件关系间的区别是:状态关系记录的是在某个特定时间区间里成立的事实,而事件关系记录的是在每个特定时刻发生的事件。在事件关系中,每个元组记录了一个事件,并且带有一个表示该事件发生时刻的时间戳。例如,如下事件关系记录了病人去看医生的日子:

```
CREATE TABLE visit (
    name char(30))
AS VALID EVENT DAY AND TRANSACTION
```

下面我们用 TSQL2 来表示一些查询。首先,使用关键词 SNAPSHOT 从一个(双)时态关系中得到一个普通关系。

(1) 哪些病人曾经在医生那里开过处方?

```
SELECT SNAPSHOT name
FROM prescription
```

该语句返回了一个普通关系,它包含了所有曾经开过药物处方的病人姓名。

但是,一般的查询行为是在给定一个当前时间(事务时间)的数据库版本时返回关于有效时间的整个历史。换句话说,查询的求解需要基于当前所拥有的历史信息。

(2) Lisa 都曾经开过哪些药?

```
SELECT drug
FROM prescription
WHERE name ='Lisa'
```

该语句将返回一个有效时间关系,其中每种 Lisa 曾经开过的药都有一个结果元组,每个都关联了一个或多个时间区间,表示 Lisa 开这个药的详细时间。注意,当我们在处方关系中按姓名 Lisa 和当前时间执行选择后,可能一种药名会有多个元组匹配(服法和用法不同)。这些元组最终通过合并所有的有效时间区间形成一个元组。这是时态数据库中一个非常重要的操作,称为合并(*coalescing*)。

(3) 哪些药是和阿司匹林一起开的?

```
SELECT p1.name,p2.drug
FROM prescription AS p1,prescription AS p2
WHERE p1.drug ='aspirin' AND p2.drug <>'aspirin'
    AND p1.name = p2.name
```

这里,两个变量 p1 和 p2 相互关联形成了 prescription 关系中的元组对,这个过程可以自动保证这些元组对的有效时间间隔都是重叠的。查询的结果是一个元组集合,每个元组都包括一个病人姓名、一个药名以及一个最大的时间区间(在此时间里该药和阿司匹林是一起开的)。

到目前为止,结果元组的时间戳都是通过对所提取元组的时间戳求交来计算得到,我们也可以通过 VALID 子句来改写这一默认的结果。

(4) 在 1999 年期间 Lisa 曾经开过哪些药?

```
SELECT p.drug
VALID INTERSECT(VALID(p),PERIOD'[1999]' DAY)
FROM prescription AS p
WHERE p.name ='Lisa'
```

这里,INTERSECT 操作作用在两个时间间隔上——一个是元组的时间间隔,另一个是以天为单位表示的 1999 年。结果元组中的有效时间间隔是这两个时间间隔的交。

也可以查询以前的某个数据库状态。

(5) 医生所知道的"1998年9月10日 Lisa 的处方"包含哪些药?

```
SELECT drug
FROM prescription AS p
WHERE name ='Lisa'
    AND TRANSACTION(p) OVERLAPS DATE'1998-09-10'
```

实际上,前面所有的查询例子中都隐含地附加了如下关于事务时间的谓词条件:

```
TRANSACTION(p) OVERLAPS CURRENT_TIMESTAMP
```

上面的这些例子应该已经充分说明了 TSQL2 时态查询语言丰富的表达能力。TSQL2 语言功能很强大,而且也能够表达非常复杂的查询。

1.4 移动对象

移动对象数据库的研究目标是扩展数据库技术,使得任何移动实体都可以在数据库中表示,并且任何移动方面的查询都可以通过有效的查询语言进行表达。在本节中,我们将详细介绍移动对象数据库的研究动机,并给出一些移动对象例子以及可能的移动查询问题。

实际上,移动对象数据库的研究思路源于两种不同的技术视角,即位置管理视角和时空数据视角。

1.4.1 位置管理视角

这一方法主要针对数据库中实体的位置管理问题,比如一个城市中所有出租车的位置管理。如果给定了某个时刻,这一问题很容易解决。比如我们可以通过一个关系记录所有的出租车位置,该关系包含作为码的出租车 ID 以及 x 坐标和 y 坐标。然而,出租车是不停移动的,因此,为了保持最新的位置信息,需要频繁地更新数据库中每一辆出租车的位置信息。这里面临一个令人头疼的选择:如果我们向数据库频繁地发送和应用位置更新,那么数据库中位置信息可以保证具有较小的偏差,但更新代价会非常高。事实上,如果需要跟踪大量的实体,这一策略是不可行的。反之,如果我们不频繁地发送更新,那么数据库中所记录的位置与实际位置之间的偏差就会变得很大。

这使我们开始考虑不在数据库中存储移动对象的当前位置,而是存储其运动矢量。这些运动矢量将移动对象的位置表示成一个时间的函数。就是说,如果我们记下 t_0 时对象的位置以及它的速度和运动方向,我们就可以推算出对象在 t_0 之后所有时间的预期位置。当然,运动矢量也需要不断更新,但更新频率比位置更新小得多。

因此,基于位置管理的视角,我们关注于如何动态维护一系列移动对象的位置以及如何回答位置相关查询,包括当前位置查询、近期位置查询以及移动实体与静态几何对象之间随时间而变化的关系的查询。

要注意的是,根据时态数据库的观点,在这样的位置管理数据库中所存储的并非是一个时态数据库,而是一个维护了现实世界当前状态的快照数据库,对象移动的历史信息并没有保存下来。我们将在第 3 章中讨论基于位置管理视角的移动对象数据库。

1.4.2 时空数据视角

这一方法主要基于这样的考虑,即(静态)空间数据库中可能存储各种不同类型的数据,并且这些数据很明显都可能随时间而变化。我们希望不仅能够在数据库中描述空间数据的当前状态,而且也能够描述空间数据演变的整个历史,同时还希望可以回退到任意时刻并得到此时的数据库状态。此外,我们还希望能够解释事物是如何变化的,能够分析某些空间关系在什么时间里是成立的,等等。

于是,我们有了如下两个基本的问题:

(1) 空间数据库中存储了什么类型的数据?

(2) 可能会发生哪些变化?

对于第一个问题,由 1.2.1 节可知,空间数据库支持单个对象的抽象(如点、线、区域)以及空间相关对象集合的抽象(其中最关注的是网络和划分)。

对于变化的类型,一种主要的区分方法是将变化分为离散变化和连续变化。

传统的时空数据库研究关注于我们之前提到的所有空间实体的离散变化。然而,本书的主题是连续变化,这也是术语移动对象通常所蕴含的意思。

虽然离散变化可能发生在任何类型的空间实体上,但连续变化看起来最常发生在点和区域上①。因此,一个移动点是一个在平面或者高维空间中移动的物理对象的基本抽象,这里我们只关心对象的位置,而不关心对象的范围。移动区域抽象描述了平面中位置、范围和形状都发生变化的实体,即一个移动区域不仅可能移动,而且也可能增大或者缩小。

1.4.3 移动对象以及相关的查询问题

我们来看一些移动实体的例子以及一些可能的查询问题。主要考虑移动点(表 1.7)和移动区域(表 1.8)。除了国家之外,所有对象都是连续变化的。这些对象是否可以被连续观测是另外一个问题,我们会在后面进行讨论。

---

① 我们很难想出一些连续移动的线、网络和划分的例子,虽然这样的例子确实也能够找到。

表 1.7 移动点及其查询问题

移动点实体	问题
人：政治家、恐怖分子、罪犯	■ 布什何时会见了阿拉法特？ ■ 给出 Lee Harvey Oswald 在 1963 年 11 月 22 日的移动轨迹
动物	■ 确定鸟、鲸鱼等的运动轨迹。 ■ 它们运动了多长距离？速度是多少？中途休息的频率有多高？ ■ 鲸鱼们现在在什么位置？ ■ 在过去的 20 年里它们的习性有没有发生变化？
卫星、飞船、行星	■ 在接下来的 4 个小时里哪些卫星会靠近这个飞船的飞行航线？
汽车：出租车、卡车	■ 哪辆出租车离旅客请求地最近？ ■ 卡车通常行驶的线路是哪一条？ ■ 载有危险物品的卡车是否靠近过某个高危险度的设施？
飞机	■ 有没有两架飞机曾靠近并有撞毁的趋势？ ■ 有没有两架飞机正向对方飞行(即将撞毁)？ ■ 是否有飞机飞越了 X 国家的领空？ ■ 某个飞机的飞行速度是多少？它的最高速度是多少？ ■ 伊拉克飞机有没有穿越 39 度纬线？
轮船	■ 是否有轮船正驶向浅滩？ ■ 找出轮船的“不正常”运动情况，它显示了轮船可能有非法倾倒废料的行为
军用运载工具：火箭、导弹、坦克、潜水艇	■ 所有军事分析行为

表 1.8 移动区域及其查询问题

移动区域实体	问题
国家	■ 罗马帝国曾经最大的疆域是什么样的？ ■ 在什么情况下两个国家发生了合并(重新统一)？ ■ 哪些国家分裂成了两个或多个部分？ ■ 前南斯拉夫联邦中的塞尔维亚的范围是如何随时间而演变的？该地区范围达到最大是在什么时候？
森林、湖	■ 亚马逊雨林目前缩小的速度有多快？ ■ 死海面积有没有缩小？ ■ 今年 X 河流最小和最大的范围是多少？
冰川	■ 极地冰层有没有增大？有没有发生移动？ ■ 在 Y 时间(向后投影)时冰川 X 必定位于何处？
风暴	■ 风暴正往何处移动？何时它将达到佛罗里达？
高压/低压地区	■ 它们正向什么地方移动？明天它们将位于何处？

续表

移动区域实体	问题
空间上的数值函数(例如温度)	■ 昨天午夜零度点出现在什么位置?
人群	■ 公元前二世纪凯尔特族的迁徙情况
部队、军队	■ Hannibal 正在穿越阿尔卑斯山,给出他的轨迹。他什么时候穿过了 X 峡谷?
癌症	■ 我们能否在一系列 X 光照片中发现正在发展的癌症? 它发展的速度有多快? 1995 年 6 月 1 日时它有多大?
陆地	■ 大陆板块的变化历史
疾病	■ 给出 1998 年里各个月受疯牛病影响的地区
石油泄漏	■ 明天石油泄漏区将到达哪一部分海岸线?

很显然,存在着许多种人们感兴趣的移动实体,并且对于这些实体人们提出从简单到复杂的各种查询问题。移动对象数据库的研究目标是设计相应的模型和语言,从而可以用一种简单但精确的方式来表达这些查询问题。

1.4.4 时空数据分类

在表 1.7 和表 1.8 中,我们强调的是连续移动的实体。但是,同样也有许多应用是与离散变化的空间数据相关的。为了理解更传统的时空数据库研究范围,下面我们介绍一种时间相关的点和区域数据的分类。

嵌入在空间中的时空数据视图可看成是原始空间域和时间的交叉积。这里只考虑二维空间以及单一的时间维——即有效时间。因此,时空数据存在于一个三维空间中,如图 1.11 所示。

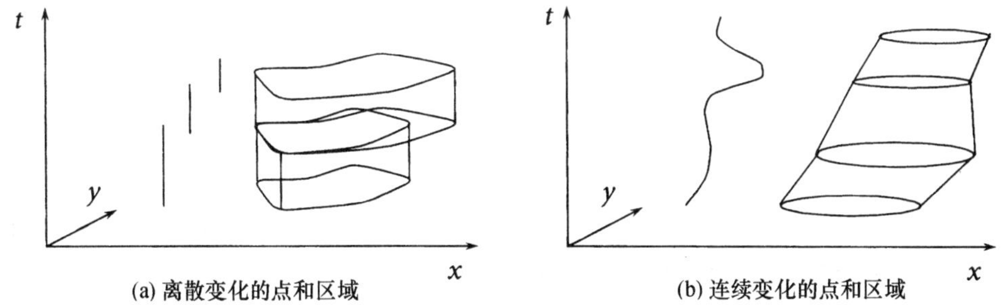

(a) 离散变化的点和区域　　(b) 连续变化的点和区域

图 1.11 三维空间

我们将数据在三维空间中的"形状"作为应用数据的特征,并得到如下分类:

(1) 时空事件——(点,时刻)。例如:考古发现、飞机失事、火山爆发、地震(大尺度范围,并且不考虑持续时间),等等。

(2) 特定时间区间里有效的位置——(点,时间区间)。例如:某个时间建成并且一直存在(或者被毁坏)的城市,建筑工地(例如楼房、高速公路),公司的分支结构、办公室、工厂、商店,某个时间里使用的煤矿、油井,或者不动产,在某个地点建造但后来被破坏的物体。

(3) 位置事件集合——(点,时刻)序列,指第1类实体的集合。例如,去年的火山爆发。

(4) 逐步常量位置——(点,时间区间)序列。例如:一个国家的首都、一个公司的总部、一个旅行者在某个旅行中的住宿位置、电子邮件的传递过程(假设节点之间的传输时间为零)。

(5) 移动实体——移动点。例如:人、飞机、汽车等等,见表1.7。

(6) 时空区域事件——(区域,时刻)。例如,大尺度范围的森林火灾。

(7) 某个时间区间内有效的区域——(区域,时间区间)。例如,某个区域在一次交通事故后封闭了一段时间。

(8) 区域事件集合——(区域,时刻)序列。例如,大尺度范围的奥运会集合。

(9) 逐步常量区域——(区域,时间区间)序列。例如:国家、房地产(只有通过合法行为才发生的形状改变)、农业用地等等。

(10) 具有范围的移动实体——移动区域。例如:森林(增大)、小尺度范围的森林火灾(这是指我们描述了其演变过程)、历史上的人类,见表1.8。

这些类型的数据对于描述下面两种时空建模技术的特点是非常有用的。

1.4.5 支持空间数据类型的时态数据库

一种支持时空应用的直观方法是对具有系统维护型元组时间戳的时态DBMS进行扩展,使其支持空间数据类型。例如,假设使用1.3.5节中的TSQL语法以及1.2.2节中的空间数据类型,可以如下来表示房地产信息:

```
CREATE TABLE real_estate (
    owner char(30),
    area region)
AS VALID STATE DAY
```

这样的表可以管理离散变化的区域,如图1.11(a)所示。我们也可以发出如下结合了时态查询语言特性和空间数据类型操作的查询"给出1977年3月17日时与Charles Smith的地产相邻的所有地产":

```
SELECT r2.area
FROM real_estate AS r1,real_estate AS r2
WHERE r1.owner ='Charles Smith' AND
    VALID(r1) OVERLAPS DATE'[1977-03-17]' AND
```

```
r1.area ADJACENT r2.area
```

这有点像空间数据库和时态数据库的交叉积。它综合了空间数据库系统和时态数据库系统的功能,但同时不需要任何特别的集成工作。这是一种很自然的方法,而且看起来技术已经很成熟,因为它可以使用两个领域中的已有技术。对于1.4.4节中的时空数据分类,这一方法可以支持第1类到第4类以及第6类到第9类时空数据。但是,它不支持移动对象,即第5类和第10类数据。

在第2章中我们将详细讨论这一方法,届时将重点研究两个代表性的数据模型。

1.4.6 时空数据类型

另一种方法是扩展空间数据库技术,并提供带有相应操作的抽象数据类型。这里我们提供的是时空数据类型,例如移动点(简称为 *mpoint* 类型)和移动区域(*mregion*)。这种数据类型的某个值表示了一个点或者区域随时间而发生的时态演变。因此,*mpoint* 类型的一个值是一个连续函数 f : *instant* → *point*,而 *mregion* 类型的一个值是一个连续函数 g : *instant* → *region*。从几何学角度看,这些值都对应着图1.11(b)所示的三维形状。由于在空间数据库中这样的类型可以嵌入到关系或者其他DBMS的数据模型中,所以可以用如下方式来表达1.4.5节中的房地产数据:

```
real_estate (owner: char(30),area: mregion)
```

这一表示是可行的,因为一个描述连续移动的数据类型也可以描述离散变化。不过,这一方法也可以表示真正的连续变化。可以使用下面的关系来表示飞机和飓风的移动:

```
flight (id: string,from: string,to: string,route: mpoint)
weather (id: string,kind: string,area: mregion)
```

这些数据类型包含了相应的一些操作,例如:

intersection:	*mpoint* × *mregion*	→ *mpoint*
distance:	*mpoint* × *mpoint*	→ *mreal*
trajectory:	*mpoint*	→ *line*
deftime:	*mpoint*	→ *periods*
length:	*line*	→ *real*
min:	*mreal*	→ *real*

很快可以发现,除了感兴趣的 *mpoint* 和 *mregion* 这两个主要的类型外,还需要相关的空间、时态以及其他时间相关的类型。例如,两个移动点之间的距离是一个时间上的实数值函数,这里用数据类型 *mreal*(移动实数)表示。这些操作的含义如下:intersection 返回一个移动点位于一个移动区域内部的部分,其结果也是一个移动点(*mpoint*)。distance 在前面已经提到过了,这里不再讨论。trajectory 将一个

移动点投影到平面上,形成的结果是一个 *line* 值。deftime 返回一个移动点所定义的时间间隔的集合,其结果是一个 1.3.2 节中所介绍的 *periods* 值。length 返回一个 *line* 值的长度,而 min 返回一个移动实数随时间而变化的过程中所产生的最小值。

给定这些操作,我们可以表示下面的一些查询。

(1) 查找所有从杜塞尔多夫起飞并且行程大于 5000 公里的飞机。

```
SELECT id
FROM flight
WHERE from ='DUS' AND length(trajectory(route)) > 5000
```

(2) 查找在航程中相距不足 500 米的飞机对。

```
SELECT f.id,g.id
FROM flight AS f,flight AS g
WHERE f.id <> g.id AND min(distance(f.route,g.route)) <0.5
```

很明显,使用时空数据类型的方法可以同时管理连续变化和离散变化,并且可以支持 1.4.4 节中所讨论的全部 10 类时空数据。另一方面,这一方法中的时间并不是像 1.3 节所述的时态数据库那样由系统“自动”进行管理。我们将在第 4 章详细讨论这一方法。

1.5 进一步练习

练习 1.4 北极考察。Jones 先生计划去北极地区进行一次考察。他与 Alpha 站的勤务人员 6 月 12 日一起制定的精确计划如下:

- 6 月 12 日:在 Alpha 站做考察准备;
- 6 月 13 ~ 15 日:穿越雪原;
- 6 月 16 日:到达 Beta 站;
- 6 月 17 ~ 20 日:翻越雪山;
- 6 月 21 日:到达 Gamma 站,记录本次考察行程。

根据这一计划,Jones 先生的队伍于 6 月 13 日离开 Alpha 站。由于大雪的原因,整个队伍无法按时达到 Beta 站。6 月 15 日时,Jones 先生使用他的无线电发射机联系了 Alpha 站,并告知他们将晚一天到达 Beta 站。因此,整个计划必须都往后推迟一天(所有站都是相互连接的,因此这一信息也立即被其他站获知)。6 月 17 日时,他们到达了 Beta 站,并休整 1 天,18 日时离开了 Beta 站。

在翻越雪山时,他们又遇上了一次暴风雪。不幸的是,Jones 先生在 6 月 19 日暴风雪期间丢失了他的无线电发射机。Gamma 站发现与 Jones 失去了联系,但由于暴风雪他们无法派遣救援队。

救援队于6月21日从Gamma站出发,但不幸的是他们没有装备移动发射机。救援队计划用4天时间直接沿着去Beta站的路线寻找Jones他们,并计划于6月24日到达Beta站。这时救援队认为Jones仍然在雪山的某个地方,并且一定可以在那里找到他。

但令人惊奇的是,Jones的队伍在6月23日安全返回到了Beta站。Jones到了Beta站后,他告诉勤务人员自从6月19日丢失了无线电发射机之后,他们一直努力向着Gamma站前进,但暴风雪迫使他们不得不停下。他们在雪山上宿营了1天(6月20日),然后决定返回到Beta站。Jones同时还告诉勤务人员他的新计划是从6月26日到29日与救援队一起前往Gamma站。

最后,两个队伍都按时达到了Gamma站。Gamma站将这一好消息通知了所有人。Jones先生完成了本次考察的文档记录,并给所有站发送了最后一次问候然后离开。

请分别用图形画出:① 与Alpha站所知道的关于Jones考察队的知识相对应的双时态空间;② 与救援队所知道的关于Jones考察队的知识相对应的双时态空间。

1.6 参考文献注释

在1.1节中我们简要讨论了一般的数据库系统。当然,这方面有许多好的著作,不过我们只能提及其中的一部分。比较好的几本书是Garcia - Molina等(2002);Elmasri和Navathe(2003)以及Kifer等(2005)。

2002年出版了一本空间数据库方面非常不错的书(Rigaux等,2002)。其他的一些较好的书包括Shekhar和Chawla(2003);Worboys和Duckham(2004)以及Laurini和Thompson(1992)。Oracle系统中的空间数据库技术描述可以参见文献Kothuri等(2004)。

1.2节的内容来自于一篇综述(Güting,1994a)。ROSE代数及其实现可以参考文献Güting和Schneider(1995);Güting等(1995)。

时态数据库方面,1993年有一本非常好的书Tansel等(1993)。该书汇总了时态数据库方面的许多研究成果。1.3节的内容源于一篇简短但写得很好的时态数据库介绍(Zaniolo等(1997),Part II: Temporal Databases)。TSQL2语言的详细描述可参考文献Snodgrass(1995)。时态数据库领域也有一篇综述文章(Özsoyoglu和Snodgrass,1995)。

有效时间和事务时间的区分是由一篇经典文献Snodgrass和Ahn(1986)所奠定的。文献Segev和Shoshani(1987)和Sarda(1990)分别讨论了Segev模型和Sarda模型。文献Clifford和Croker(1987)中提出了HRDM模型,而Bhargava模型则可以在

Bhargava 和 Gadia(1993)中找到相应的内容。双时态概念模型 BCDM 是基于 TSQL2 的模型,该模型在 Snodgrass(1995)的第 10 章中有详细的描述。表 1.1 所提到的其他模型的细节可以在 Snodgrass(1995)的第 10 章或者 Özsoyoglu 和 Snodgrass(1995)中找到。

1.4 节所介绍的移动对象数据库主要参考了 Wolfson 与其同事所撰写的基于位置管理视角的论文(例如 Wolfson 等,1998b)以及 Güting 与其同事所发表的基于时空数据类型视角的论文(例如 Erwig 等,1999)。在后面的章节中我们会更深入地研究这些技术并提供更进一步的参考文献。

Koubarakis 等(2003)是一本覆盖了移动对象数据库诸多方面的著作。它主要总结了 CHOROCHRONOS 项目的成果。该书的作者也参加了这个项目的研究。

另一本与移动对象相关的书是 Schiller 和 Voisard(2004)。该书主要集中于基于位置的服务方面的内容。基于位置的服务是指依赖于用户当前位置的服务。这本书中的部分章节也提到了数据库方面的问题,还有一些章节讨论了应用实例以及位置数据获取技术,例如通过 GPS(参见 8.1 节)。

第2章　早期的时空数据库

传统的时空数据库研究集中在空间对象随时间发生的离散变化上，与此相关的应用都有一种明显的“人为”特点。例如，地籍应用主要解决地块管理问题，其中的地块边界可能会随着一些特殊但合理的行为（如分裂、合并或者土地规整等）时常变化，行政边界可能会突然消失（正如东德、西德的重新统一一样），新的道路也会扩展公路网络。

下面，我们给出处理这类应用的早期时空模型中两个具有代表性的例子。参照1.3.5节所描述的内容，第1个模型针对双时态状态关系，第2个模型则支持双时态事件关系。

2.1　空间双时态对象

第1个模型的基本思想是为空间和时间信息提供一种统一的方法。该方法通过结合单纯的空间模型概念和时态模型概念来实现，其中，单纯的空间模型概念基于所谓的二维单纯复形，单纯的时态模型概念则结合了事务时间和有效时间这两个正交的时间维度（见1.3.3节）。

2.1.1　一个应用场景

作为一个启发性的例子，考虑一个简化的关于土地所有权的假想场景。土地所有权信息通常包括空间、时间、法律以及其他方面的信息。

空间特性指的是土地的几何形状，时间特性指的是所有权的持续时间。合同、死亡、继承、法律诉讼以及火灾等都会影响到所有权的合法性和其他特性。图2.1所示为20世纪的几十年中一块土地区域的空间和所有权的变化。这些变化的历程如下：

- 1908年，所讨论的这块土地区域包括一条街道、一块属于Bill Smith的地块（地块1）、一块属于Jane Benson的地块（地块2），以及其他地块。
- 1920年，Jane Benson购买了地块3，并与她原先拥有的地块2一起命名为地块5。

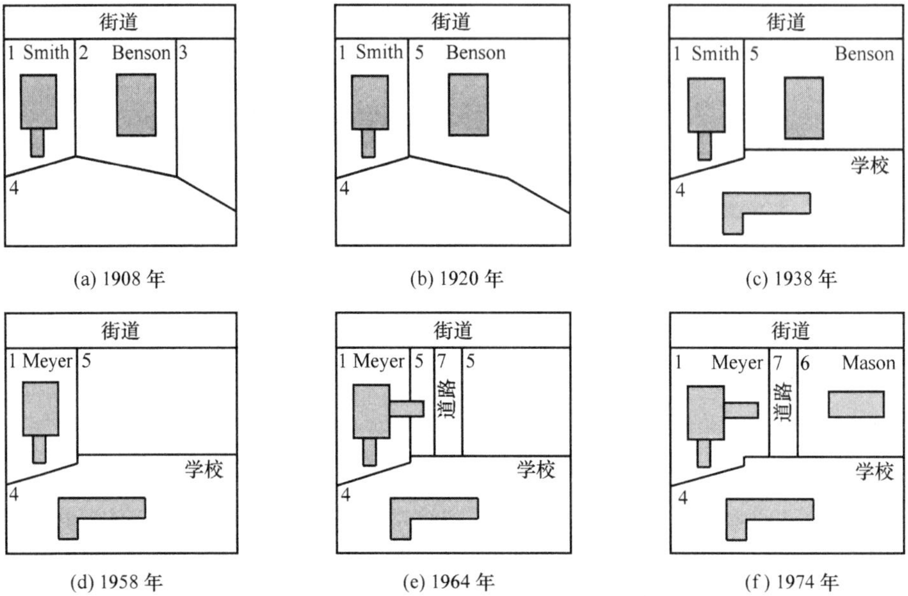

图 2.1 土地所有权的时空变化

■ 1938 年,Jane Benson 出售了一部分地块以支持在地块 4 上建设一所新学校。

■ 1958 年,Jane Benson 的房子被大火损毁,同时她也去世了。目前 Jack Meyer 拥有这块土地和地块 1 中的建筑物。

■ 1960 年,委员会宣布 1962 年要修一条穿过地块 5 的道路,以便可以更加快捷地到达学校。

■ 1962 年,新地块 7 上的道路建设推迟到了 1964 年。

■ 1964 年,Jack Meyer 对建筑物进行了扩建,扩建的建筑物部分侵占了地块 5。这一年委员会修好了穿过地块 5 的道路。

■ 1974 年,Jack Meyer 非法占有了地块 5 的一部分,并将其纳入了他的所有权中。Jill Mason 购买了地块 5 的剩余部分并建造了一所房子,现在这块剩余部分被命名为地块 6。

这个场景同时涉及了事务时间和有效时间。例如,在 1962 年(事务时间)这样一条信息是有效的,即 1960 年(事务时间)时预计于 1962 年(有效时间)建造完成的这条道路,其完成时间被推迟到了 1964 年(有效时间)。

2.1.2 双时态元素

这一节所讨论的模型在形式上基于双时态元素(1.3.4 节)和单纯复形。通过双时态元素,事务时间和有效时间可以沿着两个正交的时间轴进行度量。假设有效时间的域 T_V 包含特殊元素 $-\infty$ 和 $+\infty$,分别表明无限的过去(或者最初的状态)以及无限的未来(或者最终的状态)。T_T 表示事务时间。

□ **定义 2.1** 双时态元素(bitemporal element,BTE)定义为 $I_T \times I_V$ 上的一个有限集合的并,其中,$I_T \times I_V$ 是时间区间的不相交的笛卡儿积,I_T 是 T_T 的时间区间,I_V 是 T_V 的时间区间。 ■

这里使用的时间区间概念源自 1.3.2 节的内容。根据几何学上的解释,这个定义表明一个双时态元素是平面上的一个点集而不是一个矩形的有限集合,这里每个矩形都对应于由一个事务时间区间和一个有效时间区间的交叉积构成的点集。双时态元素所表达的语义是 $(t_T, t_V) \in T$ 当且仅当在事务时间 t_T 时,数据库包含着这样的信息:被 T 双时态定义的对象在有效时间 t_V 时存在。

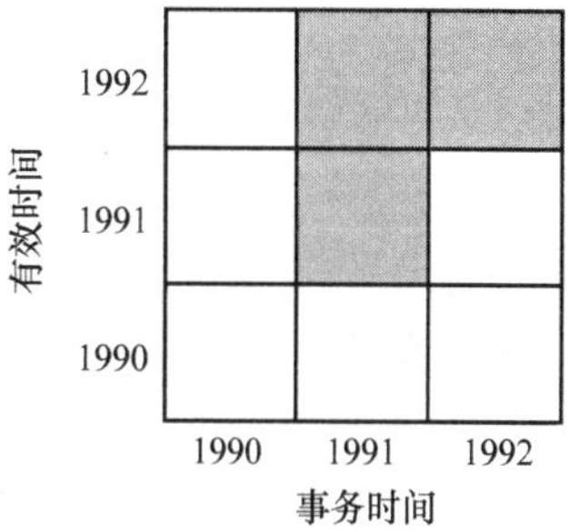

图 2.2 一个双时态元素(BTE)的例子

图 2.2 所示为一个地块的虚拟边界 b 的双时态元素 T 的图形化表示。横坐标轴表示事务时间,纵坐标轴表示有效时间。在事务时间 1990 年,没有表示 b 存在的有效时间。在事务时间 1991 年,b 开始存在,并从有效时间 1991 年一直到无限的未来,这是因为某个已发生的事务提供了关于 b 存在的信息。在双时态元素的图形化表示中没有特别标注这种延伸至无限未来(∞)的有效性。在事务时间 1992 年,我们发现在事务时间 1991 年关于 b 存在的信息是错误的,因此 b 开始从有效时间 1992 年存在并一直持续到有限的未来。也就是说,边界 b 推迟到 1992 年才确定。总而言之,$T = (1991 \times 1991) \cup (1991 \times 1992) \cup (1992 \times 1992)$,在这里一年被认为是一个时间区间,就像由天、周或者月构成的时间区间一样。

2.1.3 空间对象的单纯复形建模

这里所讨论模型的几何部分基于代数拓扑。代数拓扑,也称做组合拓扑,在代数领域中发挥着重要的作用。它通过代数方法研究拓扑结构,从而可以对点集进行分类和形式化的描述。代数拓扑方法主要依赖于问题转换和表示空间结构与关系的符号的代数操作。代数拓扑的基本方法包括 3 个步骤:① 从空间环境到代数环境的问题转换;② 对问题的代数形式进行求解;③ 从代数解答到空间环境的转换。例如,两条线的相交可以转换为对共同结点的查找问题。两个线对象的重合、两个区域对象的相邻以及一条线和一个区域对象的相邻可以归结为对线和区域边界的共同边或者线的查找问题(取决于相邻的定义)。

空间对象可以表示为单纯复形,单纯复形由单形组成,这里假设空间对象都位于二维欧氏空间中。

□ **定义 2.2** 给定 $k+1$ 个点 $\boldsymbol{v}_0,\cdots,\boldsymbol{v}_k \in \mathbb{R}^n$,在这里 k 个向量 $\{\boldsymbol{v}_1-\boldsymbol{v}_0,\boldsymbol{v}_2-\boldsymbol{v}_0,\cdots,\boldsymbol{v}_k-\boldsymbol{v}_0\}$ 是线性无关的。我们称集合 $\{\boldsymbol{v}_0,\cdots,\boldsymbol{v}_k\}$ 是几何无关的,并把由如下公式定义的点集称为包含顶点 $\boldsymbol{v}_0,\cdots,\boldsymbol{v}_k$ 的 k 维(闭合)单形(或称 k 单形),或者称为由 $\{\boldsymbol{v}_0,\cdots,\boldsymbol{v}_k\}$ 生成的 k 单形:

$$\sigma=\sigma_k=\{p\in\mathbb{R}^n \mid p=\sum_{i=0}^{k}\lambda_i\boldsymbol{v}_i \text{ 并且 } \sum_{i=0}^{k}\lambda_i=1,\lambda_i\in\mathbb{R},\lambda_0,\cdots,\lambda_k\geqslant 0\}\subset\mathbb{R}^n$$ ■

这个公式集合了共同形成 σ 的所有点。所有 λ_i 的总和等于 1 这个条件保证了 σ 只包括那些位于 σ 边界或者内部的点。

对于一个给定的维度 k,一个 k 单形是最小的基本空间对象(即一个构造块,通过这个构造块可以构建该维度中其他更复杂的空间对象)。在三维空间中,一个 0 单形是一个单独的点或者一个结点,一个 1 单形是一条直线或者一条两个不同点之间的边(包括两个端点),一个 2 单形是一个连接 3 个不共线点的实三角形,而一个 3 单形是一个连接 4 个不共面点的实心正四面体(如图 2.3 所示)。

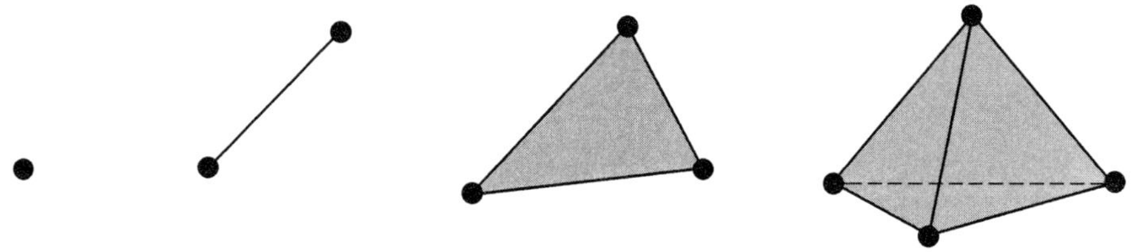

(a) 0 单形　(b) 1 单形　(c) 2 单形　(d) 3 单形

图 2.3 不同维度的单形结构

任何 k 单形都由 $k+1$ 个维度为 $k-1$ 的几何无关的单形构成。例如,一个三角形,即一个 2 单形,由 3 个 1 单形构成,如果这个三角形没有两条边是平行的并且没有边的长度是 0,那么它就是几何无关的。一个单形的面是指构成该单形的任意单形。例如,一个三角形的一条边上的一个结点以及边自身都是三角形单形的面。

□ **定义 2.3** 一个(单纯)k 复形 C 是一个有限的单形集合,该集合同时也包含了 C 中任意单形的面,并且 C 中任意两个单形的交或者是空集,或者是这两个单形共有的一个面。C 的维度 k 是 C 中单形的最大维度。 ■

这个定义是所谓的两个完整性规则中的第 1 个。这里描述的完整性规则称为关联完整性。它是指在 C 中不存在(部分地)占据同样空间的两个不同单形,也不存在线的交点既不是起点也不是终点的情况。图 2.4 所示为一些正确的单纯复形空间结构和一些不正确情况的例子。

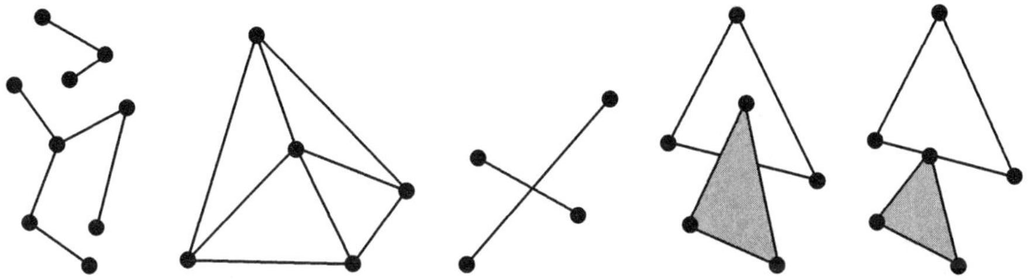

(a) 一个1单形　(b) 一个2单形　(c) 单形的交不是一个面1　(d) 单形的交不是一个面2　(e) 单形的交不是单形

图 2.4　例子

第 2 个完整性规则称为包含完整性,在这里我们不多做讨论。它要求在 $l < k$ 时,C 中的每个 l 单形都是 C 中的一个$(l+1)$单形的一个面(边界单形),这样就避免了几何异常。例如,当 $k = 2$ 时,要求每个点都是一条线的起始点或者结束点(不存在孤立点),并且每条线都是一个三角形边界的一部分(不存在孤立线)。

□ **定义 2.4**　一个有向 k 单形是对包含顶点 $\boldsymbol{v}_0,\cdots,\boldsymbol{v}_k$ 的 k 单形 σ 指定一个顶点顺序而生成的。我们将一个有向 k 单形表示成一个有序序列 $\sigma = \langle \boldsymbol{v}_0\boldsymbol{v}_1\boldsymbol{v}_2\cdots\ \boldsymbol{v}_k\rangle$。一个有向单纯复形是对一个单纯复形中的每个单形都赋予一个方向而得到的。 ■

现在我们来分别区分单形和复形的不同之处,并具体说明它们的边界和内部是什么。

□ **定义 2.5**　一个 k 单形 σ_k 的边界(用 $\partial\sigma_k$ 表示)是 k 单形的所有 $k+1$ 个$(k-1)$单形的并。一个 k 复形 C 的边界(用 ∂C 表示)是包含 C 中所有 k 单形边界的对称差的最小复形。一个 k 复形 C 的内部是不属于 C 边界的所有$(k-1)$单形的并,用 C° 表示。 ■

比如,一个 2 单形(三角形)$\sigma = \langle v_0v_1v_2\rangle$ 的边界是 $\partial\sigma = \{\langle v_0v_1\rangle,\langle v_1v_2\rangle,\langle v_2v_0\rangle\}$,即 3 个 1 单形(边)的集合。一个 2 复形 $C = \{\langle x_1y_1z_1\rangle,\cdots,\langle x_ny_nz_n\rangle\}$ 的边界是 $\partial C = \Delta(\partial\langle x_1y_1z_1\rangle,\cdots,\partial\langle x_ny_nz_n\rangle)$,在这里 Δ 表示对称差操作。给定两个集合 A 和 B,$\Delta(A,B) = (A\backslash B) \cup (B\backslash A)$。$C$ 的二维单形的共同边形成了 C 的内部。

图 2.5 所示为一个 2 复形 C_2 边界的计算。C_2 的边界包括两个相邻的有向 2 单

形 $\sigma_2=\langle v_1v_2v_4\rangle$ 和 $\tau_2=\langle v_2v_3v_4\rangle$。这个例子也说明了在代数拓扑中代数计算是如何进行的。我们得到如下结果：

$$\partial\sigma_2=\langle v_2v_4\rangle-\langle v_1v_4\rangle+\langle v_1v_2\rangle$$

并且

$$\partial\tau_2=\langle v_3v_4\rangle-\langle v_2v_4\rangle+\langle v_2v_3\rangle$$

则有

$$\begin{aligned}\partial C_2&=\partial\sigma_2+\partial\tau_2\\&=\langle v_2v_4\rangle-\langle v_1v_4\rangle+\langle v_1v_2\rangle+\langle v_3v_4\rangle-\langle v_2v_4\rangle+\langle v_2v_3\rangle\\&=\langle v_1v_2\rangle+\langle v_2v_3\rangle+\langle v_3v_4\rangle-\langle v_1v_4\rangle\\&=\langle v_1v_2\rangle+\langle v_2v_3\rangle+\langle v_3v_4\rangle+\langle v_4v_1\rangle\end{aligned}$$

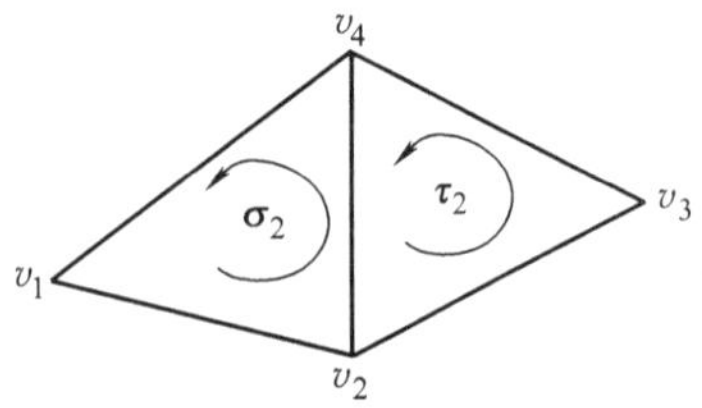

图 2.5 包含两个单形的一个复形例子

为了定义后面的操作，需要引入两个单纯复形的共同精化概念。共同精化是一种特殊的几何并操作，并且它可以识别出两个单纯复形共同的部分（即，两个单纯复形相互接触的部分）。它的定义用到了平面嵌入的概念。下面首先给出平面嵌入的定义。

□ **定义 2.6** 对于一个给定的单纯复形 $C=\{s_1,\cdots,s_n\}$，其平面嵌入定义为

$$emb(C)=\bigcup_{i=1}^{n}s_i$$ ■

□ **定义 2.7** 两个单纯复形 C_1 和 C_2 的一个共同精化（表示为 $refine(C_1,C_2)$）是一个单纯复形，该复形的平面嵌入与 C_1 和 C_2 平面嵌入的并相等，即 $emb(refine(C_1,C_2))=emb(C_1)\cup emb(C_2)$。 ■

由于可能分解为不同的单形结构（见图 2.6），共同精化的结果通常不是唯一的。

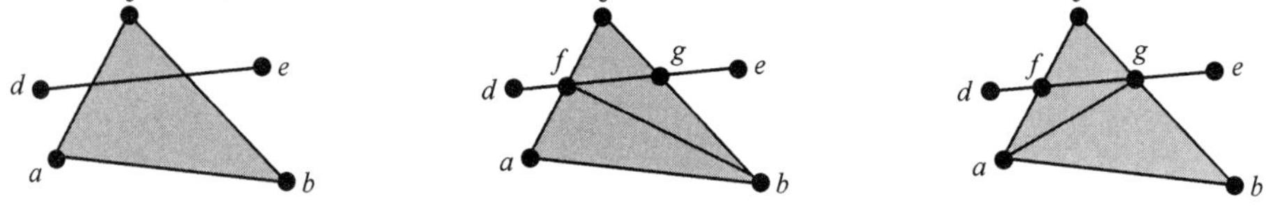

(a) 复形abc和de　(b) 可能的共同精化1　(c) 可能的共同精化2

图 2.6 复形 abc 和 de 两种可能的共同精化

2.1.4 空间双时态对象

双时态元素和单纯复形相结合产生了空间双时态对象。空间双时态对象的主要思想是在单纯复形(见定义 2.3)的组成中增加一个双时态元素(见定义 2.1)的标记。

□ **定义 2.8** 一个 ST 单形定义为一个序对(S,T),其中 S 是一个单形,T 是一个双时态元素。对于一个 ST 单形 $R = (S,T)$,定义 $\pi_s(R) = S$ 并且 $\pi_t(R) = T$。 ■

一个 ST 单形 R 表示了一个空间结构 S 存在于由 T 中的事务时间和有效时间所指定的范围之内。π_s 和 π_t 是空间投影函数和双时态投影函数。

为了描述通用的双时态约束型空间结构,现在引入 ST 复形的概念。

□ **定义 2.9** 一个 ST 复形 C 是一个满足如下属性的 ST 单形的有限集:

(1) C 中 ST 单形的空间投影是两两不相交的。

(2) C 中 ST 单形的空间投影可以组合成一个单纯复形。

(3) $\forall R,R' \in C : \pi_s(R)$是$\pi_s(R')$的一个面 $\Rightarrow \pi_t(R) \supseteq \pi_t(R')$。 ■

条件(1)表明在一个 ST 复形中,同一单形不会具有不同的双时态元素。条件(2)要求底层的几何结构是一个单纯复形。条件(3)的理由是一个单形如果没有面就不可能存在。

例如,图 2.7 所示左半部分,我们把图 2.1 中地块 4 边界的时态演变看成一个 ST 复形。这里我们并没有给出区域特征的表示,有可能会需要用三角复形来表示地块。图 2.7 所示右半部分表明哪个双时态元素与哪个边界段和顶点相关。在每个双时态元素的图形化表示中,横坐标轴表示事务时间,纵坐标轴表示有效时间。

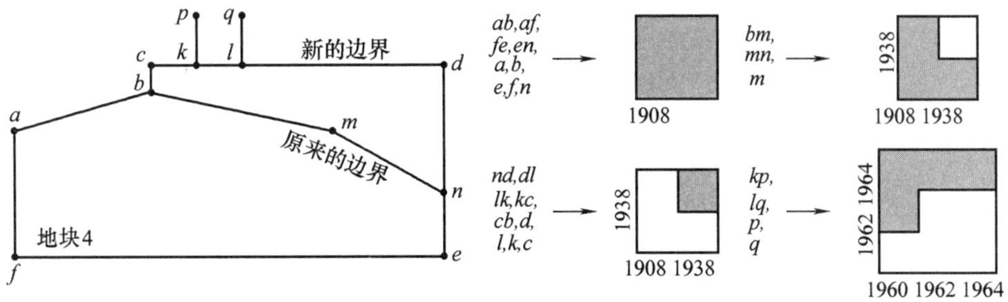

图 2.7 ST 复形的例子:用双时态元素标注的地块 4 的边界和面

2.1.5 空间双时态操作

除了单纯的空间和时间操作之外(在此不再讨论),我们可以在 ST 复形上定义空间双时态操作。其中的部分操作将在下面的内容中讨论。首先列出这些操作的原型定义(见表 2.1)。

表 2.1 空间双时态操作

操作	定义	类型	说明
$=$:	ST 复形 × ST 复形	→ 布尔型	(ST 相等)
$\subset_{ST}$:	ST 复形 × ST 复形	→ 布尔型	(ST 子集)
∂:	ST 复形	→ST 复形	(ST 边界)
π_s:	ST 复形	→ S 复形	(S 投影)
π_t:	ST 复形	→双时态元素	(T 投影)
$\times_\beta$:	ST 复形 × ST 复形	→ST 复形	(ST - β 积)
$\cup_{ST}$:	ST 复形 × ST 复形	→ST 复形	(ST 并)
$\cap_{ST}$:	ST 复形 × ST 复形	→ST 复形	(ST 交)
$\setminus_{ST}$:	ST 复形 × ST 复形	→ST 复形	(ST 差)
σ^s_X:	ST 复形	→ST 复形	(S 选择)
σ^t_ϕ:	ST 复形	→ST 复形	(T 选择)

为了给出两个 ST 复形 C 和 C'的子集关系以及等价性的谓词定义,我们把 C 和 C'看做是嵌入在由二维空间和两个时态维构成的四维空间中。

□ **定义 2.10** 令 C 和 C'为两个 ST 复形,则

(1) $C \subset_{ST} C' \Leftrightarrow \forall (x,y,w,z) \in (S,T) \in C\ \exists (S',T') \in C' : (x,y,w,z) \in (S',T')$

(2) $C =_{ST} C' \Leftrightarrow C \subset_{ST} C' \wedge C' \subset_{ST} C$ ■

为了定义一个 ST 复形的边界,需要利用单纯的空间边界操作 ∂ (见定义2.5)。

□ **定义 2.11** 对于一个 ST 复形 C,令$\partial C = \{(S,T) \mid S \in \partial(\pi_s(C))\}$。 ■

将 ST 复形映射到空间或时态域并在这些域中继续计算都需要投影操作。直观地讲,一个 ST 复形的空间投影是一个复形,该复形表示了在所有事务时间和有效时间上的所有 ST 复形的空间范围信息。一个 ST 复形的双时态投影是一个双时态元

素,并且 ST 复形的某些部分在这个双时态元素的事务时间和有效时间内存在。这个投影运算符扩展了单形上的投影运算。

□ **定义 2.12** 令 ST 复形 $C = \{(S_1, T_1), \cdots, (S_n, T_n)\}$。则

(1) $\pi_s(C) = \{S_1, \cdots, S_n\}$

(2) $\pi_t(C) = \bigcup_{1 \leqslant i \leqslant n} T_i$ ■

我们要讨论的下一个操作是空间双时态 β 积。它允许对两个被 β 操作参数化定义的 ST 复形进行组合操作。β 操作是一个二元操作,它的原型为 $\beta: BTE \times BTE \rightarrow BTE$。

□ **定义 2.13** 假设有两个 ST 复形 C_1 和 C_2 以及在双时态元素上的一个 β 操作。令单纯复形 R 为 $\pi_s(C_1)$和 $\pi_s(C_2)$的一个共同精化。定义 $C_1 \times_\beta C_2$ 为包含 ST 单形集合$\{(S, \beta(T_1^S, T_2^S)) \mid S \in R\}$的最小 ST 复形(关于 ST 子集关系见定义 2.10),在这里 T_1^S 和 T_2^S 分别表示与 $\pi_s(C_1)$和 $\pi_s(C_2)$的包含 S 的最小面所关联的双时态元素。■

这一连串的定义可以通过一个计算 $C_1 \times_\beta C_2$ 的算法来加以解释。第 1 步,计算结果的空间部分,这个空间部分作为 C_1 和 C_2 空间投影的一个共同精化 R。第 2 步,对于 R 的每个组成面(单形)S,按如下方式确定所关联的双时态元素:我们知道 S 必须显式地存在于 C_1 的空间投影中,或者 C_2 的空间投影中,或者存在于两者中,否则 S 就不是 R 的一部分。如果是这样,那么可以直接得到与这些投影相关联的双时态元素 T_1^S 或 T_2^S。如果 S 没有显式地存在于 C_1 或者 C_2 空间投影中,那么包含 S 的最小面的双时态元素分别为 T_1^S 或者 T_2^S,然后对 T_1^S 和 T_2^S 应用 β 操作得到与 S 相关联的双时态元素。第 3 步,从结果中去掉所有包含有空双时态元素的面 S。在后面介绍完一些 β 操作的例子后,这个定义也会变得更加清楚。

$C_1 \times_\beta C_2$ 的结果取决于共同精化 R 的选择,通常来说这个选择不是唯一的。但是因为所有可能的共同精化都有同样的平面嵌入(指包含同样的点集),故不同的结果也都是 ST 等价的①。原因是在同样的平面嵌入条件下,$\pi_s(C_1)$和 $\pi_s(C_2)$不同的共同精化只产生 $\pi_s(C_1)$和 $\pi_s(C_2)$的不同细分(例如,三角化、边的分裂等)。但在每一种可能的共同精化中,同一个点上的双时态要素并不会因为这一事实而有所改变。换句话说,一个点由于不同的共同精化可以属于不同的面,但是所关联的双时态元素不会改变。

---

① 更精确地说,这些操作都是在 ST 等价的 ST 复形的等价类上进行的,并且不针对单个的 ST 复形。但为了简化符号表示,我们允许针对单个 ST 复形的操作。

现在考虑 ST－β 积的一些重要应用。对于 $\beta \in \{\cup_{ST}, \cap_{ST}, \backslash_{ST}\}$，可以用 ST－β 积来定义两个 ST 复形上的并、交以及差集合操作。

□ **定义 2.14** 令 C_1 和 C_2 为两个 ST 复形。则

(1) $C_1 \cup_{ST} C_2 = C_1 \times_{\cup} C_2$

(2) $C_1 \cap_{ST} C_2 = C_1 \times_{\cap} C_2$

(3) $C_1 \backslash_{ST} C_2 = C_1 \times_{\backslash} C_2$ ■

图 2.8 所示为两个 ST 复形 C_1和 C_2 上并和交的定义。图中借助了 ST 复形的空间投影的共同精化以及 ST 复形的单个空间单形所附带的双时态元素。并操作包括了 C_1 和 C_2 精化后的空间投影的所有元素，在这里每个空间单形都关联了在 C_1 和 C_2 中与它相关的双时态元素的并。交运算得到一个 ST 复形（它的空间单形被 C_1 和 C_2 精化后的空间投影所共享）以及 C_1 和 C_2 中的双时态元素的一个非空交集。如果对于某个普通的空间单形计算得到了空的双时态元素，则从结果复形中删去这个空间单形。

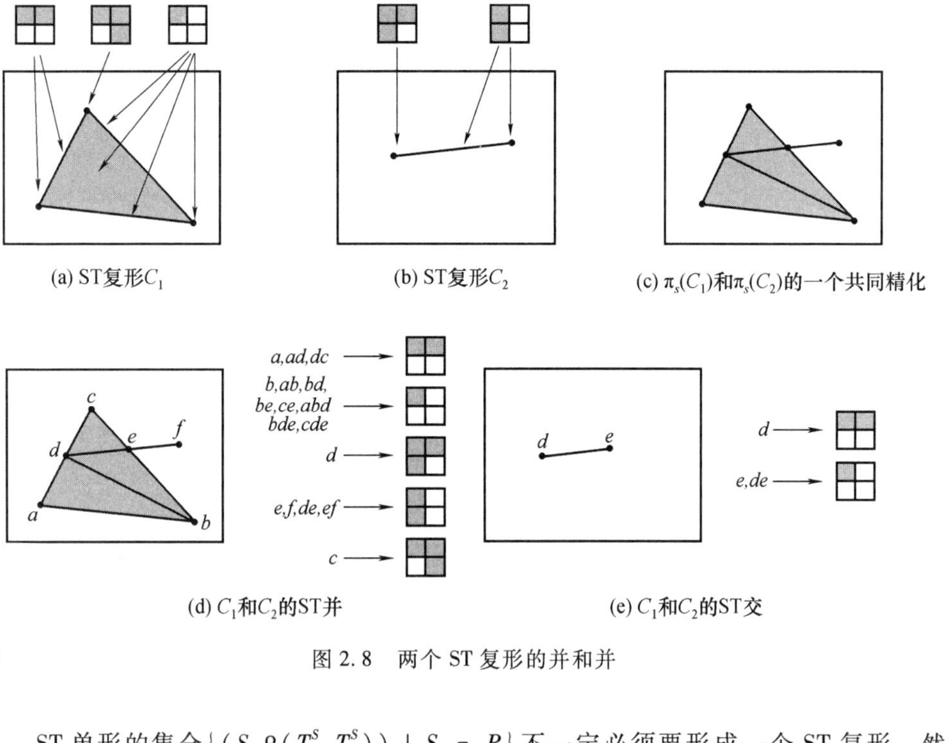

(a) ST复形C_1　(b) ST复形C_2　(c) $\pi_s(C_1)$和$\pi_s(C_2)$的一个共同精化

(d) C_1和C_2的ST并　(e) C_1和C_2的ST交

图 2.8 两个 ST 复形的并和并

ST 单形的集合 $\{(S, \beta(T_1^S, T_2^S)) \mid S \in R\}$ 不一定必须要形成一个 ST 复形。然而，总是存在一个唯一的包含这个集合的最小 ST 复形。图 2.8(a)和图 2.8(b)所示是两个 ST 复形 C_1 和 C_2 的差的例子。我们感兴趣的面是 1 单形 *de* 和两个 0 单形 *d*

和 e,这里所有的单形计算结果都包含了空的双时态元素(你需要自己检验一下)。这就意味着这 3 个单形都需要从计算出来的复形中删除。虽然对于 de 和 e 这是正确的,但是对于 d 却是错误的,因为 d 也是单形 de 的包围点,删除 d 将使得 de 变得不完整。因此,必须保留 d 并以双时态元素⊞作为它的所有关联边的最大双时态元素。

空间选择操作 $\sigma_X^s(C)$ 是可以用 ST - β 积来表达的另一种操作。它允许从一个 ST 复形 C 中选择所有这样的 ST 单形,它们的空间投影都包含在一个给定的单纯复形 X 中。

□ **定义 2.15** 令 $X = \{S_1, \cdots, S_n\}$ 为一个单纯复形,并且令 $D_X = \{(S_1, T_T \times T_V), \cdots, (S_n, T_T \times T_V)\}$ 为 ST 复形,在这里每个 X 的单形都与通用双时态元素 $T_T \times T_V$ 相关联。那么在关于 X 的 ST 复形 C 上的空间选择操作就定义为 $\sigma_X^s(C) = C \cap_{ST} D_X$。 ■

例如,图 2.8(e)再一次显示了图 2.8(a)C_1 上的空间选择以及图 2.8(b)C_2 上的空间投影结果。

为了定义我们所关心的下一个也是最后一个操作,这里引入两个辅助概念:ST 可此和 ST 最小集。

□ **定义 2.16** ST 复形的一个集合 $\{C_1, \cdots, C_n\}$ 的元素是可比的当且仅当 $\forall 1 \leqslant i < j \leqslant n: C_i \subset_{\mathrm{ST}} C_j \vee C_j \subset_{\mathrm{ST}} C_i$。 ■

□ **定义 2.17** 可比的 ST 复形的一个集合 $\{C_1, \cdots, C_n\}$ 的最小集定义为 $\min_{\mathrm{ST}}(\{C_1, \cdots, C_n\}) = C$,使得

(1) $C \in \{C_1, \cdots, C_n\}$

(2) $\forall 1 \leqslant i \leqslant n: C =_{\mathrm{ST}} C_i \vee C \subset_{\mathrm{ST}} C_i$ ■

现在可以定义时态选择 $\sigma_\phi^t(C)$ 了。时态选择从一个 ST 复形 C 中选择最小的 ST 复形,这个最小 ST 复形的每个单一的部件都满足由公式 φ 所指定的时态条件。

□ **定义 2.18** 设 $\phi(t)$ 是一个一阶公式,它可能包含作为常量的双时态元素、作为函数的 β 操作以及单个的自由变量 t。那么 ST 复形 C 上关于 φ 的时态选择操作就定义为 $\sigma_\phi^t(C) = \min_{\mathrm{ST}}(\{C' \mid C' = \{(S,T) \in C \mid \phi(T)\}\})$。 ■

例如,如果取图 2.8(a)中的 ST 复形 C_1 和图 2.9(a)中的双时态元素 B,则图 2.9(b)所示为时态选择 $\sigma_{t \supseteq B}^t(C_1)$ 的结果。

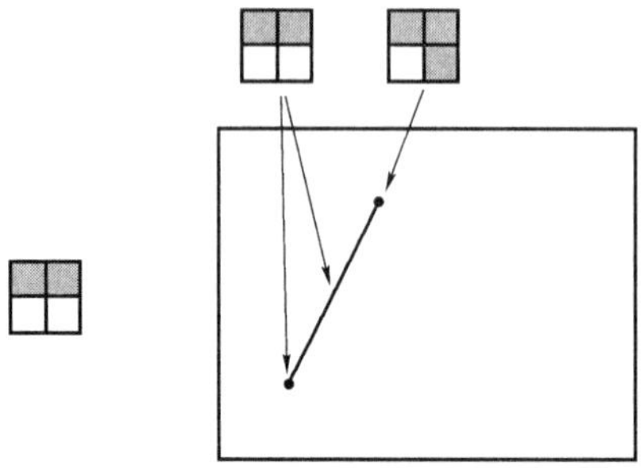

(a) 双时态元素B (b) 时态选择$\sigma^{t}_{t\supseteq B}(C_1)$

图 2.9 时态选择结果

2.1.6 时空数据库查询

(时空)数据库系统的一个显著特征就是它为查询提供了查询语言。迄今为止所描述的时空数据模型都可以作为查询代数的基础。为了说明这一点,我们将把空间双时态数据类型 *ST - complex* 集成到关系环境中并且把空间双时态操作(见表 2.1)合并到著名的标准数据库查询语言 SQL 中。为了使用户界面友好、具有可读性以及对 SQL 兼容,我们不采用数学符号来表示操作,而是用表 2.1 中圆括号里给出的纯文本术语来代替。

沿用土地拥有者这一场景,并假设地块数据按如下格式存储在一个关系中:

```
Parcels (parcel - id: integer,owner: string,
         area: ST - complex,building: ST - complex)
```

这个模式存储了关于地块的标识符、地块拥有者、地块区域的演变情况以及地块上随时间和空间而变化的建筑物的信息。地块标识符和拥有者一起作为该模式的主键。要强调的是,非标准的空间双时态数据类型 *ST-complex* 与标准数据类型 *integer* 和 *string* 等在作为属性数据类型使用时是完全一样的。之所以可以这样,是因为 *ST-complex* 类型的使用和表示是以抽象数据类型的方式进行的,也就是说在它的数据类型表示中,只有它的名字是外部可见的,而其复杂的内部数据结构对用户不可见。

现在可以规范地表达下面的一些查询:

(1) 地块 1 上的建筑物在 1958 年是什么样子?

```
SELECT S-project(T-select((_,1958),building))
FROM parcels
WHERE parcel - id =1 AND (_,1958)IN T-project(building)
```

在这个 WHERE 子句中,第 1 部分选择了所有属于地块 1 的那些元组,第 2 部分选择了那些 *building* 属性值的双时态元素包含有 1958 年这个有效时间的所有元组。这里,下划线"_"是事务时间的一个通配符。在 SELECT 子句中,首先通过时态选择确定1958年的空间双时态复形,然后再计算空间投影。注意我们稍微改变了T-select的原型定义,把时态选择条件作为了它的第1个操作数。

(2) 在1958年到1974年期间地块1上的建筑物是如何扩建的?

```
SELECT S-project (ST-difference(T-select((_,1974),
                  building),T-select((_,1958),
                  building)))
FROM parcels
WHERE parcel-id = 1
```

WHERE子句选择了地块1。通过时态选择,SELECT子句首先将1958年至1974年期间地块1上建筑物的快照确定为ST复形,然后计算它们的差,于是又产生了一个ST复形;它最终给出了描述建筑物几何差结果的空间投影。

(3) 现在这条道路穿过曾经属于Jane Benson房子一部分的那块土地吗?

```
SELECT NOT isempty (S-intersection(
                    S-project ( T-select (( nowDB, _), p.
                    area)),
                    S-project(q,building))) AS is_part
FROM parcels AS p,parcels AS q
WHERE p.parcel - id = 7 AND p.owner ='public' AND
      q.owner ='Jane Benson'
```

WHERE子句把属于这条路的地块7和所有Jane Benson曾经拥有的地产连接了起来。SELECT子句为新的属性is_part计算了一个布尔值,步骤如下:首先,属于这条道路区域的ST复形的时间限制在nowDB(nowDB是一个双时态元素,该双时态元素表示了用当前数据库时间now表示的所有双时态时间),然后就确定了它的空间投影。接着,计算描述Jane Benson所拥有建筑物的ST复形的空间投影。所得到的两个空间复形通过S-intersection操作计算出它们的交。最后,谓词isempty检查相交的结果是否为空。如果结果不为空,那么这条路和这个房子过去曾共享过一部分土地。

(4) Jack Meyer的房子曾经和这条路有过共同的边界吗?

```
SELECT NOT isempty (ST-intersection(
                    ST-boundary(p.area),
                    ST-boundary(q.building))) AS is_part
FROM parcels AS p,parcels AS q
WHERE p.parcel-id = 7 AND p.owner ='public' AND
      q.owner ='Jack Meyer'
```

这个SELECT子句确定了两个ST复形的边界并计算了它们的交,这里的两个ST复形描述了该道路区域和Jack Meyer的房子。

练习 2.1 这个方法的"离散"特性表现在什么地方? ■

练习 2.2 用前面已给出的类 SQL 语言来形式化描述如下查询,如果需要请给出查询语言的扩展设计:

(1) 在什么时候某人所拥有的一个地块还不是已开发的实际房地产?

(2) 地块 4 上的学校(指第 1 个建筑物)是什么时候建成的? ■

2.2 基于事件的方法

第 2 个要讨论的模型给出了基于事件的方法。在这种基于时间的方法中,时间的定位为主要的变化表示基础。一个事件代表了在某一瞬间的一种状态变化,例如在某个时间 t 与空间位置相关的某个值的变化。在这个模型中,只有有效时间是重要的,因此不再涉及事务时间。

2.2.1 模型

与每个变化(即每个事件)相关联的时间从初始时间 t_0(例如,1963 年 3 月 1 日)开始按增序存储,一直到最近的记载改变的时间 t_n 为止。这就意味着可以用一个函数来表达这些变化,这个函数从离散时间域映射到我们感兴趣的某个域中。通常,任何时间区间的长度(即在 t_{i-1} 和 t_i 之间的时态距离)以及任何其他这样的时间区间都会发生变化。现在的基本思路是将时间戳 t_i 仅与 t_{i-1} 到 t_i 之间的变化(即"Δ")相关联,而不是和变化后的整个快照关联。所有在 t_{i-1} 和 t_i 之间的变化都包含在集合 c_i 里,唯一的例外出现在时间 t_0 时,此时我们必须记录初始状态或者基础地图 *BM*(Base Map)。图 2.10(a)所示的事件列表描述了这种情况。图 2.10(b)所示为在 t_i 时刻如何记录变化的更多细节。在这一方法里,几何结构被存储为位图或者图像,因此 t_i 时的变化与一个单独位置(x_{ik}, y_{ik})的集合相关联,其中每个单独位置都带有变化值 v_{ik}。

从表示的角度看,这种方法的一个主要缺点是存储在 c_i 里的三元组(x,y,v)的数量直接依赖于在 t_{i-1} 和 t_i 之间变化的离散位置的总数。一种改进方法是将所有具有相同值 v 的位置组成一个组。这样一个包含特定值的组称为一个部件,共享的值 v 称为部件的描述子。每个事件的每个新值只被存储一次,所有的位置都映射到这个新值,而不是每个事件的每个位置都存储。这使得每一个新值都形成一个单独的部件。

更进一步的改进方法是在每个部件内部使用栅格游程编码,从而减少记录位置所需的存储空间。这是指如果在图像具有相同 x 坐标的一行中,几个连续的 y 坐标

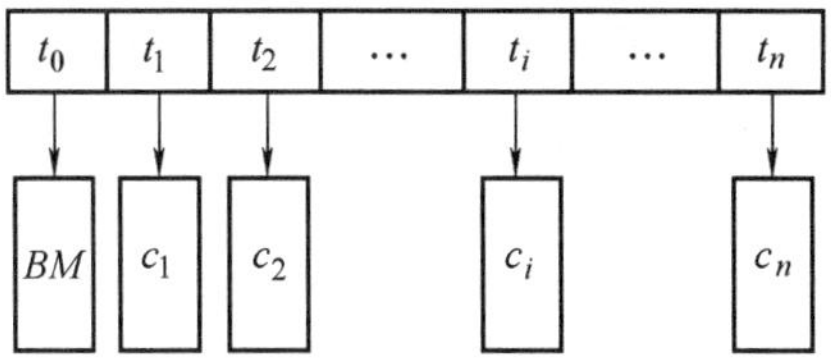

(a) t_i 包含了一个时间值（例如天、月或年），BM是基础地图，c_i 包含了所有发生在时间 t_{i-1} 和 t_i 之间的变化

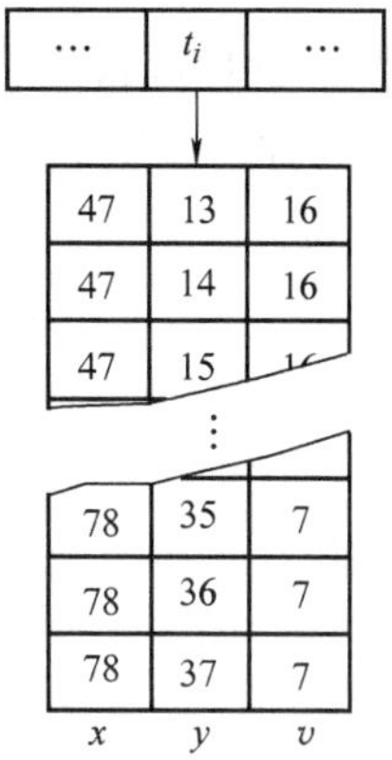

(b) 变化的结构包含在一个三元组(x_{ik}, y_{ik}, z_{ik})的集合 c_i 中，每个三元组描述了位置(x_{ik}, y_{ik})在 t_i 时的新值 v_{ik}

图 2.10　一个事件列表的例子

具有相同的值 v,那么这些 y 坐标可以在一个时间间隔里汇总,这种方式通常可以使表示长度更加简短。图 2.11 所示为一个例子。在图 2.11(a)中,一个简化的地图上包含了浅阴影和深阴影表示的若干位置。每个位置以一个数字标识。浅阴影部分显示了基础地图 BM 在经过了 $t_1,\cdots,t_{i-1}$变化之后的演变结果。深阴影的位置表示了在 t_i 时刻发生的变化。图 2.11(b)显示了对应 t_i 时刻变化的事件部件以及描述子。

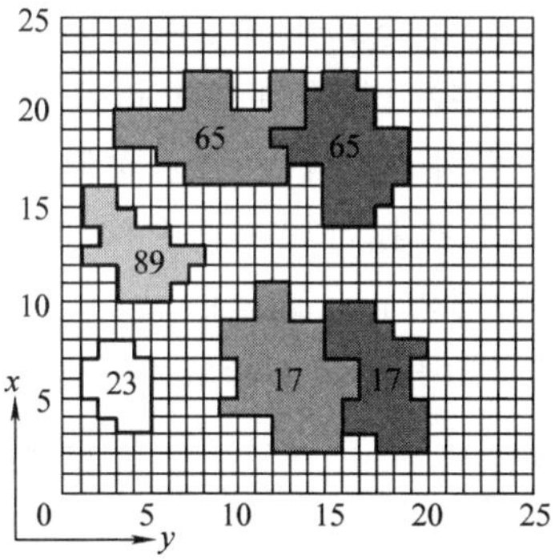

(a) 把 t_1, …, t_{i-1}变化应用到基础地图BM之后的简化地图状态（浅阴影），以及在时间 t_i 发生了变化的位置（深阴影）

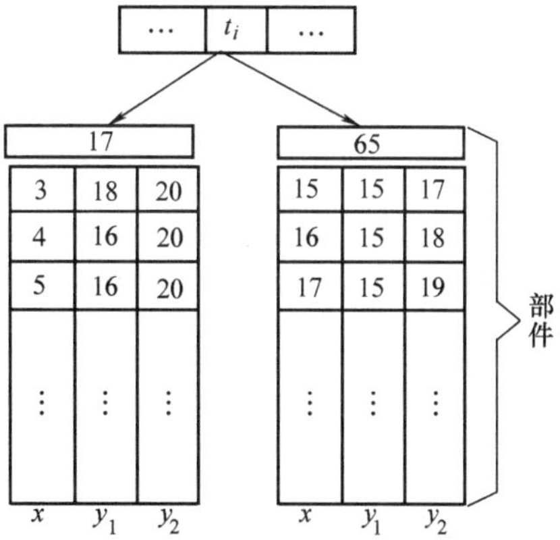

(b) 相应的事件部件以及描述子

图 2.11　一个例子

事件列表中事件的时态排序使得针对特定时间区间以及这些时间区间里特定值的变化成为可行。这样的排序也使对于不同主题域的不同时态序列的比较或者在不同地理区域中相同的主题域的比较都变得容易。可以通过直接在事件列表中单独检索时间来实现对事件发生时间的比较(即寻找时态模式),而不需要再检索相关的值和位置。因为根据值来分组,所以可以很容易地确定带有新值的空间位置。特别地,可以发出以下查询来处理单独的时态顺序:

(1) 检索在给定时间 t_i 发生变化的所有位置。

(2) 检索在给定时间 t_i 变化成某个给定值的所有位置。

(3) 检索在给定时间 t_i 发生变化的所有位置以及它们的新值。

(4) 检索在时间 t_i 和 t_j 之间变化的所有位置。

(5) 检索在时间 t_i 和 t_j 之间变化成一个给定值的所有位置。

(6) 检索在时间 t_i 和 t_j 之间变化的所有位置以及它们的新值。

(7) 计算在时间 t_i 和 t_j 之间某个区域内变化成给定值的总变化数。

(8) 在给定的时间 t_i,位置(x,y)是否变化到了一个新值?

(9) 在时间 t_i 和 t_j 之间,位置(x,y)是否变化到了一个新值?

(10) 位置(x,y)在什么时候变化到了一个新值?

2.2.2 查询处理算法

本节将不再像在2.1.6节中那样说明如何用数据库查询语言来形式化描述这些查询,但是将说明在查询处理阶段如何设计算法来执行这些查询。我们也会确定这些算法的运行时间复杂度。

从前面列表中第2个查询的求解算法设计开始,这个算法需要两个阶段的查找过程。查找的第1阶段是在事件列表中(见图2.10)找出带有期望时间戳 t 的事件,这里的事件列表是按时间升序组织的。如果整个事件列表都发生在期望时间之后(即 $t_0 > t$),那么查找过程将返回一个空列表。否则,查找过程一直进行到某个事件 e 关联的时间 t_e 大于或等于期望的时间 t(即 $t_e \geq t$)时停止。这里假设 t 不需要与存储在事件列表中的某个时间戳严格匹配。如果对于所有事件 e 来说 $t_e \neq t$,那么就使用最近时态距离这个简单的规则来确定选择 t_e 还是 t_{e-1}。当然,这个选择是根据应用而变化的。第2阶段确定与这个事件相关的部件 c,这个部件的描述子与给定的值 gv 相等。然后 *xylist* 函数将返回此部件内的所有 xy 位置。于是得到如下算法:

Algorithm *GetChangedLocsAtInstantForValur*(el,t,gv)
Input:事件列表 el,时间 t,值 gv;
Output:在时间 t 时变化到值 gv 的位置列表 *xylist*;
Method:
  If $t_0 > t$ **then return** *null* **endif**;
  for each 事件 e **in** el **do**

```
        if t_e ≤ t then
           if t ≤ (t_e + t_{e-1})/2 then ev: = e - 1 else ev: = e endif;
              for each 事件 ev 的部件 c do
                 if descriptor(c) = gv then return xylist(c) endif
              endfor
        endif
     endfor
  end.
```

事件列表的查找以及在找到的事件中查找部件描述子都是线性查找。因此,最坏时间复杂度为 $O(n_e + c_e + k_c)$,在这里 n_e 是事件列表中事件的总数,c_e 是任意给定事件的部件最大数,k_c 是存储在任何部件 c 中变化的最大数。注意,n_e 和 c_e 是输入参数,而 k_c 是输出参数。可以通过使用任意 $O(\log n)$的查找算法使最坏时间复杂度提高到 $O((\log n_e) + c_e + k_c)$,在这里 n 表示需要查找的元素总数。

练习 2.3 一个快照模型可以存储这样一幅完整的地图,它包括了在时间 t_i 时每个事件的变化。大致描述一下(不需要用算法伪码)使用快照模型来完成同样任务的算法过程。使用快照模型和不使用快照模型有什么区别?这个算法的运行时间如何? ■

接下来,我们要设计前面列表中第 5 个查询的算法。此查询要求检索在给定的时间间隔内变化成某个给定值的所有位置。

```
Algorithm GetChangedLocsInIntervalForValue(el, t_1, t_2, gv)
Input: 事件列表 el,开始时间 t_1,结束时间 t_2,值 gv;
Output: 在[t_1, t_2]时间内变化到值 gv 的位置列表 xylist;
Method:
   if t_0 > t_2 then return null endif;
   for each 事件 e in el do
      if t_1 ≤ t_e ≤ t_2 then
         for each 事件 ev 的部件 c do
            if descriptor(c) = gv then return xylist(c) endif
         endfor
      endif
   endfor
end.
```

这个算法是前述算法的简单变种。在查找的第 1 阶段,它使用了一系列的时间值,并检索出描述子 gv 中的所有位置,描述子 gv 对应着从开始时间 t_1 到结束时间 t_2 的所有事件。为了简单起见,假设时间间隔$[t_1, t_2]$范围足够宽,从而在其中至少能找到一个事件。

这个算法运行时间复杂度是 $O((\log n_e)+n_f\cdot(c_e+k_c))$，在这里 $\log n_e$ 是寻找事件列表中起始事件所花费的时间；n_f是按照条件 $t_1\leq t_e\leq t_2$ 顺序查找事件列表所要查找的事件数；c_e 是任意事件 e 的部件的最大数目，k_c 是存储在任意部件 c 中的变化的最大数目。注意，n_e、n_f 和 c_e 是输入参数，而 k_c 是输出参数。效率最差的情况是开始时间与事件列表中的第 1 个事件相匹配，并且结束时间与事件列表中最后一个事件相匹配的情况。在这个例子中，运行时间复杂度是 $O(n_e\cdot(c_e+k_c))$。

最后，我们讨论求解前面列表中第 7 个查询的算法。该查询要求返回：在给定时间间隔和区域内，变化后结果等于某个给定值 gv 的总变化数目。在某个时间 t_i达到一个给定值的变化区域数量是由区域单元的总数决定的，区域单元表示在相关的部件里或者在返回的 *xylist* (*c*)中(比如，可以由前面两个算法中的任意一个来确定)。因为这两者都用了游程编码，计算变化的区域单元总数就相当简单了，如以下算法所示，这个算法假设输入是与我们感兴趣的 gv 值关联的(x,y)位置的游程编码列表，用 *xylist* 表示：

Algorithm *Area*(*xylist*)
Input：(x,y)位置的游程编码列表 *xylist*；
output：整型值表示的变化区域数
method：
  area := 0；
  for each (x,y_1,y_2) **in** *xylist* **do**
    area := *area* + (y_2-y_1+1)
  endfor；
  return area
end.

很显然，这个算法的运行时间复杂度是关于列表 *xylist* 元素数目的一个线性函数。

练习 2.4 讨论前面列表中其他查询的求解算法，确定它们的运行时间复杂度。■

2.3 进一步练习

练习 2.5 铁路网络。在这个练习中，我们讨论一个虚拟场景，即铁路公司如何扩展它们的网络以及确定哪个连接存在于哪个时间点。假设有两个公司：西太平洋公司和中太平洋公司，它们的发展历程如下：

■ 1850 年，西太平洋公司开始连接城市 U 和 F；计划在 1852 年完成。

■ 1851 年，中太平洋公司宣布它的第 1 条铁路于 1852 年开通，这条铁路位于城市 K 和 M 之间。

■ 1852 年，UF 路线的开通被推迟到 1853 年。西太平洋公司计划下一年在城市 F 和 M 之间建造短距离铁路。

■ 1853 年，路线 KM、UF 和 FM 完工。

■ 1855 年，中太平洋公司计划在城市 U 和 K 之间建造一条直达铁路，这条铁路本应在 1857 年就可以使用，却推迟到 1858 年完工。

■ 1860 年，西太平洋公司在城市 F 和 N 之间开通了一条新铁路。

■ 1863 年，因为一座桥被毁，关闭路线 FN 一年。

■ 1864 年，西太平洋公司把城市 M 和 F 之间的线路出售给了中太平洋公司。■

请画出 1864 年这条铁路的连接图。将这两个网络中所有的路段和结点定义为一个 ST 单形，并证明西太平洋的网络形成了一个 ST 复形。给出与图 2.7 类似的双时态元素表示，并将具有相同双时态元素的所有单形组成一组。

练习 2.6 证明 ST 代数中的一个定理：

对于所有的时空复形 A、B 和 C，都有

$$(A \cup_{ST} B) \cup_{ST} C =_{ST} A \cup_{ST} (B \cup_{ST} C)$$ ■

这个定理很有用，例如，可以用于查询优化器的设计。

2.4 参考文献注释

2.1 节中时空模型的建立参考了 Worboys 于 1994 发表的一篇论文。我们增加了对空间复形的进一步讨论以及将查询代数嵌入到类 SQL 查询语言中的相关论述。我们把空间复形作为该模型主要的两个基石之一。关于代数拓扑的论述可以参考 Armstrong(1983)和 Croom(1978)。这里，我们只关心基本概念。

许多文章都探讨了空间模型的代数拓扑。Frand 和 Kuhn 于 1986 年提出了一个基于单纯复形(单元复形)的拓扑模型。他们提出了一种复形代数，这种代数提供了各种操作，比如创建一个初始复形、给一个复形增加一个点或者一条线、在一个复形中用一条线连接两个点、删除一个点或者删除一条线等。这些操作可以用来计算一个共同精化或者计算一个空间双时态操作的空间部分。在这项工作的后续研究中，Egenhofer 等(1989)中说明了实现一个单纯复形结构的简单性。他们仅用操作的一个小集合就表示了一个单纯代数，这个操作集合满足封闭性(即对一个或多个单纯复形进行计算的操作仅产生一个单纯复形)。更新操作满足一致性要求，并且每一

次修改都可以保证完整性原则。Egenhofer 等于 1989 年提出的算法涉及了在一个单纯分解中插入点、线和多边形的操作。最后，Egenhofer(1989)和 Egenhofer(1991)中，使用了单纯拓扑来定义拓扑关系。

2.2 节所述的时空模型参考了 Peuquet 和 Duan(1995)的论文，作者用一个基于事件的时空数据模型(ESTDM)描述了他们的方法。

有两篇综述文章总结了早期的时空数据库研究工作，比如本章所讨论的模型，这两篇文章是 Abraham 和 Roddick(1999)以及 Peuquet(2001)，后者还包括了移动对象的一些研究工作。

第3章　当前移动的建模与查询

在本章中,我们从位置管理的视角来考虑移动对象数据库。假设我们需要在数据库中管理一些移动对象的位置集合,而这些移动对象(如小汽车、卡车、直升机或手持移动电话的人等)当前正在运动,我们希望能够检索这些移动对象的当前位置。事实上,如果在数据库中不仅有这些移动对象当前位置的信息,而且还有它们当前如何移动的信息,我们也可以回答关于未来位置的查询。

在3.1节中我们将讨论一些基本的假设和问题,之后将介绍MOST(移动对象时空)数据模型(3.2节)。MOST模型可以描述当前和预计的未来移动情况。与MOST模型相关联的是一种称为FTL(未来时态逻辑)的查询语言(3.3节),它使我们能够表达关于移动对象未来演变的查询。我们同时也研究了移动对象向数据库发送自己当前位置和移动速度的时机和频率问题(3.4节),其目的是将DBMS中固有的移动对象位置不精确性限制在某个范围中。最后,我们讨论了不确定轨迹问题(3.5节),即给定了位置的一个不确定性范围时的运动规划问题,这里的位置是与时间相关的。

3.1　位置管理

许多应用都需要记录移动对象的位置轨迹。例如,在一个存储了某个城市所有出租车位置的数据库中,一个查询可能是这样的:检索出最接近Königsallee 48(用户请求查询的位置)的3辆空闲出租车。对于一个运输公司数据库,查询可能是这样的:哪些卡车距离卡车T68(可能这辆车需要帮助)在10公里之内?或者是:卡车T70是否能在接下来的半小时内到达它的目的地?在一个军事应用中,查询可能是这样的:检索出能在接下来的15分钟内到达峡谷的友军直升机。

很明显,在数据库中管理连续变化的位置是个问题,因为通常情况下我们都假设数据库中的数据是固定不变的,除非它们被显式地更新。频繁发送位置更新信息使我们可以通过一系列步进式的常量位置来模拟连续移动,但这会带来很高的更新代价,并且在有大量移动对象时这一方法也不可行。

本章所提出的基本思路是通过运动矢量而不是直接通过对象的位置来表示和存储移动对象(即对象的位置是时间的一个函数)。在这种方式中,即使数据库没有任何显式的更新,数据库中所表示的位置也是连续变化的。这种方式仍需要偶尔更新运动矢量,但是与存储位置的方式相比,它的更新频率要小很多。

值得注意的是,在 DBMS 数据模型中运动矢量并不是显式可见的(例如,1.4.6节中提到的特殊数据类型)。因此,我们引入一个新的概念"动态属性"。动态属性的值在没有显式更新情况下也能够随时间而改变。在数据库中,动态属性这种更抽象的视图可以通过数据库存储的运动矢量加以实现,从而使得动态属性数据类型可以和相应的静态数据类型(如 *point* 类型)一样使用,并且动态属性上的查询可以被形式化地表达成和静态位置上的查询一样的形式。但是,因为动态属性的值随时间而改变,因此得到的查询结果也会随时间而变化:相同的查询在不同时间里执行通常会产生不同的结果,即使数据库中的内容没有改变。

很明显,如果可以使用动态属性,那么数据库就不仅表示了当前位置的信息,同时也表示了预计的未来位置信息。从而,可以请求从现在开始 10 分钟之后的数据库状态,甚至是未来时间里不同移动对象之间的关系的一个序列。为了达到这一目的,我们设计了 FTL(未来时态逻辑)语言。

涉及未来的查询总是即时性的,因为数据库状态将因为动态属性的一次显式更新(即所基于的运动矢量发生变化)而改变。例如,假设根据运动矢量,一辆卡车将会在 10 分钟内到达某城市;但当这个查询结果返回给用户后,这辆卡车停下了(并且发出了相应的运动矢量更新操作)。因此,实际上它在 10 分钟内不会到达目的地。但是,根据查询请求发出时的数据库状态,我们认为先前获得的查询结果是正确的。

由于即使数据库没有被显式更新,查询结果也会随时间而改变,因此我们需要从新的角度来考虑连续查询这一问题。例如,假设一辆小汽车在高速公路上行驶时驾驶员发出一个查询:检索出距离我当前位置 5 公里之内的便宜的汽车旅馆,此时连续地重复计算这一查询是有意义的,因为当小汽车行驶时该查询结果会随之而变化。然而,在传统数据库中连续查询(如触发器)必须在每一次相关更新时重新计算,但并没有明确说明该如何执行连续查询。在后面的内容中,我们将描述一种执行策略,该策略仅需要对连续查询计算一次,并且只有在显式更新时才需要重新计算查询。

另一个重要的问题是与位置更新频率相关的位置不精确性和不确定性问题。很显然,运动矢量所表示的对象运动在通常情况下无法准确地表示真实的运动。我们将数据库中的位置和真实位置之间的距离定义为偏离。假设移动对象通过一次更新将真实位置和速度发送给了数据库,在这一更新时间①偏离是 0,之后偏离会随着时

① 我们假设更新操作是立即执行的(即更新发送和数据库中更新执行之间不存在时间差)。换句话说,有效时间和事务时间是相同的。

间逐渐增长。对于数据库而言，不仅需要知道给定时间里对象的预计位置，而且还需要知道可能的偏离范围。

为了限制对象位置的偏离以及不确定性的范围，我们假设在移动对象和管理对象位置的数据库之间存在着一个"约定"：无论何时，当偏离达到某给定阈值时，移动对象就给数据库发送一个更新通知报告自己的位置和速度。这种"约定"的实现有很多种策略，我们将在3.4节中讨论。

3.2 MOST——针对当前和未来的移动的数据模型

3.2.1 基本假设

本节介绍MOST（移动对象时空）数据模型，本章的后续内容会使用这一模型。首先让我们回顾一些标准的假设：数据库是一个对象类的集合，每个对象类有一个属性集合。

同样假设存在可用的空间数据类型，例如点、线和多边形以及这些数据类型上相应的操作。这里使用的建模方法与1.2节相比稍有不同。一些对象类被指定为空间对象类，意味着它们有一个表示空间值的属性，例如一个点或一个多边形。这时对象本身被称做是一个点对象或多边形对象。同时，对空间值的操作（1.2节的SDT操作）也可以直接应用到这些对象上。例如，如果有两个点对象 p_1 和 p_2 以及一个多边形对象 *pol*，可以应用空间操作如 DIST(p_1, p_2) 来得到两个点 p_1 和 p_2 之间的距离，或者应用 INSIDE(p_1, *pol*) 来判断点 p_1 是否位于多边形 *pol* 之内。对于所有这些工作，要求每一个对象必须只有一个空间属性。

更明确地说，假设每一个空间对象类是点类、线类和多边形类三者之一。

MOST模型对点对象尤其感兴趣。第1种点对象建模的方法是赋予它们一个特殊的属性 *pos*，该属性依次包含两个部分（称为子属性），表示为 *pos.x* 和 *pos.y*（假设是二维坐标系统）。子属性的数据类型可以是 `int` 或 `real` 类型。

除了对象类之外，数据库还包含一个特殊的对象 `Time`，它表示了在任一时刻的当前时间。时间是离散的（即时间域是自然数，用 `int` 类型表示），时间对象的值随每一个时钟周期加1。

3.2.2 动态属性

MOST模型中最基本的创新思想就是所谓的动态属性。对象类的每个属性被分为静态属性或动态属性。静态属性与通常的属性一样，而动态属性则随时间自动改变属性值。例如，下面给出了一个描述小汽车在 *xy* 平面上自由运动的对象类模式：

```
car(license_plate:string,
    pos:(x: dynamic real,y: dynamic real))
```

并不是所有的属性类型都适合扩展为动态属性。这样的数据类型(指能够扩展为动态属性的数据类型)要求必须具有0值和一个加操作。这一要求对于数值类型如 `int` 或 `real` 是成立的,也可以扩充到 `point` 这样的类型上。

类型 T 的动态属性 A(表示为 $A: T$)可以通过3个子属性来形式化地表示,$A.value$、$A.updatetime$ 以及 $A.function$,这里 $A.value$ 的类型是 T,$A.updatetime$ 是一个时间值,而 $A.function$ 是一个函数,即 f: `int`→ T,并满足当时间 $t=0$ 时,$f(t)=0$。这一表示的语义为"A 在时间 t 时的值",并且定义如下:

$$value(A,t) = A.value + A.function(t - A.updatetime) \quad ,t \geqslant A.updatetime$$

一个位置更新操作将 $A.updatetime$ 设置为当前的时间值,并改变 $A.value$ 或 $A.function$,或两者一起改变。

如果一个查询涉及属性 A,那么在求解查询时 A 的动态值是有意义的,并且求解时也会使用该值。因此,查询结果依赖于查询发出的时间。一个查询也可能直接涉及动态属性的子属性,此时我们需要访问动态属性的内部结构。例如,用户可能会请求满足 $pos.x.function = 5$(意指 $f(t) = 5t$)的对象,从而查找到 x 方向上速度为5的对象。

虽然动态属性是设计用来描述对象的移动,但它也可以用来描述其他时间相关的值(例如温度)。

3.2.3 对象位置表示

我们已经讨论了第1种描述移动点对象的方法,即通过位置属性 pos 的动态子属性 x 和 y 来描述。这种表示方式适合于那些在 xy 平面上自由移动的对象。

对于交通工具而言,更实际的假设是它们都沿着路网移动。第2种建模方法使用一个具有6个子属性的 loc 属性,这6个子属性分别是 $loc.route$、$loc.startlocation$、$loc.starttime$、$loc.direction$、$loc.speed$ 和 $loc.uncertainty$。这里,$loc.route$ 是一个线空间对象(指针),它描述交通网络上某一路径的几何性质(即对象移动的路线)。$loc.startlocation$ 是 $loc.route$ 上的一个点,它是移动对象在 $loc.starttime$ 时的位置。$loc.direction$ 是一个布尔值,它表示对象移动的路线的方向(相对于东-西,南-北,或者路线的两端)。$loc.speed$ 是一个函数 f,它与自上次位置更新后(即从 $loc.starttime$ 开始)所消耗的时间一起给出了对象与 $loc.startlocation$ 之间的距离①。假设每次位置更新都将设置 $loc.starttime$,并将 $loc.startlocation$ 设置为该时刻的位置。同样,要求 $f(0) = 0$。在大多数简单情况下,$loc.speed$ 存储的是一个常量 v,因此,在时间 $loc.starttime + t$ 时,对象与 $loc.startlocation$ 之间的距离是 $v \cdot t$。$loc.uncertainty$ 是一个常量,或是一个自上次位置更新以来所消耗时间单位数的函数,它代表了对象偏离的阈值。无论何时,只要达到阈值,对象就会发送一次位置更新。我们会在3.4节中用到

---

① 对于距离,只有沿着路线的距离是有意义的。

loc. uncertainty 并做进一步的讨论。

loc 属性的语义同样也是平面上一个时间相关的位置(x,y)，只不过它正好位于网络上。在 *loc. starttime* 时，它的位置是 *loc. startlocation*；在 *loc. starttime* + *t* 时，它在 *loc. route* 上沿着 *loc. direction* 方向与 *loc. startlocation* 相距 *loc. speed* · *t* 的位置。查询求解也可以考虑不确定性，即对象 *m* 在时间 *t* 时的位置查询结果可能是这样：对象在路线 *loc. route* 上的位置不确定性 *loc. uncertainty* 达到最大时位于位置(x,y)之前或之后。

当然，不确定性子属性并不是特别针对网络模型的，它也可能增加到 *pos* 属性中。在这种情况下，查询的结果可能是对象的位置(x,y)在一个以不确定性为半径的圆内。

3.2.4 数据库历史

传统数据库查询只涉及数据库的当前状态，而 MOST 模型中的查询可能会涉及由动态属性隐含给出的数据库未来状态。首先，我们需要更准确地了解数据库状态的含义。

数据库状态是一个对象类和对象之间以及 *Time* 对象与时间值之间的映射，该映射将每个对象类和一组具有适当类型的对象相关联，同时将 *Time* 对象与某个时间值相关联。对数据库中的任意对象 *o*，我们用 *o. A* 表示 *o* 的属性 *A*，如果 *A* 有个子属性 *B* 可以表示为 *o. A. B*。在数据库状态 *s* 下 *o. A* 的值表示为 $s(o.A)$，$s(Time)$给出了数据库状态 *s* 的时间值。每个动态属性在状态 *s* 下的值为 $value(A,s(Time))$。

一个数据库历史是由每个时钟周期的数据库状态所组成的一个无限序列，它开始于某一时间 *u* 并延伸至无限的将来——即 s_u, s_{u+1}, s_{u+2}，等等。我们用 H_u 表示起始于时间 *u* 的数据库历史。属性 *A* 的值在两个连续的数据库状态 s_i, s_{i+1} 中可能是不同的，这可能是由属性 *A* 上的显式更新造成的，也可能是由于 *A* 是动态属性因此它的值被隐式地改变了。在任何时间 *t*，我们把时间戳小于 *t* 的数据库状态所构成的序列称为过去数据库历史，具有大时间戳的无限序列称为未来数据库历史。

需要注意的是，一个在时间 $t > u$ 时发生的显式更新会影响给定数据库历史 H_u 中从 *t* 开始的所有状态。假设直到时间 $t-1$ 时，数据库历史 H_u 为

$$s_u, s_{u+1}, s_{u+2}, \cdots, s_{t-1}, s_t, s_{t+1}, s_{t+2}, \cdots$$

接着，从时间 *t* 开始的历史为

$$s_u, s_{u+1}, s_{u+2}, \cdots, s_{t-1}, s'_t, s'_{t+1}, s'_{t+2}, \cdots$$

因此，对于每个时钟周期，我们都会得到一个新的数据库状态，并且对于每一次更新，我们都会得到一个新的数据库历史。我们用 $H_{u,k}$表示从 *u* 开始到 $u+k$ 为止的一段历史（即直到时间 $u+k$，才完成全部更新）。因此，$H_{u,0} = H_u$ 并且 $t = u+k$ 时，更新之前的历史是 $H_{u,k-1}$，更新之后的历史是 $H_{u,k}$。

要注意的是，数据库历史仅仅是我们定义查询语义的一个概念，它们不能被显式

地存储或者操纵，这是显而易见的。

3.2.5 3种查询类型

查询是整个数据库历史上的谓词，而不仅仅是作用于单个数据库状态上。因此可以将查询区分为3种不同的类型：即时查询、连续查询和持久查询。同一查询可以用其中任一种查询方式提交，但会得到不同的结果。这些内容将在后面详细讨论。

在3.3节我们将会看到，查询会包含一个隐含的当前时间概念。例如，我们使用某种语言结构来表达查询条件“在接下来的10个时间单位内”，即表示从当前时间开始的10个时间单位之内。这里，如果没有关于时间的明确说明，那么当前时间的数据库状态是有意义的，因为通常情况下查询都是在当前时间发出的。假设当前时间为 t，我们用 $Q(H,t)$ 来表示在数据库历史 H 上进行求解的一个查询 Q。

在时间 t 时提交的即时查询 Q 的求解方式如下：

$$Q(H_t,t) \qquad \text{（即时查询）}$$

这表明，如果当前时间为 t，则即时查询是在起始时间为 t 的数据库历史上进行求解。例如，一个驾驶员在时间 t 时发出一个查询“找出距离我的位置5公里之内的所有汽车旅馆”，此时数据库将会返回所有与时间 t 时的汽车位置相距5公里之内的汽车旅馆。

需要重视的是，即时查询并不意味着它只会用到当前的数据库状态。例如，驾驶员可能也会提交这样一个查询“找出我可以在10分钟内到达的所有汽车旅馆”，这一查询将涉及从当前时间到10分钟之后这段时间里的所有数据库状态。

第2种类型的查询是连续查询。对于在时间 t 时提交的连续查询 Q，我们以一个查询序列来求解：

$$Q(H_t,t),Q(H_{t+1},t+1),Q(H_{t+2},t+2),\cdots \qquad \text{（连续查询）}$$

换句话说，一个连续查询在每个时钟周期里都以即时查询的方式重新进行计算。查询结果也会随时间而改变。对于某个时刻 u，我们可以得到有效的即时查询结果 $Q(H_u,u)$。如果一个连续查询的结果显示给用户，那么所显示的内容可能会自动变化，并不需要用户的交互。例如，汽车驾驶员可能会以连续查询的方式来查询“找出距离我5 km之内的所有汽车旅馆”，以便当查找到合适的旅馆时可以立刻获知。

当然，在每个时钟周期里都重新计算查询是不切实际的。可以用一种仅需对连续查询结果计算一次的算法来代替，这一算法通过对一系列元组都增加一个时间戳标记来实现。元组的时间戳表明它属于查询结果集的时间区间。随着时间推移，一些元组的时间区间开始满足查询条件，于是它们被加入到查询结果集中，而另一些元组的时间戳过期，于是从结果集中移除它们。

正如本章引言中所讨论的，未来查询的结果是即时性的。对于一个连续查询，这意味着结果集（带有时间戳的元组）可能会因为显式更新的原因而变得无效。因此，一个连续查询需要在每次更新后重新计算，因为更新操作可能会改变查询结果集。

第 3 种类型的查询是持久查询。这种查询的产生动机源于这样一个事实，即目前的连续查询还不能识别某些特殊类型的演变过程。例如，考虑这样的一个查询，Q = "找出所有 5 分钟之内速度增加了一倍的小汽车"，假设该查询以连续查询的方式在 $t = 20$（假设时间单位是分钟）时提交。设 o 表示一个小汽车，它的 *o. loc. speed* = 40，假设 o 的速度在 $t = 22$ 时被显式更新为 60，在 $t = 24$ 时更新为 80。

当计算连续查询 $Q(H_{20}, 20)$ 时，由于在所有将来的状态中 o 的速度都是 40，因此，o 不会出现在结果集中。当计算 $Q(H_{22}, 22)$，在所有将来的状态 o 的速度都是 60，类似地，在 $t = 24$ 时也以即时查询的方式计算该连续查询，获知在所有未来的状态里 o 的速度为 80。因此，o 一直都不会出现在结果集中。

对于在时间 t 时提交的持久查询 Q，我们也以一个查询序列来进行求解：

$$Q(H_{t,0}, t), Q(H_{t,1}, t), Q(H_{t,2}, t), \cdots \quad \text{（持久查询）}$$

因此，持久查询是在时间 t 开始的数据库历史上的一个连续计算，当数据库历史由于显式更新而改变时，其查询结果也会随之而改变。

考虑前面的例子，在计算上面查询序列的第 5 个查询 $Q(H_{24}, 20)$ 时，可以发现 o 的速度从时间 20 到时间 24 时已经翻倍这一事实，因此 o 被作为查询结果返回。

再次说明，我们并没有在每个时钟周期里都重新计算查询，而是仅在每次更新时才计算，因为更新可能会影响查询结果，这和连续查询的处理方式是一样的。

我们将持久查询放在这里一起讨论，目的是为了给大家看一下从语义角度可能产生的不同类型的"连续"查询。但是，为了计算持久查询，必须要保存关于数据库过去内容的信息（换句话说，要使用 MOST 数据模型的某种时态版本，比如 1.3 节中的模型）。到目前为止，MOST 模型是非时态的，因为在更新时它的子属性值会被重写，同时先前的值会丢失。对 MOST 模型进行这方面的扩展超出了本章范围，我们不再进一步讨论持久查询。

3.3 FTL——基于未来时态逻辑的查询语言

本节讨论一种可以表达未来查询条件的查询语言：未来时态逻辑（FTL）。我们首先通过一些例子来说明 FTL 语言（见 3.3.1 节），接着给出 FTL 语言的语法定义（见 3.3.2 节）和语义（见 3.3.3 节），最后，提出一个 FTL 查询的求解算法（见 3.3.4 节）。

3.3.1 查询例子

前面已经提到了许多移动对象应用中的查询例子，现在使用 FTL 来表达这些查询。

【例 3.1】 哪些卡车距离卡车 T68 不超过 10 公里？

```
RETRIEVE t
```

```
FROM trucks t ,trucks s
WHERE s.id ='T68'∧dist(s,t)≤10
```
■

查询的一般形式为[①]

```
RETRIEVE 〈target-list〉 FROM 〈object-classes〉
WHERE〈FTL-formula〉
```

FTL公式非常有意思。第1个例子并无什么特别之处,它使用的是"理论上的"语法。在实践中,我们会用"and"来代替逻辑连接符"∧",并用"<="代替"≤"。注意这里距离操作符 **dist** 直接应用到了对象上,而不是对象的点属性上,这一点我们在3.2.1节已有过讨论。

FTL语言同样只能用来处理即时查询。在3.2节我们已经讨论过怎样从即时查询得到连续查询,但是FTL语言并不支持将一个查询以连续查询的方式进行计算,这必须要在语言外部进行说明(例如在用户接口中)。

因此,例3.1的查询是在查询发出的时候即时进行计算的。假设卡车具有动态位置属性(*loc*),计算卡车*s*(T68)当前位置和卡车*t*的距离。假设距离函数 **dist** 是在路网上计算的,因此它涉及最短路径的计算。

可以看出上面的查询非常简单(可能具有欺骗性),不需要说明任何时间信息,但查询与卡车的当前位置相关,并且当查询在不同时间提交时它所返回的结果会改变。

【例3.2】 卡车T70是否会在半小时之内到达目的地?

从形式上看,该查询要求返回一个布尔型(yes或no)结果,但是无法直接得到这个结果。因此,我们使用另一种替代方法:如果卡车T70能在规定时间到达目的地,我们就返回它作为结果,否则结果为空。

假设目的地表示为一个点对象类 *destinations*,所有点都位于交通网络上。卡车对象的 *dest* 属性指明它的目的地,这个属性是对目的地对象的一个引用。

```
RETRIEVE t
FROM trucks t
WHERE t.id ='T70'∧eventually_within_30(dist(t,t.dest) =
0)
```

这里,再次假设时间单位是分钟,**eventually_within_c** 是一个新的时态操作符,这里 c 是关于时间单位的数字常量,它可以用在谓词 p 中。**eventually_within_c**(p)的意思是:在接下来的 c 个时间单位内,谓词 p 将为真。 ■

① 描述FTL的原始文献中省略了 FROM 子句;并假设存在着一个单独的隐式的移动对象类。

【例3.3】 为了使下面的例子更有趣,我们稍微修改一下前面提到过的直升机查询:检索将会在15分钟之内到达峡谷并在峡谷至少停留5分钟的友军直升机。

```
RETRIEVE h
FROM helicopters h
WHERE eventually_within_15(inside(h,Valley) ∧
   always_for_5(inside(h,Valley)))
```

这里,*Valley* 是一个多边形对象,**inside** 操作是比较一个点对象是否包含在一个多边形对象内。我们假设这个点对象类所表示的直升机都是友军飞机,因此,我们不需要为"友军"定义明确的查询条件。

要注意上面的条件说的是在15分钟之内数据库将变成这样的状态,此时直升机 h 在峡谷内,并且在接下来的5分钟之内这一状态一直为真。 ■

可以看出,在查询语言中描述一些必须按照某种顺序依次为真的条件序列是可能的,而且在查询语言中明确限定所涉及的多个时间区间也是可能的。在3.3.2节中,我们将给出查询语言结构的精确定义。

3.3.2 语法

FTL语言有趣的部分是FTL公式。FTL和一阶逻辑相似,由常量、变量、函数符号以及谓词符号等组成。

□ **定义3.1** FTL语言由如下符号组成:

(1) 常量。常量是原子数据类型(例如,54、"T68"等)或数据库中的命名对象(例如,*Valley*)。特殊的数据库对象 *Time* 也是常量。

(2) 对每个 $n > 0$,有一个 n 元函数符号集。每个函数符号表示一个具有 n 个不同类型参数并返回某个特定类型值的函数。例如 *int* 类型上的 +、* 操作,或"·"操作,它输入某个对象类的一个对象和一个属性名并返回一个该属性类型的值。

(3) 对每个 $n \geq 0$,有一个 n 元谓词符号集,每个谓词表示 n 个特定类型的参数之间的一种联系。例如,≤、≥表示通常的算术比较操作。

(4) 变量。变量是类型化的,并且可以使用所有对象类或原子类型。例如,h_{truck} 是使用了 *truck* 类的变量,又如 j_{int} 是一个整型变量。通常表示变量域的下标可以省略。

(5) 逻辑连接符 ∧ 和 ¬。

(6) 赋值量词 ←。

(7) 时态模型操作符 **until** 和 **nexttime**。

(8) 括号和标点符号"("、")"、"["、"]"和","。 ■

MOST 模型和 FTL 语言可以在提供了非时态查询语言实现(如 OQL)的 DBMS 之上进行实现。FTL 允许将所谓的原子查询嵌入到底层查询语言之上。这种原子查询返回单个原子类型的值(如整型)。例如,下面这个查询是一个原子查询,它返回一个 *string* 类型的值:

```
RETRIEVE d.name FROM destinations d WHERE d.id = 'd12'
```

在 FTL 内,这种原子查询被看做是一个常量符号。这种查询也可能含有变量,例如,如下这个查询就带有一个自由变量 y:

```
RETRIEVE d.name FROM destinations d WHERE d.id = y
```

这个查询可视为一个函数符号,它表示了一个根据给定参数返回一个 *string* 值的一元函数。

□ **定义 3.2** 下列之一的元素称为一个项:

(1) 一个常量 c

(2) 一个变量 v

(3) 一个属性访问 $v.A$

(4)一个应用到若干具有适当类型的项上的函数 $f(t_1, \cdots, t_n)$

例如,10、$x+3$、**dist**(x,y)和 $d.name$ 是项,并且“retrieve d. name from destinations d where d. id = y”(从目的地 d 中检索满足 $d.id = y$ 的 $d.name$)也是项。 ■

□ **定义 3.3** 一个合式公式的定义如下:

(1) 如果 R 是一个 n 元谓词符号,且 $t_1, \cdots t_n$ 是具有适当类型的项,则 $R(t_1, \cdots, t_n)$是一个合式公式。

(2) 如果 f 和 g 是合式公式,则 $f \wedge g$ 和 $\neg f$ 是合式公式。

(3) 如果 f 和 g 是合式公式,则 f **until** g 和 **nexttime** f 是合式公式。

(4) 如果 f 是合式公式,x 是一个变量,且 t 是一个与 x 类型相同的项,则($[x \leftarrow t]\, f$)是一个合式公式。如果公式中的变量没有出现在形如$[x \leftarrow t]$的赋值量词中,我们称该变量是自由的。 ■

这些定义的语义我们将在 3.3.3 节中给出。注意,FTL 中没有一阶逻辑中的存在量词和全称量词①。作为替代的是,FTL 提供的赋值量词允许我们将一个变量绑定到数据库历史某个状态的一个查询结果上。特别地,它可能会在某个时间点及时捕获一个原子值并在稍后的时间点及时地将该原子值关联到其他值上。

我们还没有讨论某些构造,比如前面例子中出现过的 **eventually_with_c**。

① 一种说法是这样做可以避免安全性问题,而安全性问题在涉及数据库历史时更为严重。作为例子,大家可以参考标准数据库教材中关于关系演算安全性的相关讨论。

在下文中我们将会讨论这些内容,并且说明它们可以由 FTL 语言的原语导出。

3.3.3 语义

当一个查询"retrieve 〈target - list〉 from 〈object - class〉 where f"进入数据库时,我们假设 s_u 为当前的数据库状态。公式 f 的语义与开始于 s_u 的数据库历史相关,即历史 H_u。

首先,我们需要给出语言中的符号定义。

(1) 常量表示来自其所在域的值。例如,54 是一个整型常量,"T68"是一个字符串常量,而 *Valley* 和 *Time* 代表了数据库对象。

(2) 函数符号有着标准的解释或者代表了有相应文字定义的函数。例如,符号 + 和 * 表示标准的加和乘函数。**dist** 符号表示了 3.3.1 节中所述的距离函数。

(3) 谓词符号也有自己的标准解释。例如,≤ 表示小于或等于。

在下文中,我们在表示结构中并不区分这些符号和它们的解释。例如,对一个常量符号 c,它的值也用 c 表示。

□ **定义 3.4** 公式 f 的一个变量赋值是一个映射 μ,它对 f 中每个自由变量都赋一个取自其所在域的值。我们用 $\mu[x/u]$ 表示一个从 μ 中得到的映射,该映射对变量 x 赋值 u,同时保持其他的变量不变。 ■

【例 3.4】 假设在例 3.1 的 *truck* 对象类中,存在着对象标识符从 T_1 到 T_{100} 的若干卡车对象。对于如下公式:

```
s.id = 'T68' ∧ dist(s,t) ≤ 10
```

一个可能的变量赋值是 $\mu = \{(s, T_{10}), (t, T_{20})\}$。 ■

□ **定义 3.5** 给定一个变量赋值 μ,状态 s 下项 t 的计算过程表示为 $\varphi_{s,\mu}[t]$,定义如下:

(1) 如果 t 是一个常量 c,则 $\varphi_{s,\mu}[c] = s(c)$。

(2) 如果 t 是一个变量 v,则 $\varphi_{s,\mu}[v] = \mu(v)$。

(3) 如果 t 是一个属性访问 $v.A$,则 $\varphi_{s,\mu}[v.A] = s(\mu[v].A)$。

(4) 如果 t 是一个应用到参数 $t_1, \cdots, t_n$ 的函数,则 $\varphi_{s,\mu}[f(t_1, \cdots, t_n)] = f(\varphi_{s,\mu}[t_1], \cdots, \varphi_{s,\mu}[t_n])$。 ■

要注意,常量是在某个特定的数据库状态中计算的,而常量 *Time* 的计算尤其需要这样一个数据库状态。此外,动态属性的计算也是和数据库当前状态相关的。

现在我们开始定义公式满足性。给定一个变量赋值 μ,数据库历史 H 中的某个数据库状态 s 上的公式满足性可以在公式结构上用归纳的方法进行定义。

□ **定义3.6** 给定一个变量赋值 μ,公式 f 在数据库历史 H 中的某个数据库状态 s 上是满足的(简称在(s,μ)处满足):

(1) $R(t_1,\cdots,t_n)$是满足的:⇔ $R(\varphi_{s,\mu}([t_1],\cdots,\varphi_{s,\mu}[t_n]))$ 成立。

(2) $f \wedge g$ 是满足的:⇔ f 和 g 都在(s,μ)处满足。

(3) $\neg f$是满足的:⇔ f 在(s,μ)处不满足。

(4) f **until** g 是满足的:⇔ g 在(s,μ)处满足,或在历史 H 存在一个未来状态 s'并满足(g 在(s',μ)处满足 ∧ 对所有在历史 H 中早于状态 s'的状态 s_i,f 在(s_i,μ)处满足)。

(5) **nexttime** f是满足的:⇔ f 在(s',μ)处满足,这里 s'是历史 H 中紧接着 s 的状态。

(6) $([x \leftarrow t] f)$是满足的:⇔ f 在$(s,\mu[x/\varphi_{s,\mu}[t]])$处满足。 ■

赋值量词可以和 **nexttime** 操作符结合起来使用,以发现数据库状态的改变。

【例3.5】 公式($[x \leftarrow$ **dist**$(a,b)]$ (**nexttime dist**$(a,b) > x$))的计算过程如下。这里我们假设这一公式是在状态 s 处计算的,并且 s'是 s 的下一个状态。

($[x\leftarrow$ **dist**$(a,b)]$(**nexttime dist**$(a,b) > x$))在状态 s 处满足

⇔ (**nexttime dist**$(a,b) > \alpha$)在状态 s 处满足,这里 α 是在状态 s 处对象 a 和 b 之间的距离

⇔(**dist**$(a,b) > \alpha$)在状态 s'满足

⇔ $(\beta > \alpha)$,这里 β 是在状态 s'处对象 a 和 b 之间的距离

因此,如果从当前状态改变到下一个状态时对象 a 和 b 之间的距离是递增的,则公式是满足的。 ■

我们已经给出了构建公式的语法原语,它们的含义也已经定义清楚。在此基础上,我们可以定义一些导出符号,具体定义如下:

首先,除了逻辑连接符∧和¬之外,我们也可以使用∨和⇒,它们可以参照前两者进行定义:

其次,时态操作符 **eventually** 和 **always** 可以像下面这样定义:

■ **Eventually** g 是指 g 将在某个未来状态处成立。我们可以将其定义为 *true* **until** g。

■ **Always** g 是指 g 在所有未来状态处都是满足的,包括当前状态。它可以定义为¬(**eventually** (¬ g))。

另外,使用具有有界时间区间(而不是无限时间区间)的相关操作符也是有益的。首先,定义 **until** 操作符的有界版本:

■ g **until_within_c** h 断言从现在开始至多 c 个时间单位内存在一个未来时间使 h 成立,并且在这个未来时间之前 g 一直都是满足的。

■ g **until_after_c** h 断言从现在开始至少 c 个时间单位后存在一个未来时间使 h 成立,并且在这个未来时间之前 g 一直都是满足的。

练习 3.1 根据已有的 FTL 语言要素,定义操作符 **until_within_c** 和 **until_after_c** 的语义。 ■

基于这些,我们定义其他有界的时态操作符如下:

■ **Eventually_within_c** g 断言公式 g 将会在从现在开始的 c 个时间单位内成立,定义为 *true* **until_within_c** g。

■ **Eventually _after_c** g 断言公式 g 至少在 c 个时间单位后才会成立,定义为 *true* **until_after_c** g。

■ **Always_for_c** g 断言公式 g 将会在从现在开始的 c 个时间单位内一直成立,定义为 g **until_after_c** *true*。

最终,我们给出了练习 3.2 和练习 3.3 中用到的时态操作符的定义。

3.3.4 FTL 查询求解

现在一个有意思的问题是如何通过一个算法去处理和求解 FTL 查询。在 3.3.2 节所述所有形式的 FTL 查询中,这里我们仅考虑称为合取公式的一个子集。合取公式是这样构造的:

■ 没有否定

■ 没有 **nexttime** 操作符

■ 没有任何对 *Time* 对象的引用(参考 3.2.1 节)

去除否定的原因是为了安全(即保证查询结果的有限性),因为否定可能会引入无限的结果。在查询中去除掉带有时间变量的条件,意味着对于每一个出现在公式 f 中赋值量词右边的查询 q(即,形如 $[x \leftarrow \theta]$),任何时候求解 q 所返回的值都是独立于时间的。它仅返回对 q 中的自由变量赋值后再应用函数所产生的结果,并且它仅依赖于对象的当前位置。这一条件也保证了当对象在某个特定位置时,一个非时态谓词的满足性只和对象的所在位置相关,而与对象到达该位置的时间无关。

但是,我们允许像 **eventually_within_c** 这样的有界时态操作符。因为我们不能使用 *Time*,因此求解算法必须显式地处理两个基本操作符 **until_within_c** 和 **until_after_c**。

另外一个约束条件是,我们只允许处理即时查询和连续查询,但不包括持久查询。

求解 FTL 公式的基本思路是对每一个具有自由变量 $x_1, \cdots, x_k$ 的公式 f 构造并计

算一个关系 $R_f(x_1,\cdots,x_k,t_{start},t_{end})$。在这个关系中,$f$ 中的每一个自由变量都有一个对应的属性,另外还有描述时间间隔的两个属性 t_{start} 和 t_{end}。R_f 的每一个元组$(o_1,\cdots,o_k,t_1,t_2)$表示对自由变量 $x_1,\cdots,x_k$ 的一个实例化 $\rho=\langle o_1,\cdots,o_k\rangle$,并且在$[t_1,t_2]$这个时间间隔里该实例所对应的公式 f 为真。

更进一步,如果两个元组对变量 $x_1,\cdots,x_k$ 的实例 $\rho=\langle o_1,\cdots,o_k\rangle$ 相同,那么它们的时间间隔既不能相同也不能相连。

具有相同实例 ρ 的元组集合 T 和它们的时间间隔集合 I 表示了多个对象的一个组合$\langle o_1,\cdots,o_k\rangle$,该对象集在时间 I 期间满足公式 f。

根据定义 3.3 可知,一个 FTL 公式是由若干子公式构造而成的。求解的想法就是首先确定原子公式的关系,然后自底向上求解,求解时我们将连接符转换为相应的关系操作。

在本节开始处,我们曾申明只考虑一类有限制的公式,即不存在否定和 **nexttime** 操作符并且 **until_within_c** 和 **until_after_c** 需要显式地处理。下面是针对这种限制对定义 3.3 的一个修改。

□ **定义 3.7** (在有限制的情况下)合式公式的定义如下:

(1) 如果 R 是一个 n 元谓词符号,且 $t_1,\cdots,t_n$ 是具有适当类型的项,则 $R(t_1,\cdots,t_n)$是一个合式公式。

(2) 如果 f 和 g 是合式公式,则 $f\wedge g$ 也是合式公式。

(3) 如果 f 和 g 是合式公式,则 f **until** g 也是合式公式。

(4) 如果 f 和 g 是合式公式,则 f **until_within_c** g 也是合式公式。

(5) 如果 f 和 g 是合式公式,则 f **until_after_c** g 也是合式公式。

(6) 如果 f 是合式公式,x 是一个变量,且 t 是一个与 x 类型相同的项,则$([x\leftarrow t]f)$是一个合式公式。如果公式中的变量没有出现在形如$[x\leftarrow t]$的赋值量词中,我们称该变量是自由的。 ■

现在依次考虑每种情况。设 h 是具有自由变量 $x_1,\cdots,x_l$ 的一个子公式。

第1种情形:$h\equiv R(x_1,\cdots,x_l)$

例如:$h\equiv dist(x_1,x_2)<8$

假设对于每一个这样的原子谓词以及一个可能的实例化$\langle o_i,o_j\rangle$,都有一个算法可以返回当谓词成立时的时间间隔。

对所有这样的元组$\langle o_1,\cdots,o_l\rangle$以及与其相关联的时间间隔,可以计算得到一个关系 R_h。

第2种情形:$h\equiv f\wedge g$

设 R_f 和 R_g 是根据子公式计算得到的两个关系,例如:

■ $R_f(x_1,x_2,x_5,t_s,t_e)$

- $R_g(x_1, x_4, x_5, x_7, t_s, t_e)$

此时,得到的结果关系具有如下模式:

- $R_h(x_1, x_4, x_5, x_7, t_s, t_e)$

假设对于实例$\langle o_1, o_2, o_4, o_5, o_7 \rangle$,$f$ 在 I_1 上满足且 g 在 I_2 上满足,则 $f \wedge g$ 在 $I_1 \cap I_2$ 上满足。因此,通过计算 R_f 和 R_g 的连接结果来得到结果关系 R_h。这里,R_f 和 R_g 的连接条件是相同的变量必须相等,同时时间间隔必须相交;每个结果元组的时间间隔为两个连接元组的时间间隔的交。

第 3 种情形:$h \equiv f$ until g

设 R_f 和 R_g 是根据子公式计算得到的两个关系,分别具有 $p+2$ 和 $q+2$ 个属性。

考虑 R_f 的元组 t_1,设 T_1 是在前 p 个属性值相同的所有元组的集合(即实例化相同的元组)。设 I_1 是 T_1 中的时间间隔集。类似地,我们对 R_g 中的 t_2、T_2 以及 I_2 做同样的假设。

图 3.1 所示为两个时间间隔有重叠的元组 t_1 和 t_2。很明显,如果 f 对于 t_1 时间间隔上的实例化是成立的,并且 g 对于 t_2 时间间隔上的实例化也是成立的,则 f **until** g 在 t_1 和 t_2 时间间隔的并上成立。

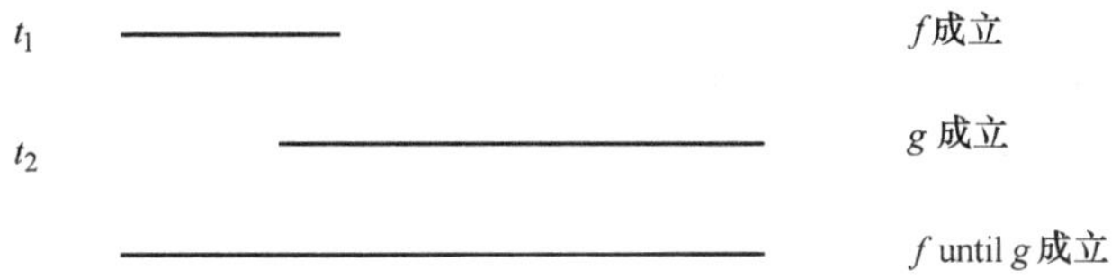

图 3.1 公式 f 和 g 的两个实例在时间间隔上发生了重叠

现在考虑这两个实例在时间间隔 I_1 和 I_2 上的完整集合(如图 3.2 所示),我们的问题是:什么时候 f **until** g 成立?

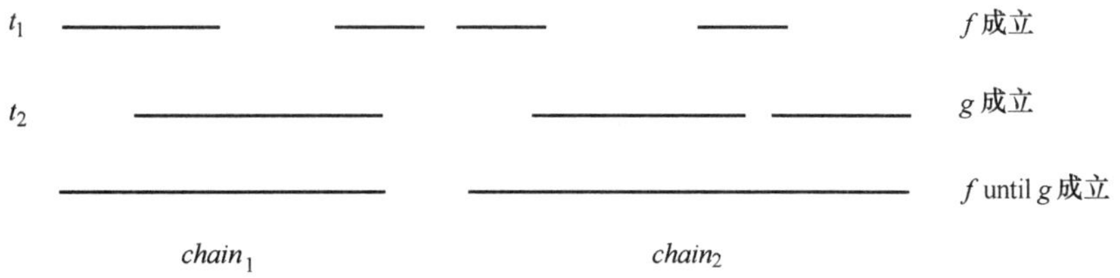

图 3.2 f **until** g 的时间间隔

先回忆一下 f **until** g 的语义。

f **until** g 是满足的:⇔ g 在(s, μ)处满足,或在历史 H 存在一个未来状态 s'(g 在(s', μ)处满足 ∧ 对所有在历史 H 中早于状态 s'的状态 s_i,f 在(s_i, μ)处满足)。

因此,f **until**g 在 t_1 和 t_2 的时间间隔交替重叠所形成的时间间隔链所对应的时间区间上是成立的,这里的时间区间起始于 t_1 的某个时间间隔,并且终止于 t_2 的某个时间间隔的右端(见图3.2)。

所以,按如下方法计算 R_h:根据变量的实例化结果计算 R_f 和 R_g 的连接并得到匹配的元组对集合。对于得到的两个时间间隔集 I_1 和 I_2,计算它们的时间间隔极大链。对于每一个极大链,构造一个结果元组,它的时间间隔等于该极大链的时间范围。

另一种计算方法是:对任何有重叠的时间间隔对 t_1 和 t_2,计算它们的重叠结果,然后将所有的重叠结果合并成一个时间间隔,并将它放入结果元组中返回。

练习 3.2 假设有一个元组集合,其中所有元组的自由变量的实例化结果都相同(都为 ρ),但是元组的时间间隔是任意生成的并且都不相同。请简要设计一个算法,将重叠或者相接的时间间隔正确地合并,并将给定的元组集转换成另一个结果元组集。在结果元组集中,每个元组的时间间隔都是不相交的。 ■

第4种情形:$h \equiv f$ `until_within_c` g

回忆一下这种情形的语义:

f **`until_within_c`** g 断言从现在开始至多 c 个时间单位内存在一个未来时间使 g 成立,并且在这个未来时间之前 f 一直成立。

图3.3说明了这种情况。

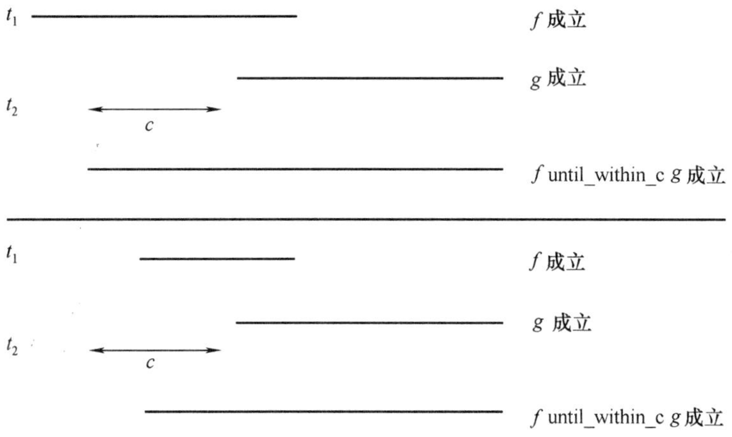

图3.3 f **`until_within_c`** g 的时间间隔

设 t_1, t_2 是 R_f 和 R_g 中具有重叠时间间隔的匹配元组对,$d = \max\{t_1.l, t_2.l - c\}$①,则 f **`until_within_c`** g 在时间间隔 $[d, t_2.u]$ 上成立。像前面讨论的那样,我们把这一点延伸到整个时间间隔链上——即合并所有存在重叠的结果时间间隔最终

① 我们用 $t.l$ 表示元组时间间隔的左端时间,用 $t.u$ 表示右端时间。

形成一个时间间隔。与第 3 种情形类似,最终的结果关系也通过连接操作来生成。

第 5 种情形:$h \equiv f$ `until_after_c` g

这种情形我们留作练习。

练习 3.3　参考第 4 种情形,画一个图说明一下第 5 种情形,并给出分析。■

第 6 种情形:$h \equiv [y \leftarrow q] f$

这里,q 是一个产生原子结果的查询。例如:

$$y \leftarrow height(o)$$

设 R_f 为 f 的结果关系。项 q 是一个一般查询,它能产生一个原子结果,以保证它可以赋给 y,它通常包含一些自由变量。假设由$[y \leftarrow q]$产生的结果关系 R_q 有 $p+3$ 个属性,其中前面的 p 个属性与 q 中的自由变量相关,第$(p+1)$个属性存储 q 的值,剩下的两个属性表示一个时间间隔。q 中自由变量的每一次实例化都会产生一个结果值,并存储在第 $(p+1)$ 个属性中。如果这个实例化结果值在 n 个不相交的时间间隔上都成立,那么我们就在 R_q 中存储 n 个相应的元组。

在我们的例子中,R_q 有 4 个属性。第 1 个属性保存了对象标识,第 3 个和第 4 个属性描述了一个时间间隔,第 2 个属性给出了对象在这个时间间隔中的高度。

h 的结果关系 R_h 是由 R_q 和 R_f 连接得到的,连接条件是"对于 R_q 中的元组 t_1 和 R_f 中的元组 t_2,它们相同变量上的属性值相等,并且 R_f 中相应的 y 属性值等于 t_1 中的查询结果值,同时 t_1 和 t_2 的时间间隔相交"。输出的结果元组包含了 t_1 和 t_2 中所有的变量属性值,除了对应变量 y 的属性以及 t_1 和 t_2 的时间间隔的交。

这些都是文献中对第 6 种情形的描述。但这种描述有一个问题——即谓词 f 所包含的 y 是作为自由变量存在的。我们不得不枚举所有可能出现的 y 值绑定来计算得到关系 R_f,但我们对 y 可能的取值情况却一无所知。注意,在其他情形中变量的范围是对象类——因此,它们可以被限定在所有存在的对象标识符中。但是,如果因为 *height* 返回整数所以让 y 的范围是所有的整数,这显然是不可行的。更不用说 *height* 是实数的情况了。

因此,我们可能需要一些其他技巧。例如,可以先计算关系 R_q,再投影出 y 属性,然后把结果集作为一个新的域并将它作为公式 f 中 y 的可能绑定范围。

至此,对 FTL 公式求解算法的讨论就结束了。

结果关系 *Answer*(Q)可以按下面的方式来回答连续查询和即时查询。对一个时钟周期 t 时的连续查询 Q,如果实例化后元组的时间间隔包含 t,则将这些元组显示给用户。例如,假设 *Answer*(Q)包含元组(2,10,15)和(5,12,14),那么 $id = 2$ 的对象在时钟周期 10 和 15 之间显示给用户,而 $id = 5$ 的对象则在时钟周期 12 和 14 之间显示给用户。对于即时查询 Q,如果实例化元组的时间间隔包含当前时钟周期,则作为结果显示。

练习 3.4 考虑一个简化的高速公路网例子，假设路网上有3辆卡车，其标识分别为T12、T42和T70（见图3.4）。3辆卡车都按箭头所指的方向驶向（驶离）*T-City*。路网中所示的每一格表示10公里。每辆卡车的当前位置为箭头的起始位置。卡车T12的运动速度是60 km/h，T42的速度是100 km/h，T70的速度是120 km/h。

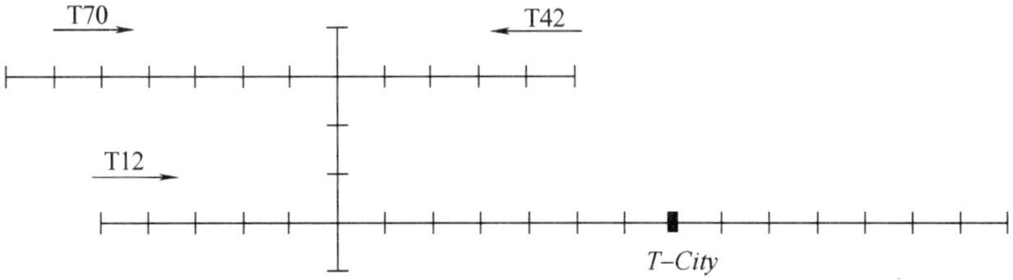

图3.4 一个有3辆卡车的高速公路网

请应用前面所描述的算法求解如下查询：

```
RETRIEVE t
FROM trucks t
WHERE eventually_with_30 (dist(t,T_City) < =20)
```
■

3.4 位置更新——平衡更新代价和不精确性

3.4.1 背景

运动的空间对象需要将它们当前位置和速度的更新传送给数据库，这样做的目的是为数据库中的检索和查询提供最新的信息，并且可以将查询结果的不精确性限定在一定的范围内。这里的主要问题是应该在什么时候，以什么样的频率进行更新。频繁的更新可能会导致过高的代价并会影响性能，而低频率的更新可能会导致位置查询返回过时的数据。另外，由于对象位置存储在数据库中（我们称之为数据库位置），它们不可能和对象的实际位置完全一致，因此，移动对象的位置具有固有的不精确性。无论我们使用什么样的策略更新对象的数据库位置，这种不精确性总是存在的。这里有几种位置更新策略可以使用（例如，每 n 个时钟周期更新一次数据库位置）。在这一节，我们介绍一种称为推测定位的策略。其定义是：无论何时只要对象的实际位置和其数据库位置的距离超过一个给定的阈值 th（比如100米）就执行一次数据库更新。因此，这个阈值决定并且限定了位置不精确性的范围。这样一来，DBMS在回答关于移动对象 m 的查询"m 的当前位置是什么？"时，将返回这样的结果"m 的当前位置是 (x,y)，其最大偏离可能有100米"。这里，主要问题是如何决定推测定位策略的更新阈值 th。

不精确性引出了两个相关但不同的概念:偏离和不确定性。移动对象 m 在特定时刻 t 的偏离是指 t 时刻 m 的实际位置与它的数据库位置之间的距离。在我们的例子中,偏离是指 m 的实际位置和 (x,y) 之间的距离。移动对象 m 在特定时刻 t 的不确定性是指包含 m 所有可能的当前位置的区域大小。在我们的例子中,不确定性是以 100 米为半径的一个圆区域的大小。偏离和不确定性都很棘手,因为都会带来无法正确决策的代价。偏离(不确定性)的代价与偏离(不确定性)的大小是成比例的。后面我们会看到,不确定性的单位代价和偏离的单位代价之间的比率与查询结果的解释是相关的。

为了能够更新移动对象的数据库位置,我们需要一种适当的定位机制。在移动对象应用中,移动对象通常装备有全球定位系统(GPS),因而可以生成位置更新并通过无线网络发送给数据库。这引入了第 3 个代价因素:通信或传输代价。更进一步,我们可以看出通信代价和不精确性之间存在着一种显然的折中关系,因为通常通信代价越高,不精确性就越低,反之亦然。由此引出移动对象数据库中的信息代价模型问题。信息代价模型用来平衡不精确性和更新代价,同时它也能处理移动对象连接断开并且不能发送位置更新的情况。

3.4.2 运动过程的信息代价

我们要讨论的第 1 个问题与移动对象运动过程的信息代价有关。我们发现,一个移动对象的运动过程会带来偏离代价和不确定性代价,这两者都可以看成是因为无法正确决策而导致的惩罚。此外,移动对象还有更新代价,因为必须将位置更新信息发送给数据库。

移动对象的偏离代价依赖于偏离的大小以及它所持续的时间。偏离的大小影响着决策过程。偏离越大,则根据移动对象当前位置做出可靠决策的难度就越大,不精确性也越高。为了说明偏离持续的时间在代价计算中所产生的影响,假设每个时间单位里都有一个检索移动对象位置的查询。如果偏离持续了 n 个时间单位,那么它的代价就是持续一个时间单位的偏离代价的 n 倍,因为所有 n 个查询(而不是一个查询)都必须接受偏离的惩罚。形式化地,对于一个给定的移动对象,在开始时间 t_1 和终止时间 t_2 之间的偏离代价可以通过一个返回非负数值的偏离代价函数 $COST_d(t_1,t_2)$ 加以描述。假设在一个时间单位里偏离一个单位的惩罚权重是常量 1,则偏离代价函数可以定义为

$$COST_d(t_1,t_2) = \int_{t_1}^{t_2} d(t)\,\mathrm{d}t$$

这里 $d(t)$ 表示偏离是一个时间的函数。我们也认为这个函数是一个单值的偏离代价函数。这一点是后面所有更新策略描述的基础。当然,其他偏离代价函数也是可以的,比如说阶梯形的偏离代价函数。在这种函数中,当一个时间单位中的偏离

低于给定的阈值 th 时所产生的惩罚是0,否则产生的惩罚为1。

更新代价 C_1 是将一条位置更新信息从移动对象传送到数据库的代价。要精确地确定这一代价是很困难的,因为不同的移动对象可能会有不同的更新代价,甚至同一个移动对象在同一次运动过程中也可能会有不同的更新代价(例如,由于带宽、计算能力等资源的可获得性发生了变化)。当然,与偏离代价一样,我们也不得不使用同一种单位来度量更新代价。一个时间单位中的更新代价和偏离代价之间的比率就等于 C_1,因为我们已假设后者的代价是1。我们也可以得出结论:为了在一个时间单位里将偏离减少1,移动对象将需要传送 $1/C_1$ 条消息。

不确定性代价依赖于不确定性的高低和它所持续的时间。不确定性越高,在回答查询时传递的可靠信息就越少。正式地,对于一个给定的移动对象,在开始时间 t_1 和终止时间 t_2 之间的不确定性代价可以通过一个返回非负数值的不确定性代价函数 $COST_u(t_1,t_2)$ 加以描述。设不确定性单位代价 C_2 是一个时间单位中一个不确定性单位所导致的惩罚。这意味着 C_2 被定义为一个不确定性单位的代价和一个偏离单位的代价之间的比率,因为我们假定了后一个代价等于1。因此,不确定性代价函数 $COST_u(t_1,t_2)$ 可以这样定义:

$$COST_u(t_1,t_2) = \int_{t_1}^{t_2} C_2 u(t)\,\mathrm{d}t$$

这里 $u(t)$ 是移动对象的属性 *loc. uncertainty* 的值(见3.2.3节),它是时间的一个函数。现在我们开始对不确定性因素和偏离因素的权重乃至重要性进行一些干预。如果对于回答查询"移动对象 m 当前位置是 (x,y),其最大偏离是 u 个单位",我们需要强调结果的不确定性,则 C_2 应设置为大于1,否则小于1。在推测定位更新策略中,每一次发送给数据库的更新消息决定了一个新的不确定性,但它并不一定比之前的值小。因此,增加通信可以减少偏离,但不一定能够减少不确定性。

我们现在可以定义移动对象运动过程的信息代价。设 t_1 和 t_2 是两个连续的位置更新消息的发送时间,则在半开的时间间隔 $[t_1,t_2[$ 里的信息代价是

$$COST_I([t_1,t_2[) = C_1 + COST_d([t_1,t_2[) + COST_u([t_1,t_2[)$$

这个结果包括了 t_1 时的消息传送代价,但没有包括 t_2 时的代价。因为每次位置更新消息都把移动对象的实际位置写入数据库,因此偏离就降低为0了。总的信息代价是汇总每一对连续更新时间 t_1 和 t_2 所对应的 $COST_I([t_1,t_2[)$ 值而得到的。正式地,设 $t_1,t_2,\cdots,t_n$ 是移动对象所有更新消息的发送时间,移动对象运动开始时间为0,终止时间为 t_{n+1},则移动对象该次运动过程的总信息代价为

$$COST_I([0,t_{n+1}[) = COST_d([0,t_1]) + COST_u([0,t_1[) + \sum_{i=1}^{n} COST_I([t_i,t_{i+1}[)$$

3.4.3 基于代价优化的推测定位策略

下面考虑信息代价优化问题。我们知道,任意时刻都存在一个阈值 th 是所有推

测定位更新策略的本质特征。我们根据移动对象的当前位置 m 和它的数据库位置之间的距离来检查这个阈值。因此,数据库管理系统和移动对象都应当保存有阈值 th 的信息。当 m 的偏离超过了阈值 th,m 就向数据库发送一条位置更新信息。该信息包含了 m 的当前位置、预计速度以及一个新的偏离阈值 K。推测定位策略的目标是确定一个能够使总信息代价最小的阈值 K,这个阈值 K 存储在数据库管理系统的 *loc. uncertainty* 子属性中。

下面是一般的策略过程:首先,m 可以预测偏离的未来行为和方向。基于这一预测,我们计算从现在到下一次更新之间每个时间单位的平均代价 f,并把 f 定义为新阈值 K 的一个函数。然后,我们设置 K 以使 f 最小化。该方法得出的最优 K 并不唯一。优化策略与每个时间单位的平均代价相关,但与两个时刻 t_1 和 t_2 之间的总代价无关,因为总代价是随着时间间隔的延伸(直到下一次更新)而不断增加的。如果两个连续更新之间的偏离可表示为一个时间的线性函数,那么我们可以为 *loc. uncertainty* 确定一个最优的 K 值。

设 C_1 表示更新代价,C_2 表示不确定性代价。假设 t_1、t_2 是两次连续位置更新的对应时刻。t_1 和 t_2 之间的偏离 $d(t)$ 由线性函数 $a(t-t_1)$ 给出,其中 $t_1 \leqslant t \leqslant t_2$ 且 a 是一个正数常量。*loc. uncertainty* 的值为 K,并且这个值在 t_1 和 t_2 之间是固定不变的。结论是当 $K=\sqrt{(2aC_1)/(2C_2+1)}$ 时,在 t_1 到 t_2 的时间间隔里每个时间单位的总信息代价最小。这个结论说明如下:我们以时间间隔 $[t_1,t_2[$ 中的信息代价计算公式为基础并加入我们的假设,得到如下公式:

$$\begin{aligned}COST_I([t_1,t_2[) &= C_1+\int_{t_1}^{t_2} a(t-t_1)\,\mathrm{d}t+\int_{t_1}^{t_2} C_2K\,\mathrm{d}t \\ &= C_1+0.5a(t_2-t_1)^2+C_2K(t_2-t_1)\end{aligned}$$

设 $f(t_2) = COST_I([t_1,t_2[)/(t_1,t_2)$ 表示在更新时间 t_2 时 t_1 和 t_2 之间的每个时间单位的平均信息代价。我们知道 t_1 和 t_2 是两个连续的更新时间,所以在 t_2 时偏离超过了阈值 *loc. uncertainty*,因此 $K=a(t_2-t_1)$。我们用 $K/a+t_1$ 替换掉 $f(t_2)$ 中的 t_2 得到 $f(K)=aC_1/K+(0.5+C_2)K$。通过推导,可以得出当 $K=\sqrt{(2aC_1)/(2C_2+1)}$ 时 $f(K)$ 取最小值。

这个结果如何解释?假设 m 当前在 t_2 时刻,这意味着它的偏离已经超过了不确定性阈值 *loc. uncertainty*。因此,m 需要重新计算一个新的 *loc. uncertainty* 值并将它发送给数据库。让我们进一步假设 m 可以预测偏离的线性行为。然后,*loc. uncertainty* 被赋予一个新的 K 值并且在下一次更新之前一直保持不变。为了最小化信息代价,此时我们建议 m 将新的阈值设置为 $K=\sqrt{(2aC_1)/(2C_2+1)}$。

最后,我们来检测移动对象和数据库之间连接断开的情况。此时,移动对象无法向数据库发送位置更新消息。对于这种情形,我们关注另一种推测定位策略,在这种策略中,不确定性阈值 *loc. uncertainty* 在两次更新之间是持续减少的。举个例子说明一下这种阈值持续减少的情况,我们考虑一个从常量 K 开始缓慢减少的阈值 *loc.*

uncertainty。这意味着在位置更新 u 之后的第 1 个时间单位里阈值是 K,在 u 之后的第 2 个时间单位里阈值是 $K/2$,在 u 之后的第 i 个时间单位里阈值是 K/i,这样一直持续到下一次更新,那时将确定一个新的 K 值。假设已经知道了偏离的线性行为,则函数 $f(K) = (C_1 + 0.5K + C_2K(1 + 1/2 + 1/3 + \cdots + 1/\sqrt{K/a}))/\sqrt{K/a}$ 给出了在 t_1 和 t_2 之间每个时间单位的总信息代价。

练习 3.5 证明 $f(K)$ 的正确性。 ■

这个结果的解释与前面类似。为了优化信息代价,移动对象应该将 K 设置为可以使 $f(K)$ 最小化的值。

3.4.4 推测定位位置更新策略

位置更新策略是决定移动对象何时将什么样的实际位置更新值传送给数据库的规定或策略。本节我们讨论推测定位位置更新策略,该策略设置一个保存在 *loc.uncertainty* 子属性中的偏离上界(即阈值 th),并使得总信息代价最小。

第 1 个策略叫做速度推测定位(speed dead - reckoning, sdr)策略。在移动对象 m 开始运动时,它以某种特别的方式确定一个不确定性阈值,并将它传送到数据库的 *loc.uncertainty* 子属性中。此阈值在整个运动过程中保持不变,并且无论何时一旦移动对象 m 的偏离超过了 *loc.uncertainty*,就更新数据库,更新信息包括 m 的当前位置和当前速度。该策略可以进行一点小小的修改或扩展,灵活性会更好,就是使用另外一种类型的速度值(例如,从上次更新以来的平均速度,自运动开始以来的平均速度,或者基于地形知识所预测的速度等等)。

自适应推测定位(adaptive dead - reckoning, adr)策略初始时与 *sdr* 策略类似,在开始运动时移动对象 m 任意选择一个偏离阈值 th_1 并发送给数据库。此后,m 监视偏离情况,一旦偏离超过阈值 th_1 就给数据库发送一条更新消息。更新消息包含当前速度、当前位置以及一个存储到 *loc.uncertainty* 属性中的新阈值 th_2。阈值 th_2 的计算方式如下:假设 t_1 表示从运动开始到偏离第 1 次超过 th_1 时所经过的时间单位数量,I_1 表示这段时间里的偏离代价(根据 3.4.2 节公式计算),并假设 $a_1 = 2I_1/t_1^2$。随后,有 $th_2 = \sqrt{(2a_1C_1)/(2C_2+1)}$,其中 C_1 是更新代价,C_2 是不确定性单位代价。当偏离达到了 th_2,m 会再次发送一个类似的更新。此时,$th_3 = \sqrt{(2a_2C_1)/(2C_2+1)}$,这里 $a_2 = 2I_2/t_2^2$,其中 I_2 是从第 1 次更新到第 2 次更新这个时间间隔内的偏离代价,t_2 是自第 1 次更新以来所经过的时间单位数量。也就是说,a_1 和 a_2 的不同导致了 th_2 和 th_3 的不同。后面的阈值 th_i 可以通过类似的方法计算得到。

sdr 策略和 *adr* 策略之间主要的不同是,*sdr* 策略追求以某种特定的方式来确定

阈值,而 *adr* 策略是基于代价来确定阈值的。在每一次更新时刻 p_i,*adr* 策略优化每个时间单位的信息代价,并假设时刻 p_i 后面的偏离行为是一个线性函数 $d(t) = 2tI_i/t_{i2}$,这里 t 是 p_i 之后所经过的时间单位数量,t_i 是从上次更新到当前更新时刻 p_i 之间的时间单位数,I_i 是在同样时间间隔内的偏离代价。我们可以这样解释这种对未来偏离的预测:*adr* 通过一个斜率为 $2I_i/t_{i2}$ 的线性函数来模拟从上次更新到 p_i 时刻的偏离代价,该函数在 p_i 时刻的偏离代价(即 I_i)与实际偏离代价是一致的;根据局部性原则,p_i 之后的 *adr* 策略可以根据同一个近似函数得到预测的偏离行为。

练习 3.6 假设在开始运动时移动对象 m 发送了一条位置更新消息,给出了它的运动路线、在路线上的位置、*loc. speed*(0.2 英里/分钟,约 321.8 米/分钟)以及 *loc. uncertainty*(0.5 英里,约 804.5 米)。假设 4 分钟后偏离超过了阈值 0.2,然后移动对象 m 将它在路线上的当前位置、当前速度以及一个新的 *loc. uncertainty* 值发送给数据库。从开始运动的第 0 分钟到第 4 分钟这段时间里总的偏离应为 1,且 $C_1=8$,$C_2=1$。请根据 *adr* 策略计算新的 *loc. uncertainty* 值。假设 10 分钟后偏离达到了这个新的阈值且从第 4 分钟到第 10 分钟这期间总的偏离是 1.5。请再次计算 *loc. uncertainty* 的新值。 ■

最后我们讨论断开检测推测定位(disconnection detection dead-reckoning, dtdr)策略。该策略回答了由于移动对象与数据库的连接断开(而不是由于偏离没有超过不确定性阈值)而导致没有产生更新的问题。在开始运动时,m 向数据库发送一个任意的初始阈值 th_1。然后在第 1 个时间单位里,规定不确定性阈值 *loc. uncertainty* 从 th_1 开始逐渐减少。在第 2 个时间单位里,不确定性阈值是 $th_1/2$,然后一直持续下去。接着,m 开始跟踪偏离。在 t_1 时刻,当偏离达到当前不确定性阈值(即 th_1/t_1)时,m 给数据库发送一条位置更新消息。该更新消息包含了当前速度、当前位置和一个新阈值 th_2,并存储在 *loc. uncertainty* 子属性中。

我们使用函数 $f(K) = (C_1 + 0.5K + C_2K(1 + 1/2 + 1/3 + \cdots + 1/\sqrt{K/a_1}))/\sqrt{K/a_1}$(见 3.4.3 节)来计算 th_2。因为 $f(K)$ 使用了未来偏离的斜率参数 a,所以我们首先估计这个偏离。设 I_1 为运动开始以来的代价,$a_1 = 2I_1/t_{12}$。$f(K)$ 并不是一个闭合公式,所以我们用 $\ln(\sqrt{K/a_1})$ 来近似表示求和式 $1+1/2+1/3+\cdots+1/\sqrt{K/a_1}$,这是由于 $\ln(n)$ 是第 n 个调和数的近似值。这样一来,$f(K)$ 的近似函数就是 $g(K) = (C_1 + 0.5K + C_2K(1+\ln(\sqrt{K/a_1})))/\sqrt{K/a_1}$。当 K 是等式 $\ln(K) = d_1/K - d_2$ 的解时,$g(K)$ 的偏离为 0,这里 $d_1 = 2C_1/C_2$ 且 $d_2 = 1/C_2 + 4 - \ln(a_1)$。通过使用著名的牛顿-拉夫逊(Newton-Raphson)法,我们能得到等式的一个数值解。根据这个解我们可以得出一个新阈值 th_2,然后 m 将不确定性阈值 *loc. uncertainty* 设置为一个从 th_2 开始逐渐减少的值。

在 t_2 个时间单位后，偏离超过了当前的不确定性阈值 th_2/t_2，然后 m 发送一个包含新阈值 th_3 的位置更新消息。th_3 可以通过先前的公式计算得到，但要使用新的斜率 a_2。I_2 是之前 t_2 个时间单位里的偏离代价。这一处理过程在每一次更新时刻执行，并一直持续到运动过程结束。在每一次处理过程中，移动对象 m 结合当前偏离近似函数的常量 C_1 和 C_2 以及斜率 a_i 来确定下一个优化的阈值。

练习 3.7 假设在运动过程开始时移动对象 m 发送了一条位置更新消息，给出了它的运动路线、在路线上的位置、*loc. speed*(0.2 英里/分钟，约 321.8 米/分钟)以及 *loc. uncertainty*(0.5 英里，约 804.5 米)。每个时间单位为 1 分钟。请根据 *dtdr* 策略确定第 1 分钟和第 2 分钟时的阈值。假设在运动过程的第 2 分钟里偏离超过了当前阈值，然后移动对象 m 发送了它在路线中的当前位置、当前速度以及一个新的 *loc. uncertainty* 值。从开始运动的第 0 分钟到第 2 分钟这段时间里总的偏离是 0.5，且 $C_1=8$，$C_2=1$。请计算偏离估计函数的斜率 a_1 以及 *loc. uncertainty* 的新值。假设 5 分钟后偏离达到了新的当前阈值，并且从第 2 分钟到第 7 分钟这段时间里总的偏离是 1.2，请计算当前阈值、偏离估计函数新的斜率 a_2 以及 *loc. uncertainty* 的新值。 ■

一个有意思的问题是：我们所讨论的 3 个推测定位更新策略中哪一个具有最小的信息代价？已经有研究者在仿真测试平台上通过实验比较了 3 种策略的信息代价。实验假设不确定性阈值是任意并且固定不变的。比较的结果是 *adr* 策略具有最小的信息代价，因此优于其他策略，它的信息代价甚至只相当于 *sdr* 策略代价的 1/6。

3.5 移动对象轨迹的不确定性

我们已经看到，在存储了移动对象当前和未来位置信息的数据库中，不确定性是一个固有的特征。除非模型和查询语言本身能够捕获这种不确定性，否则我们不可避免地只能将不确定性体现在查询结果中，将处理工作留给用户自己解决。本节讨论移动对象轨迹的不确定性问题。

轨迹的概念要比前面所讨论的简单的运动矢量模型更进一步。一个轨迹可以被看做未来的一个运动规划，也可以用来表示移动历史(这是下一章的主题)。不过，我们仍会在本章中涉及它，因为我们也引入了有界的不确定性，这与 3.4 节讨论的更新策略相关。

3.5.1 轨迹模型

通常，移动对象的轨迹被建模为三维空间中的一条折线(见第 4 章)。三维空间的两个维和空间相关，第三维是时间。另外，如果想表示不确定性方面的特征，可以将轨迹建模为三维空间中的圆柱体，这样就可以查询特定时间间隔里包含在特定区域中的对象。由于引入了不确定性，我们可以更进一步地考虑对象的时态不确定性和区域不确定性，这样就可以查询在某个时间间隔内有时或者一直（时态不确定性）位于某个区域内的对象。类似地，我们可以查询可能或者一定位于某个区域内的对象。因此，可以提交如下查询：

■ 查询有可能会在 1:00 pm 到 1:10 pm 之间的某个时间出现在区域 R 中的卡车的当前位置。

■ 查询在 4:30 pm 到 4:45pm 之间某个时间一定会出现在区域 R 中的飞机的数量。

■ 查询可能会在 9:20am 到 9:50am 之间一直出现在区域 R 中的警车。

下面的轨迹定义刻画了移动对象的时空特性：

□ **定义 3.8**　移动对象的轨迹是三维空间中的一条折线，其中两个维指向空间，第三维指向时间。它表示为一个点序列 $\langle(x_1,y_1,t_1),\cdots,(x_n,y_n,t_n)\rangle$，这里 $t_1<\cdots<t_n$。给定一个轨迹 tr，它在 xy－平面上的空间投影称为 tr 的路线。■

在这里，移动对象的位置通过一个隐式的时间函数给出，移动对象在 t_i 时刻的位置是 (x_i,y_i)，并且在每个时间区间 $[t_i,t_{i+1}]$，我们都假设移动对象以不变的速度沿着从 (x_i,y_i) 到 (x_{i+1},y_{i+1}) 的直线移动。

□ **定义 3.9**　给定一个轨迹 tr，移动对象在 t_i 到 $t_{i+1}(1\leqslant i\leqslant n)$ 之间的某个时间点 t 的预计位置可以通过 (x_i,y_i) 和 (x_{i+1},y_{i+1}) 之间的线性插值得到。■

可以认为轨迹是一个描述了对象未来运动规划的点集，移动对象访问并遍历这个点集。这里假设在两个连续的点之间对象是沿最短路径运动的（即以不变的速度沿直线运动）。

3.5.2　轨迹的不确定性概念

为了表达轨迹或运动规划的不确定性，我们为轨迹中的每一条线段关联一个不确定性阈值 th。整体上看，我们得到了一个围绕着轨迹的三维圆柱形缓冲区域。给定一个运动规划，相应的缓冲区域对移动对象和数据库服务器而言，具有如下的意义：如果移动对象的实际位置偏离预计位置的距离达到或超过 th，移动对象将更新数据库服务器。

在实际应用中，可以假定移动对象的内置计算机装备有 GPS 设备，能够每 2 秒就接收一次 GPS 更新信号，因此移动对象能知道自己的实际位置。此外，还可以假定移动对象知道自己的运动规划和轨迹，这样在速度为常量的情况下，它就能通过插值计算出任意时刻的预计位置。移动对象的偏离可以简单地通过计算实际位置和预计位置之间的距离得到。

下面的定义更形式化地描述了这些轨迹的不确定性概念。

□ **定义3.10** 设 th 是一个正实数且 tr 是一个轨迹，则相应的不确定性轨迹为(tr, th)。th 的值称为不确定性阈值。■

接下来，我们给出缓冲区域的定义。

□ **定义3.11** 设 $tr = \langle (x_1, y_1, t_1), \cdots, (x_n, y_n, t_n) \rangle$ 是一个轨迹且 th 是不确定性阈值。对于沿着时间轴的每个点(x, y, t)，它的 th 不确定性区域(或简称不确定性区域)是一个以(x, y, t)为圆心、半径为 th 的水平圆，这里(x, y)是 t 时刻的预计位置($t \in [t_1, t_n]$)。■

一个有意思的问题是：在不确定性区域内什么样的运动曲线不需要向数据库传送位置更新消息？

□ **定义3.12** 设 $tr = \langle (x_1, y_1, t_1), \cdots, (x_n, y_n, t_n) \rangle$ 是一个轨迹且 th 是不确定性阈值。函数集 $PMC_{tr,th}$ 中任意函数的图形，都是合理的运动曲线，$PMC_{tr,th} = \{f: [t_1, t_n] \to \mathbb{R}^2 | f$ 连续，且对所有 $t \in [t_1, t_n]$，$f(t)$ 包含在 t 时刻 tr 预计位置的 th 不确定性区域中$\}$，它的二维空间投影称为合理路线。■

因此，只要移动对象在它的不确定性轨迹的某个合理的运动曲线上，它就不需要更新数据库。现在我们可以定义轨迹上的一个线段的缓冲区域了。

□ **定义3.13** 对一个不确定性轨迹(tr, th)以及 tr 的两个端点(x_i, y_i, t_i)和($x_{i+1}, y_{i+1}, t_{i+1}$)。($tr, th$)在 t_i 和 t_{i+1} 之间的线段轨迹体是所有属于某个合理运动曲线的点(x, y, t)($t_i \leq t \leq t_{i+1}$)的集合。线段轨迹体的二维空间投影称为线段不确定性区域。■

这个定义很容易推广到整个轨迹上。

□ **定义3.14** 对一个轨迹 $tr = \langle (x_1, y_1, t_1), \cdots, (x_n, y_n, t_n) \rangle$ 和一个不确定性阈值 th，(tr, th)的轨迹体是所有 t_i 和 t_{i+1} 之间的线段轨迹体的集合($1 \leq i < n$)。轨迹体的二维空间投影称为不确定性区域。■

定义 3.12、定义 3.13 和定义 3.14 如图 3.5 所示，每个 t_i 和 t_{i+1} 之间的线段轨迹体有一个圆柱体，它的轴是从 (x_i, y_i) 指向 (x_{i+1}, y_{i+1}) 的矢量，该矢量给出了一个三维的轨迹线段，它的底是在平面 $t = t_i$ 和 $t = t_{i+1}$ 上的半径为 th 的圆。这里的圆柱体不同于斜圆柱体。斜圆柱体和水平 xy - 平面的交是椭圆，而这里得到的圆柱体与这样的平面的交是一个圆。

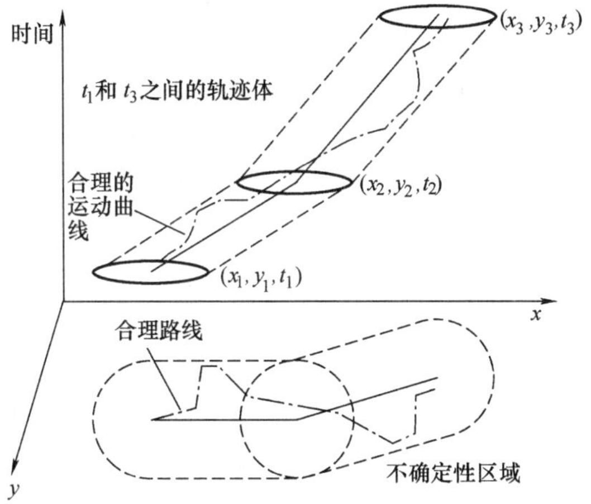

图 3.5 一条合理的运动曲线、它的合理路线以及轨迹体

练习 3.8 设 v_{xi} 和 v_{yi} 分别表示移动对象运动在路线的第 i 个线段（即从 (x_i, y_i) 到 (x_{i+1}, y_{i+1})）时速度的 x 分量和 y 分量。证明 t_i 和 t_{i+1} 之间的线段轨迹体是所有满足如下条件的点 (x, y, t) 的集合：$t_i \leqslant t \leqslant t_{i+1}$ 并且 $(x - (x_i + v_{xi} \cdot t))^2 + (y - (y_i + v_{yi} \cdot t))^2 \leqslant r^2$。 ■

3.5.3 移动对象的不确定性查询

现在我们感兴趣的问题是：怎样才能查询具有不确定性轨迹的移动对象，以及这类查询的最基本的操作符是什么。首先，我们能确定与单个轨迹相关的两个操作符。这两个操作符使我们可以进行点查询。其次，我们提出 6 个描述布尔条件的操作符，它们对给定时间间隔内移动对象与某个给定区域的相关位置给出了定性的评判。这引出了时空谓词的概念。这 8 个操作符中的任意一个都对应着一个时空范围查询。

两个点查询操作符是 **whereAt** 和 **whenAt**，定义如下：

whereAt: *trajectory* × *time* → *point*

whenAt: *trajectory* × *point* → *instants*

whereAt(tr, t) 操作符返回时刻 t 时对象路线 tr 上的预计位置（即一个二维点）。**whenAt**(tr, l) 操作符返回沿轨迹 tr 运动的移动对象到达预计位置 l 的时间。

这个操作符返回的结果可能是一个时间的集合(我们用 *instants* 类型来表示),因为一个移动对象可能会不止一次地经过某个特定的位置。如果路线 tr 不经过位置 l,则先确定该路线上所有最接近 l 的点的集合 C,然后 **whenAt**(tr,l)操作符返回一个时间集合;在该时间集合中的每一个时间,移动对象的预计位置都恰好是 C 中的某个点。

接下来考虑另外6个布尔时空谓词。它们的共同特点是如果一个移动对象在给定的时间间隔$[t_1,t_2]$内位于某个给定区域 R 中,则谓词为真。这意味着可以将它们用于时空范围查询。这6个谓词的区别主要来自3个方面的存在量化和全称量化。首先,可以对谓词的有效性进行时态量化,并且查询移动对象在$[t_1,t_2]$内是有时满足条件还是总是满足条件。其次,可以对谓词的有效性进行空间量化,并且查询移动对象在区域 R 内是在某个位置满足条件还是在所有位置都满足条件。再次,可以通过不确定性对谓词的有效性进行量化,并且查询移动对象是可能满足条件还是一定满足条件。

因为存在着3种量化方式,因此有3!种不同的顺序(排列数)来排列它们。对每一种确定的顺序,有 2^3 种可能的方式来组合3个方面的量化。因此会产生 $2^3 \times 3! = 48$ 个可能的操作符。由于一个点对象不可能同时位于一个区域 R 内的所有位置,因此在下面的内容中不讨论这类量化。这意味着默认的空间量化是某个位置。因此,仅有 $2^2 \times 2! = 8$ 种可能的操作符。这8种谓词 π_i 都具有相同的定义,即

$$\pi_i: \mathit{uncertainTrajectory} \times \mathit{region} \times \mathit{time} \times \mathit{time} \rightarrow \mathit{bool}$$

这8种操作符的定义如下。

□ **定义3.15** 设 r 是一个简单查询区域(即,区域的内部是相互连通的,并且不存在孔洞)。设 $ut = (tr, th)$是一个不确定性轨迹。下面是时空谓词的定义:

(1) 如果存在 ut 的一个合理的运动曲线 c 以及一个时刻 $t \in [t_1,t_2]$,并且满足 t 时刻时 c 包含在 r 的内部,则谓词 **PossiblySometimeInside**(ut,r,t_1,t_2)为真。

(2) 如果谓词 **PossiblySometimeInside**(ut, r, t_1, t_2)为真,则谓词 **SometimePossibly Inside**(ut,r,t_1,t_2)也为真。

(3) 如果存在 ut 的一个合理的运动曲线 c,并且满足在任何 $t \in [t_1,t_2]$时刻 c 都包含在 r 的内部,则谓词 **PossiblyAlwaysInside**(ut,r,t_1,t_2)为真。

(4) 如果对于任一 $t \in [t_1,t_2]$时刻,都存在 ut 的一个合理的运动曲线,并且在 t 时刻与 r 相交,则谓词 **AlwaysPossiblyInside**(ut,r,t_1,t_2)为真。

(5) 如果对于任一 $t \in [t_1,t_2]$时刻,ut 的任一合理的运动曲线都包含在 r 的内部,则谓词 **AlwaysDefinitelyInside**(ut,r,t_1,t_2)为真。

(6) 如果谓词 **AlwaysDefinitelyInside**(ut, r, t_1, t_2)为真,则谓词 **DefinitelyAlwaysInside**(ut,r,t_1,t_2)也为真。

(7) 如果对于 ut 的任一合理的运动曲线 c,存在一个时刻 $t \in [t_1,t_2]$使得在该时

刻时 c 包含在 r 的内部,则谓词 **DefinitelySometimeInside**(ut,r,t_1,t_2)为真。

(8) 如果存在一个时刻 $t\in[t_1,t_2]$使得在该时刻时 ut 的所有合理的运动曲线都包含在 r 的内部,则谓词 **SometimeDefinitelyInside**(ut,r,t_1,t_2)为真。 ■

直观地,(1)中的谓词有效性说明移动对象可能会运动在其不确定性区域内部的某条合理路线上,并且这条路线在 t_1 和 t_2 之间会与 r 相交。在(3)中,谓词满足的条件是对象的运动必须沿着至少一条特定的二维合理路线,该路线在整个查询时间间隔内全部包含在 r 的内部。(4)所定义的谓词有效性要求在查询时间间隔内的任一时刻都存在着一条与 r 相交的合理运动曲线。(5)中谓词的有效性由下面的条件给出,即不管对象选择什么样的合理运动曲线,必须保证该曲线在整个查询时间间隔里都包含在查询区域 r 的内部。(7)表示无论移动对象选择不确定性区域内的哪一条合理运动曲线,该曲线都会在查询时间间隔内的某个时刻与查询区域相交从而满足谓词条件。但是,曲线与区域相交的时间可能会因为合理运动曲线的不同而不同。(8)中的谓词满足性表示,无论移动对象位于哪一条合理运动曲线上,对象都将在某个特别的时刻 t 时包含在查询区域的内部。

由于谓词 **PossiblySometimeInside** 和 **SometimePossiblyInside**((1)和(2))以及 **AlwaysDefinitelyInside** 和 **DefinitelyAlwaysInside**((5)和(6))都具有语义等价性,所以可以将时空谓词的数量从 8 个减少到 6 个。这两个语义等价性可以被形式化成两条引理,它们的证明分别基于两条逻辑规则:$\exists x\exists y\, P(x,y)\Leftrightarrow\exists y\exists x\, P(x,y)$和$\forall x\forall y\, P(x,y)\Leftrightarrow\forall y\forall x\, P(x,y)$。图 3.6 所示为这 6 个谓词的二维空间投影,虚线表示使谓词成立的合理运动曲线,而实线表示路线和不确定性区域的边界。

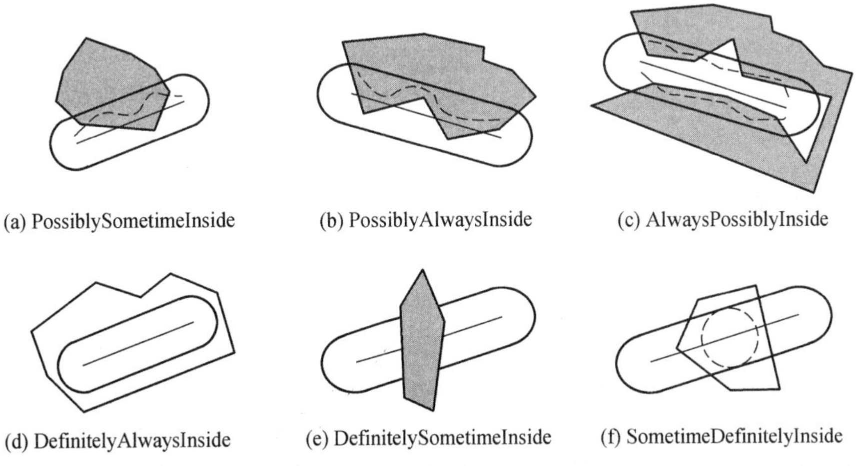

图 3.6 时空谓词的例子(空间投影)

谓词 **PossiblyAlwaysInside** 和 **AlwaysPossiblyInside**((3)和(4))以

及谓词 **DefinitelySometimeInside** 和 **SometimeDefinitelyInside**((7)和(8))是不等价的。相反,只有 **PossiblyAlwaysInside**(ut, r, t_1, t_2) $\Rightarrow$ **AlwaysPossiblyInside**(ut, r, t_1, t_2)和 **SometimeDefinitelyInside**(ut, r, t_1, t_2) $\Rightarrow$ **DefinitelySometimeInside**(ut, r, t_1, t_2)是成立的。这两个蕴涵式的证明依赖于逻辑规则 $\exists x \forall y P(x,y) \Leftrightarrow \forall y \exists x P(x,y)$。因而,蕴涵式左边的条件要强于右边的条件。如果 r 是一个凸简单多边形区域,可以证明 **PossiblyAlwaysInside**(ut, r, t_1, t_2) $\Leftrightarrow$ **AlwaysPossiblyInside**(ut, r, t_1, t_2)成立。图 3.6(b)和图 3.6(c)显示两个或更多的合理运动曲线可能一起满足谓词 **AlwaysPossiblyInside**,但它们中的任意一个都不满足谓词 **PossiblyAlwaysInside**。类似地,在图 3.6(b)中查询区域满足谓词 **DefinitelySometimeInside**,但是由于它在任何时间点都没有包含不确定性区域,因此它不满足谓词 **SometimeDefinitelyInside**。

6 个谓词之间的关系如图 3.7 所示,其中箭头表示蕴涵。更复杂的查询条件可以通过操作符的组合来表达。例如,对于查询"检索出在对象 A 到达 l_1 和 l_2 位置之间的任何时刻都可能在区域 r 内的所有对象",我们可以用如下公式表示:

PossiblyAlwaysInside(ut, r, **whenAt**(ut_A, l_1), **whenAt**(ut_A, l_2))

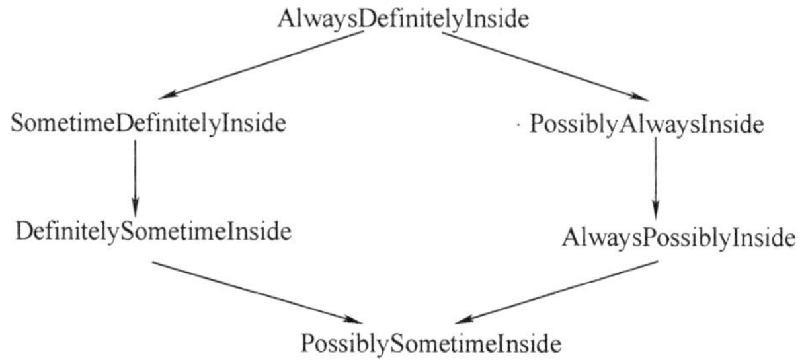

图 3.7 时空谓词之间的关系

3.5.4 时空操作算法与时空谓词算法

两个点查询操作的实现算法很简单。假设 **whereAt** 操作应用到一个由 n 条线段组成的轨迹上,则它可以在 $O(\log n)$时间内实现。这个时间包括用二分法查找(x_i, y_i)与(x_{i+1}, y_{i+1})之间的线段的时间以及用线性插值法计算 t 时刻位置的常量时间,这里 $1 \leqslant i < n, t_i \leqslant t \leqslant t_{i+1}$。**whenAt** 操作可以在 $O(n)$时间内实现。每条线段都可以在常量时间内扫描并得到当 tr 在 l 位置时的时刻 t。

下面介绍 6 个时空谓词的算法。这些算法直接使用了一些计算几何方法,这些方法的运行时间复杂度是众所周知的。最根本的思想是将三维几何问题降低为二维问题,这样可以更容易地解决问题。为简单起见,这里我们限制查询多边形为凸多边形。部分算法的优化以及对凹查询区域的概述可参考相关文献(见3.7 节)。

设 t_1 和 t_2 是两个时刻,随时间而移动的二维空间对象可以看做是三维对象,其中时间作为第 3 维。具有查询时间间隔$[t_1,t_2]$的查询多边形 r 可以表示成一个棱柱 $p(r) = \{(x,y,t) \mid (x,y) \in r \wedge t_1 \leq t \leq t_2\}$,我们称之为查询棱柱。进一步,每一个 t_i 和 t_{i+1}之间的线段轨迹体都可以近似表示为一个最小包围体(minimum bounding volume,MBV),它的所有面都平行于 3 个可能的平面。这些最小包围体作为查询过滤器和三维索引机制用于加速查询处理。在过滤步骤中,我们抽取出那些最小包围体与 $p(r)$相交的轨迹线段。这些线段构成了要进一步处理的候选集。在精化步骤中,我们运用精确算法考查候选集中的线段是否满足查询条件。后面要讨论的算法将假设存在这样一个候选集,并且这些算法都只对精化步骤进行描述。设 $v(ut)$表示 t_1 和 t_2 之间一个给定的不确定性轨迹 $ut = (tr,th)$的轨迹体,且 $v(ut,r)$是轨迹体和查询棱柱的交,即 $v(ut,r) = v(ut) \cap p(r)$。最后,设 $\pi(tr)$表示 tr 在 xy-平面上的空间投影(即 tr 的路线)。

对这些算法我们需要闵可夫斯基和的概念,用符号$\oplus$表示。给定一个多边形 q 和一个半径为 c 的圆盘 $d(c)$作为操作数,$q \oplus d(c)$的计算结果包含 q 边界上的所有点、q 内部的所有点以及当圆盘中心沿着 q 的边运动时所“扫过”的所有点。因此,对于一个凸多边形 q,$q \oplus d(c)$的边界由 q 顶点之间的直线段以及顶点上的弧组成(图 3.8)。如果 q 有 n 条边,根据计算几何学可以知道,计算 $q \oplus d(c)$的运行时间复杂度是 $O(n)$。

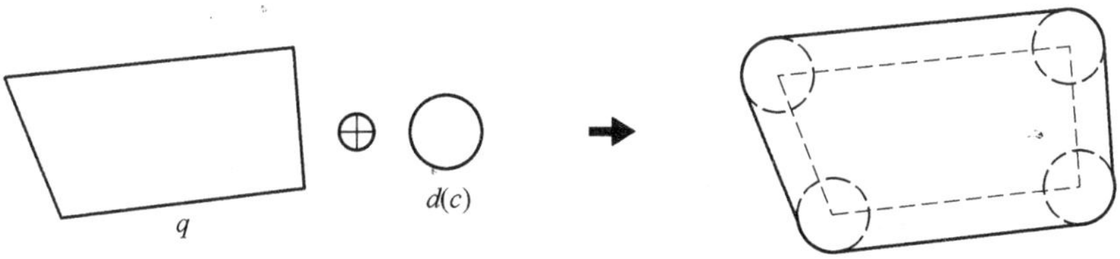

图 3.8 凸多边形和圆盘的闵可夫斯基和

很明显,谓词 `PossiblySometimeInside` 满足的条件是当且仅当轨迹体和查询棱柱的交非空(即 $v(ut,r) \neq \varnothing$)。于是有如下算法:

algorithm *PossiblySometimeInside*(ut,r,t_1,t_2)
  构造 $r \oplus d(th)$;
  if $\pi(tr) \cap (r \oplus d(th)) = \varnothing$ **then return** *false* **else return** *true* **endif**
end.

换句话说,$v(ut,r)$非空的条件是当且仅当 $\pi(tr)$和扩展的多边形 $r \oplus d(th)$相交。算法的复杂度是 $O(kn)$,这里 k 是 t_1 和 t_2 之间 tr 的线段数,n 是 r 的边数。

对于谓词 `PossiblyAlwaysInside`,可以证明它为真的条件是当且仅当在 t_1 和 t_2 之间时 $v(ut,r)$包含一条合理的运动曲线。算法如下:

```
algorithm PossiblyAlwaysInside(ut,r,t1,t2)
    构造 r⊕d(th);
    if π(tr) 完全位于 r⊕d(th)内 then return true else return false endif
end.
```

这个算法的复杂度也是 $O(kn)$,因为我们将讨论限定在凸多边形上。也可以将这个算法应用到谓词 **AlwaysPossiblyInside** 上。

对于谓词 **DefinitelyAlwaysInside**,可以证明它为真的条件是当且仅当 $v(ut,r) = v(ut)$成立。于是得到如下算法:

```
algorithm DefinitelyAlwaysInside(ut,r,t1,t2)
  for tr 的每一条直线段 s do
  if s 的不确定性区域不包含在 r 内 then return false endif
  endfor;
  return true
end.
```

在该算法中,确定 *tr* 某个线段的不确定性区域是否包含在 *r* 中这一步骤可以通过检查路线线段和 *r* 的某条边的距离是否小于 *th* 来实现。这一步需要 $O(kn)$时间。

对于谓词 **SomtimeDefinitelyInside**,可以证明它为真的条件是当且仅当 $v(ut,r)$包含一个完整的水平圆盘。这对凹多边形也同样成立。算法的形式化描述如下:

```
algorithm SometimeDefinitelyInside(ut,r,t1,t2)
    for tr 的每一条满足 π(s) ∩ r ≠ ∅的直线段 s do
       if r 包含一个以 s 上的某个点为圆心、半径为 th 的圆 then
          return true
       endif
    endfor;
    return false
end.
```

该算法的运行时间复杂度同样也是 $O(kn)$。

对于最后一个谓词,首先需要定义连接特性。该特性通常要求一个给定集合中的任意两点之间存在着一条路径。这个集合在我们的例子中是$\mathbb{R}^3$的一个子集。给定$\mathbb{R}^3$中的任意两点 a 和 b,从 a 到 b 的一条路径是任意的连续函数f: $[0,1] \rightarrow \mathbb{R}^3$,并且满足$f(0) = a$,$f(1) = b$。对于两个时刻 t_1 和 t_2,如果 $S \subseteq \mathbb{R}^3$中存在一条连接两个点(x_1,y_1,t_1)和(x_2,y_2,t_2)的路径,称集合 S 在 t_1 和 t_2 之间是连接的。现在可以证明谓词 **DefinitelySomtimeInside** 为真的条件是当且仅当 $v(ut)\backslash p(r)$在 t_1 和 t_2 之间不是连接的。否则,在 t_1 和 t_2 之间就必定存在着一条完全包含在 $v(ut)\backslash p(r)$内的合理运动曲线,这样一来谓词就不成立。

设 $uz(ut)$ 是 ut 的轨迹体的不确定性区域，$uz'(ut)$ 是 $uz(ut)$ 中去掉了 t_1 和 t_2 时的不确定性区域(即两个圆 c_1 和 c_2)所余下的部分。设 B 是 $uz'(ut)$ 的边界。B 包含(最多)$2k$ 个直线段和 $k+1$ 个弧(围绕一个线段顶点的弧最多一条)。设 $B' = B \setminus (c_1 \cup c_2)$。因此，$B'$ 包含了路线 tr 左右两边两条不相交的线 l_1 和 l_2。图 3.9 所示为我们所介绍的一些概念。线 l_2 在路线的第 1 条线段的终点处有一条弧，虚线表示的半圆属于 t_1 和 t_2 时不确定性区域的边界，它在谓词计算时被去除。对于查询区域 r，可以找到两条使谓词为真的路径，即从 u 到 v 的路径以及从 w 到 z 的路径。

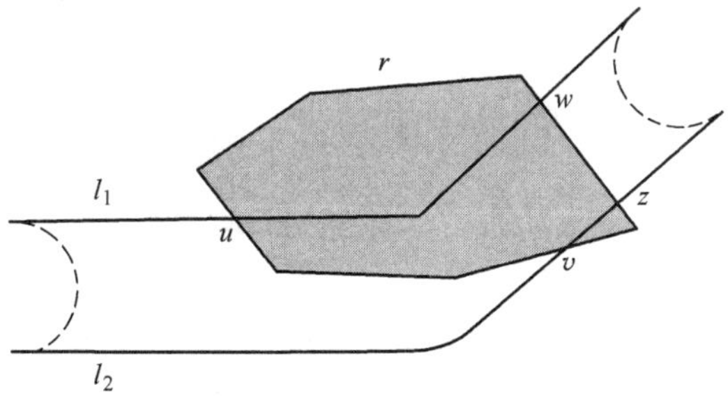

图 3.9 处理谓词 `DefinitelySomtimeInside`

algorithm *DefinitelySometimeInside*(ut, r, t_1, t_2)
　　if 存在一条从 l_1 的某个点到 t_2 的某个点之间的一条路径 P，该路径完全包含 r 的边 **and** P 完全包含在 $uz'(ut)$ 内 **then**
　　　return *true*
　　else
　　　return *false*
　　endif
end.

该算法需要的时间是 $O(kn^2)$。

3.6 进一步练习

练习 3.9 FTL 查询语言。在这个练习中，我们考虑 FTL 语法和查询求解方面的一些问题。

(1) 将练习 3.3 中的语句转换为 FTL 公式并说明项、谓词、子公式和自由变量。

(2) 计算查询：

```
RETRIEVE f.id,g.id FROM flights f,g
WHERE (dist(f,g) >16 AND dist(f,g) <30)
   until_after_1 (dist(f,g) <10)
```

关系 *flights* 有 3 个元组,具体值如下:

Motion (***units/minute***)	***id***
$(0,0)+(2,1)\cdot a\cdot t$	LT
$(5,0)+(-1,2)\cdot b\cdot t$	IB
$(10,2)+(-2,1)\cdot c\cdot t$	AA

为了使计算尽可能简单,我们做 3 个假设:① 所有飞机都具有同样的高度和速度,因此第 3 维(时间)可以忽略,并且 $a=b=c=1$;② 当前时间为 $t=0$;③ 距离函数 **dist** 定义如下:

$$\mathbf{dist}(f,g)=\langle f.motion(t)-g.motion(t),f.motion(t)-g.motion(t)\rangle$$

这里$\langle\cdot,\cdot\rangle$表示欧几里得内积。

注意:运动函数是按每分钟的运动单位数定义的。因为可以用任意长度作为一个单位的度量,因此该函数可以表示任何速度。例如,如果一个单位代表 7 km,那么飞机的速度大约是 900 km/h。

练习 3.10 选择一个最佳的阈值。在 3.4.3 节介绍了如何选择一个不确定性阈值 K,使得每个时间单位的平均信息代价最小。在那一节中,我们假设未来偏离是由线性函数 $a(t-t_1)$ 给出的,其中 a 是一个正常量而 t_1 是选择新阈值的时刻。现在考虑一个稍微有些不同的情形。假设 t_1 和 t_2 之间的预计未来偏离由一个二次函数 $a(t-t_1)^2$ 给出,这个新的偏离函数给出了一个新的信息代价公式。请找出一个新的最优 K 值,使每个时间单位平均信息代价最小(即完成与 3.4.3 节类似的分析,但使用不同的偏离函数)。

练习 3.11 自适应推测定位策略。这个练习要求应用自适应推测定位策略来求解一个简单的例子。假设更新代价 $C_1=50$,不确定性单位代价 $C_2=1$,阈值 K 初始值为 12。在每次位置更新时,移动对象给数据库发送当前速度和方向。进一步假设移动对象在时间间隔[0,20]内从(0,0)线性运动到(10,0)(即定义在时间上的位置函数为$(t/2,0)$),然后在时间间隔[20,30]内从(10,0)线性运动到(0,0)。根据上述情形,回答如下问题:

(1) 什么时候发送位置更新?

(2) 在时刻 30 时,阈值 K 的值是多少?

(3) 这次运动过程的信息代价是多少?

记住移动对象在时刻 0 时发送了一个位置更新。时刻 t 时的偏离是移动对象实际位置和它的数据库位置之间的欧几里得距离。一个时间间隔的偏离代价(计算新的阈值时需要,见3.4.3节)是在整个时间间隔内的总的偏离函数值。注意,不要混淆这个测量到的偏离和3.4.3节中通过线性函数所估计的偏离。通过线性函数估计的偏离是一个数学假设,主要用于推导出最优 K 值的求解公式。如果这个公式应用于实际情况,我们会将测量的偏离代入公式,而不使用估计的偏离。

练习3.12 时空谓词。设 r 是一个简单查询区域且 $ut=(tr,th)$ 是一个不确定性轨迹。请证明如下蕴涵式不成立:

(1) **PossiblySometimeInside**(ut,r,t_1,t_2)
 $\Rightarrow$ **DefinitelySometimeInside**(ut,r,t_1,t_2)

(2) **PossiblySometimeInside**(ut,r,t_1,t_2)
 $\Rightarrow$ **AlwaysPossiblyInside**(ut,r,t_1,t_2)

(3) **SometimeDefinitelyInside**(ut,r,t_1,t_2)
 $\Rightarrow$ **AlwaysDefinitelyInside**(ut,r,t_1,t_2)

(4) **PossiblyAlwaysInside**(ut,r,t_1,t_2)
 $\Rightarrow$ **AlwaysDefinitelyInside**(ut,r,t_1,t_2)

3.7 参考文献注释

本章的内容主要基于 Sistla 等 (1997), Sistla 等(1998), Wolfson 等 (1998a), Wolfson 等 (1999a)以及 Wolfson 等 (1998b)。这些论文所介绍的概念集中在移动点的当前运动和不久将来的预期位置描述上。Sistla 等(1997)和 Sistla 等 (1998)中描述了动态属性的概念(见3.1节)、MOST数据模型(见3.2节)、FTL查询语言和FTL查询求解(见3.3节)。FTL语言的基本框架在一篇更早的文献中已有讨论(Sistla与Wolfson, 1995)。这篇文章提供了一些其他的细节(例如关于有界的时态操作符)。Sistla 等(1998)中也讨论了一种比本章所介绍的更一般的情形,其中的对象位置本身可能也具有某种不确定性(例如,通过提供一个速度上界和速度下界)。

Wolfson 等(1998a), Wolfson 等(1999a)和 Wolfson 等(1998b)中讨论了位置更新代价和不精确性之间的平衡问题(见3.4节)。2004年的一篇论文(Civilis 等,2004)讨论了位置更新策略。

Trajcevski 等(2002)中介绍了移动点位置的固有的不确定性问题(见3.5节)。关于不确定性的扩展以及更详细的讨论在 Trajcevski 等 (2004)中。不确定性轨迹的相关工作包括 Pfoser 与 Jensen(1999), Mokhtar 与 Su(2004)以及 Pfoser 与 Jensen (1999),他们主要讨论了GPS测量的取样频率和已知的轨迹精确性之间的关系。Mokhtar 与 Su(2004)提出了不确定性轨迹的一个概率模型,轨迹被看成是一致的随机过程的一个矢量。作者描述了一类称为“统一范围查询”的查询求解过程:查询结果集是一个元组对$\langle o,p\rangle$的集合,其中o是一个对象p是在所有时间里o都在范围内的概率。不确定性对象位置概率查询的求解在 Cheng 等(2004)中也有讨论,作者主要考虑了范围查询和最近邻查询。

本章所描述的模型已经在原型系统 DOMINO 中实现,该系统不同实现阶段的一些结果在多个会议上有过报告(Wolfson 等,1999b;Wolfson 等,2000;Wolfson 等,2002)。

连续查询处理的一些相关工作,例如 MOST 模型中所介绍的,将在 8.4 节中讨论。

第 4 章　移动历史的建模与查询

在本章中，我们设计了一种数据模型和查询语言，用于处理移动历史而不是当前以及近期的移动。1.4.6 小节中简单介绍过时空数据类型这一思想。4.1 节对基于时空数据类型的方法进行了描述，并且讨论了与之相关的一些基本问题，特别讨论了抽象模型和离散模型之间的区别；4.2 节给出了抽象模型层面上时空类型和操作的精细设计；抽象模型需要转换成可实现的离散模型，这是 4.3 节的主题；最后，在 4.4 节中，对时空对象中最为重要的操作（即谓词）展开更为详细的讨论，并且通过设计谓词的时序组合方法以得到描述移动对象结构演变的其他谓词。

4.1　基于抽象数据类型的方法

4.1.1　类型和操作

回顾一下在 1.4.6 小节中简要介绍过的一些思想。假设我们所关心的时间相关空间实体（尤其是移动点和移动区域）被表示为带有适当操作的抽象数据类型（称为 *mpoint* 和 *mregion*），这样的类型可以作为属性类型嵌入到任何 DBMS 数据模型中，例如关系模型、面向对象模型等。除了我们所关心的主要类型之外，还需要一个相关的类型集合，它包括基本类型（例如 *int*、*bool*）、空间类型（例如 *line*、*region*）以及时间类型（例如 *instant*、*periods*——时间间隔集合）。如果类型的值是从时间到某个域的函数，我们将这样的类型叫做时态类型。对于这些类型，可以将其区分为支持连续变化的类型和只能支持离散变化的类型。

连续变化：

- *mpoint*：*instant* → *point*
- *mregion*：*instant* → *region*
- *mreal*：*instant* → *real*

离散变化：

- *mint*: *instant* → *int*
- *mstring*: *instant* → *string*
- *mbool*: *instant* → *bool*

为了术语上的统一，称所有这些类型都是“移动”的，并且把它们分别称为移动实数、移动整数以及移动布尔型。这里假设时间维表示的是有效时间。图 4.1 所示为移动点和移动区域嵌入在一个三维空间中（二维 + 时间），而移动实数以及其他离散变化类型位于一个二维空间中（一维 + 时间）。

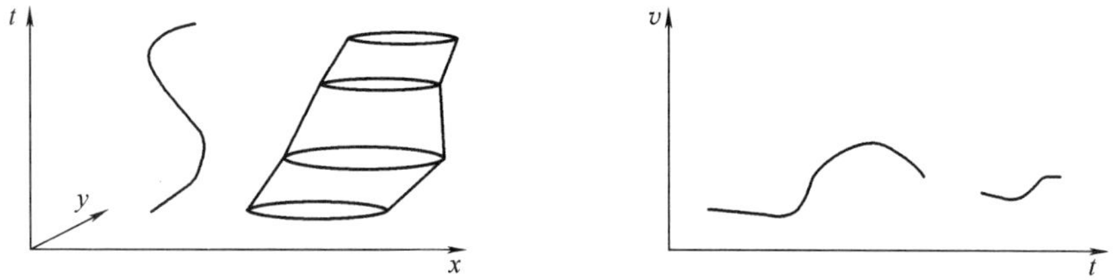

(a) 移动点和移动区域　　(b) 移动实数

图 4.1 三维空间和二维空间

注意：时态类型通常是部分函数（即它的值在某个时间区间内可能是空值或未定义）。在进行某些操作时发生这种情况是很自然的——比如，当一个移动点在某段时间里被包含在某个特定区域中时，就会出现这种情况。

为了研究这些类型上的操作，需要引入一些相关类型的定义。例如，为了使所有的时态类型都可以投影到它们的域（时间或 *instant*）或者一个范围（根据类型而变化），需要定义一些其他的类型。类型到域的投影结果是一个时间间隔的集合——因此需要一个数据类型来对其加以表示，我们称之为 *periods*。顺便说一下，这个投影操作并不依赖于特定的时态数据类型，因此它具有一般性。该操作的描述为

deftime: *moving*(α) → *periods*

其中，α ∈ {*int*, *real*, *string*, *bool*, *point*, *region*}。事实上，这里的 *moving* 是一个类型构造器，它根据给定的参数类型 α 生成一个结果类型，该结果类型的值是从 *instant* 到 α 的部分函数。

对于移动点和移动区域，考虑它在二维空间范围上的投影。对于一个移动点，它的投影通常是二维平面中的一条曲线；对于一个移动区域，投影结果仍是一个区域。因此，我们需要空间类型 *line* 和 *region*。然后可以定义如下操作：

trajectory: *moving*(*point*) → *line*

traversed: *moving*(*region*) → *region*

另一方面，一个移动实数在实数范围上的投影将产生一个实数区间的集合。由于经常需要使用这种区间的集合，因此为这种类型的值引入一个类型构造器是很有

意义的,我们称之为 *range*。它根据参数类型 α(这里 α 是一个一维的域)生成相应的结果类型,该结果类型的值是 α 上的一个区间集合。这就导致了如下投影操作:

rangevalues: *moving*(α) → *range*(α)

其中,α ∈ {*int*,*string*,*bool*,*real*,*instant*},即可能实例化的类型,如:

rangevalues: *moving*(*real*) → *range*(*real*)

因为之前介绍过的 *periods* 类型表示了时间域 *instant* 上的时间间隔集合,所以我们可以知道 *periods* = *range*(*instant*)。

我们想要了解移动点或移动区域与时间相关的数值特性,比如距离、速度、区域的大小或区域中部件(不相交的面)的数量。为了表示这些操作的结果,需要类似于 *moving*(*real*)或 *moving*(*int*)这样的数据类型。因此定义如下操作:

distance:	*moving*(*point*) × *moving*(*point*)	→ *moving*(*real*)
speed:	*moving*(*point*)	→ *moving*(*real*)
area:	*moving*(*region*)	→ *moving*(*real*)
no_components:	*moving*(*region*)	→ *moving*(*int*)

这些例子足以证明,为什么研究这些期望的操作会需求新的数据类型。这些数据类型都需要辅以合适的操作,以便它们的结果在查询中可以进一步进行计算。

一旦给出基本思路,下一步的任务就是设计这样一个包含相关类型和操作的系统,使其可以表示所有我们感兴趣的查询问题,并且还可以保证某种封闭性。更正式一点,这就意味着我们需要设计一个多类代数。包含如下 2 个步骤:

(1) 定义操作以及它们的参数和结果类型(即定义一个基调)。一个基调包含若干类(类型的名字)和操作符(操作的名字)。

(2) 定义基调的语义(即与一个代数进行关联),包括定义所有类的载体集以及所有操作符的函数。类型 t 的载体集包含了 t 所有可能的取值,与操作符 ω 关联的函数是相应载体集之间的一个映射。

4.1.2 抽象模型与离散模型

现在,在继续讨论之前需要先弄清楚一个基本的问题,那就是应该在哪一层的抽象上定义语义。两个可能的抽象层分别称做抽象模型和离散模型。表 4.1 所列为这两个层次上一些可能的定义例子。注意这些定义是非常概要的,这是因为我们的目的并不是要给出精确的定义,而只是想解释两种抽象层之间的区别。

表 4.1 抽象层和离散层上的定义

抽象 连续 无限	具体 **离散** 有限
region 是$\mathbb{R}^2$ 的一个封闭子集,并且其内部非空	region 是一个可能包含多边形孔洞的多边形集合
line 是$\mathbb{R}^2$ 中的一条曲线(即一个连续函数 $f:[0,1]\to\mathbb{R}^2$)	line 是一条折线(即一个线段的列表)
moving(point)是一个从时间到 point 值的函数	moving(point)是三维空间中的一条折线。…… 三维空间内的三次样条曲线
moving(real)是一个从时间到 real 值的函数	moving(real)是一个分段的二次多项式
moving(region)是一个从时间到 region 值的函数	moving(region)是三维空间中的一个多面体。…… 是一个仿射映射序列

这两个抽象层之间的区别可以通过3组术语来刻画:抽象与具体、连续与离散、无限与有限。本质上来说,在抽象层上可基于无限集进行定义,而在离散层上只能够使用有限表示方法。

两个层之间的区别描述如下:

■ 抽象层在概念上更为简单。类型(即载体集)语义的形式化定义相对于离散层要简单得多。事实上,抽象层看起来像是我们所感兴趣的概念模型,比如我们通常会认为飞机是连续移动的(即始终存在一个时间上连续函数的位置),而不是沿着一条折线移动。

■ 抽象层更为统一。例如,我们注意到所有的移动类型都有相同的类型定义,即它们都是从时间到相应域的函数。而在离散层,需要区分不同的结构。

■ 抽象层具有一般性,而离散层表示了一种特定的实现选择,它不一定适合于所有的应用。例如,如果在离散层将移动区域表示为多面体,那么就很难表达旋转这种变化。另一方面,也可以用一个时间间隔序列来表示移动区域,其中每一个时间间隔中的形状演变都可以通过仿射映射来表示,而仿射映射可以支持旋转、转换和缩放操作。这样的一个模型能够很容易并且准确地表示旋转。但是,它不能表示形状的任意变化,而这一点在多面体模型中却能够得到更好的支持。

■ 抽象层并不能直接实现,因为在计算机中无法表达这样的无限集合,必须找到一种有限表达方式。因此只有离散模型是可实现的。

如果在离散层直接设计一个时空代数可能会遇到许多困难。首先,类型和操作语义的形式化定义会变得非常复杂。其次,我们需要在一些方法上做出选择,就像前面讨论的多面体和仿射映射之间的选择一样。离散层上的某些选择会不允许采用某些本来很自然的操作定义。例如,在 moving(real)上定义一个 *derivative* 操作是很自然的事,然而,在离散层中,很难找到一种表示结构使其 *derivative* 操作具有封闭性。如果确定了这样一种表示结构,那么就不可能再把 *derivative* 操作加入到设计当中。由于这些原因,按照如下 2 个步骤进行模型设计是一种较好的策略:

(1) 在抽象层上设计时空代数。

(2) 设计一个或多个离散模型作为抽象模型的实例化(并且实现它们)。

我们将按照这一策略进行讨论。4.2 节将介绍一个抽象层上的设计,4.3 节给出相应的离散模型。离散模型的实现将在第 5 章介绍。

4.1.3 抽象数据类型的语言嵌入

在第 1 章中我们已经看到了抽象数据类型如何被嵌入到 DBMS 数据模型和查询语言中。在本节中,我们将更加详细地描述一些可以实现与 ADT 操作平滑交互的功能。假设在 DBMS 查询语言中可以使用这些功能,但表示符号可能有所不同。这些功能将在后面的查询实例中使用。

赋值:语句 `LET〈name〉=〈query〉`将一个查询的结果赋值给一个称之为 *name* 的新对象。在之后的查询步骤中可以使用该对象。

多步查询:一个查询可以写成一系列由分号隔开的赋值语句列表,每个赋值语句后面都接着一个或多个查询表达式,最后一步是查询结果。

元素集合与原子值之间的转换:在一个关系环境中,一个包含单个元组和属性的关系能够被转化为一个类型化的原子值,反之亦然。

【例 4.1】 假设在一个(对象)关系环境中有如下示例关系:

```
employee(name:string,salary:int,permanent:bool)
```

则如下表达式是两个整数的乘积:

```
ELEMENT(SELECT salary FROM employee
WHERE name ='John Smith') * 2
```

而下面的表达式则返回一个关系,该关系包含一个属性 name 和一个值为“John Smith”的元组:

```
SET(name,'John Smith')
```

■

定义导出值:假设任意涉及新旧数据类型的 ADT 操作可以出现在 WHERE 子句中的任何地方,并且可以用在 SELECT 子句中以产生新的属性,则符号 `〈expression〉AS〈new attrname〉`表示导出值。

定义操作:允许从已有的操作中导出新的操作,具体形式为 `LET〈name〉=〈functional expression〉`。函数表达式的形式为 `FUN〈parameter list〉expression`,它对应于函数语言中的 λ 抽象。

【例4.2】 新操作square可能的定义及使用方式如下：

```
LET square = FUN(m:int)m * m;square(100)
```
■

定义聚集函数：一个数据类型上的任何二元的联合和交换操作都可以通过符号AGGR(〈attrname〉,〈operator〉,〈neutral element〉)作为聚集函数，应用于具有该数据类型的列上。在关系为空的情况下，返回的是一个中性元素。在拥有单个元组的情况下，返回的是单个的属性值。否则，现有的属性值将通过给定的操作符进行聚合。此外，聚集函数的名称可以使用如下语句进行定义：LET 〈name〉= AGGREGATE(〈operator〉,〈neutral element〉)。

【例4.3】 可以通过下面的语句确定是否所有的员工都拥有永久性职位：

```
LET all = AGGREGATE(and,TRUE);
SELECT all(permanent)FROM employee
```
■

后面的内容中将给出包含空间操作的聚集函数的例子。

4.2 抽象模型

在本节中，我们将精确设计一个适合于表示和查询移动对象的时空数据类型系统及其操作。该设计的目标如下：

■ 封闭性。该类型系统应具有一个清晰的结构，特别是类型构造器的应用应具有系统性和一致性，例如：

——所有感兴趣的基础类型都有相应的时间相关(时态，或“移动”)类型。

——所有时态类型都有类型可以表示它们到域和范围的投影。

■ 泛型。由于数据类型的数量相对较多(大约20个)，如果为每一个类型都单独设计操作，最终将会得到一个包含几百个操作的结果描述(像手册一样)。所以，一个基本性的要求就是为可用的类型设计一个更为抽象的视图，同时设计相对较少的一般性操作，并应用到尽可能多的类型上。

■ 非时态类型和时态类型之间的一致性。例如，静态区域和移动区域的定义应该是一致的，即在某个特定时刻移动区域应当对应一个静态区域，并且静态区域的结构是在一个移动区域中连续地演变。这一点在某些情况下可能会违背，比如静态区域可能包含几个不相交的部分，而移动区域在任意时刻可能只有一个组件。

■ 非时态操作和时态操作之间的一致性。例如，两个静态点之间距离的定义应该与两个移动点之间返回移动实数的距离函数的定义相一致。

所有这些设计都将有助于我们获得一个相对简单却功能强大的模型和查询语言。

4.2.1 数据类型

首先描述有效的数据类型,或类型系统。下面先给出一个简单的概述,然后在类型系统和类型语义定义时再进行细化。

很清楚,在任何数据模型中都必须有标准的数据类型存在,就像 *int*、*real*、*bool* 和 *string* 一样,我们把它们称为基础类型。另外,有 4 种空间类型,分别是 *point*、*points*、*line* 和 *region*,如图 4.2 所示。

(a) *point*　(b) *points*　(c) *line*　(d) *region*

图 4.2　空间数据类型

接下来,我们需要数据类型来表示时间——即 *instant* 和 *periods*,后者表示一个不相交的时间间隔集合。

每一个基础类型和空间类型都有一个相应的时间相关类型,或称时态类型,该类型由类型构造器 *moving* 所产生。因此,我们有 *moving*(*int*),…,*moving*(*region*)类型。

另一个类型构造器 *range*,为每个基础类型生成一个表示区间集合的相应类型。

最后,还有一个叫做 *intime* 的类型构造器,它为每个基础类型或空间类型生成一个包含一对值的类型,由一个时刻和一个参数类型构成。例如,类型 *intime*(*int*)的值由一对 *instant* 和 *int* 值组成。

图 4.3 所示为有效类型的一个概览,该图也对这些类型的动机做了解释。这里省略了 *intime* 类型。特别地,我们需要有一些类型来表示从时态类型到域和范围的投影,就如同之前所提及的那样。空间类型到范围(即二维平面)的投影稍微有一点复杂。*moving*(*point*)可能连续地移动,这会产生类似于曲线或 *line* 值的投影,但是它也可能按照离散的步骤"跳跃"(例如,考虑 1.4.4 小节中给出的[1]~[4]时空数据)。在这种情况下,投影就是一个 *points* 值。与此类似,在 *moving*(*line*)中,曲线也可能跳跃,从而生成一个 *line* 值投影,而不是像连续移动曲线一样更为自然地产生一个 *region* 值投影。后面我们将引入专门的投影操作来得到类型化的投影结果(例如,一个投影操作用于获取移动点投影的 *points* 部分,而另一个则获取投影的 *line* 部分)。

表 4.2 所列为采用基调方式对类型系统进行更精确的描述。一个基调具有类和操作符。在这里,我们把类叫做类别①,它表示类型的集合。这里的操作符是类型构

① 我们用全大写字母表示类别。

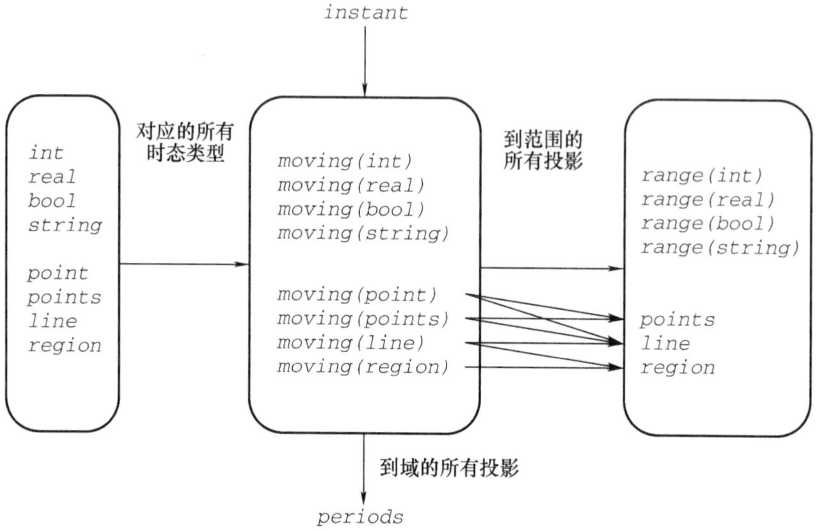

图 4.3 类型系统的结构

造器。基调生成了一系列的项,它们对应着由类型系统所提供的类型。注意,那些不带参数的类型构造器(如 *int*、*point* 等)称为常量,它们直接就是类型。

表 4.2 作为基调的类型系统

类型构造器		基调
int, *real*, *string*, *bool*		→BASE
point, *points*, *line*, *region*		→SPATIAL
instant		→TIME
range	BASE∪TIME	→RANGE
moving, *intime*	BASE∪SPATIAL	→TEMPORAL

4.2.2 数据类型的形式化定义

对于每个数据类型 α,我们需要定义可能的值集以及它的载体集(用 A_α 表示)。

基础类型

4 种基础类型 *int*、*real*、*string* 和 *bool* 的含义与通常一样,除了它们的域中增加了一个值 ⊥(未定义)。

□ **定义 4.1** 基础类型的载体集如下:

$A_{int} := Z \cup \{\perp\}$

$A_{real} := R \cup \{\perp\}$

$A_{string} := V^* \cup \{\perp\}$,$V$ 是有限字母集

$A_{bool} := \{FALSE, TRUE\} \cup \{\perp\}$ ■

之所以将未定义值也包含在内,是因为时态类型(其值是时间的部分函数)上的操作返回未定义值是很自然的事。例如,当计算移动区域的大小时,如果在某个时刻区域是未定义的(或空的),那么计算结果也是未定义的。我们在这里介绍一个简化符号 $\overline{A}$ 来表示不包含未定义值的载体集(即 $\overline{A}_\alpha = A_\alpha \setminus \{\perp\}$)。

空间类型

图 4.2 已经对 4 种空间类型进行了说明。简单地说,它们都具有如下的含义:类型为 *point* 的值表示了欧几里得平面中的一个点或未定义;*points* 值是点的一个有限集;*line* 值是平面中连续曲线的一个有限集;*region* 是我们称为面的一个有限集,这些面互不相交但可能会含有孔洞,并且一个面可以位于另一个面的孔洞中。这 3 个集合类型都可能为空。

□ **定义 4.2** *point* 类型和 *points* 类型的载体集如下:

$A_{point} := \mathbb{R}^2 \cup \{\perp\}$

$A_{points} := \{P \subset \mathbb{R}^2 \mid P$ 是有限的$\}$ ■

point 和 *points* 的定义很简单,而 *line* 和 *region* 的定义则比较复杂。我们不准备给出原始文献中完整的形式化定义(见 4.6 节),但是将会简要地讨论一下这些定义的结构。

line 的定义基于曲线的概念。

□ **定义 4.3** 一条曲线是一个连续映射 $f: [0,1] \to \mathbb{R}^2$,因此有

$\forall a, b \in [0,1]: f(a) = f(b) \Rightarrow (a = b \vee \{a, b\} = \{0, 1\})$ ■

这就意味着曲线并不是自相交的,只有起点 $f(0)$ 和终点 $f(1)$ 可能相等。对于一条曲线来说,我们只关心 $\mathbb{R}^2$ 中构成曲线范围的点集,该点集定义为 $rng(f) = \{p \in \mathbb{R}^2 \mid \exists a \in [0,1]: f(a) = p\}$。如果两条曲线的范围相等,那么这两条曲线是相同的。

一个 *line* 值是 $\mathbb{R}^2$ 的一个子集(因此它是一个无限的点集),并能够表示成一个有限的曲线集合(的范围)的并。

这里有一个很重要的要求:所使用的曲线必须是从某个简单的曲线类中选取出来的。简单曲线类意味着其中任意两条曲线的交点只会产生有限数量的交点(不包括两条曲线自身的公共部分)。如前所述,这里所描述的抽象模型在之后将通过一

个离散模型来实现，那时我们会选择一个特殊的曲线类(比如多边形线或三次样条曲线)。我们只要求选中的曲线类能够满足这里所说的简单性要求。这一要求是必要的，比如它可以保证两个 `line` 值相交的结果可以表示成一个 `points` 值。

另外，我们观察到许多不同的曲线集合有可能产生相同的 `line` 值。我们希望能找到一种标准的表示方法(即可以唯一定义一个 `line` 值的曲线集合)。一个曲线的有限集定义了一个图结构，这个图结构的顶点是曲线的交点，边是曲线中各个没有交点的线段。这就是我们期望的标准表示方法(图4.4)。

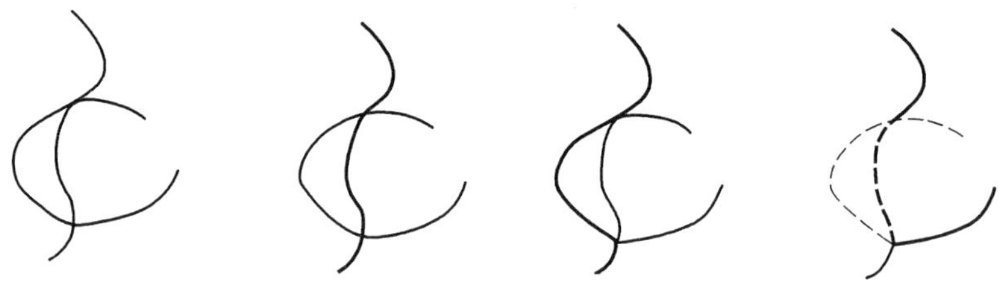

(a) 线　(b) 把线看成两条曲线时两种可能的解释　(c) 构成C复形的标准曲线集

图4.4　标准表示方法

这一标准表示方法的形式化定义引出了C复形的概念。C复形是一个曲线的有限集，其中所有曲线都仅相交于它们的端点。因此，C复形中的曲线集对应了图形结构标准表示中的边。设 C 是一个C复形，$points(C)$ 表示 $\mathbb{R}^2$ 中 C 所覆盖的所有点(即它的所有曲线范围的并)。设 $CC(S)$ 是所有使用了简单曲线类 S 来表示曲线的C复形集合。

□ **定义4.4**　设 S 是一个简单曲线类。`line` 的载体集如下：

$$A_{line} := \{Q \subset \mathbb{R}^2 \mid \exists C \in CC(S) : Q = points(C)\}$$ ■

因为对于一个给定的 `line` 值 Q，存在着一个唯一的C复形定义，因此我们用 $sc(Q)$(Q 的简单曲线)来表示这个定义。

`region` 值定义为平面中具有特定结构的一个点集。与 `line` 类似，我们首先定义 `region` 的结构(称为R复形)以及与之关联的点集，然后再将区域定义为属于R复形的一个点集。

我们不希望在区域值中出现某些异常的结构，如孤立的点和悬挂的线，或者在一个"覆盖范围"内出现点或线的缺失。为了避免这些情况，我们引入正则闭集的概念。对于平面中的一个点集 $Q \subset \mathbb{R}^2$，如果它等同于其内部的闭包 $Q = closure(interior(Q))$①，我们称 Q 是正则封闭的。这样就不可能在点集中出现孤立的点，因为一个孤立点既不在点集的内部也不在点集内部的闭包中。

① 这些概念来自于拓扑学。一个点集的内部是指除其边界之外的点集，闭包则还要加上其边界上的点。

给定两个正则闭集 Q 和 R，如果 $Q \cap R$ 是有限的，我们称 Q 和 R 是准相离的。

一个 R 复形本质上是由非空的正则闭集构成的一个有限集 R，并且 R 的任意两个不同的元素都是准相离的。此外，它的边界必须要能够表示成一个 C 复形(因此也可以表示为 `line` 值)。我们要求在 `line` 和 `region`(的边界)值的定义中必须使用相同的曲线类。所有边界属于曲线类 S 的 R 复形集合表示为 $RC(S)$。

因此，一个区域可以看做是一个部件(称为面)的有限集，其中每一个面都是一个正则闭集。除了边界上可能存在的有限数量的“接触点”之外，任意两个不同的面都是不相交的。面的边界与线一样简单——例如，几个面的边界的交可能只产生有限数量的交点。一个面可以同时具有外部边界和内部边界(即面可能包含孔洞)。

□ **定义 4.5** 设 S 是一个简单曲线类。`region` 的载体集如下：

$$A_{region} := \{Q \subset \mathbb{R}^2 \mid \exists R \in RC(S): Q = points(R)\}$$ ■

因此，对于一个给定的区域值 Q，它的 R 复形是唯一定义的，我们用 $faces(Q)$ 表示。

空间类型 `points`、`line` 和 `region` 的值可能是空集。空集所扮演的角色与其他类型中的未定义值类似。因此，我们将记号 $\overline{A}$ 扩展到空间类型以及其他所有载体集元素是集合值的类型上，并定义 $\overline{A}_\alpha = A_\alpha \setminus \{\varnothing\}$。

时间类型

`instant` 类型表示一个时间点，或未定义。时间被认为是线性和连续的(即和实数是同构的)。

□ **定义 4.6** `instant` 类型的载体集如下：

$$A_{instant} := \mathbb{R} \cup \{\bot\}$$ ■

范围类型(区间集合)

□ **定义 4.7** 设 α 是 `range` 类型构造器可应用的一个数据类型(因此存在着一个全序 $<$)。一个 α 区间是一个集合 $X \subseteq \overline{A}_\alpha$，并满足

$$\forall x, y \in X, \forall z \in \overline{A}_\alpha : x < z < y \Rightarrow z \in X$$

如果两个 α 区间不相交并且它们的并也是一个 α 区间，我们说这两个 α 区间是相邻的。一个 α 范围是一个不相交也不相邻的有限区间集。给定一个 α 范围 R，$points(R)$ 表示 R 所有区间的并。 ■

□ **定义 4.8** 设 α 是 `range` 类型构造器可应用的一个数据类型。`range`(α)的载体集如下：

$$A_{range(\alpha)} := \{X \subseteq \overline{A}_\alpha \mid \exists \alpha \text{ 范围 } R: X = points(R)\}$$ ■

对于数据类型 *range*(*instant*),我们引入另外一个名字 *periods*。

时态类型

我们使用类型构造器 *moving* 从基础类型和空间类型中导出相应的时态类型。

□ **定义 4.9** 设 α 是 *moving* 类型构造器可应用的一个数据类型,其载体集为 $\overline{A}_\alpha$,则 *moving*(α)的载体集如下:

$$A_{moving(\alpha)} = \{f \mid f: \overline{A}_{instant} \to \overline{A}_\alpha \text{ 是部分函数} \wedge \Gamma(f) \text{ 是有限的}\}$$ ■

因此,每一个 f 值都是一个函数,它描述了载体集 A_α 中的值随时间而发生的演变。条件"$\Gamma(f)$是有限的"确保 f 只包含有限数量的连续部件①。这一点对于某些特定的操作来说是必需的——例如,它可以保证一个移动对象投影到平面时所得到的投影结果只包含有限数量的部件,同时也可以保证抽象设计的可实现性。

通过 *moving* 构造子获得的时态类型是一个由"时刻,值"对构成的无限集合。如果有相应的类型来表示这一集合中的单个元素,那将非常有用。下面的 *intime* 类型构造子实现了这一点。

□ **定义 4.10** 设 α 是 *intime* 类型构造器可应用的一个数据类型,其载体集为 $\overline{A}_\alpha$,则 *intime*(α)的载体集如下:

$$A_{intime(\alpha)} := A_{instant} \times A_\alpha$$ ■

4.2.3 操作概述

操作的设计遵循3个原则:设计的操作要尽可能一般化;非时态和时态类型上的操作要具有一致性;操作应能够表达我们感兴趣的现象。

首先,第1个原则是最关键的,因为类型系统非常庞大。为了避免操作数量的激增,我们需要一个类型集合的统一视图。一个基本的实现思路是将每个数据类型都关联到一维空间或二维空间,并将每个空间中的类型区分为两类:一类的值都是空间中单个的元素值(称为点类型);另一类的值是空间的一个子集(称为点集类型)。例如,考虑一个称为 *Integer* 的空间(表示整数的一维空间),它的一个类型 *int* 描述了单个的值,因此是点类型,而类型 *range*(*int*)则描述了一个值的集合,因此是点集

---

① $\Gamma(f)$是 f 的最大连续部件,它是 Güting 等(2000)中定义的,这里用到了该文献中连续概念的一般性定义。关于连续性概念我们还会在4.2.6小节中讨论。

类型。再如,另一个名为2D的空间表示了二维平面。在这个例子里,*point* 是点类型,而 *points*、*line* 和 *region* 是3个不同的点集类型。以后我们按照空间以及可用的点类型和点集类型来定义一般化的操作。

其次,为了实现非时态和时态类型上操作的一致性,我们执行下面2个步骤:第1步,谨慎地设计非时态类型上的操作;第2步,通过一项称之为提升的技术将这些操作统一、系统地扩展到与各自类型对应的时态类型上。

再次,为了设计一种功能强大的查询语言,我们有必要将不同领域(或数学分支)中的操作包含进来。简单集合理论和一阶逻辑是查询语言中最基础和最易理解的部分,不过还需要有序关系、拓扑、度量空间等领域中的操作。虽然我们没有明确的方法来包括所有"感兴趣的现象",但可促使我们将其他的一些操作包含到查询语言中来,如距离、区域大小和边界关系等。

在后面的设计中,我们将讨论3类操作:非时态类型上的操作、时态类型上的操作以及包含数据库对象集合的操作。下面的3个小节将分别对它们进行描述。

4.2.4 非时态类型上的操作

尽管我们的重点在移动对象(时态类型)上,定义非时态类型上的操作仍然是很重要的,因为这些操作之后将被提升并生成时态类型上的操作。表4.3所列为非时态类型上的6类操作,并列出了具体操作的名字。这些操作的定义和含义我们很快就会在后面讨论。

表4.3 非时态类型上的操作

操作类型	操作
谓词操作	**isempty** =,≠,**intersects**,**inside** <,≤,≥,>,**before** **touches**,**attached**,**overlaps**,**on_border**,**in_interior**
集合操作	**intersection**,**union**,**minus** **crossings**,**touch_points**,**common_border**
聚集操作	**min**,**max**,**avg**,**center**,**single**
数值操作	**no_components**,**size**,**perimeter**,**duration**,**length**,**area**
距离和方向操作	**distance**,**direction**
特定的基本类型操作	**and**,**or**,**not**

如前所述,非时态类型分为点类型和点集类型(表4.4)。注意术语时态类型是指值为时间的函数的类型。因此,在这个意义上 *instant* 和 *periods* 不是时态类型。表中还显示了连续和离散空间(以及类型)之间的不同,这对于某些特定的数值操作是必要的。

表 4.4 非时态类型的分类

空间	空间类型	类型	点类型	点集类型
一维空间	离散	整型	*int*	*range(int)*
		布尔型	*bool*	*range(bool)*
		字符串型	*string*	*range(string)*
	连续	实数	*real*	*range(real)*
		时间	*instant*	*periods*
二维空间		二维	*point*	*points*, *line*, *region*

基调符号

基于表4.4所定义的空间,我们先介绍“一般性”定义的书写符号。设 π 和 σ 是类型变量,分别表示表4.4中任意的点类型和点集类型。

【例 4.4】 操作 **inside** 的基调定义如下:

inside: $\pi \times \sigma \rightarrow$ *bool*

这意味着对于任何给定的空间,**inside** 的第1个参数是该空间中的某个点类型,第2个参数是该空间中的某个点集类型,并返回一个 *bool* 值。这个定义是如下这些基调的一个缩写:

inside: *int* × *range(int)* → *bool*
bool × *range(bool)* → *bool*
string × *range(string)* → *bool*
real × *range(real)* → *bool*
instant × *periods* → *bool*
point × *points* → *bool*
point × *line* → *bool*
point × *region* → *bool* ■

定义 $\sigma_1 \times \sigma_2 \rightarrow \alpha$ 意味着类型变量 σ_1 和 σ_2 可以独立进行实例化,但要求它们必须在同一空间内。反之,定义 $\sigma \times \sigma \rightarrow \alpha$ 表示两个参数必须具有相同的类型。符号 $\alpha \otimes \beta \rightarrow \gamma$ 表示两个参数类型的任意顺序都是允许的,它是基调 $\alpha \times \beta \rightarrow \gamma$ 和 $\beta \times \alpha \rightarrow \gamma$ 的合写。

一些操作被限定在空间的特定类上。我们用如下符号来表示类:1D = {整型,布尔型,字符型,实数,时间},2D = {二维},1Dcont = {实数,时间},1Dnum = {整型,实数,时间}和 cont = {实数,时间,二维}。如果某个操作定义限定在空间的某个类上,我们在操作定义后面附一个中括号并在里面写上空间名。例如,基调 $\beta \rightarrow \gamma[1D]$ 表明该操作对于所有的一维空间是合法的。

一般性操作在应用于特定类型时可能具有一些更恰当的名字。例如,点集类型中有一个一般性操作 **size**,当它被应用于 *periods* 类型的参数时,使用名字 **duration** 就更为合适。在这种情况下,我们引入符号 **size**[**duration**]来表示把一个更适合的名字指定为操作的别名。

在定义语义时,$u,v,\cdots$表示 π 类型的单个值,$U,V,\cdots$表示与 σ 类型对应的值集。对于二元操作来说,u 或 U 指第 1 个参数,而 v 和 V 指的是第 2 个参数。举例来说,**inside** 操作的语义定义为

$$u \in V$$

此外,我们使用 μ 来表示移动对象参数,使用 $t(T)$来表示 *instant*(*periods*)参数值。

【例 4.5】 我们引入如下示例关系,这些关系描述了欧洲的城市、国家、河流和公路:

```
city(name:string,pop:int,center:point)
country(name:string,area:region)
river(name:string,route:line)
highway(name:string,route:line)
```

■

谓词

考虑一元及二元谓词。在抽象层上,可以询问一个点是否是未定义的或一个点集是否是空的。为此,我们使用了一般性谓词 **isempty**[**undefined**](表 4.5)。

表 4.5 一元谓词

操作	基调	语义
isempty[**undefined**]	$\pi \rightarrow$ *bool*	$u = \perp$
	$\sigma \rightarrow$ *bool*	$U = \varnothing$

为了达到一定的完整性,二元谓词的设计基于如下的策略。首先,考虑两个点(单一值)、两个点集以及一个点与一个点集之间可能的关系。其次,谓词是基于集合理论、有序关系和拓扑的,有序关系只存在于一维空间中,拓扑意味着需要考虑集合的内部和边界。二元谓词的这一设计如表 4.6 所列,这里,符号 ∂Q 和 $Q°$分别指点集 Q 的边界和内部。

表 4.6 建立在集合和单一值之间可能关系的系统研究基础之上。对于这种关系,如果有必要的话,可以为它创造一个新名字(例如 **touches**)。表 4.6 中的表达式就是操作语义的定义。

表 4.6 二元谓词的设计

	集合	有序关系(一维空间)	拓扑
点一点	$u=v,u\neq v$	$u<v,u\leqslant v,u\geqslant v,u>v$	
点集一点集	$U=V,U\neq V$ $U\cap V\neq\varnothing$(**intersects**) $U\subseteq V$(**inside**)	$\forall u\in U,\forall v\in V:u\leqslant v$ (**before**)	$\partial U\cap\partial V\neq\varnothing$(**touches**) $\partial U\cap V^{\circ}\neq\varnothing$(**attached**) $U^{\circ}\cap V^{\circ}\neq\varnothing$(**overlaps**)
点一点集	$u\in V$(**inside**)	$\forall u\in U:u\leqslant v$(**before**) $\forall v\in V:u\leqslant v$	$u\in\partial V$(**on_border**) $u\in V^{\circ}$(**in_interior**)

练习 4.1 像表 4.5 中一样写出二元谓词的一般性基调,语义一列可以不要。在合适的情况下请试着使用"基调符号"中描述的符号。 ■

我们没有与距离或方向(例如,"北边")相关联的谓词,但这样的谓词可以通过下面内容中所定义的数值操作来构建。

集合操作

集合操作是基础性操作,并且对于所有点集类型来说都是有效的。如果可行的话,我们也允许集合操作应用在点类型上,即允许使用像 u **minus** v 和 U **minus** V 这样的表达式。这样操作所产生的单值集合或空集被解释为点值。例如,$\{u\}\setminus\{v\}$ 的结果可以是 $\{u\}$ 或 $\varnothing$,它们分别被转换为 u 和 $\perp$。后面将会看到,允许点类型上的集合操作在将操作提升到时态类型上时特别有用。集合操作的基调如表 4.7 所列。

在表 4.7 中,一共有 5 组基调。前两组针对点一点和点一点集,接着的两组分别处理一维和二维空间中的点集和点集之间的交互操作,最后一组介绍了产生降维结果的特殊操作。

表 4.7 集合操作

序号	操作	基调		
1	**intersection**,**minus**	$\pi\times\pi$	$\to\pi$	
2	**intersection** **minus** **union**	$\pi\otimes\sigma$ $\pi\times\sigma$ $\sigma\times\pi$ $\pi\otimes\sigma$	$\to\pi$ $\to\pi$ $\to\sigma$ $\to\sigma$	
3	**intersection**,**minus**,**union**	$\sigma\times\sigma$	$\to\sigma$	[1D]
4	**intersection** **minus** **union**	$\sigma_1\times\sigma_2$ $\sigma_1\times\sigma_2$ $\sigma\times\sigma$	$\to\min(\sigma_1,\sigma_2)$ $\to\sigma_1$ $\to\sigma$	[2D] [2D] [2D]

续表

序号	操作	基调
5	**crossings** **touch_points** **common_border**	*line* × *line* → *points* *region* ⊗ *line* → *points* *region* × *region* → *points* *region* ⊗ *line* → *line* *region* × *region* → *line*

在定义结果类型尤其是操作语义中的结果类型时,必须考虑到在一维空间中我们处理的是任意的开集或闭集(见定义 4.7 给出的 *range* 类型构造器),而在二维空间中只有正则闭集[1]。因此,在一维空间中集合操作拥有通常的语义,而在二维空间中则使用了所谓的正则集合操作。注意,一般情况下,集合操作的结果可能会是零维、一维和二维部分的一个混合。例如,两个 *region* 值之间的交操作所得到的结果可能是由 *point*、*line* 和 *region* 三类值所构成的一个点集。正则集合操作只保持结果中维度最高的部分,并对其应用闭包。

基于这些原则,下面给出对表 4.7 中内容的一些说明。第 1 组:两个点参数之间不存在 **union** 操作,因为结果无法再用点类型来表示。第 4 组:这一组中的操作使用了刚刚讨论过的正则集合操作语义。**intersection** 操作的结果类型是两个参数中的较小值,并假设按 *points* < *line* < *region* 维度顺序排列。对于 **minus**,其结果类型就是第 1 个参数,因为减去一个低维值所返回的结果是保持不变的第 1 个参数值,而减去一个高维值并不会增加第 1 个参数的维度。对于 **union**,只有具有相同维度的参数才有意义,因为对于不同维度的参数来说,结果总是返回高维的参数。

在第 5 组中,**crossings** 返回 *line* 与 *line* 相交结果中的一些孤立点,而 **intersection** 返回的是公共的 *line* 部分。**touch_points** 操作和 **common_border** 操作的结果对应着 *region* 和 *line* 边界的交。大家可以在原始文献中找到所有这些操作语义的定义。

练习 4.2 给出如下这些操作语义的形式化定义:

(1) **intersection**: $\pi \times \pi \to \pi$

(2) **intersection**: $\pi \times \sigma \to \pi$

(3) **minus**: $\sigma \times \pi \to \sigma$

(4) **minus**: $\sigma \times \sigma \to \sigma$　　[1D]

(5) **minus**: $\sigma \times \sigma \to \sigma$　　[2D]

(6) **union**: $\sigma \times \sigma \to \sigma$　　[2D] ■

① Güting 等(2000)中讨论了为什么一维和二维的情形需要用不同的方式进行处理。

下面引入几个符号:谓词 *is*1D 和 *is*2D 允许我们检查参数是一维还是二维类型;符号 $\rho(Q)$、∂Q 和 Q°分别指点集合 Q 的闭包、边界和内部。

下面的例子说明,借助4.1.3小节中描述的通用方法,使用并和交操作也可以得到相应的聚集函数。

【例4.6】 根据欧洲各国家的区域求出欧洲的区域。

```
LET sum = AGGREGATE(union,TheEmptyRegion);
LET Europe = ELEMENT(SELECT sum(area)FROM country)
```

这里,TheEmptyRegion 是数据库中定义的一个常量,它表示了一个空的 *region* 值。计算之后 Europe 是一个 *region* 值。■

聚集

聚集操作将点集缩小成点。表4.8所列为聚集操作。对于一维空间开放区间上的 **min** 和 **max** 操作而言,操作将返回下确界或上确界而不是未定义的值。**single** 操作返回一个单点集的元素。对于 *periods* 值上的 **min** 和 **max** 操作,我们引入别名 **start** 和 **end** 来表示。我们在表4.8中仅给出了部分操作的语义。

表4.8 聚集操作

操作	基调		语义
min,**max**	$\sigma \to \pi$	[1D]	$\min(\rho(U)),\max(\rho(U))$
avg	$\sigma \to \pi$	[1Dnum]	
avg[**center**]	$\sigma \to \pi$	[2D]	
single	$\sigma \to \pi$		if $\exists u:U=\{u\}$ then u else $\perp$
min [**start**],**max**[**end**]	*periods*→*instant*		

【例4.7】 找出高速公路A1与莱茵河的交点。

```
LET RhineA1 = ELEMENT(
  SELECT single(crossings(R.route,H.route))
  FROM river AS R,highway AS H
  WHERE R.name = 'Rhine'AND H.name = 'A1')
```

借助 **single** 操作,使返回的结果 *RhineA1* 是一个 *point* 值而不是 **crossings** 操作返回的 *points* 值。如果在这一计算中发生了未预期的事情(例如,数据库中没有莱茵河),那么结果点的值将是⊥。■

集合的数值特性

很多众所周知的数值特性都可以在点集上进行计算(表 4.9)。这里,部件的数目就是最大的不相交连通子集的数目(即,一个 *region* 的面的数目,*line* 图中的连通部件,一维空间中 *range* 值的区间)。我们为所有连续集合类型(即,*range*(*real*),*periods*,*line* 以及 *region*)定义一个操作 **size**,它是一维空间中区间长度的总和。对于 *line* 来说 **size** 就是曲线长度的总和,而对于 *region* 来说 **size** 就是它的面积。**perimeter** 是 *region* 的边界长度。表 4.9 所列的第 2 部分只是定义了一些别名,这里我们省略了操作的形式化语义。

表 4.9 数值操作

操作	基调		
no_components	σ	→ *int*	
size	σ	→ *real*	[cont]
perimeter	*region*	→ *real*	
size[**duration**]	*periods*	→ *real*	
size[**length**]	*line*	→ *real*	
size[**area**]	*region*	→ *real*	

【例 4.8】 法国和德国的共有边界有多长?

```
LET France =
   ELEMENT(SELECT area FROM country WHERE name = 'France');
LET Germany =
   ELEMENT(SELECT area FROM country WHERE name = 'Germany');
length(common_border(France,Germany))
```
■

距离和方向

距离计算存在于所有的连续类型中。**distance** 函数返回第 1 个参数和第 2 个参数所有点对之间的最小距离。这里的距离对于一维空间是指两个参数值的差的绝对值,对于二维空间则是指欧几里得距离(表 4.10)。

表 4.10 数值操作

操作	基调	
distance	$\pi \times \pi$	→ *real*[cont]
	$\pi \otimes \pi$	→ *real*[cont]
	$\pi \times \pi$	→ *real*[cont]
direction	*point* × *point*	→ *real*

方向函数返回第一个点到第二个点之间的线与水平线的夹角度数。因此,如果 q 正好在 p 的北方,则 **direction** $(p,q)=90$。如果 $p=q$,则结果是 $\perp$。

【例4.9】 找出慕尼黑北边200 km范围内的所有城市。

```
LET Munich =
   ELEMENT(SELECT center FROM city WHERE name = 'Munich');
SELECT name FROM city
WHERE distance(center,Munich) <200
   AND direction(Munich,center) >=45
   AND direction(Munich,center) <=135
```
■

特定的基本类型操作

我们还需要标准操作 **and**、**or** 和 **not**,尽管它们并不和"点一点集"视图关联。之所以需要提到它们是因为它们必须包含在时态提升操作集(称为核心代数)中。

核心代数

核心代数包含了 BASE ∪ SPTIAL 中的所有类型,以及本节中定义的这些类型上的所有操作。

4.2.5 时态类型上的操作

回忆一下时态类型的值(即类型 *moving*(α))是形如 $f: \overline{A}_{instant} \to \overline{A}_{\alpha}$ 的部分函数。表4.11所列为时态类型上操作的一个概述。我们首先讨论这些类型上的3类特殊操作,然后讨论提升的一般方法,该方法也是实现 **when** 操作的基础。

表4.11 时态类型上的操作

操作类别	操作
投影到域和范围	**deftime, rangevalues, locations, trajectory, routes, traversed, inst, val**
与域和范围的交互	**atinstant, atperiods, initial, final, present, at, atmin, atmax, passes**
变化率	**derivative, speed, mdirection, turn, velocity**
提升	(所有根据提升定义导出的新操作)
发生时间	**when**

投影到域和范围

第1类操作主要处理从时态值(函数)到域和范围的投影(表4.12)。**deftime**

操作返回一个时态函数所定义的时间间隔集合。**rangevalues** 操作用于完成一维类型到范围的投影。图 4.5 所示为这两个操作应用在 *moving(real)* 上时的情形。

表 4.12 投影值操作

操作	基调		
deftime	*moving*(α)	→*periods*	
rangevalues	*moving*(α)	→*range*(α)	[1D]
locations	*moving(point)*	→*points*	
	moving(points)	→*points*	
trajectory	*moving(point)*	→*line*	
	moving(points)	→*line*	
routes	*moving(line)*	→*line*	
traversed	*moving(line)*	→*region*	
	moving(region)	→*region*	
inst	*intime*(α)	→*instant*	
val	*intime*(α)	→α	

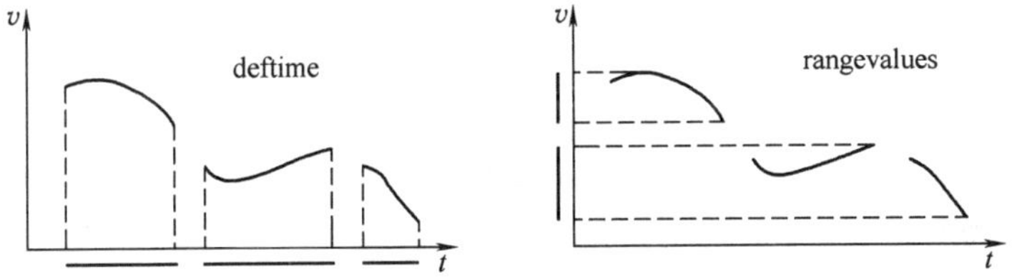

图 4.5 投影操作 **deftime** 和 **rangevalues**

对于二维数据类型而言，我们所提供的操作主要用于返回与所定义数据类型相对应的投影。例如，一个 *moving(point)* 到平面的投影可能由点和线组成，分别使用操作 **locations** 和 **trajectory** 来返回投影的点部分和线部分。*intime* 类型的值是成对的，我们提供了两个普通的投影操作 **inst** 和 **val** 来访问这个值里面的部件。

所有域和范围上的投影所产生的无限点集都以合并的方式表示为相应的点集类型。例如，一个时刻集合表示为一个 *periods* 值，而一个无限区域集合则视为该集合中所有区域的点的并，并表示为一个 *region* 值。这些投影之所以可以表示为时间间隔、面等元素的有限集合，是因为定义 4.9 中给出了类型 *moving*(α) 的连续性条件。由此产生的设计是完备的，因为所有域和范围上的投影值都可以进行表示。

【例4.10】 在本节中我们也使用第1章中的关系例子,把数据类型 *moving*(*point*)、*moving*(*real*)等表示为 mpoint、mreal,并作为属性类型使用。

```
flight(id:string,from:string,to:string,route:mpoint)
weather(id:string,kind:string,area:mregion)
```
■

【例4.11】 法国境内受 Lizzy 飓风影响的面积有多大?

```
LET Lizzy = ELEMENT(SELECT area FROM weather
      WHERE id = 'Lizzy');
area(intersection(traversed(Lizzy),France))
```

飓风 Lizzy 是从什么时刻开始的?

```
start(deftime(Lizzy))
```
■

与域和范围中点和点集的交互

在本节中定义这样的操作:把 *moving* 类型的函数值与其(时间)域或范围建立关联。这些操作可以用来回答这样的问题:一个移动点是否经过平面上某个给定的点或区域;或者一个移动实数是否曾经有过"42"这个值。也可以将移动实体与给定的域或范围值建立关联。

如表4.13所列,第1组操作关注与时间域值的交互,第2组关注与范围值的交互。操作 **atinstant** 和 **atperiods** 分别将函数关联到了给定的时刻或时间间隔集合(图4.6所示为 *moving*(*real*)的情形)。**initial** 和 **final** 操作返回函数定义中第1个和最后1个时刻的结果(时刻,值)。谓词 **present** 允许我们检查时态函数是否在某个时刻上有定义,以及是否在某个给定的时间间隔集合上有定义。

表4.13 与域和范围中的值的交互

操作	基调		
atinstant	*moving*(α) × *instant*	→ *intime*(α)	
atperiods	*moving*(α) × *periods*	→ *moving*(α)	
initial, **final**	*moving*(α)	→ *intime*(α)	
present	*moving*(α) × *instant*	→ *bool*	
	moving(α) × *periods*	→ *bool*	
at	*moving*(α) × β	→ *moving*(α)	[1D]
	moving(α) × β	→ *moving*(*min*(α, β))	[2D]
atmin, **atmax**	*moving*(α)	→ *moving*(α)	[1D]
passes	*moving*(α) × β	→ *bool*	

操作 **at** 将时态类型值限定在函数范围中的某个点或点集上(图 4.6)。在一维空间中,**at** 操作的结果类型和函数参数相同,而在二维空间中,是给定的参数 *moving*(α)和 β 之间的较小值,这里的大小顺序是 *point* < *points* < *line* < *region*。例如,如果 **at** 操作将一个 *moving*(*point*)限定在某个 *region* 值上,结果仍是一个 *moving*(*point*)。如果 **at** 操作将一个 *moving*(*region*)限定在某个 *point* 值上,则结果也是一个 *moving*(*point*)(它包含了第 2 个 *point* 参数在一系列时间里的值,在这些时间里第 2 个 *point* 参数值都包含在移动区域 *moving*(*region*)内)。

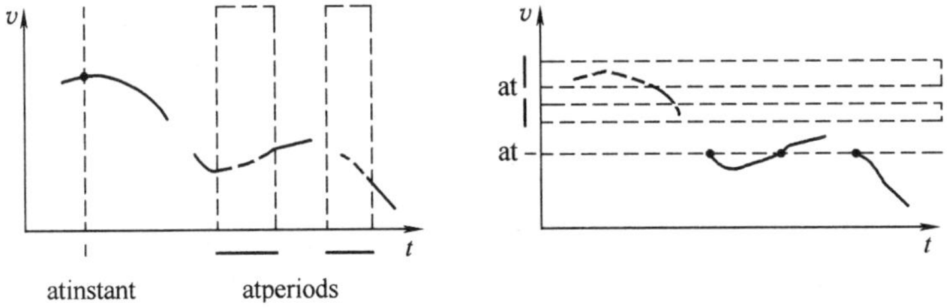

图 4.6 **moving(real)**上的操作 **atinstant**、**atperiods** 和 **at**

和 **initial** 和 **final** 有些类似,**atmin** 和 **atmax** 分别将函数定义缩小到了函数值最小或最大的时间里。由于这一点依赖于顺序,因此很明显这些操作只能够定义在一维空间上。**passes** 是一个类似于 **present** 的谓词,它用于判断函数值中是否出现过第 2 个参数所给出的范围中的(某个)值。

【例 4.12】 飓风 Lizzy 在法国停留了多长时间?

```
duration(deftime(at(Lizzy,France)))
```

当飓风 Lizzy 经过法国时,KLM066 航班处于什么位置?

```
trajectory(
   atperiods(ELEMENT(SELECT route FROM flight
      WHERE id ='KLM066'),
   deftime(at(Lizzy,France))
```

■

在进一步的例子中,我们需要一个时间常量符号来表示某个特定的时刻或时间区间。下面介绍一些操作,这些操作可以从整数中导出这样的时间常量(表 4.14)。

表 4.14 构建时间常量的操作

操作	基调	
year	*int*	→*periods*
month	*int* × *int*	→*periods*

续表

操作	基调	
day	*int* × *int* × *int*	→ *periods*
hour	*int* × *int* × *int* × *int*	→ *periods*
minute	*int* × *int* × *int* × *int* × *int*	→ *periods*
second	*int* × *int* × *int* × *int* × *int* × *int*	→ *periods*
period	*periods* × *periods*	→ *periods*

第 1 组中的每个操作都构建了一个闭时间间隔的 *periods* 值。例如,**year**(1990)表示从 1990 年开始时刻到最后时刻的时间间隔,**second**(1990,5,15,6,30,27)表示了 1990 年 5 月 15 号 6 时 30 分 27 秒所包含的闭时间间隔。此外,操作 **period** 允许我们从两个给定的 *periods* 值中构造一个闭时间间隔,它从两个参数中所包含的所有时刻的最小时刻一直延伸到最大时刻。因此,表达式 **period**(**day**(2000,5,9)),**minute**(2001,3,8,12,5)构造了一个从"2000 年 5 月 9 日上午 0:00:00"到"2001 年 3 月 8 号下午 12:05:59"的时间间隔。注意,这里假设时间域是连续的,因此,即使秒也是一个时间间隔,而不是一个时刻。

为了表示时刻,可以使用 *periods* 值上的 **start** 和 **end** 操作。例如,表达式 **start**(**minute**(2001,3,8,12,5))表示了"2001 年 3 月 8 日下午 12:05:00"的第 1 个时刻。

练习 4.3 假设有一个描述欧洲火山爆发数据的表。

volcano(name:string,eruption:mpoint)

请表示如下查询:

(1) 给出所有火山的位置。(返回一个 *points* 值。提示:需要创建一个中间表。)

(2) 17 世纪意大利是否发生过火山爆发?(如果有的话,需返回火山的名字。)

(3) Etna 火山一共爆发过几次? ■

表 4.13 中的操作从查询语言设计角度看都是非常有用的,它们中的一些操作也可以使用其他操作来表示。例如,设 t 是一个 *instant*,我们有

present(f,t) = **not**(**isempty**(**val**(**atinstant**(f,t))))

练习 4.4 表 4.13 中还有哪些操作可以通过其他操作导出?请写出相应的等式。 ■

变化率

任何时间相关值的一个重要特性就是它的变化率(即时间函数的导数)。为了

理解这个概念可以应用于我们定义的哪些数据类型上，先看一下导数的定义，即

$$f'(t) = \lim_{\Delta t \to 0} \frac{f(t + \Delta t) - f(t)}{\Delta t}$$

该定义可以应用于任何 *moving*(α)数据类型，其中的范围类型 α 应支持差操作，并且还要支持被实数除。

类型 *real* 很明显满足范围类型的要求，这引出了具有通常含义的 **derivative** 操作。对于类型 *point* 来说，有 3 种我们感兴趣的差计算方式：欧几里得距离、两个点之间的方向以及矢量差异（把 *point* 值看做是二维空间中的一个矢量）。这就导致了 3 种不同的导数操作，分别叫做 **speed**、**mdirection** 和 **velocity**（表 4.15）。

表 4.15 导数操作

操作	基调	语义
derivative	*mreal*→*mreal*	μ'，满足 $\mu'(t) = \lim_{\delta \to 0}(\mu(t+\delta) - \mu(t))/\delta$
speed	*mpoint*→*mreal*	μ'，满足 $\mu'(t) = \lim_{\delta \to 0} f_{\mathbf{distance}}(\mu(t+\delta), \mu(t))/\delta$
mdirection	*mpoint*→*mreal*	μ'，满足 $\mu'(t) = \lim_{\delta \to 0} f_{\mathbf{direction}}(\mu(t+\delta), \mu(t))/\delta$
turn	*mpoint*→*mreal*	μ'，满足 $\mu'(t) = \lim_{\delta \to 0}(f_{\mathbf{mdirection}}(\mu(t+\delta)) - f_{\mathbf{mdirection}}(u(t)))/\delta$
velocity	*mpoint*→*mpoint*	μ'，满足 $\mu'(t) = \lim_{\delta \to 0}(\mu(t+\delta) - \mu(t))/\delta$

这里，**speed** 操作使用 *moving*(*real*)来表示所有时间里 *moving*(*point*)的速度的一般概念。操作 **mdirection** 指移动的方向（即 x 轴和 *moving*(*point*)轨迹切线的夹角）。**turn** 操作是一个附加操作，它总是导致方向变化[①]。最后，**velocity** 返回一个移动函数的导数，它是一个值为矢量的函数。

在进一步的例子中，需要一个符号来表示查询中用到的区间常量。就像时间常量一样，区间常量也需要一些支持操作（表 4.16）。

表 4.16 构建区间的一些操作

操作	基调	
range	α × α	→*range*(α)
open, **closed**, **leftclosed**, **rightclosed**	*range*(α)	→*range*(α)
minint, **maxint**		→*int*
minreal, **maxreal**		→real
mininstant, **maxinstant**		→*instant*

① 这里的导数操作描述和 Güting 等(2000)中的原文稍有不同，我们采纳了 Cotelo Lema 等(2003)所建议的一个小修正。

在表4.16中，**range** 操作根据给定参数值生成了一个闭区间。为了能够构造开放或半开放的区间，我们提供了 **open**、**closed**、**leftclosed** 和 **rightclosed** 操作。这些操作应用于一个 *range* 值之上，并对 *range* 值的上、下边界进行操纵。为了能够构建涉及正数或负数的范围，我们提供了 **minint** 等常量。**minint** 常量对应着 $-\infty$。

【例4.13】 设 *LizzyArea* 是一个 *moving(real)*，它描述了飓风 Lizzy 与时间相关的面积大小。下面我们会看到 *LizzyArea* 是如何通过计算得到的。基于这一点，可以询问：在什么时间飓风 Lizzy 的面积缩小了？

```
LET negative = open(range(minireal,0));
deftime(at(derivative(LizzyArea),negative))
```
■

【例4.14】 给出 KLM066 次航班速度不低于 800 km/h 的飞行轨迹。

```
LET KLM066 = ELEMENT(SELECT route FROM flight
  WHERE id ='KLM066');
trajectory(atperiods(KLM066,
  deftime(at(speed(KLM066),range(800,maxreal)))))
```
■

将操作提升为时间相关操作

我们现在已完成4.2.3节中所描述的计划，即首先定义非时态类型上的操作，并使它们全部变成与时间相关。下面要讨论的技术主要应用于4.2.4节所定义的核心代数的所有操作。

考虑核心代数的一个操作 **op**，基调如下：

$$\alpha_1 \times \alpha_2 \times \cdots \times \alpha_n \rightarrow \beta$$

提升的主要思想是允许任何参数类型都可以替换成各自的时态类型，并且也返回一个相应的时态类型。因此，**op** 的提升版本具有下面的基调：

$$\alpha_1' \times \alpha_2' \times \cdots \times \alpha_n' \rightarrow moving(\beta)$$

其中 $\alpha_i' \in \{\alpha_i, moving(\alpha_i)\}$。

【例4.15】 实数上的等于操作的基调如下：

$= real \times real \quad \rightarrow bool$

它的提升版本为

$= moving(real) \times real \quad \rightarrow moving(bool)$

$= real \times moving(real) \quad \rightarrow moving(bool)$

$= moving(real) \times moving(real) \quad \rightarrow moving(bool)$

intersection 操作的基调如下：

intersection *point* × *region* → *point*

它的提升版本为

intersection *moving*(*point*) × *region* → *moving*(*point*)

intersection *point* × *moving*(*region*) → *moving*(*point*)

intersection *moving*(*point*) × *moving*(*region*)
→ *moving*(*point*) ■

提升操作将现有的看起来没有用途的操作做了一般化处理，并使其变成了很有用的操作。例如，用于计算 *point* 和 *region* 交的操作看起来不是很有用，但计算 *moving*(*point*)和 *region* 之间的交(指计算 *moving*(*point*)在 *region* 内部的部分)就相当重要。这就是 4.2.4 节中在所有参数类型包括单个点上定义集合操作的原因。

下面给出了提升操作的语义定义。设给定的操作 **op** 基调如下：

$$\alpha_1 \times \alpha_2 \times \cdots \times \alpha_n \rightarrow \beta$$

该基调的任何提升版本可以通过提升索引的集合 $L \subseteq \{1,\cdots,n\}$ 进行描述。例如，$L=\{1,3\}$ 给出了基调 *moving*(α_1) × α_2 × *moving*(α_3)→*moving*(β)。

设 f_{op} 表示 **op** 的语义，因此 **op** 在参数 $x_1,\cdots,x_n$ 上的应用结果表示为 $f_{op}(x_1,\cdots,x_n)$。我们为每个 **op** 的提升版本的语义定义为 f_{op}^L。可以观察到，在提升版本中，参数 x_i 被替换成了相应的时态函数 $x_i(t)$。把一个可能的提升参数(函数)应用到某个时刻 t 上的语义可以这样定义：

$$x_i^L(t) = \begin{cases} x_i(t), & i \in L \\ x_i, & \text{其他} \end{cases}$$

之后可以逐个地为每一个时刻定义函数 f_{op}^L，即

$$f_{op}^L(x_1,\cdots,x_n) = \{(t, f_{op}(x_1^L(t),\cdots,x_n^L(t))) \mid t \in A_{instant}\}$$

现在可以在查询语言中使用所有核心代数(表 4.3)操作的提升版本了，也就是说，我们已经拥有了如下这些操作的时间相关版本：

- 谓词
- 集合操作
- 聚集操作
- 数值操作
- 距离和方向操作
- 布尔操作

结果就是我们拥有了一种非常强大的查询语言！下面来看几个例子。

【例 4.16】 对于练习 4.13 中提到的飓风 Lizzy，现在可以很容易地定义它的时间相

关面积大小,即

```
LET LizzyArea = area(Lizzy)
```

■

【例 4.17】 飓风 Lizzy 在什么时候开始分裂为两个独立的部分?

```
inst(initial(at(no_components(Lizzy),range(2,2))))
```

这里,**no_components** 返回一个 *moving*(*int*),然后 **at** 操作确定了 *moving*(*int*)的值为 2 时所对应的时间。另一些可能的方法也可以表达这个查询,例如:

```
start(deftime(at(no_components(Lizzy) =2,true)))
```

这里,我们使用了提升的等于操作将表达式 **no_components**(*Lizzy*)产生的结果 *moving*(*int*)与值 2 进行了比较,所得到的结果是一个 *moving*(*bool*)。然后依次计算该 *moving*(*bool*)值为 true 时所对应的时间。最后,使用与前面稍不同的方法返回所得到的时间中最早的时刻。 ■

练习 4.5 定义导出的操作 **always**、**sometimes** 和 **never**(使用 LET…= FUN …机制),这几个操作的基调都是 *moving*(*bool*)→ *bool*。这里,**always** 意味着 *moving*(*bool*)在其定义(和其他操作类似)的任何时间上值都为 true。注意,false < true。 ■

练习 4.6 定义操作符 **closest**,该操作符的基调为 *moving*(*point*) × *point* → *intime*(*point*),并在一个移动点(第 1 次)离某个静止点最近时返回对应的时间和位置。此外,假设有一个关系表示了感兴趣的站点,它为每一个站点(如埃菲尔铁塔)都保存了一个元组,格式如下:

```
site(name:string,pos:point)
```

请表示如下查询:航班 LH078 在什么时候离埃菲尔铁塔最近? ■

【例 4.18】 假设有一个表示机场位置的表,即

```
airport(id:string,pos:point)
```

计算每个机场离飓风 Lizzy 中心的最小距离。

```
SELECT id,val(initial(atmin(distance(center(Lizzy),
  pos))))
FROM airport
```

■

【例 4.19】 什么时候飓风 Lizzy 开始朝北移动(不妨假设,正北方向 10°以内)?

```
deftime(at(mdirection(center(Lizzy)),range(80,100)))
```

■

when 操

如果有一个操作使我们可以得到一个时态值(或移动对象)在满足任意给定条件时的相应时间,那将是一件很不错的事情。也就是说,我们希望有一个 **when** 操作,其基调如表 4.17 所列。

表 4.17 when 操作

操作	基调	语义	语法
when	*moving*(α)×(α→*bool*)→*moving*(α)	$\{(t,y)\in\mu \mid p(y)\}$	$arg_1\ op\ [arg_2]$

这里,第 2 个参数是底层非时态类型上的一个谓词。我们为这个操作指定了一种特殊的语法。在该语法中,先写第 1 个参数,然后再写上操作符并紧接着写方括号中的第 2 个参数。这个操作符可能在如下查询中用到:一旦飓风 Lizzy 的面积超过了 500 km^2,就返回它。

```
Lizzy when[FUN(r:region)area(r) >500]
```

在 **when** 操作的语义定义中,第 1 个参数 μ 是一个函数,它是(时刻,值)对的一个无限集合;第 2 个参数 p 表示了谓词。

when 操作符是非常有用的,同时它具有十分简单但清晰的语义定义。唯一的问题是定义这样一个操作符是否有意义,因为它看起来无法实现。这是因为 μ 是一个无限集合,我们需要无限次地求解用户定义的谓词。

而实现这一操作符是可能的,其关键在于我们之前介绍过的提升技术。更准确地说,如果参数谓词中的所有操作符都属于核心代数,就可能实现 **when** 操作符。这也意味着我们必须拥有这些操作符的提升版本。如下表达式给出了上面查询的实现:

```
atperiods(Lizzy,deftime(at(area(Lizzy) >500,true)))
```

之所以能够获得明显不能实现的 **when** 操作的效果,其原因在于我们并没有对参数 r 的无限个实例都计算原始的 **area** 操作结果,相反,我们调用了 **area** 操作的提升版本,它的参数是 *Lizzy* 和一个 *moving*(*region*)值。从实现的角度来说,这里会有两种不同的 **when** 操作实现算法:一种在 *region* 值上进行计算,而另一种则直接在 *moving*(*region*)值上计算。

when 操作符的一般转换方法如下:

x **when**[FUN(y:α)$p(y)$] = **atperiods**(x,**deftime**(**at**($p(y)\{y/x\}$,*true*)))

其中,$p(y)\{y/x\}$ 表示用 x 替换了所有 y 后的谓词 p。因此,基于提升和重写技术,我们确实可以有效地实现 **when** 操作。

4.2.6 对象集合上的操作

到目前为止(4.2.4 小节和 4.2.5 小节),我们定义的所有操作都只应用于"原子"数据类型(即 DBMS 数据模型中的属性数据类型)。然而,有时候为新的应用设计代数时,我们必须定义一些操作来操纵"数据库对象"(即关系模型中的元组或 OO 模型中的对象)集合,这里的对象包含了具有新数据类型的属性。在本节给出的设计中,我们只需要一个这样的操作,叫做 **decompose**。使用这个操作的目的是可以在查询中访问点集类型的部件。"部件"与那些在 **no_components** 操作中计数的元素是一样的:在 *range* 类型中,部件是一个时间间隔,在 *points* 中是一个点,在 *line* 中是一个连通部件,在 *region* 中是一个面。此外,在时态类型中,部件是函数值的最大连续部分。例如,图 4.5 中的 *moving*(*real*)拥有 3 个这样的部件。

对于实数值函数,连续性的概念是众所周知的,但对于其他的时态类型,比如 *moving*(*points*)和 *moving*(*region*),连续性的意思就不是那么明显了。这个问题我们将在后面的内容中讨论。

基本上,我们希望把 **decompose** 操作定义为从 α 类型值到 *set*(α)类型值的一个映射,比如 *region* → *set*(*region*),这里结果集中的每个值都只包含了一个面。但是,并不是所有的 DBMS 数据模型都允许这样来操纵原子值集合。例如,关系模型中没有原子值集合。由于希望我们的设计能够在尽可能大的范围内使用,因此将 **decompose** 操作定义为数据库对象集合上的操作,比如,将一个关系转换成另一个关系。**decompose** 操作的基调如表 4.18 所列。

表 4.18 decompose 操作

操作	基调	语法
decompose	$set(\omega_1) \times (\omega_1 \to \sigma) \times ident$	$\to set(\omega_2)$ arg_1 op $[arg_2, arg_3]$
	$set(\omega_1) \times (\omega_1 \to moving(\alpha)) \times ident$	$\to set(\omega_2)$

decompose 操作的第 1 个参数是一个数据库对象集合(例如,关系模型中的元组集合);第 2 个参数是一个将这样一个对象映射为一个点集类型值(例如,属性名)的函数;第 3 个参数是一个新的属性名,它将被添加到每个结果对象中。

结果对象集合的计算步骤如下:对每一个对象 u(u 的某个属性含有 k 个部件),**decompose** 返回 u 的 k 个副本,每个副本都增加了一个来自 k 个部件中的值。

【例 4.20】 考虑之前介绍过的国家关系,其模式如下:

```
country(name:string,area:region)
```

表达式如下:

```
country decompose[area,part]
```

返回一个具有如下模式的关系：

```
(name:string,area:region,part:region)
```

这个结果中每个元组的 *part* 属性都包含了 *area* 属性的一个部件。 ■

【例 4.21】 查找爆发时间持续两天以上的火山。

```
LET oneday = duration(day(2000,1,1));
LET volcano2 = volcano decompose [eruptions,eruption];
SELECT eruption FROM volcano2
WHERE duration(deftime(eruption)) >2 * oneday
```

使用任意的一个日子来表示一天的持续时间(以实数值表示)。 ■

现在来考虑"连续性"概念对于 *moving*(*real*)之外的其他类型(例如 *moving*(*region*))将具有什么样的含义。连续性的定义应允许我们能够同时表达离散变化。一个离散变化总是瞬时发生的,例如,一个 *points* 值中出现了一个新的点、一条线(*line*)突然转了 90°或一个 *region* 值突然有了一个新的位置或形状。直观来说,非连续性意味着一个值"从一个时刻到另一个时刻"所发生的变化不经过任何的中间阶段。

为了规范化定义这个概念,我们引入一个函数来度量给定数据类型的两个值之间的差异。设 α 是一个类型,并且 $\psi: \overline{A}_\alpha \times \overline{A}_\alpha \rightarrow \mathbb{R}$ 。当 ψ 函数应用于两个相同的参数时,其值为 0,当参数越来越类似时,它的值就越接近 0。如果已给出了 ψ 值,那么我们可以用下面的方式来定义连续性。

□ **定义 4.11** 令 $f:\overline{A}_{instant} \rightarrow \overline{A}_\alpha$ 并且 $t \in \overline{A}_{instant}$,f 在 t 中是 ψ 连续的:$\Leftrightarrow \forall \gamma > 0 \exists \varepsilon > 0$ 并满足 $\forall \delta < \varepsilon: \psi(f(t \pm \delta), f(t)) < \gamma$,这里 $\gamma, \delta, \varepsilon \in \mathbb{R}$ 并且 $\psi: \overline{A}_\alpha \times \overline{A}_\alpha \rightarrow \mathbb{R}$ ■

对于通常的实数值函数的连续性定义,我们进行了细微的修改。

□ **定义 4.12** *moving* 构造子可以应用的一些数据类型 α 上的 ψ 函数定义如下:

$\alpha \in \{int, string, bool\}$ $\qquad \psi(x,y) = \begin{cases} 0, & x = y \\ 1, & \text{其他} \end{cases}$

$\alpha = real$: $\qquad \psi(x,y) = |x - y|$

$\alpha = point$: $\qquad \psi(p_1, p_2) = d(p_1, p_2)$

这里,$d(p_1, p_2)$ 表示点 p_1 和 p_2 之间的欧几里得距离。对于其他类型如

points、*line* 和 *region* 的定义，我们作为练习。 ■

练习 4.7 请给出一个合适的函数 ψ，定义 *region* 值之间的差异。 ■

练习 4.8 假设如下两个关系描述了国家和城市的历史信息：

```
historic_states(name:string,area:mregion)
historic_cities(name:mstring,pos:point)
```

假设国家的区域是随时间而变化的①，但其名字不变。在历史上的任何时候，国家的名字都是唯一的——也就是说，任何两个国家都不可能拥有相同的名字。某些国家可能在某个时期消失，然后又重新出现，此时我们认为它仍然是同一个国家。从另一方面来说，我们假设一个国家不能更改它的名字，如果国家改名了，我们将其看成是一个新的国家。对于城市，我们假设它们的位置是固定的，尽管它们的名字可能随着时间而发生变化。这样，城市的身份就通过它的位置来确定。因此，*name* 是 *historic_states* 的主键，而 *pos* 是 *historic_cities* 的主键。

请表示如下查询（它们有一些来自于表 1.8）：

(1) 罗马帝国曾经最大的范围是多少？要求返回范围（用数字表示）、所对应的时间区间以及最大范围的区域。

(2) 在哪些时候发生了两个国家合并的情况？要求返回发生的时间、合并之前的名称和区域以及合并之后的名称和区域。

(3) 列出现在名为"伊斯坦布尔"的所有城市。

(4) 哪些国家包含"伊斯坦布尔"？对每个这样的国家，列出该城市在国家各个时期中的名字。 ■

到这里，我们完成了对抽象模型的描述。它为移动对象的建模和查询提供了大量的类型和操作集合。现在，我们已经在概念层上将数据类型定义成了无限集合。下一个任务是提出针对所有数据类型的有限表示方法，以使我们的设计可以实现。

4.3 离散模型

在本节中，我们讨论一个离散模型，它用于实现 4.2 节的抽象模型。我们在 4.1.2 小节中曾经讨论过，有很多种选择可以用于表达抽象层的无限点集。因此，本节讨论的离散模型不是唯一的，仅仅是这类模型的一个例子而已。你也可以设计其他的离散模型（例如支持曲面的模型），对于某些应用这样的设计可能更加合适。

① 很明显，国家的区域变化只能按离散步骤进行，但这类情况也可以用该模型表示。

4.3.1 概述

现在的任务是为抽象模型的所有数据类型(或类型构造器)设计有限的表示方法,并进行形式化定义。回顾一下抽象模型的类型系统(表4.2和表4.19)。

表4.19 抽象模型的类型系统

类型构造器	基调	
int, *real*, *string*, *bool*		→BASE
point, *points*, *line*, *region*		→SPATIAL
instant		→TIME
range	BASE ∪ TIME	→RANGE
intime	BASE ∪ SPATIAL	→TEMPORAL
moving	BASE ∪ SPATIAL	→TEMPORAL

基础类型 *int*、*real*、*string* 和 *bool* 能够直接借助编程语言的相应类型进行实现。空间类型 *point* 和 *points* 也具有直接的离散表达方法,但对于 *line* 和 *region* 来说,我们需要定义线性近似方法(通过折线或多边形的方式)。*instant* 类型可以表示为编程语言中的实数。*range* 类型表示了时间间隔的有限集合,而 *intime* 类型则表示了(时刻,值)形式的值对。它们的有限表示也是很直观的。

注意,离散层上的常量类型构造器将会被映射成某个数据结构,带参数的类型构造器将会被映射成某个带参数的数据结构。在编程语言中,数组或模板类就是这些参数化数据类型的例子。到目前为止,所有抽象模型的类型构造器都会在离散模型中有直接对应的对象。但尽管如此,对于 *moving* 构造器,我们仍没有办法得到相应的数据结构,这种结构要求能够自动将给定的具有(静态)参数类型的数据结构组合成表示相应时态类型(即时间的函数)的数据结构。因此,离散类型系统中没有 *moving* 构造器,它是通过表4.20中的类型构造器进行替换的。

表4.20 离散模型的类型系统

类型构造器	基调	
int, *real*, *string*, *bool*		→BASE
point, *points*, *line*, *region*		→SPATIAL
instant		→TIME

续表

类型构造器	基调	
range	BASE∪TIME	→RANGE
intime	BASE∪SPATIAL	→TEMPORAL
const	BASE∪SPATIAL	→UNIT
ureal,*upoint*,*upoints*,*uline*,*uregion*		→UNIT
mapping	UNIT	→TEMPORAL

对于时态类型的表示,我们使用一种称为分片表示的方法,其基本思路是将一个值随着时间而发生的时态演变划分成一个个时间间隔(称为分片),并保证每个分片内的演变都可以表示成某种“简单”的函数。图4.7所示为这一思路的说明。

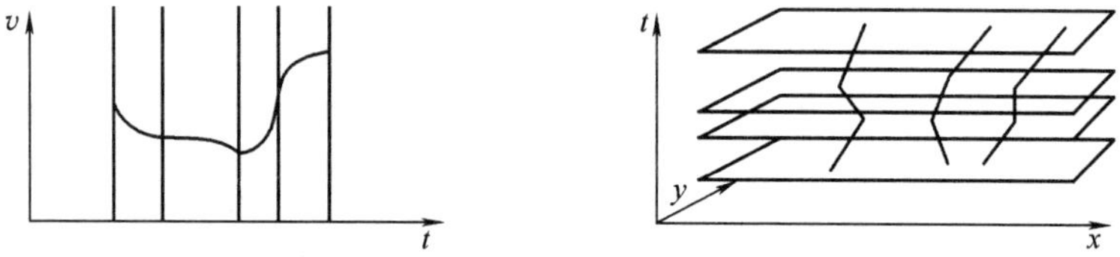

(a) *moving*(*real*)值分片表示　　(b) *moving*(*points*)值分片表示

图4.7　分片表示

从数据类型的角度来看,分片表示是建立在表示一系列分片的类型构造器 *mapping* 以及表示不同类型分片(简单函数)的数据类型的基础上的,我们把这些数据类型称为单元类型。例如,要表示 *moving*(*real*)的分片,我们引入类型 *ureal*(实数单元),并将整个 *moving*(*real*)值表示为 *mapping*(*ureal*)类型。单元类型的值称为单元,它是一个值对,由一个时间间隔以及在该时间间隔内有效的一个简单函数的描述组成。

对于数据类型 *int*、*string* 和 *bool*,由于它们都只允许离散变化,因此“简单函数”的值可以直接通过这些类型自身的值来表示。类型构造器 *const* 通过将函数值与时间间隔组合来为这些类型建立单元类型。因此,现在我们可以通过离散类型表达所有的抽象模型中的移动类型(表4.21)。

表4.21　抽象时态类型与离散时态类型之间的对应关系

抽象类型	离散类型
moving(*int*)	*mapping*(*const*(*int*))
moving(*string*)	*mapping*(*const*(*string*))

续表

抽象类型	离散类型
moving(*bool*)	*mapping*(*const*(*bool*))
moving(*real*)	*mapping*(*ureal*)
moving(*point*)	*mapping*(*upoint*)
moving(*points*)	*mapping*(*upoints*)
moving(*line*)	*mapping*(*uline*)
moving(*region*)	*mapping*(*uregion*)

在接下来的两节中,我们将给出离散模型的数据类型语义的形式化定义,这意味着我们要为每一个类型 α 定义它的域或载体集 D_α。与抽象模型中的定义相比,这里载体集中的元素都必须用有限表示的方式进行描述。

注意:这些定义除了精确地说明了我们对于数据类型的解释之外,其主要目的是给出一个高层次的数据结构描述,而不是关于数据类型的精确表达。数据结构描述通常都是以集合、元组及其约束的方式给出的,这要比用数组、记录、指针等方式要更加抽象一些,并且也给实现留下了一定的自由空间。因此,我们给出的定义仍然是一个与编程语言无关的描述。

4.3.2 非时态类型

编程语言中可用的标准数据类型是我们定义的基础。这样的类型通常表示成 int 和 real 等。你可以将它们同 4.2.2 小节抽象模型的相应定义对照。

□ **定义 4.13** 类型 *int*、*real*、*string*、*bool*、*point*、*points* 和 *instant* 的载体集定义如下。设 *Instant* = real 并且 *Point* = real × real。

D_{int} = int ∪ {⊥}　　D_{point} = *Point* ∪ {⊥}

D_{real} = real ∪ {⊥}　　$D_{points} = 2^{Point}$

D_{string} = string ∪ {⊥}　　$D_{instant}$ = *Instant* ∪ {⊥}

D_{bool} = bool ∪ {⊥} ■

如同之前提到的,*line* 和 *region* 的离散版本是基于线性近似的。在抽象模型中,*line* 值是平面中曲线的集合,是一个平面图,其中的结点是曲线的交点,边是曲线中没有交点的部分。在离散模型中,这种曲线边表示成了折线(图 4.8)。也就是说,*line* 值是一个线段的集合,这些线段只相交于它们的端点。

为了定义 *line* 的载体集,我们首先把线段定义成有序的点对。

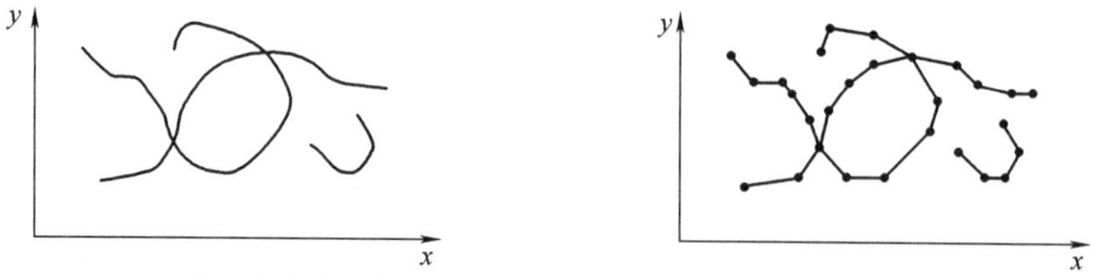

(a) line 值在抽象模型中　　(b) line 值在离散模型中

图 4.8　line 值

□ **定义 4.14**　设 $Seg = \{(u,v) \mid u,v \in Point, u < v\}$ 是所有线段的集合。假设所有点是按照词典顺序排列的,也就是说,对于两个点 u 和 v,有

$$u < v \Leftrightarrow u.x < v.x \vee (u.x = v.x \wedge u.y < v.y)$$ ① ■

□ **定义 4.15**　line 的载体集为

$$D_{line} = \{S \subset Seg \mid S \text{ 是有限的} \wedge \forall s,t \in S: s \neq t \Rightarrow (\neg\, p\text{-}intersect(s,t) \wedge \neg\, touch(s,t))\}$$ ■

两个线段的 *p-intersect*(正式相交)是指两个线段相交于它们的内部(非端点的点),两个线段的接触(*touch*)是指其中一条线段的端点位于另一条线段的内部。

练习 4.9　给出下面这些概念的形式化定义。首先,定义 *points*(*s*),它是处于构成线段 *s* 的平面中的一个无限点集;然后,定义 *interior*、*p-intersect* 和 *touch*。 ■

注意:类型 line(D_{line}的元素)的值是一些有限表示的结果,但到目前为止,这些表示是否存在某种含义以及这个含义是什么还没有被定义。当然,在使用线段这样的术语时,我们知道 $s=(u,v)$这样的值对也可以表示其他的一些意思。离散模型中的 line 值是用于表示抽象模型中的 line 值的。因此,可以形式化地使用"语义函数"σ 来表示离散模型中值 v 的含义,"语义函数"σ 将离散模型中的值 v 映射到抽象模型中的某个值上。设 $l = S \in D_{line}$是 line 值。它的含义为

$$\sigma(S) = \bigcup_{s \in S} points(s)$$

集合 *points*(*s*)的定义见练习 4.9。

对于 region 值来说,其结构稍复杂一些。基本上,一个区域就是一个简单多边形的有限集合,其中每个多边形可能具有多边形形状的孔洞。

① 依照惯例,对于 $p \in Point$,我们使用 $p.x$ 表示它的第 1 个部件,$p.y$ 表示它的第 2 个部件。

□ **定义 4.16** 环是简单多边形(的边界),其定义如下:

$$Cycle = \{S \subset Seg \mid |S| = n, n \geq 3, \text{并满足}$$

(1) $\forall s,t \in S: s \neq t \Rightarrow (\neg\, p\text{-}intersects(s,t) \wedge \neg\, touch(s,t))$

(2) $\forall p \in endpoints(S): card(p,S) = 2$

(3) $\exists < s_0, \cdots, s_{n-1} >: \{s_0, \cdots, s_{n-1}\} = S \wedge \forall i \in \{0, \cdots, n-1\}: meet(s_i, s_{(i+1) \bmod n})\}$ ■

设 *Cycle* 是所有环的集合。

在这个定义中,*endpoints*(*S*)表示 *S* 中线段所有端点的集合。函数 *card*(*p*,*S*)描述了 *p* 多久会作为 *S* 中的一个端点出现,因此该函数被定义为

$$card(p,S) = |\{s \in S \mid s = (p,q) \vee s = (q,p)\}|$$

如果两个线段拥有共同的端点,则这两个线段相接。因此一个线段集合如果满足下面的条件即成为一个环:① 没有线段正式相交或接触;② 每个端点正好出现在两个线段内;③ 线段能够被组织成一个简单的环而不是多个不相交的环(存在一个有序序列使得任意两个连续线段相接),那么它就是一个环。

一个面是由一个外部环以及一些可能的孔洞环组成的值对。

□ **定义 4.17** 面是如下集合的一个元素:

$Face = \{(c,H) \mid c \in Cycle, H \subset Cycle$,并满足

(1) $\forall h \in H: edge\text{-}inside(h,c)$

(2) $\forall h_1, h_2 \in H: edge\text{-}disjoint(h_1,h_2)$

(3) 任何可以由 *c* 或 *H* 的线段构成的环是 *c* 或者 *H* 中的某个环$\}$ ■

如果一个环 *c* 的内部是另一个环 *d* 的内部的子集,并且 *c* 和 *d* 的边都不重叠,则称环 *c* 边包含于(edge-inside)环 *d* 中。如果两个环的内部不相交,并且它们的边都不重叠(但是它们的线段可能有接触或相接),则称这两个环是边不相交(edge-disjoint)的。后一个条件确保了一个给定的线段集合只可能存在一个解释,即一个面的集合。`region` 值本质上是不相交面的集合。

□ **定义 4.18** `region` 的载体集定义如下:

$$D_{region} = \{F \subset Face \mid \forall f,g \in F: f \neq g \Rightarrow edge\text{-}disjoint(f,g)\}$$ ■

如果两个面(c_1,H_1)和(c_2,H_2)的外部环 c_1 和 c_2 是边不相交的,或者其中一个面的外部环是边包含于另一个面的某个孔洞中(例如,c_1 处于孔洞 $h \in H_2$ 中),则这两个面是边不相交的。图 4.9 所示为离散模型中的 `region` 值,这个例子包含了一些

比较特殊的情况。

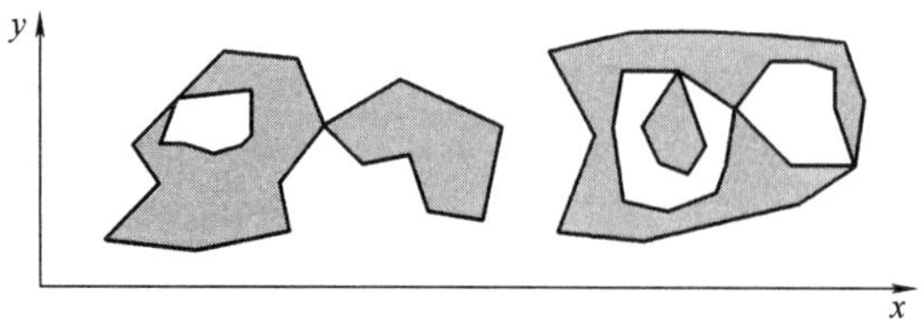

图4.9 离散模型中的 *region* 值

要定义一个区域值的语义，我们需要从环的语义开始。环是所有在环中的点的集合，包括边界上的点。这里我们省略了它的形式化定义。

我们已经仔细地定义了静态空间数据类型，不仅是因为我们对这些类型本身感兴趣，而且还因为它们的结构需要与相应的时空类型(例如，*mapping*(*uregion*))保持一致。事实上，时态单元类型的定义是以之前的定义为基础的。

最后，我们需要处理 *range* 和 *intime* 的构造器。

□ **定义4.19** 设$(S,<)$是一个全序集合。S上时间间隔的表示定义如下：

$$Interval(S) = \{(s,e,lc,rc) \mid s,e \in S, lc,rc \in \texttt{bool}, s \leq e, (s = e) \Rightarrow (lc \wedge rc)\}$$

这个表示的含义是

$$\sigma((s,e,lc,rc)) = \{u \in S \mid s < u < e\} \cup LC \cup RC$$

这里，如果 lc 成立，则 $LC = \{s\}$，否则 $LC = \varnothing$(RC 与此类似)。 ■

□ **定义4.20** S上一个不相交时间间隔的有限集定义为

$$IntervalSet(S) = \{V \subseteq Interval(S) \mid \forall u,v \in V: u \neq v \Rightarrow (disjoint(u,v) \wedge \neg adjacent(u,v))\}$$ ■

这里，两个时间间隔的不相交(*disjoint*)和相邻(*adjacent*)的含义应该是很清楚的。定义要求时间间隔必须是不相邻的，这是为了保证可以最小化有限集的表示。

□ **定义4.21** *range* 类型构造器的载体集定义如下，我们假设它可应用在任意类型 α 上：

$$D_{range(\alpha)} = IntervalSet(\overline{D}_{\alpha})$$

这里，符号 $\overline{D}_{\alpha}$ 是指不含未定义值或空集的载体集，它与抽象模型中所定义的符号 $\overline{A}_{\alpha}$ 类似。 ■

□ **定义4.22** *intime*(α)的载体集为

$$D_{intime(\alpha)} := D_{instant} \times D_\alpha$$ ■

4.3.3 时态类型

下面定义4.3.1小节中(见图4.7)所描述的移动对象的分片表示。分片表示是基于各种不同的单元类型以及 *mapping* 类型构造器而构建的。

单元类型

一个单元定义为一个值对,它包含了一个时间间隔和一个值(一般假设该值表示了某个"简单函数")。

□ **定义 4.23** 令 S 是一个集合。则

$$Unit(S) = Interval(Instant) \times S$$

$Unit(S)$ 中的值对 (i,v) 称为一个单元,i 是单元时间间隔,v 是单元函数。 ■

接下来要定义的所有单元类型可以看做是这个一般性单元类型的子集。

一个单元的语义是一个在单元时间间隔中定义的时间函数。对于特殊的单元类型 $Unit(S_\alpha) = Interval(Instant) \times S_\alpha$,这里 α 是相应的非时态类型,我们可以通过定义一个函数来表示它的语义,即

$$\iota_\alpha : S_\alpha \times Instant \to D_\alpha$$

通常可以忽略下标 α 将该函数写成 ι。

基础类型的时态单元

const 构造器生成了那些在单元时间间隔中值为常量的单元类型。

□ **定义 4.24** 类型 $\alpha \in$ BASE ∪ SPATIAL 的时态单元定义如下:

$$D_{const(\alpha)} = Interval(Instant) \times \overline{D}_\alpha$$

对于单元 (i,v) 且 $t \in Instant$,下面的简单函数给出了它的语义:

$$\iota(v,t) = v$$ ■

在这些时态单元类型当中,我们只对 *const*(*int*)、*const*(*string*)和 *const*(*bool*)感兴趣(见表4.21)。

单元类型 *ureal* 被引入用于表示 *moving*(*real*)的值。

□ **定义 4.25** 类型 *ureal* 的载体集为

$$D_{ureal} = Interval(Instant) \times \{(a,b,c,r) \mid a,b,c \in \texttt{real}, r \in \texttt{bool}\}$$

其语义为

$$\iota((a,b,c,r),t) = \begin{cases} at^2 + bt + c, & \neg r \text{ 成立} \\ \sqrt{at^2 + bt + c}, & r \text{ 成立} \end{cases}$$ ■

因此,一个实数单元可以表示为一个 t 的二次多项式或这样一个多项式的平方根。为什么做这样的选择呢?因为在离散模型中我们将移动点以及其他时空类型都看成是随时间而线性移动的。在这种情况下,**distance**、**length**、**perimeter** 以及 **area** 操作的提升版本所产生的函数都可以表示为这样的实数单元。例如,一个移动区域的 **perimeter** 和 **area** 操作分别是时间的线性和二次函数,而两个移动点之间的 **distance** 操作则是 t 的二次多项式的平方根。但是注意,抽象模型的 **derivative** 操作在这个表达上不是封闭的。因此,在这个离散模型中 **derivative** 操作是不可实现的。

空间类型的时态单元

我们首先定义集合 *MPoint*,其元素是随时间线性移动的二维点。

□ **定义 4.26** 令 $MPoint = \{(x_0, x_1, y_0, y_1) \mid x_0, x_1, y_0, y_1 \in \text{real}\}$
其语义为

$$\iota((x_0, x_1, y_0, y_1), t) = (x_0 + x_1 t, y_0 + y_1 t)$$ ■

这个结果可以直接用到点单元的定义中(图 4.10)。

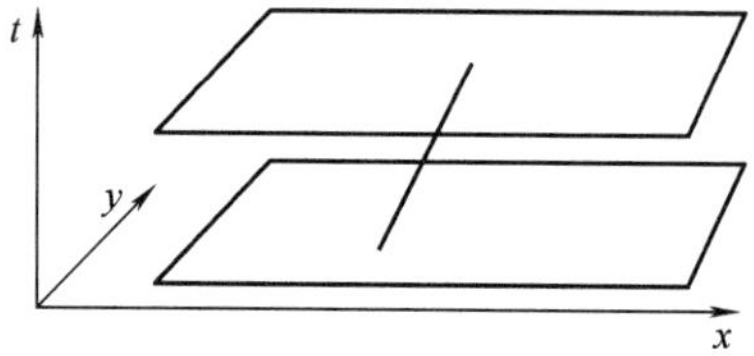

图 4.10 一个点单元

□ **定义 4.27** 类型 *upoint* 的载体集为

$$D_{upoint} = Interval(Instant) \times MPoint$$ ■

points 单元的单元类型(称为 *upoints*)稍复杂一些。我们要求在一个 *points* 单元内任意移动的各个点在单元时间间隔内的任何时刻都不相接(相交)。这样做的目的是使单元函数的计算能够简单一点。例如,*points* 单元上提升后的操作 **no_components** 应该返回一个在整个单元时间间隔内都有效的常量值。如果点之间会在一个单元内相接,那么就有必要执行一个代价很高的算法来确定是否存在这样的交。

□ **定义 4.28** 类型 `upoints` 的载体集为①

$$D_{upoints} = \{(i,M) \mid i \in Interval(Instant), M \subset MPoint, |M| > 0, \text{并满足} \\ \forall t \in \sigma(i), \forall k,l \in M: k \neq l \Rightarrow \iota(k,t) \neq \iota(l,t)\}$$

其语义为

$$\iota(M,t) = \bigcup_{m \in M} \{\iota(m,t)\}$$ ■

$\sigma(i)$ 是时间间隔 i 中所有时刻的集合。在时刻 i 的 M 计算结果是平面上的点集合，因此该结果是一个 `points` 类型值，这正和我们期望的一样。一般地，我们假设函数 ι 值是通过集合和元组来分配的；因此，我们可以像之前那样定义函数 $\iota(M,t)$，对于任意集合 M 和元组 $r = (r_1, \cdots, r_n)$，我们有 $\iota(r,t) = (\iota(r_1), \cdots, \iota(r_n))$。这个表示将会在 `uregion` 类型的定义中用到（定义 4.32）。

约束 $|M| > 0$ 保证不会有空的单元。一个空的单元（即单元的值在单元时间间隔内是未定义的或空的）不包含任何有用的信息。我们将一直说明这样一个事实，那就是如果在某个时刻单元的值是未定义的，那么就表示在这一时刻根本就不存在单元。

当然，一个 `moving(points)` 值中不同的点在某个时刻相接是有可能的。这就要用独立单元来表达。例如，图 4.11 所示的 `moving(points)` 中的两个点相接于点 p。假设此时时刻为 t_0，我们必须使用 3 个单元来表达这种情形：一个定义在右端为 t_0 的开放时间间隔上；第 2 个是封闭时间间隔 $[t_0, t_0]$，它只表示时刻 t_0 的状态；第 3 个时间间隔是从 t_0 开始的开放时间间隔。

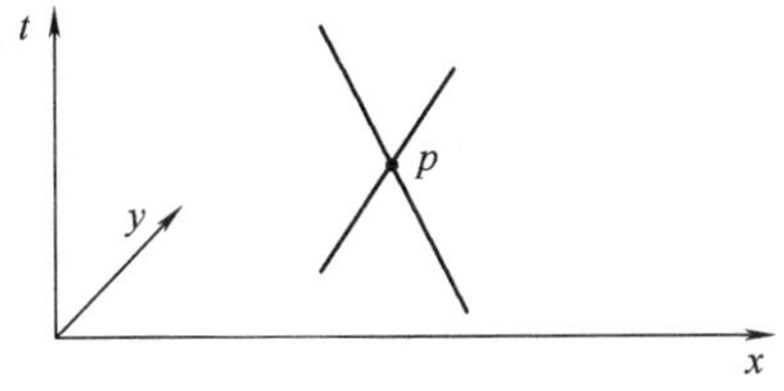

图 4.11 `moving(points)` 的两个元素相接

对于移动线和移动区域，我们是使用多面体形状以及线性表示，并且避免使用曲面。这是为了保证算法更为简单（它们在三维空间中过于复杂）。在计算几何中，线性形状上的算法已经得到了很好的研究。

我们使用移动线段作为这些时态表示的基础。移动线段是指端点随着时间线性移动，并始终保持在同一个三维平面中的线段。这意味着线段在移动时不会改变方

① 这里的定义比 Forlizzi 等（2000）中的原文简单一些，原因是我们不允许在单元时间间隔的起始时间和结束时间中存在退化。在后续的文章 Cotelo Lema 等（2003）中也对算法做了同样的简化。

向,因此,所得到的三维形状中只包含平面。

□ **定义 4.29**　移动线段的集合 *MSeg* 定义为

$$MSeg = \{(s,e) \mid s,e \in MPoint, s \neq e, coplanar(s,e)\}$$ ■

一个移动线段对应于三维空间中的一个梯形,并且也有可能退化成三角形。在移动线或移动区域的表示中最常见的是三角形。图 4.12 所示为移动线段的两个例子。

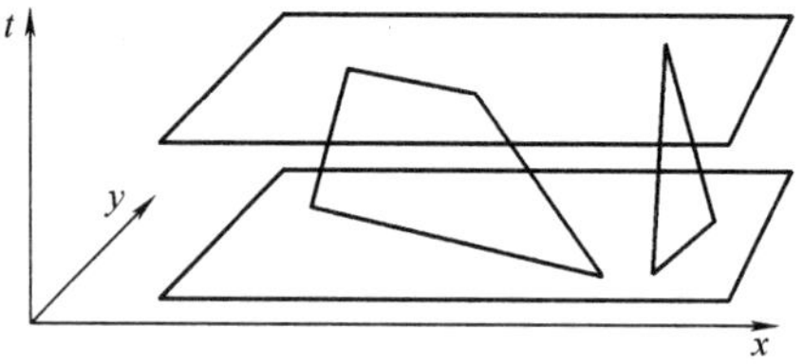

图 4.12　两个移动线段

现在我们可以将移动线表示为一个移动线段的集合。当然,这只是对连续移动曲线的一种近似(图 4.13)。

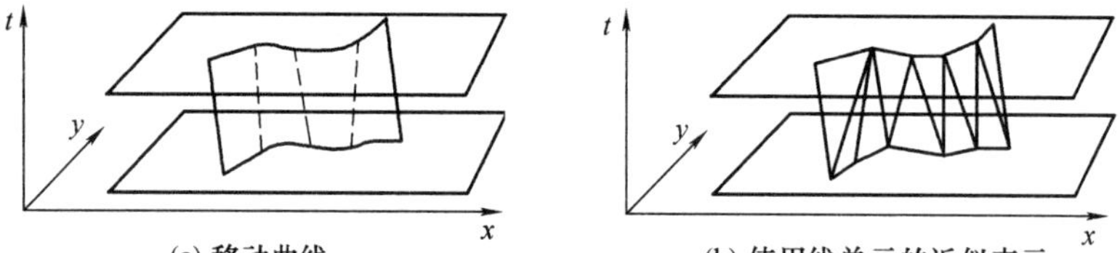

(a) 移动曲线　　(b) 使用线单元的近似表示

图 4.13　一个移动曲线以及使用线单元的近似表示

□ **定义 4.30**　类型 `uline` 的载体集为

$$D_{\texttt{uline}} = \{(i,M) \mid i \in Interval(\texttt{Instant}), M \subset MSeg,\ \text{并满足}\ \forall t \in \sigma(i): \iota(M,t) \in \overline{D}_{\texttt{line}}\}$$

其中

$$\iota(M,t) = \bigcup_{(s,e) \in M} \iota((s,e),t)$$

$$\iota((s,e),t) = \begin{cases} \{(\iota(s),\iota(e))\}, & \iota(s) \neq \iota(e) \\ \varnothing, & \text{其他} \end{cases}$$ ■

这个定义要求一个线单元在其单元时间间隔内的任何时间的计算结果必须是一个正确并且非空的 `line` 值。对于退化为三角形的移动线段,在起始或结束时间的计算结果将是一个点而不是一个线段,$\iota((s,e),t)$ 的定义排除了后一种结果。

对于区域单元的定义，我们参照了静态 `region` 值的定义结构，只不过用移动线段代替了线段。图 4.14 所示为区域单元的一个例子。

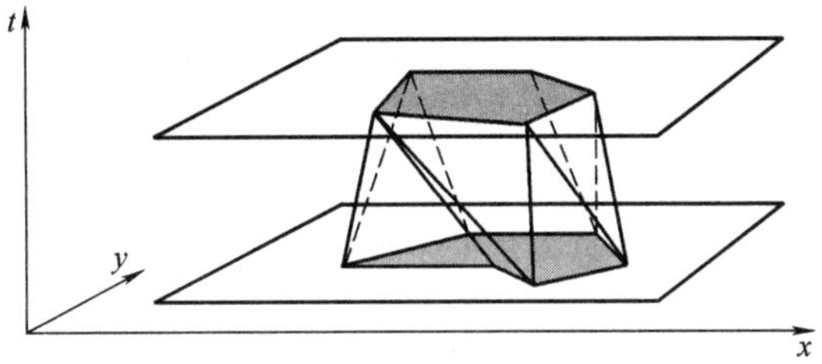

图 4.14 一个区域单元

□ **定义 4.31** 令 *MCycle* 是移动环的集合，*MFace* 是移动面的集合，它们的定义如下：

$$MCycle = \{\{s_0, \cdots, s_{n-1}\} \mid n \geqslant 3, \forall i \in \{0, \cdots, n-1\}: s_i \in MSeg\}$$

$$MFace = \{(c, H) \mid c \in MCycle, H \subset MCycle\}$$ ■

移动环和移动面（见定义 4.16 和定义 4.17）上所需的约束可以直接通过 `uregion` 的定义得到。

□ **定义 4.32** 类型 `uregion` 的载体集为

$$D_{uregion} = \{(i, F) \mid i \in Interval(Instant), F \subset MFace,$$

$$\text{并满足}: \forall t \in \sigma(i): \iota(F, t) \in \overline{D}_{region}\}$$

这里 $\iota(F,t)$ 是根据 i 通过集合和元组来分配值这一事实进行定义的，并且移动线段 $\iota((s,e),t)$ 的计算与定义 4.30 相同。 ■

因此，一个区域单元是一个移动面的集合，这些移动面都依次由移动环组成。这样一来，在单元时间间隔内的任何时刻我们都可以计算得到一个正确的 `region` 值。需要注意的是，如果使用开放的单元时间间隔，区域单元也可能在其起始或结束时间发生退化。图 4.15 所示为这种退化的例子。在这种情况中，我们需要引入独立的单元来表示移动区域在起始或结束时刻的状态，这一点和之前对 `upoints` 的讨论是一样的。

分片表示

下面通过定义 `mapping` 类型构造器结束对离散模型的讨论。`mapping` 类型构造器管理将一个单元集合作为一个整体进行管理——即分片表示。

□ **定义 4.33** 令 *S* 是一个集合，*Unit*(*S*) 是一个单元类型，有

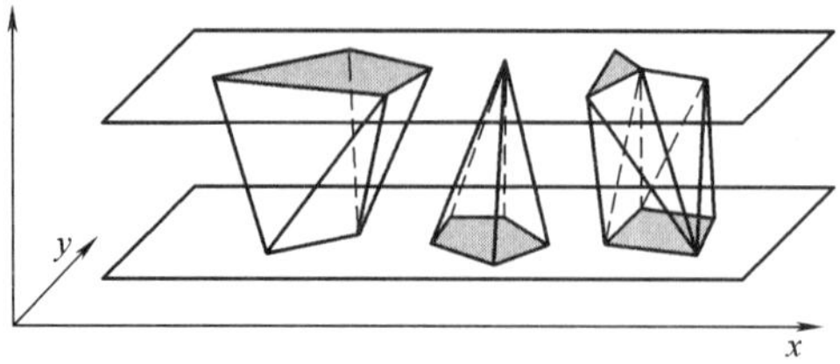

图 4.15 在起始和结束时间发生了退化的区域单元

$$Mapping(S) = \{U \subset Unit(S) \mid \forall (i_1, v_1) \in U, \forall (i_2, v_2) \in U:$$
$$(1)\ i_1 = i_2 \Rightarrow v_1 = v_2$$
$$(2)\ i_1 \neq i_2 \Rightarrow (disjoint(i_1, i_2) \wedge adjacent(i_1, i_2) \Rightarrow v_1 \neq v_2)\}$$ ■

因此,一个映射是一个单元的集合,其时间间隔是成对不相交的;如果它们是相邻的,那么值必然是不同的,否则,其中一个可能会和第2个合并成为一个单元。这一点同样又保证了表示的最小化。

□ **定义 4.34** 对于任意类型 α,`mapping` 类型构造器的载体集为

$$D_{mapping}(\alpha) = Mapping(D_\alpha)$$ ■

要注意的是,空集对于类型 `mapping`(α)的值来说是一个正确的值,它表示了一个在所有时间中都未定义的移动对象。

至此我们已经完成了对离散模型的讨论。我们不需要在这一层上定义操作的语义,因为抽象操作的语义是可以继承的(图 4.16)。

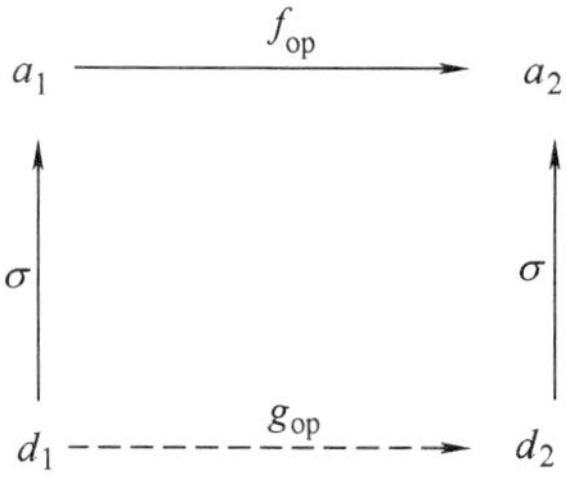

图 4.16 离散语义 g_{op} 与抽象语义 f_{op} 之间的继承关系

假设离散层上的一个操作 **op** 被应用于一个值 d_1,并产生了一个离散值 d_2。这一离散操作的语义由图 4.16 所示的变换给出。这里,f_{op} 函数表示了 **op** 在抽象层的语义,g_{op} 是相应的离散层函数,而 σ 是将离散层的值映射到抽象层值的语义函数。函数 g_{op} 的值是由等式 $f_{op}(\sigma(d_1)) = \sigma(g_{op}(d_2))$ 必须成立这一事实来确定的。

4.4 时空谓词及其演变

从抽象模型可知,到目前为止我们还缺乏对移动空间对象谓词概念的讨论,或者至少可以说是不充分的。谓词在数据库系统尤其在查询语言中一直发挥着重要的作

用,特别是它们可以在选择和查询中充当过滤条件。在本节中,我们将介绍时空谓词及其演变的概念,以弥补其不足,这些概念使我们可以使用涉及时空查询和时空连接的查询。本节将只考虑两个移动点之间、两个移动区域之间以及一个移动点和一个移动区域之间的时空谓词。也就是说,将不讨论移动线,但针对移动线的时空谓词扩展也很容易实现。

4.4.1 小节给出了描述时空谓词自然特性的基本思路。时态谓词和二维空间对象上的拓扑谓词构成了时空谓词定义的基础,这里的拓扑谓词只包括那些我们关心的随时间变化的谓词。拓扑关系(如部分重叠、相离、包含以及相接等)描述了空间对象彼此之间的相对位置,但不考虑度量方面的问题。4.4.2 小节我们简要解释了拓扑关系的主要概念。注意,这里讨论的拓扑关系远远超过了在表 4.6 右列中列出的关系。我们同样也说明了哪些拓扑变换是可能的。在 4.4.3 小节我们解释了为什么空间谓词的时态提升不能产生时空谓词。4.4.4 小节我们介绍了一种利用时态聚集得到时空谓词的方法。基于这个概念,在 4.4.5 小节我们定义了基本时空谓词。时空谓词的时态组合形成了演变,我们将在 4.4.6 小节讨论。4.4.7 小节介绍了演变的一个简明语法。我们的工作最后归结为一个时空谓词的代数,它会在 4.4.8 小节中介绍。4.4.9 小节给出了一些例子,而在 4.4.10 小节中我们将寻求时空谓词的一个标准集合。最后,4.4.11 小节演示了时空谓词如何才能被嵌入到类 SQL 的查询语言中,以及如何在查询中使用演变。

4.4.1　动机

到目前为止,我们已经了解移动对象是随时间而连续变化的空间对象。这里变化指的是时空对象的运动、收缩、增大、变形、分裂、合并、消失以及重现等。一个有趣的现象是这些空间对象的时态变化通常会导致它们相互之间的拓扑关系也随时间而发生改变。例如,两个时空对象过去可能是不相交的,而一段时间后它们可能会相交。这些改变通常是随时间而连续发生的,但它们同样也会按离散的步骤进行。

基于这一观察,我们引入了时空谓词。为了使大家对这个概念有更深入和更直观的理解,我们考虑一个环境数据库例子,它包含飞机航班和天气状况信息。“一架飞机是否曾穿越某个风暴”这个查询具有一种时空特性,并且意味着我们需要按照某种给定的时态顺序去检查不同的拓扑谓词在一系列的事件和时间区间里的有效性。更精确地说,这意味着我们必须去检查是否存在这样一组现象:开始一段时间里飞机和风暴是相离的,在随后的某个时间里它们相接,后面的一段时间里飞机被包含在了风暴里,然后在某个时间飞机又到达了风暴的边界,最后飞机和风暴再一次相离。我们可以观察到在特定时间区间里双方对象的拓扑关系是固定的,但在某些特定的时间点上它们的关系会发生变化。因此,我们可以得到一个交替的时间间隔和时间点序列,在每个时间间隔或时间点上两个对象的拓扑关系是固定不变的。大致来说,一个时空关系就是在时间间隔或时间点上的一个(众所周知的)空间关系序列,我们称其为一个演变。

4.4.2 空间对象的拓扑谓词

因为空间对象间的拓扑关系构成了时空谓词的基础,所以我们有必要知道它们的一些基本属性。由于只考虑移动点和移动区域,我们只需要处理点和区域的拓扑关系。根据 4.2.2 小节,对于区域 A,我们可以区分它的边界 ∂A 和它的内部 A°;我们还需要考虑它的外部,记为 A^{-}(它是在二维平面里除 ∂A 和 A°之外的所有点的集合)。在某种意义上,还可以进一步简化:我们只需要考虑单个点(如 *point* 类型的值)和只由单个面组成并且面上不包含孔洞的简单区域(如 *region* 类型的值)。简单区域是有界、规则的封闭点集,它们具有连通的内部、连通的边界以及连通的外部。

两个(单)点之间的拓扑谓词很简单,即相离或相接(对应于相等)。点和区域之间存在 3 种关系:点包含在区域内、在区域外或在区域的边界上。这引出了 3 个谓词:包含、相离和相接。对于两个简单区域,确定它们之间可能的拓扑关系要困难一些。这里我们采用所谓的 9 - 交模型,从中可以导出拓扑关系的一个标准集合。这个模型基于一个区域 A 的边界 ∂A、内部 A°和外部 A^{-}与另外一个区域 B 的边界 ∂B、内部 B°和外部 B^{-}之间 9 种可能的交集。每一种交集都基于由空值与非空值所构成的拓扑不变性准则进行测试。区域 A 和区域 B 的拓扑关系可以通过计算如下矩阵得到:

$$\begin{bmatrix} \partial A \cap \partial B \neq \varnothing & \partial A \cap B^{\circ} \neq \varnothing & \partial A \cap \partial B^{-} \neq \varnothing \\ A^{\circ} \cap \partial B \neq \varnothing & A^{\circ} \cap B^{\circ} \neq \varnothing & A^{\circ} \cap B^{-} \neq \varnothing \\ A^{-} \cap \partial B \neq \varnothing & A^{-} \cap B^{\circ} \neq \varnothing & A^{-} \cap B^{-} \neq \varnothing \end{bmatrix}$$

对这个矩阵,总共有 $2^9 = 512$ 种不同的配置,其中只有一些子集是有意义的。对于两个简单区域,研究者已经确定了 8 种有意义的配置,它们分别对应了 8 种谓词:相等、相离、被覆盖、覆盖、部分重叠、相接、被包含和包含。这意味着这些谓词中的每一个都和一个唯一的相交矩阵相关联,因此,根据拓扑关系上相交为空和非空这一拓扑不变准则,所有谓词都是互斥和完备的。图 4.17 所示为这 8 种谓词以及它们相交矩阵的例子。

对于更复杂的空间对象,比如一般的 *points* 值和 *region* 值,我们也可以确定它们的拓扑关系。但是可能的拓扑关系的数目会急剧增加,并且它们的表示也会变得很困难。例如,两个 *points* 值之间的关系可能需要 5 种拓扑关系来确定,而两个 *region* 值之间则可能有 33 种拓扑关系。对于后面的时空谓词定义来说,其结果就是我们必须首先定义相同数目的基本时空谓词(4.4.5 小节),这将会带来虽然可行但非常冗长的表示结果。从另一个方面来看,这也意味着时空谓词的设计在概念上是独立于底层的拓扑谓词体系的,只有某些设计细节可能会存在不同。

练习 4.10 为了更好地理解拓扑关系,请确定并描述两个复杂 *points* 对象之间的 5 种拓扑关系,并对它们命名。 ■

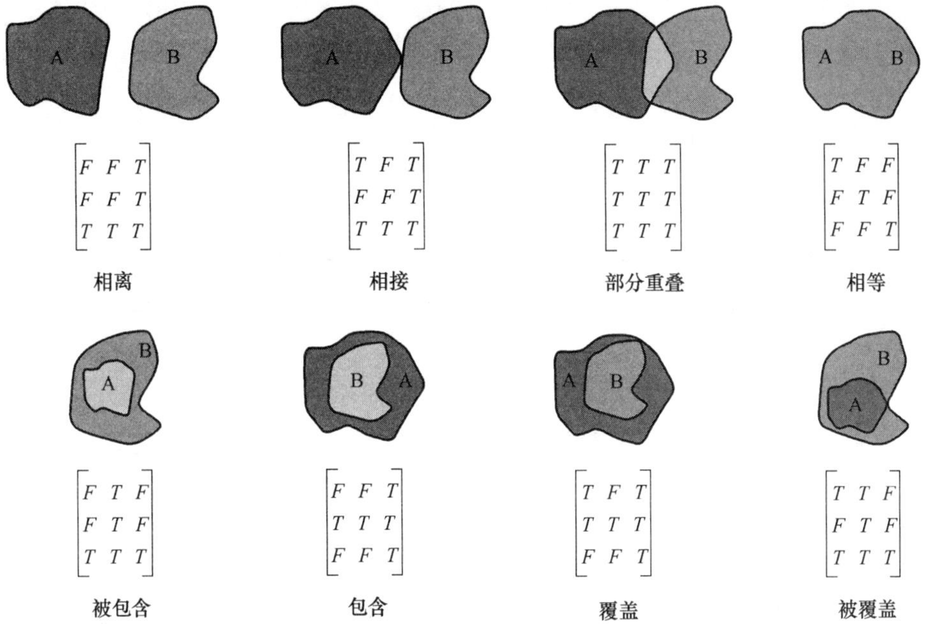

图 4.17　两个简单区域的 8 种拓扑关系

拓扑关系之间可能的拓扑变换（即变化）可以表示在一个概念邻居图上，它也称为最近拓扑关系图。当两个空间对象之间的拓扑关系由于其中一个或两个对象发生变形或移动而受到影响时，拓扑变化就会发生。每一个涉及任意空间类型组合的拓扑关系集合都可以被组织成这样一种图，使得相似的拓扑关系是互相接近的。在这种图中，拓扑关系是顶点，而概念邻居是顶点之间的边。对于两个区域间的拓扑关系，概念邻居是通过所谓的拓扑距离来确定的。给定任意两个不同拓扑关系的 9 - 交矩阵，它们之间的拓扑距离等于不同的 T 和 F 项的数目。具有最小的、非零的差异数目的一对拓扑关系被认为是概念邻居。图 4.18 所示为两个简单区域间拓扑关系的概念邻居图。

这种图的本质是其每一条路径都关联了一个拓扑关系变化的快照序列。从顶点 v 开始的所有关联边给出了接下来可能的所有拓扑关系，并且可以立即指出所有可能的定性变换。所有其他与顶点 v 不相连的顶点将不可能直接从顶点 v 一步到达。在这一点上值得注意的是，由于图构造过程的原因，我们忽略了一种特殊的情况：如果两个区域具有相同的形状和大小，那么一种可能的变换就是从 **equal** 直接到 **overlap**，反之亦然。因此，从这个角度来说，我们应当在图中的这两个结点之间添加一条边。

在这里，时间只是潜在地发挥了作用，并且它不是非常重要，尽管它对我们理解

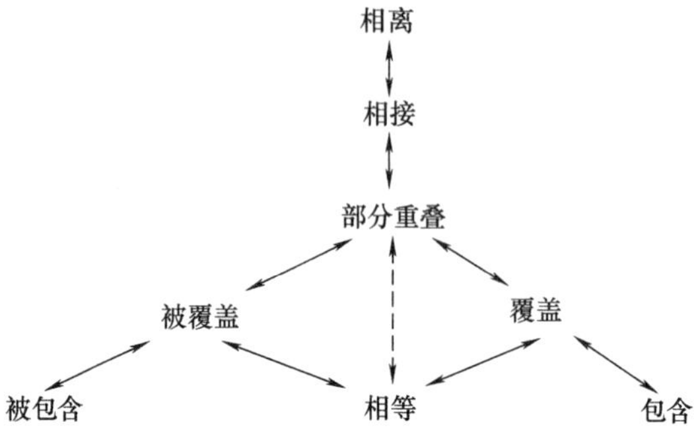

图 4.18 两个简单区域之间的概念邻居图

图有帮助。当然,这一点并不奇怪,因为这个图主要是用于处理空间行为,而不是时态行为。知道拓扑关系间可能的变换将会对以后理解时空谓词有所帮助。

4.4.3 拓扑谓词的时态提升问题

在 4.2.5 节,我们介绍了时间不相关操作的时态提升概念。这一概念同样也可以很好地应用在拓扑谓词上。既然拓扑谓词是从两个空间数据类型到 *bool* 类型的函数,那么时态提升拓扑谓词可以看做是从两个时空数据类型到 *moving*(*bool*)(即时态布尔型)的函数。因此,拓扑谓词的提升版本并不是通常意义上的谓词。例如,考虑点和区域的空间谓词 *inside*,其定义为

inside: *point* × *region* → *bool*

这个谓词的提升版本具有如下类型:

inside: *moving*(*point*) × *moving*(*region*)→ *moving*(*bool*)

在这种含义下,如果移动点在某个时间点包含在移动区域内,则返回真;无论何时如果点或区域未定义,返回未定义(⊥);在其他情况下则返回假。

然而,谓词的本质是可以用于表达正确或错误的事实,在数据库选择和连接查询中尤其如此。在前面的例子中,我们可以定义两个时空谓词 *sometimes-inside* 和 *always-inside*,它们返回真当且仅当谓词 **inside** 的提升版本分别在某个时间或者所有时间都为真。谓词 *sometimes-inside* 的定义是合理的,但谓词 *always-inside* 的定义是令人质疑的,因为当点、区域或同时都是未定义时就会返回假。这一点的限制性很强,在某些情况下也不直观。例如,一个移动点的生命周期比移动区域短,但它一直包含在移动区域内部,此时我们希望谓词 *always-inside* 返回真。

我们对时空谓词的理解是,它们本质上就是一个将空间谓词随时间演变的布尔值聚集起来的函数。换句话说,可以将一个基本的时空谓词看成是一个产生时态布尔值的时态提升空间谓词。通过判断时态布尔值是有时候为真还是一直为真,可以聚集得到时空谓词的值。值得注意的是,尽管一个提升谓词可能在某一时刻返回⊥,

但一个时空谓词不会发生这种情况。相反地，未定义的值将会被聚集到布尔型中。因而，我们可以给出下面的定义。

□ **定义 4.35** 一个时空谓词是类型为 $moving(\alpha) \times moving(\beta) \to bool \setminus \{\perp\}$ 的一个函数，其中 $\alpha, \beta \in \{point, region\}$。 ■

4.4.4 时态聚集

我们已经进一步了解了布尔值的时态聚集是怎样实现的。一个提升的空间谓词只会在两个时空对象的域的交集上返回一个有定义的值。这会影响到聚集操作符的定义，比如 ∀ 和 ∃。因此，必须对这些量词应该“严格”到什么程度（比如是否把未定义值映射成真或假）以及是否只在一个严格限定的时间间隔内进行聚集（比如两个移动对象的时间域的交）等问题做出决定。

在这里，我们继续使用逻辑学中的两个量词符号 ∀ 和 ∃，并且用 ∀ 表示全部聚集，用 ∃ 表示部分聚集。这两个操作符都以空间谓词为参数，并产生一个时空谓词——也就是说，它们都具有如下的（高阶）类型：

$$\forall, \exists : (\alpha \times \beta \to bool) \to (moving(\alpha) \times moving(\beta) \to bool \setminus \{\perp\})$$

存在量词的语义不难理解。设 p 是一个空间谓词，并设 S_1 和 S_2 是两个时空对象，则 $\exists p(S_1, S_2)$ 为真当且仅当在某个时间时 p 在 S_1 和 S_2 的值上为真。下面，除非特别声明，我们假设 t 都是一个 $instant$ 类型的变量。我们定义

$$\exists p := \lambda(S_1, S_2).\ \exists t : p(S_1(t), S_2(t))$$

这个定义使用了 λ 符号。$\lambda(x_1, \cdots, x_n).\ e$ 表示一个参数为 $x_1, \cdots, x_n$ 的函数，该函数返回一个由表达式 e 所确定的值（在这里是一个定义在时间上的布尔谓词）。当这个函数被赋予参数 $a_1, \cdots, a_n$（这里是两个时态对象 S_1 和 S_2）时，我们通过将（所有自由状态的）x_i 值替换为 a_i 来求解表达式主体 e 的值。

与 ∃ 相比，我们有许多选择去定义 ∀ 的含义，根据全称量词 ∀ 所假设的取值范围（时间间隔）。这就意味着，如果 t_1 和 t_2 分别是两个时空对象 S_1 和 S_2 的时间域，那么一般来说，$\forall p(S_1, S_2)$ 的结果取决于全称量词的取值范围是下面的哪一个：① $instant$；② $t_1 \cup t_2$；③ t_1；④ t_2；⑤ $t_1 \cap t_2$。

① 是限制性最强的：$\forall p$ 为真当且仅当两个对象都是有定义的。② 同样也有很强的限制性，因为实际上它要求两个参数有相同的时域。这一点是有意规定的，比如，当询问两个国家是否一直是邻居时，意味着 **meet** 谓词必须在两个国家存在的所有时间里都为真，这种情况只有在这两个国家具有相同的生命期时才有可能成立。③ 和④ 分别要求 $t_1 \subseteq t_2$ 和 $t_2 \subseteq t_1$，③ 的一个例子是：某一特定的物种是否可以（一直）生活在一个特定的气候区，这需要 **inside** 谓词在物种存在期间一直为真，至于包含这一物种的气候区的生命期则无关紧要，但如果物种在区域存在之前或消失之

后存在,时空谓词就会返回假。④ 是③ 的对偶。⑤ 是限制性最小的一种,因为它仅仅需要谓词在两个对象共同的生命期内成立。特别地,当 $t_1 \cap t_2 = \varnothing$ 时,$\forall p$ 总是返回真。一个例子是:一次特定的飞行是否能够避过某个风暴?尤其需要指出的是,当其中某个对象在指定的时间里不存在时,这样的查询总是返回真。

如果我们对这些情形进行评价,那么,① 描述了一种通常情况下不现实的假设,因此我们没有必要对这种情形进行进一步考虑。所有其他情形都是有意义的,并且可以得出4种不同的量词定义。因此,②到⑤可以通过量词 $\forall_\gamma$ 来表达,这里 $\gamma \in \{\cup, \cap, \pi_1, \pi_2\}$ 并且 $\pi_i(x_1, \cdots, x_i, \cdots, x_n) = x_i$。这些量词的定义如下:

$$\forall_\gamma p := \lambda(S_1, S_2).\ \forall t \in \gamma(dom(S_1), dom(S_2)) : p(S_1(t), S_2(t))$$

例如,$\forall_{\pi_1} inside$ 表示了如下时空谓词:

$$\lambda(S_1, S_2).\ \forall t \in dom(S_1) : inside(S_1(t), S_2(t))$$

在全称量词中存在着一种偏序关系,下面的引理表示了这一点。

引理 4.1 量词顺序。

(1) $\forall_\cup p(S_1, S_2) \Rightarrow \forall_{\pi_1} p(S_1, S_2) \Rightarrow \forall_\cap p(S_1, S_2)$

(2) $\forall_\cup p(S_1, S_2) \Rightarrow \forall_{\pi_2} p(S_1, S_2) \Rightarrow \forall_\cap p(S_1, S_2)$ ■

练习 4.11 证明引理4.1中(1)式的正确性。 ■

4.4.5 基本时空谓词

有了这些符号,现在可以介绍基本时空谓词的概念了。基本时空谓词可以通过时态提升和时态聚集来定义。对于4.4.4小节提到的4种有意义的全称量词情形,最合适的方法是将其与两个区域上的8个基本拓扑谓词(4.4.2小节)的时空版本相关联。换句话说,对于每个提升的空间谓词来说,都存在一个“优先”时态聚集。例如,当使用一个相离谓词询问一个飞机航班是否会遭遇风暴时,我们经常只要求在正常生命期里不相交(即这个查询的结果与风暴或航班是否在另一个对象之前就已经开始或结束是无关的)。因此,时空相离的优先(或者默认)解释是谓词 $\forall_\cap disjoint$。相比之下,某些物种是否生活在某个特定气候区的查询通常隐含着这样的要求,即物种的生命期应包含在气候区的生命期当中。这就意味着当我们提到时空包含时,指的就是 $\forall_{\pi_1} inside$。

对一些时空谓词来说,默认情况下期望的聚集行为是部分聚集。例如,相接和部分重叠的期望行为分别是 $\exists meet$ 和 $\exists overlay$。然而,为了能够构造复杂对象,我们主要关心全称量词的使用。因此,我们为所有谓词都确定了一个 $\forall$ 定义。

为了将空间谓词、提升空间谓词与时空谓词进行区分,我们引入一个命名规范,即时空谓词名称都以大写字母开头,而前二者都以小写字母开头。

□ **定义 4.36** 基本时空谓词。对于两个区域间的 8 种基本拓扑谓词,其时空版本的默认聚集行为定义如下:

$$
\begin{aligned}
\texttt{Disjoint} &:= \forall_{\cap}\, \texttt{disjoint}\\
\texttt{Meet} &:= \forall_{\cup}\, \texttt{meet}\\
\texttt{Overlap} &:= \forall_{\cup}\, \texttt{overlap}\\
\texttt{Equal} &:= \forall_{\cup}\, \texttt{equal}\\
\texttt{Covers} &:= \forall_{\pi_2} \texttt{covers}\\
\texttt{Contains} &:= \forall_{\pi_2} \texttt{contains}\\
\texttt{CoveredBy} &:= \forall_{\pi_1} \texttt{coveredBy}\\
\texttt{Inside} &:= \forall_{\pi_1} \texttt{inside}
\end{aligned}
$$
■

对于移动点和移动区域,有 3 个基本谓词 **Disjoint**、**Meet** 和 **Inside**,其定义见上面的列表。对于两个移动点来说,有谓词 **Disjoint** 和 **Meet**,它们的定义也在上面的列表中。

当然,基本时空谓词默认语义的选择还有待讨论。一种常见的可能就是进一步增加一些具有不同聚集行为的谓词。

练习 4.12 假设对于两个移动区域上的相接和部分重叠情形,除了这两个谓词已有的对称定义外,我们还对定义中的"方向"感兴趣。"方向"是指我们从两个操作对象中某个对象的角度去考虑它们之间的关系。请问:如何定义这种变种的相接和部分重叠?此外,请给出一个合适的谓词名称来表达这种"方向性"。 ■

4.4.6 小节将要用到另一个时空谓词,它对任意两个时空对象都返回真,其定义如下:

$$\texttt{True} := \lambda(S_1, S_2).\, true$$

可以将 **True** 看做是空间谓词 $\texttt{true} = \lambda(S_1, S_2).\, true$ 的全称量化,对于任意一对空间对象它都返回真(即,$\texttt{True} = \forall_{\cap}\, \texttt{true} = \forall_{\cup}\, \texttt{true} = \forall_{\pi_1} \texttt{true} = \forall_{\pi_2} \texttt{true}$)。

4.4.6 演变:时态谓词序列

我们已经有了基本时空谓词,现在的问题是怎样组合它们来捕捉空间状态随时间发生的变化,即如何去描述演变。我们将证明:两个时空对象间的特殊关系可以利用空间谓词以及(基本)时空谓词的序列进行适当建模。

为了这个目的,先考虑一个例子:一个移动点 P 在时刻 t_2 位于移动区域 R 外部,并(连续地)改变自己的位置,在时刻 t_4 时它包含在了区域 R 的内部。这个情形可表示为"*P enters R*"。以下假设 $i < j \Rightarrow t_i < t_j$。如果 P 在时刻 t_6 时再次位于 R 外部,我们称 P 和 R 之间的拓扑关系在此特定时间区间里的整个演变为"*P crosses R*"。

如果仔细观察 P 的连续移动,我们会发现 P 在 t_3 时刻和 t_5 时刻时位于 R 的边界上。如果在其他所有时间，P 要么位于 R 的内部，要么位于 R 的外部（即，P 不沿着 R 的边界移动，也不停留在 R 的边界上），则可以更加准确地刻画整个演变，如表 4.22 所列。

表 4.22 "*P crosses R*"演变

谓词	成立	观察
Disjoint(P,R)	在 $I_1 = [t_1, t_3[$ 期间	$t_2 \in I_1$
meet(P,R)	在 t_3 时刻	
Inside(P,R)	在 $I_2 =]t_3, t_5[$ 期间	$t_4 \in I_2$
meet(P,R)	在 t_5 时刻	
Disjoint(P,R)	在 $I_3 =]t_5, t_7]$ 期间	$t_6 \in I_3$

从表 4.2.2 中可以观察到两点：① 为了将不同的时空谓词按时间组合成演变，我们需要某种方法将基本时空谓词的时态范围限定为时间间隔。② 有些谓词（如 **Disjoint** 和 **Inside**）作用于整个时间间隔，而另一些谓词（如 **meet**）作用于时刻。

第 1 点发现引出下面的定义（其中 $S_1|_I$ 表示一个部分函数，它在 $t \in I$ 时返回 $S(t)$，其他情况返回未定义）。

□ **定义 4.37** 谓词收缩。设 P 是一个时空谓词，I 是（半）开或闭的时间间隔，则

$$P|_I := \lambda(S_1, S_2).\, P(S_1|_I, S_2|_I)$$ ■

例如，考虑前面的 P 和 R。很明显 **Inside**(P,R) 为假，但 **Inside**$|_{]t_3,t_5[}(P,R)$ 为真。在后面的内容中，我们将谓词 P 在开区间 $]t,\infty[$ 和 $]-\infty, t[$ 上的收缩简写为 $P_{>t}$ 和 $P_{<t}$。

从收缩以及函数限制条件的定义来看，通过计算相应谓词收缩时间间隔的交集，可以把谓词的连续收缩累积起来。

引理 4.2 收缩组合。

$$(P|_I)|_{I'} = P|_{I\cap I'}$$ ■

练习 4.13 证明引理 4.2 的正确性。 ■

对于第 2 点发现，其有趣的地方是实际情况中某些谓词在时间点上是不可能成立的。例如，当描述两个空间对象在某一时间间隔上的关系时，通常情况下，

disjoint 和 **inside** 不可能只在某个时间点上成立①。比如飞机就是这种情形，通常它们不可能只在某个时间点上与某个飓风相离，相离必然要持续某个时间区间，这是它们的固有特性。另一方面，理论上任何谓词都可以在一个时间区间里都成立（比如，如果一个点 P 沿着区域 R 的边界移动或者停留在 R 的边界上不动，那么点 P 和区域 R 的相离关系在整个时间间隔里都是成立的）。飞机和飓风也可能出现这种情形，因为它们可能在某个时刻相接，也可能一直相接并持续一段时间。

这意味着我们实际上可以识别两类谓词：一类是只可能在某一时刻返回真的谓词，另一类是通常情况下只在一个时间区间内成立的谓词。相应地，我们称前者为时刻谓词，后者为时间区间谓词。表 4.23 所列为分类结果。

表 4.23 时刻谓词和时间区间谓词

时刻谓词	时间区间谓词
`equal`	`disjoint`
`meet`	`overlap`
`covers,coveredBy`	`inside,contains`

回顾一下，时间区间谓词在孤立的时间点上是不可能成立的，而时刻谓词却可以在时间区间上很好地工作。在后面定义谓词顺序的语义时，我们需要用到谓词的这一区别。

对时刻和时间区间谓词的进一步观察可知，只有那些两个时间区间谓词间通过时刻谓词"连接"起来的演变才是有可能成立的。例如，两个时空谓词不可能在满足 **Disjoint** 谓词后又立即满足 **Inside** 谓词（假设都是连续移动）。

接下来我们定义 3 个操作来组合时空谓词和空间谓词（使用中缀表示法）：p ***then*** P 定义了一个时空谓词，它表示在时刻 t_0 检查 p，并要求 P 在所有 $t>t_0$ 的时间里都成立；P ***until*** p 的定义是双重的（即，P 一直成立，直到 p 在时刻 t_0 为真）；最后，P ***until*** p ***then*** Q 成立的条件是存在某个时刻 t_0 使得 p 在 t_0 为真，并且 P 在 t_0 之前成立，且 Q 在 t_0 之后成立。

☐ **定义 4.38** 时态组合。设 p 是一个空间谓词，P 和 Q 为时空谓词，则

p ***then*** P $:= \lambda(S_1,S_2).\ \exists_t : p(S_1(t),S_2(t)) \wedge P_{>t}(S_1,S_2)$

P ***until*** p $:= \lambda(S_1,S_2).\ \exists_t : p(S_1(t),S_2(t)) \wedge P_{<t}(S_1,S_2)$

P ***until*** p ***then*** Q $:= \lambda(S_1,S_2).\ \exists_t : p(S_1(t),S_2(t)) \wedge P_{>t}(S_1,S_2)$

① 然而，仍有一种可能，*disjoint* 只在某一点上成立当且仅当其中有一个对象只存在于时刻 t（即，它对于 $t' \in [t-\varepsilon,t+\varepsilon]-\{t\},\varepsilon>0$ 是未定义的）或者其中有一个对象一直在做完全不连续的移动。

$$\wedge Q_{>t}(S_1, S_2)$$ ■

这些组合在许多方面都是相关的。下面给出第1个结论。

引理 4.3 组合关系。如果 P ***until*** p ***then*** Q 对于 S_1 和 S_2 成立,则 P ***until*** p 和 p ***then*** Q 同样也都成立。 ■

练习 4.14 证明引理 4.3 的正确性。 ■

这里很重要的一点是这个引理反过来并不成立(即,即使 P ***until*** p 和 p ***then*** Q 对于两个对象都成立,也不意味着 P ***until*** p ***then*** Q 就成立)。这是因为 P ***until*** p 和 p ***then*** Q 可以各自独立地确定使自己为真的时刻 t,但对于 P ***until*** p ***then*** Q,我们要求在一个时刻 t 使得 P ***until*** p ***then*** Q 为真。这就意味着谓词 P ***until*** p ***then*** Q 确实是必不可少的,它并不是其他两个谓词的简单结合,而是要求必须对两个谓词的时刻 t 进行"同步"。另一方面,***until*** 和 ***then*** 是 ***until-then*** 的特殊情形。这一点源自这样一个事实,即 **True** 是时态组合的一个单元。

引理 4.4 导出组合

(1) p **then** P = **True until** p **then** P

(2) P **until** p = P **until** p **then True**

上面公式(1)的说明如下:p ***then*** P 对于 S 和 S' 两个对象成立,当仅当存在一个 t 使得 $p(S(t), S'(t))$ 和 $P_{>t}(S, S')$ 都成立。另一方面,对于 S 和 S' 两个对象,**True** ***until*** p ***then*** P 成立当且仅当 $p(S(t), S'(t))$、$P_{>t}(S, S')$ 和 $\mathbf{True}_{<t}(S, S')$ 都成立,这和前面的条件是等同的,因为 $\mathbf{True}_{<t}(S, S') = \mathbf{True}(S_{<t}, S'_{<t}) = true$。公式(2)的说明与此类似。 ■

因此,我们可以总是使用 ***until-then*** 组合,因为所有的结果都可以通过引理 4.4 给出的方法扩展为 ***then*** 和 ***until***。在这个意义上,***True*** 充当了一种通用的时空谓词,通常它可以作为一个演变的开始、结束或中间部分,也可以用来表达演变中"不关心"或者"不知道"的部分。

4.4.7 演变的简明语法

现在我们首先要说明的是时空组合是存在关联的。这个事实可被用来定义一个简明的谓词顺序语法。

引理 4.5 组合的结合律

$$P\ \mathbf{until}\ p\ \mathbf{then}(Q\ \mathbf{until}\ q\ \mathbf{then}\ R) = (P\ \mathbf{until}\ p\ \mathbf{then}\ Q)\mathbf{until}\ q\ \mathbf{then}\ R$$

证明如下：我们必须证明对于 S 和 S'两个对象，当公式的左端为真时，公式的右端亦为真，反之亦然。如果公式左端为真，我们知道存在一个时间点 t_1，使得 $p(S(t_1),S'(t_1))$、$P_{<t_1}(S,S')$和$(Q\ \mathbf{until}\ q\ \mathbf{then}\ R)_{>t_1}(S,S')$为真。最后一个条件可以按如下方式重新进行表示：

$$\begin{aligned}&(Q\ \mathbf{until}\ q\ \mathbf{then}\ R)_{>t_1}(S,S')\\ &=(Q\ \mathbf{until}\ q\ \mathbf{then}\ R)(S_{>t_1},S'_{>t_1})\\ &=\exists t_2:q(S_{>t_1}(t_2),S'_{>t_1}(t_2))\wedge Q_{<t_2}(S_{>t_1},S'_{>t_1})\wedge R_{>t_2}(S_{>t_1},S'_{>t_1})\end{aligned}$$

在最后一行中，利用 q 只可能在定义的值上为真的特点，可以进一步简化第 1 个条件。另外因为 $S_{>t_1}$ 和 $S'_{>t_1}$ 只在大于 t_1 的时刻时返回定义值，因此所有 q 只可能在 $t_2 > t_1$ 时为真。此外，利用引理 4.2，我们可以简化第 2 个和第 3 个条件，即

$$Q_{<t_2}(S_{>t_1},S'_{>t_1}) = Q|_{]t_1,t_2[}(S,S')$$

$$R_{>t_2}(S_{>t_1},S'_{>t_1}) = R_{>t_2}(S,S')$$

后一个式子成立是由于 $t_2>t_1\Rightarrow]t_1,\infty[\cap]t_2,\infty[=]t_2,\infty[$。

其次，因为 $t_1<t_2$，并且 $P_{<t_1}(S,S')$为真蕴含着 $P_{<t_1}(S_{<t_2},S'_{<t_2})$为真，所以条件 $p(S(t_1),S'(t_1))$等价于 $p(S_{<t_2}(t_1),S'_{<t_2}(t_1))$。最后，$Q|_{]t_1,t_2[}(S,S')$同样也可写为 $Q_{>t_1}(S_{<t_2},S'_{<t_2})$。从而，我们可以推出

$$\begin{aligned}&\exists_{t_1}:p(S_{<t_2}(t_1),S'_{<t_2}(t_1))\wedge P_{<t_1}(S_{<t_2},S'_{<t_2})\wedge Q_{>t_1}(S_{<t_2},S'_{<t_2})\\ &=(P\ \mathbf{until}\ p\ \mathbf{then}\ Q)(S_{<t_2},S(P\rhd p\rhd Q)^{\leftarrow}(S_1,S_2)_{<t_2})\\ &=(P\ \mathbf{until}\ p\ \mathbf{then}\ Q)_{<t_2}(S,S')\end{aligned}$$

最后一个条件以及条件 $q(S(t_2),S'(t_2))$ 和 $R_{>t_2}(S,S')$，对于 S 和 S' 在公式的右端也同样成立。反方向的证明与此类似。 ■

为了更简明地表示演变，我们在书写级联组合时增加一些有用的语法符号。我们通过由符号▷连接起来的谓词序列来简单地表示组合。更精确地说，我们只允许(可满足并且不可中断的)长度大于等于 2 的空间和时空谓词的交替序列。这就意味着，谓词序列的演变语言 Π 可以利用如下正则表达式来表示(我们使用 X^c 表示 Xs 的非空序列，这些序列通过 cs 进行了分隔，方括号内表示可选部件)：

$$\Pi = (p\rhd P)^{\rhd}[\rhd p] \mid (P\rhd p)^{\rhd}[\rhd P]$$

例如，这使得两个连续的移动时空对象不可能在满足 **Inside** 后立刻又满足 **Disjoint**。相反，**Inside** 之后首先应该是 **meet**(或 **Meet**)，然后才能满足 **Disjoint**。

通过如下等式中定义的映射 C，我们可以把上面的序列转换为(嵌套的)时态组合(注意第 1 种情形是用来表示一些 C 的递归调用的[例如在转换 $P\rhd p\rhd Q$ 时])：

$$C(P) \qquad = P$$

$C(P \triangleright p) \quad = P$ ***until*** p

$C(P \triangleright p \triangleright \Pi) \quad = P$ ***until*** p ***then*** $C(\Pi)$

$C(p \triangleright P) \quad = p$ ***then*** P

$C(p \triangleright P \triangleright \Pi) \quad = p$ ***then*** $C(P \triangleright \Pi)$

现在,通过演变这一术语,我们来特别解释一下由▷组合而成的谓词序列的含义。举一个例子,考虑如下演变:

Disjoint▷meet▷Inside▷meet▷Disjoint

这是演变的缩写(指可以由 C 翻译成下面的形式):

Disjoint *until* meet *then*(Inside *until* meet *then* Disjoint)

因为组合是一种可结合的操作,所以是否选择嵌套无关紧要。

我们定义▷从某方面来说只允许构建交替的时空谓词和空间谓词序列。然而,有时候省略紧挨着时刻谓词的空间谓词可能会更方便一些(例如,我们更愿意去写 **Disjoint▷Meet** 而不是 **Disjoint▷meet▷Meet**)。因此,我们在表示中引入一种相应的简洁表示方法,它基于这样一个事实,即无论何时一个时刻谓词在另一个时空谓词之前或之后立即成立,我们一定可以知道谓词在首次或最后一次成立时的精确时间点。设 i 为一个时刻谓词,并且设 I 是一个与之相对应的时空谓词。这里,P 和 Q 表示基本时空谓词或者以一个基本时空谓词结尾(在 P 情形下)或开头(在 Q 情形下)的谓词序列。然后可以得到表4.24所列的缩写形成。

表4.24 演变的规范方式和原始方式

缩写	扩展形式
$I \triangleright Q$	$I \triangleright i \triangleright Q$
$P \triangleright I$	$P \triangleright i \triangleright I$
$P \triangleright I \triangleright Q$	$P \triangleright i \triangleright I \triangleright i \triangleright Q$

最后,我们必须描述存在量化谓词如何满足顺序语法。通常情况下,我们希望能够将存在量化谓词放在其他时空谓词后面而不使用一个空间谓词来连接,例如,能够简单地使用 **Disjoint ▷∃ meet** 这种形式来表达两个不相交的对象在随后的某个时间里相接的情况。

幸运的是,我们总是可以把一个存在量化谓词扩展成一个只包含空间和全称量化谓词的序列中。下面的结果表明了这一点。

引理4.6 存在扩展。

$$\exists p = \textbf{True} \triangleright p \triangleright \textbf{True}$$ ■

练习 4.15 证明引理 4.6 的正确性。 ■

从而,前面的例子可以扩展为

Disjoint ▷ True ▷ meet ▷ True

这个结果可以进一步扩展为

Disjoint ▷ true ▷ True ▷ meet ▷ True

这个结果也可以被转换为一个嵌套的 *until-then* 表达式。

4.4.8 时空谓词代数

迄今为止,我们已经使用了顺序的时态组合来构造演变。但除此之外还有一些逻辑连接词可用于组合谓词。这就产生了一种以时空谓词为对象、以组合操作(例如 ▷ 以及其他操作)为操作的代数。例如,时空谓词的析取式可以通过一个高级的谓词组合加以表达。

□ **定义 4.39** 时态选择。设 P 和 Q 为时空谓词,则 P 和 Q 之间的时态选择定义为

$$P \mid Q := \lambda(S_1, S_2).\, P(S_1, S_2) \vee Q(S_1, S_2)$$ ■

例如,考虑一个位于区域边界上的移动点。当这个点离开边界时,情形就会发生变化,此时可用如下的选择来表示:

Disjoint | Inside

仍然需要解释一下选择在演变中的意义。例如,当需要描述一个点最终离开某个区域边界这种情形时,我们可能会希望能够用如下这样简单的表达式来表达(注意我们规定|的优先级比 ▷ 高):

Meet ▷ Disjoint | Inside

这个式子可以扩展成 **Meet ▷ meet ▷ Disjoint | Inside**。幸运的是,▷ 会同时分配到 | 的左边和右边。引理 4.7 说明了这一点。

引理 4.7 组合分配。设 P、Q 和 R 为时空谓词,p 为空间谓词。则定义:

(1) $P \rhd p \rhd (Q \mid R) = (P \rhd p \rhd Q) \mid (P \rhd p \rhd R)$

(2) $(P \mid Q) \rhd p \rhd R = (P \rhd p \rhd R) \mid (Q \rhd p \rhd R)$

说明如下:考虑上面的公式(1),对于两个时空对象 S 和 S',$P \rhd p \rhd Q \mid R$ 为真当且仅当存在某个时间点 t,使得① $P(S(t), S'(t))$,② $P_{<t}(S, S')$ 和③ $(Q \mid R)_{>t}(S, S')$ 都为真。利用前面的收缩和选择定义进行展开,最后一个条件等价于 $Q(S_{>t}, S'_{>t}) \vee R(S_{>t}, S'_{>t})$。由于 ∧ 在 ∨ 上满足分配率,因此将整个条件可重写为一个析取式,即

$$(① \wedge ② \wedge Q(S_{>t}, S'_{>t})) \vee (① \wedge ② \wedge R(S_{>t}, S'_{>t}))$$

第一项刻画了演变 $P \rhd p \rhd Q$,第二项描述了 $P \rhd p \rhd R$。把时态选择的定义公式左右交换,就可以得到公式的右边。公式(2)的证明与此类似。 ■

这就意味着我们总是可以将包含选择的演变转换成所谓的演变范式(即应用前面的语法规则得到演变的另一种表达,其中不包含任何的时态选择)。

但要注意,| 在 $\rhd$ 上并不满足分配律。为了说明这个问题,首先必须从语法上纠正在组合上满足分配率的含义。因为时态选择只针对时空谓词定义,所以一个合理的论点就是时态选择需要分配到组合中的所有时空谓词上。因此,一般地,有

$$P \mid (Q \rhd p \rhd R) \neq (P \mid Q) \rhd p \rhd (P \mid R)$$

说明如下:令 $P=$ **Disjoint**,$Q=R=$ **Inside**,并且令 $p=$ **meet**。现在,有两个不相交的移动点和移动区域,很显然它们满足公式的左边(因为选择 P 成立),但不满足公式的右边,因为公式的右边要求它们必须相接。

时空谓词上的另一个操作是否定。

□ **定义 4.40** 否定谓词。设 P 为一个时空谓词。P 的时态否定定义为

$$\sim P := \lambda(S_1, S_2).\neg(P(S_1, S_2))$$ ■

接下来,我们为时空谓词定义一个"反向"或"逆"组合操作。这个定义基于时空谓词的"反射"概念。两个对象上的一个演变 P 的逆为真,当且仅当 P 对于这些对象的反射也成立。

单个对象 S 的反射解释如下:设 S 存在于时间区间 $[t_1, t_2]$(即 $dom(S)=[t_1, t_2]$),在此期间 S 发生了移动(同时也可能改变了自己的形状),从初始值 $S(t_1)$ 变为 $S(t_2)$,则 S 的反射对象 $reflect(S)$ 可以通过 S 在相同的时间间隔上反方向移动得到,即从 $S(t_2)$ 变为 $S(t_1)$。形式上,可以通过定义 $reflect(S)$ 在时刻 t 返回 S 在时刻 $\sup(dom(S)) - t + \inf(dom(S))$ 的值来实现这一目的。在这里,sup 和 inf 表示集合的上确界和下确界,当时空谓词对象的域是(半)开集合时需要用到这些概念。

因为目前的谓词都定义在对象对上,所以也需要定义两个对象上的反射。与定义单个对象的反射类似,但必须考虑双方生命期的并以及两者之间的依赖性。这就意味着两个对象的反射并不是相互独立的,而是可能分别朝着另一个对象的早期或晚期状态移动,我们将在图 4.19 中说明这一点。下面定义一个 $reflect$ 函数,它输入两个时空对象,返回一对反射对象。

□ **定义 4.41** 对象反射。设 S_1 和 S_2 为两个时空对象,S_1 和 S_2 的反射定义如下:

$$reflect(S_1, S_2) := (\lambda t \in D.\ S_1(t_s - t + t_i), \lambda t \in D.\ S_2(t_s - t + t_i))$$

其中,$D = dom(S_1) \cup dom(S_2)$,$t_s = \sup(D)$,$t_i = \inf(D)$。 ■

注意,这个定义是在两个对象生命期的上确界上进行对象反射,这与两个对象分别独立反射所得到的结果不同。为了说明这一点,我们考虑一个存在于时间区间 $[t_1, t_2]$ 上的(形状和位置都固定的)区域 R 和一个存在于时间区间 $[t_2, t_3]$ 上的移动点 P,它与 R 相接后离开。图 4.19(a)所示说明了这一点(这里给出的是二维投影,并且假设时间是从下往上增加的)。图 4.19(b)所示为 *reflect*(R,P) 返回的结果对象,与其相对,图 4.19(c)给出了两个对象分别独立反射所得到的结果。

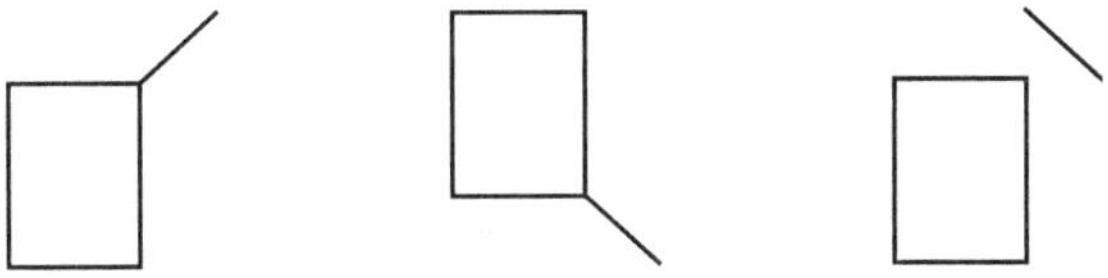

(a) 区域 R 和移动点 P　(b) *reflect*(R, P)的结果　(c) R 和 P 分别独立反射的结果

图 4.19　对象反射

在对象反射定义的基础上,我们定义反向组合操作。下面的定义表明,两个对象 S_1 和 S_2 上的谓词 P 的逆成立当且仅当 P 在 S_1 和 S_2 的反射上也成立。这比在谓词的构造上归纳定义反射简单得多。

□ **定义 4.42**　反射谓词。设 P 是一个时空谓词,P 的反射定义如下:

$$P^{\leftarrow} := \lambda(S_1, S_2).\, P(\mathit{reflect}(S_1, S_2))$$ ■

谓词反射遵循一些有趣的规律。例如,反射不会改变基本时空谓词,同样它也不会颠倒谓词在一个组合中的次序(见 4.4.9 小节)。

最后,我们介绍如下谓词组合,它们对于时空谓词的规范表示很有用:P^+ 成立当且仅当 P 一直成立并且至少有一次成立(即一个由非空的 P 序列所构成的演变成立)。P^* 与 P^+ 类似,但不需要 P 一直都成立。$P\&Q$ 表示谓词的时空联合。$P\&Q$ 成立当且仅当 P 和 Q 在一对对象上都成立。同样地,$P \rightarrow Q$ 表示时空蕴含。

□ **定义 4.43**　导出组合。设 P 和 Q 是任意的时空谓词,则有

(1) $P^+ \quad := \quad P \rhd P^*$

(2) $P^* \quad := \quad$ `True` $\mid P^+$

(3) $P \,\&\, Q \quad := \quad \sim(\sim P \mid \sim Q)$

(4) $P \rightarrow Q \quad := \quad \sim P \mid Q$ ■

这里的 & 和→是定义在时态选择(定义 4.39)和谓词否定(定义 4.40)的组合之上的,这比使用逻辑符号 $\wedge$ 和 $\Rightarrow$ 给出的基于对象的定义要简洁一些。更重要的是,

它简化了涉及这些操作符的证明(例如引理4.11)。

练习4.16 使用逻辑操作符的基于对象的定义与定义4.43给出的定义是等价的。例如,对于&我们可以使用如下定义:

$$P\&Q := \lambda(S_1,S_2).\,P(S_1,S_2)\wedge Q(S_1,S_2)$$

证明该定义与定义4.43是等价的。 ■

在后面的内容中,我们将给出针对目前所定义的代数的一些有用的规则。首先,考查不同操作符与谓词之间的一些最基本的关系。例如,**True** 对于 | 来说是一个单元,而在一个空间谓词开头(或结尾)的演变中 **True** 可以是一个左(或右)单元。此外,**True** 不受谓词收缩的影响。同样,定义为 $\lambda(S_1,S_2).false$ 的 **False** 对于 | 和 ▷ 来说等同于是零值。与 **True** 类似,**False** 也不受谓词收缩的影响。

引理4.8 零值℘单元

(1) **True** | P = **True** = P | **True**

(2) **False** | P = P = P | **False**

(3) **True** ▷ p ▷ P = p ▷ P

(4) P ▷ p ▷ **True** = P ▷ p

(5) **False** ▷ p ▷ P = **False** = p ▷ P ▷ **False**

(6) **True** $|_I$ = **True**

(7) **False** $|_I$ = **False** ■

练习4.17 证明引理4.8的正确性。 ■

在引理4.5中我们已经看到谓词组合是可以结合的,这对析取同样成立。此外,析取同样是可以交换的。

引理4.9 选择的结合律和交换律

(1) $P\,|(Q\,|\,R) \quad = \quad (P\,|\,Q)|\,R$

(2) $P\,|\,Q \quad = \quad Q\,|\,P$ ■

练习4.18 证明引理4.9的正确性。 ■

否定定义的一个直接结果是双重否定,其定义如引理4.10所示。

引理4.10 双重否定

$$\sim(\sim P) = P$$ ■

这个引理的证明很简单。相应地还有一个德摩根定理。

引理 4.11 德摩根定理

(1) $\sim(P \mid Q) \quad = \quad \sim P \ \& \ \sim Q$

(2) $\sim(P \ \& \ Q) \quad = \quad \sim P \mid \sim Q$ ■

练习 4.19 证明引理 4.11 的正确性。 ■

反射谓词可以引出许多有用的规则，下面的引理给出了这些规则。

引理 4.12 反射传播

(1) $P^{\leftarrow} \quad = P$，如果 P 是一个基本时空谓词

(2) $(P^{\leftarrow})^{\leftarrow} \quad = P$

(3) $(P \triangleright p \triangleright Q)^{\leftarrow} \quad = Q^{\leftarrow} \triangleright p \triangleright P^{\leftarrow}$ ■

这些等式的说明如下：等式(1)可以直接根据存在量词和全称量词的定义得出，因为对于 *reflect* 产生的对象值，对其进行系统的时态重排序并不会影响谓词或时态聚集的正确性。

为了证明等式(2)，我们首先在等式中插入两次谓词反射的定义，得到

$$(P^{\leftarrow})^{\leftarrow}(S_1,S_2) = (P^{\leftarrow})(reflect(S_1,S_2)) = P(reflect(reflect(S_1,S_2)))$$

接下来，需要用到对象反射是自反的这一特性。假设有 D、t_s 和 t_i，它们的定义与定义 4.41 中的一样。下面给出双重反射在第 1 个参数 S_1 上的结果。S_2 上的情形类似。

$$\begin{aligned}
& reflect(reflect(S_1,S_2)) \\
&= reflect(\lambda t \in D.\ S_1(t_s - t + t_i), \cdots) \\
&= (\lambda t' \in D'.\ (\lambda t \in D.\ S_1(t_s - t + t_i))(t_s' - t' + t_i'), \cdots) \\
&= (\lambda t' \in D'.\ S_1(t_s - (t_s' - t' + t_i') + t_i), \cdots) \\
&= (\lambda t' \in D'.\ S_1(t_s - t_s' + t' - t_i' + t_i), \cdots)
\end{aligned}$$

现在，可以看到 S_1 和 S_2 的域的并与其相应的反射对象的域的并是相等的。这就意味着 $D' = D$，特别是，$t_s' = t_s$ 和 $t_i' = t_i$。因此，前面的表达式可以被简化为

$$(\lambda t' \in D'.\ S_1(t'), \cdots)$$

它与$(S_1,\cdots)$是相等的。对第 2 个参数使用相同的转换方法，可以得到 $reflect \circ reflect$ 是时空对象对上的恒等函数。这说明 $P(reflect(reflect(S_1,S_2))) = P(S_1,S_2)$，证明完成。

对于等式(3),通过展开反射的定义来证明,即

$$(P \rhd p \rhd Q)^{\leftarrow}(S_1, S_2) = (P \rhd p \rhd Q)(reflect(S_1, S_2))$$

令 $(S_1', S_2') = reflect(S_1, S_2)$。现在,公式的右边为真当且仅当存在一个时刻 t,使得 $p(S_1'(t), S_2'(t))$、$P_{<t}(S_1', S_2')$ 和 $Q_{>t}(S_1', S_2')$ 都为真。根据反射的定义,t 是由某个时刻 t' 映射而来的。因此,p 对于原来的非反射的对象对 (S_1', S_2') 在 t' 时刻也成立,即

$$p(S_1(t'), S_2(t'))(^*)$$

再一次根据反射的定义,所有 $<t$ 的时刻都是从那些所有 $>t'$ 的时刻映射而来的,而所有 $>t$ 的时刻是从那些所有 $<t'$ 的时刻映射而来的。因此,可以知道 $P_{>t'}(S_1', S_2')$ 和 $Q_{<t'}(S_1', S_2')$ 为真。这与 $P^{\leftarrow}_{>t'}(S_1, S_2)$ 和 $Q^{\leftarrow}_{<t'}(S_1, S_2)$ 是等价的,因此它们与 $(^*)$ 构成 $Q^{\leftarrow} \rhd p \rhd P^{\leftarrow}$ 的定义。 ■

还有许多关系值得研究,通常它们都可用于优化和时空推理。例如,设想在一个约束数据库中,需要使用谓词来强制保证对象的某些演变,一般情况下可以通过列出一些可选的演变来实现这一点。根据引理 4.7,可以推出下面的结论。

引理 4.13 演变的因式分解

$$(P \rhd p \rhd Q \rhd q \rhd R) \mid (P \rhd p \rhd Q' \rhd q \rhd R) = P \rhd p \rhd Q \mid Q' \rhd q \rhd R$$

说明如下:首先,我们显式地组合演变。可以把公式的左边写为

$$(P \rhd p \rhd (Q \rhd q \rhd R)) \mid (P \rhd p \rhd (Q' \rhd q \rhd R))$$

然后,从右到左使用引理 4.7 中的公式(1),得到

$$P \rhd p \rhd (Q \rhd q \rhd R) \mid (Q' \rhd q \rhd R)$$

现在,对演变中的选择应用引理 4.7 中的公式(2),得到

$$P \rhd p \rhd (Q \mid Q' \rhd q \rhd R)$$

最后去掉括号,得到引理的右边部分。 ■

这个引理可以用于对选择演变的公共部分进行“因式分解”,从而简化时空约束的实现。

4.4.9 例子

经过这么多概念性的讨论后,现在我们举一些例子。前面提到的移动点和移动区域之间的谓词“Enter”和“Cross”,现在可以简单定义为

```
Enter: = Disjoint ▷ meet ▷ Inside
Cross: = Disjoint ▷ meet ▷ Inside ▷ meet ▷ Disjoint
```

看起来好像谓词的说明迅速变长了。举个例子,考虑两个移动区域上 `Cross` 的定义,即

```
Cross: = Disjoint ▷ meet ▷ Overlap ▷ coveredBy ▷ Inside
```

coveredBy▷**Overlap**▷**meet** ▷ **Disjoint**

因为顺序组合是可以结合的，所以可以以一种模块化的方法通过连续组合简单的谓词去很好地定义复杂的对象。例如，可以通过组合 **Enter** 和另一个相应的谓词 **Leave** 来定义 **Cross**，即

Leave：=**Enter**$^{\leftarrow}$

Cross：=**Enter**▷**Leave**

为了说明这个定义与前一个定义是等价的，必须证明 **Inside**▷**Inside** = **Inside**，并且对一个移动点和一个移动区域 **Enter**$^{\leftarrow}$：= **Inside** ▷ **meet** ▷ **Disjoint** 成立。在后面的内容中我们将讨论这些规则。

注意一下公式中的宏和语法，我们规定在使用其他语法规则之前先执行宏定义的扩展（如 **Cross** 中的 **Enter** 或 **Leave**）。

通过使用∀谓词，可以非常精确地表示对象的演变。相比之下，使用存在谓词给出的表述则相对松散一些。例如，如果不关心对象进入和离开的精确过程，**Cross** 也可以表示成另一种形式：

Cross ：= **Disjoint**▷∃**inside**▷**Disjoint**

公式的右边可以扩展为

Disjoint▷ **true** ▷ **True** ▷ **inside** ▷ **True** ▷ **true** ▷**Disjoint**

这很好地演示了在演变表示中作为通配符的 **True** 是怎样工作的。

如果一个点对象位于区域边界上并且可能偶尔离开这个区域任意多次，可将这样的点对象表示为

TempLeave ：=（**Meet** ▷ **Disjoint**）* ▷**Meet**

& 的例子很难找到。例如，两个不同的基本时空谓词不可能在同一时间都成立而只能以某种顺序依次成立。但为了表示顺序的谓词序列，首先我们必须知道谓词的顺序。事实上，▷在时空谓词中的作用有些类似“乘法运算”，而引入 & 只是为了定义的完整性。此外，| 可看成是一种“加法运算”。

对于时空蕴含，考虑如下谓词例子：

Vistor：=（**Enter**▷**True**）→（**True**▷**Leave**）

这个谓词对那些进入一个区域后总会离开的对象返回真。此外，这个谓词对那些总是在移动区域内或与移动区域不相交的对象也返回真。因此，它并不完全等同于 **Cross**，但可以把 **Cross** 看成是该谓词的一个特殊情形。例如，在旅游应用中，一个从未进入某个国家的外国人不需要离开。同样地，这个国家的居民不用进入但可以离开。只有当一个外国人进入这个国家时，他或她必须离开。

最后，再列出一些两个移动区域上的例子。其中 **Cross** 的定义在前面已经讨论过了。

Enter ：= **Disjoint** ▷ **meet** ▷ **overlap** ▷ **coveredBy** ▷**Inside**

```
Leave     := Enter←
Cross     := Enter ▷ Leave
Touch     := Disjoint ▷ meet ▷ Disjoint
Snap      := Disjoint ▷ Meet
Release   := Meet ▷ Disjoint
Bypass    := Snap ▷ Release
Excurse   := Meet ▷ Disjoint ▷ Meet
Into      := meet ▷ Overlap ▷ coveredBy
Out of    := Into←
Enter     := Disjoint ▷ Into ▷ Inside（第二[等价]定义）
Melt      := Disjoint ▷ meet ▷ Overlap ▷ Equal
Separate  := Melt←
Spring    := equal ▷ Overlap ▷ meet ▷ Disjoint
Graze     := Disjoint ▷ meet ▷ Overlap ▷ meet ▷ Disjoint
Graze2    := Disjoint ▷ meet ▷ Overlap ▷ (coveredBy ▷
               Overlap)* ▷ meet ▷ Disjoint
```

这些定义是不言而喻的。当然,选择什么名字依赖于应用的需要。另一方面,它们允许定义像 **Separate** 和 **Spring** 这样只有细微差别的谓词,它们仅仅在序列的第 1 个元素上不同。

一个令人感兴趣的现象是,**Leave** 和 **Cross** 的定义在移动点/移动区域和移动区域/移动区域这两种情形下是相同的。只有依赖于基本时空谓词的 **Enter** 谓词的定义在这两种情形中是不同的,这是由于它们使用了不同的操作对象类型和不同的底层拓扑谓词。因此,将基本时空谓词组合成更为复杂的谓词并赋予它们一个名字,这种做法引入了某种抽象机制。

4.4.10 时空谓词的标准集合

本节中,我们寻找一个基本时空谓词的标准集合,它们可以组合成更复杂的谓词。基于 4.4.2 小节描述的概念邻居图,可以构造相关的演变图,它可以表达时空谓词在时间上可能的拓扑变化。在演变图中,每个结点既可以标记为一个空间谓词,即一个时刻谓词(如 **meet**),也可以标记为一个基本时空谓词(如 **Disjoint**)。因此,每个结点都表示了一个使得所标记的谓词成立的时间点或一个时间段。一条边代表了一个顺序操作符 ▷,即 (v,w) 代表 $v \triangleright w$。图中的一条路径 $(v_1,v_2,\cdots,v_n)$ 描述了两个时空对象之间拓扑关系的一个可能的时态演变 $v_1 \triangleright v_2 \triangleright \cdots \triangleright v_n$。

在考虑两个移动区域(即区域/区域情形)的时态演变之前,我们首先处理涉及移动点和移动区域(即点/区域情形)时态演变的简单情形,同时也会简要讨论点/点情形。下面首先给出演变图的定义。

□ **定义 4.44** 点/区域演变图定义为 $DG = (V,E)$，即

(1) $V = V_{ID} \cup V_{mM}$，其中 $V_{ID} = \{\texttt{Inside},\texttt{Disjoint}\}$，$V_{mM} = \{\texttt{meet},\texttt{Meet}\}$

(2) $E = V_{ID} \times V_{mM} \cup V_{mM} \times V_{ID}$ ■

总之，我们可以得到 4 种对称的双向关系。我们并不对演变图中所有路径都感兴趣，其原因是由于存在无限循环，因此图中会有无限多条路径。此外，我们只想寻找时空谓词的一个标准集合，而不是所有谓词。因此，必须对所有可能路径的集合适当地加以约束。

第 1 个约束就是禁止无限循环，这是因为我们只对有限长度的路径感兴趣。此外，由于下面的现象可以进一步加强这一约束。我们发现，如果一个路径同时包含一个时刻谓词（如 **meet**）以及与该时刻谓词相应的基本时空谓词（如 **Meet**），则可以把这种情况看做是一个拓扑关系的重现，它们唯一的差别在于两个拓扑关系的时间区间会有所不同。为此，引入类环（*quasi-cycle*）的定义。

□ **定义 4.45** 演变图 $DG = (V,E)$ 的一个类环是 DG 中的一条路径 $v = (v_1, v_2, \cdots, v_n)$，并满足：$v$ 是一个环，或者 v_1 是一个空间谓词，且 v_n 是 v_1 相对应的时空谓词，反之亦然。 ■

□ **定义 4.46** 演变图 DG 上的演变路径是 DG 中不包含任何类环的路径。 ■

在点/区域情形下，类环只可能出现在 **meet** 和 **Meet** 之间。图 4.20(a)所示为点/区域情形下的演变图，图 4.20(b)所示为从 **Inside** 开始的 7 种可能的演变路径。

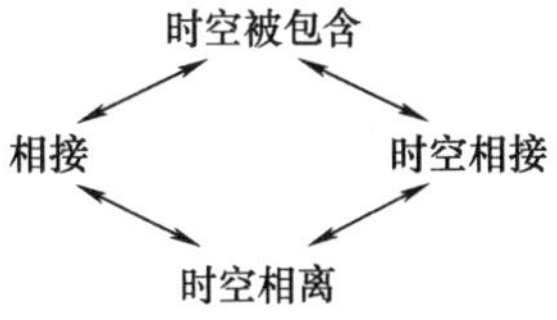

(a) 点/区域演变图

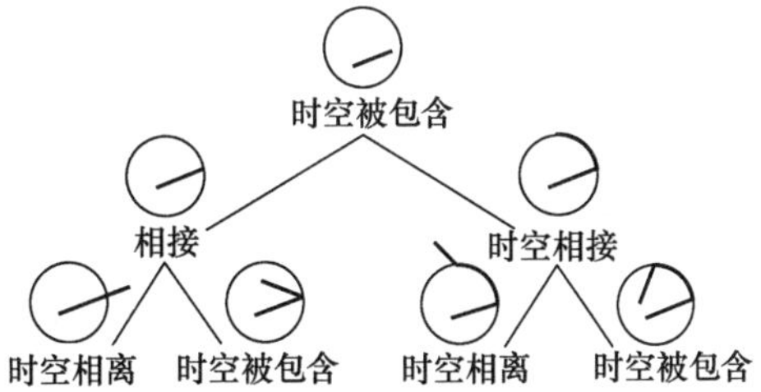

(b) 7种可能的演变路径

图 4.20 移动点和移动区域的演变图

由于演变图在点/区域情形下是对称的（即图中 4 个结点都可以被选作一条路径的起点，并且会得到同构的图），所以共可以得到 28 种路径。这就意味着，在一个移动点和一个演变区域之间存在着 28 种不重复的拓扑关系时态演变。对于每一种

情况,我们都可以定义自己的时空谓词。在点/点情形下,可以得到13种可能的演变路径。

现在考虑区域/区域的情形,演变图如图4.21所示。在这种情形下,演变路径数达到了2198。由于谓词的最大可能数目比较大(在点/点情形下是13个,在点/区域情形下是28个,而在区域/区域情形下是2198个),因此指定一个时空谓词的标准集合会有一定的困难。因此,可以给用户提供一个规模比较小的、合理的、面向具体应用的谓词集合,或者允许用户把空间和时空谓词当做一种语言使用,并且用户可以根据它们自身的需要构造出新的谓词。

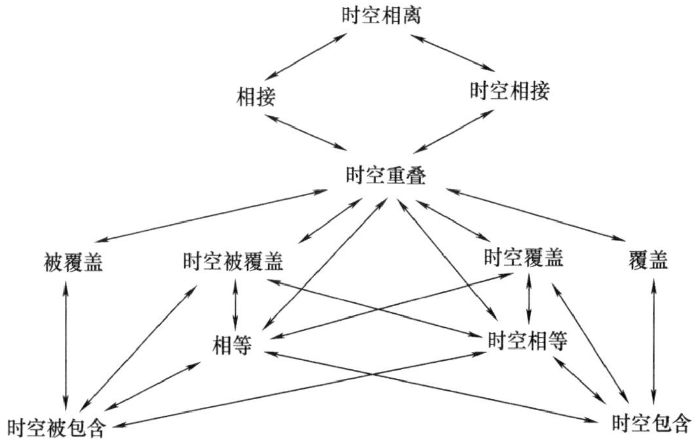

图4.21 两个移动区域的演变图

为了支持用户,我们至少可以想到两种解决这些问题的方法:① 将著名的SQL查询语言扩展为本章介绍过的时空查询语言;② 设计一种可视化查询语言。在4.4.11小节,我们将会看到如何使用查询语言扩展来形式化地表达时空查询,这些时空查询涉及空间对象随时间而发生的演变,因此都是基于时空谓词的。此外,宏定义机制还允许用户将基本的时空谓词组合成更复杂的时空谓词。可视化查询语言是一种简便和直观的查询表达方式,不过在这里我们将不做详细描述。可视化语言的提出使得用户可以用图形来表示演变,图形表示之后将会被翻译成一个时空谓词和空间谓词的序列。其基本思想是,在一种二维方式下根据时空对象的轨迹来表示时空谓词,然后再进一步将这些轨迹与其他对象的交解释并翻译为对应的谓词序列。

4.4.11 STQL中的演变查询

下面对类SQL的时空查询语言展开讨论,我们将演示时空谓词和演变查询之间是如何集成的。考虑3个(简单)应用场景中的查询。第1种场景是一个飞行/天气信息系统,飞行和天气条件对于飞行的可行性和旅客的安全性有着重要的作用。这里,使用如下的关系:

```
flights(id:string,Route:mpoint)
weather(kind:string,Extent:mregion)
```

与前面一样,mpoint 和 mregion 分别表示移动点和移动区域这两种类型,id 标识一次飞行,Route 记录一次飞行随时间变化的路线,kind 表示不同的天气事件,如飓风、高压区域或降雪,而 Extent 则返回每个天气事件的演变范围。

第 2 种场景是有关森林火灾控制管理,目的是希望从以往的火灾及其演变中得到某些知识。假设一个数据库包含如下关系模式:

```
forest(forestname:string,Territory:mregion)
forest_fire(firename:string,Extent:mregion)
fire_fighter(fightername:string,Location:mpoint)
```

关系 forest 记录了森林的位置以及不同森林随时间而发生的扩大或缩小等演变(属性 Territory),比如由于树木砍伐、种植或者其他破坏性活动引起的演变。关系 forest_fire 记录了不同的火灾从开始到熄灭的演变过程(属性 Extent)。关系 fire_fighter 描述了当值消防员从消防站出发到返回的运动过程(属性 Location)。

第 3 种场景涉及一个探索鸟类历年行为模式的鸟类迁移数据库:

```
birds(swarm:string,Movement:mpoint)
```

在给出其他查询之前,我们首先通过如下的查询强调一下时空谓词的必要性(尤其对于时态演变):“查找进入了飓风区的飞机”。这里的问题是,对于每一个飞机/飓风组合,我们都需要按某种时间顺序去检查不同的空间谓词在一系列事件和时间区间内的有效性。这表示我们必须去检测是否存在这样一种情况,即首先飞机和飓风在一段时间里是相离的,随后它们在某个时刻相遇,最后飞机包含在了飓风里面并持续了一段时间。只有当这 3 个子查询中的每一个都能得到肯定的回答并且它们相继发生,飓风演变才成立。这个序列的表示类似于对每一个飞机/飓风组合都至少匹配一次。如果不使用时空谓词,也可以利用如下语句表达这个查询:

```
SELECT id
FROM flights,weather
WHERE kind = "hurricane" AND
  not(val(atinstant(Route,start(deftime(Route)))) inside
    val(atinstant(Extent,start(deftime(Route)))))
      AND
  val(atinstant(Route,end(deftime(Route)))) inside
  val(atinstant(Extent,end(deftime(Route))))
```

很显然,这个查询比较复杂。它的工作过程是这样的:首先计算飞机的出发时间(**start(deftime(Route))**),然后利用 **atinstant** 操作计算出这一时刻的(时间,点)对,这里的位置点可以使用 *val* 函数返回。利用类似的方法,可以计算得到飓风在同一时刻的范围是一个区域。使用空间谓词 **inside**,可以检查前面计算出的点是否在这个区域内。如果不为真,可知在出发时刻飞机在飓风的外面。类似地,我们可以计算飞机的到达时间(**end**(**deftime**(**Route**))),并可以分别确定这一时刻的点和区域,然后,检查这个点是否在这个区域内,如果为真,我们知道飞机肯定进入了飓风。特别是,这隐含表示了它们相遇在飓风的边界上。这个查询的一个局限性是我们不能确定飞机和飓风是否只在某一刻相遇(直接进入),或者飞机是否是先沿着飓风的边界飞行然后再进入飓风(延迟进入)。因此,对进入方式的判断不应是一个计算问题,而更应看成是一个推论性的问题。在后面的内容中,我们将会看到怎样更加简明地表达这类查询。

为了将时空谓词和演变集成到查询语言中,可以利用 8 种基本时空谓词以及将基本谓词组合成复杂谓词对查询语言进行扩展。

再次考虑飞行/天气信息系统。首先我们来重新考虑"查找进入飓风区的飞机"这一查询。利用一个具有时空组合 $\triangleright$ 语义的谓词组合操作 >>,可以用如下方式表示这个查询:

```
SELECT id FROM flights,weather
WHERE kind = "hurricane" AND
Route Disjoint >> meet >> Inside Extent
```

因为可能会经常使用某些复合谓词,同时也因为某些复合谓词的表示很长,因此我们将一种宏定义方法引入到数据定义语言中,从而可以表示一些新的谓词。宏定义的语法如下所示,其中 4.4.5 小节中介绍的所有时空谓词都可以作为基本谓词(*p-basic*):

p-def	→	DEFINE *p-name* AS *p-expr*
p-expr	→	*p-basic*
	|	*p-name*
	|	*p-expr* >> *p-expr*
	|	*p-expr* | *p-expr*
	|	*rev*(*p-expr*)

我们使用通常的约定,即 | 的结合性要强于 >>,并且组合操作 >> 和 | 的结合性比谓词之间的结合性强。这就是上述查询例子中可以忽略时空谓词旁边括号的原因。

现在,可以如下定义谓词 **Enters**:

```
DEFINE Enters AS Disjoint >> meet >> Inside
```

因此,也可以将"查找进入飓风区的飞机"的查询表示为

```
SELECT * FROM flights,weather
WHERE kind = "hurricane"AND
   Route Enters Extent
```

作为另外一个例子，考虑谓词 **Leaves**、**Crosses** 和 **Bypass** 的定义，即

```
DEFINE Leaves AS rev(Enters)
DEFINE Crosses AS Enters >> Leaves
DEFINE Bypass AS Disjoint >> Meet >> Disjoint
```

注意谓词 **Crosses** 等价于如下的定义：

```
DEFINE Crosses
AS Disjoint >> meet >> Inside >> meet >> Disjoint
```

因为 $\mathbf{Enters}^{\leftarrow}$ = **Inside** ▷ **meet** ▷ **Disjoint** 以及 **Inside** ▷ **Inside** = **Inside**。

下面例子说明了时态选择的构造。这个查询的目的是查找所有穿过或经过暴风雪的飞机：

```
SELECT id FROM flights,weather
WHERE kind = "snowstorm"AND
  Route Crosses | Bypasses Extent
```

同样可以在 GROUP BY 子句中使用演变谓词(时空分组)。例如，可能对没有进入暴风雪或雾区的飞机数量感兴趣，即

```
SELECT COUNT(*)FROM flights,weather
WHERE kind = "snowstorm"OR kind = "fog"
GROUPBY Route Enters Extent
```

为了演示两个移动区域上的演变查询，我们换到森林火灾控制管理应用场景。举个例子，我们对被一次火灾完全破坏的森林感兴趣。在实际情况中，一个森林被破坏意味着它至少从某个时间开始就被完全包围在(或等同于)火灾区域里面(即当火灾扑灭后森林已不复存在)。但在此之前，火灾和森林之间可能会有多种不同的关系，比如火灾可能发生在森林里面、森林边界或者森林外边。由于我们并不关心所有的可能性，因此可以在查询中使用谓词 **True**，在最后一个条件之前用符号 _ 表示这个通配符。从而得到如下查询：

```
SELECT name FROM forest,fire
WHERE Territory _>> Inside | Equal Extent
```

这就意味着在一个特定的时间区间我们不需要去关心森林和火灾之间的关系，符号 _ 表示它们总是返回真。我们只需要找到某个时间点，在其之后 **Inside** 和 **Equal** 成立。

最后，作为两个移动点上的一个时空演变查询例子，我们考虑鸟类迁移关系。鸟群飞行时，有时在一起飞行，而一段时间后又采用不同的飞行路线，最后又再次相遇。可以通过如下查询来表示：

```
DEFINE Remeets
  As _>> Meet >> Disjoint >> Meet >> _
```

```
SELECT A.swarm,B.swarm
FROM birds As A,birds As B
WHERE A.movement Remeets B.movement
```

4.5 进一步练习

练习 4.20 查询和提升

我们试图导出新的二元谓词 *east*、*south*、*west* 和 *north*，它们的语义定义如下：谓词的第 1 个参数是某个坐标系的中心，然后通过 4 个半开平面上的点集来定义 4 个方向，比如 y 轴右面的半开平面对应方向东，因此，如下的定义对于第一象限中的每一个点（不包括 x 轴或 y 轴上的点）都为真：

```
LET north-east = FUN(p: point,q: point)
  north(p,q) AND east(p,q);
```

(1) 请使用 LET 语句定义上述 4 个谓词，它们的基调为 `point × point → bool`，进一步我们给出基调为 `point × points → bool` 的谓词 *east_of_points* 的定义，即

```
LET east_of_points = FUN(p:point,q:points)
  LET perl1 = SET(pts,q)decompose[pts,pt]
  LET pre12 = SELECT east(pt,p)AS is_east FROM prell;
  ELEMENT(SELECT all(is_east)) FROM prel2);
```

提示：`LET all = AGGREGATE(and,TRUE)`

(2) 讨论一下为什么可以将这个谓词和其他 3 个类似的方向谓词都提升为基调为 `mpoint × points → mbool` 的谓词。

(3) 图 4.22 所示为一艘表示为移动点的船 S 的轨迹以及一个水域 F。请写出回答下面问题的查询语句，必要时可以使用(1)和(2)的结果。

① 给出 S 位于水域东北方向时的所有位置。

② 什么时候、在什么地方 S 正向着西南方向移动？包括平行于西边或南边坐标轴的移动。

③ 如果没有图形化表示的场景，那么在开始移动时怎样才能确定船的方向？

练习 4.21 提升操作的算法

请给出一个算法，将一个移动区域在其生命期内的面积表示为一个移动实数。

提示：先找出一个计算简单多边形（环）面积的算法。

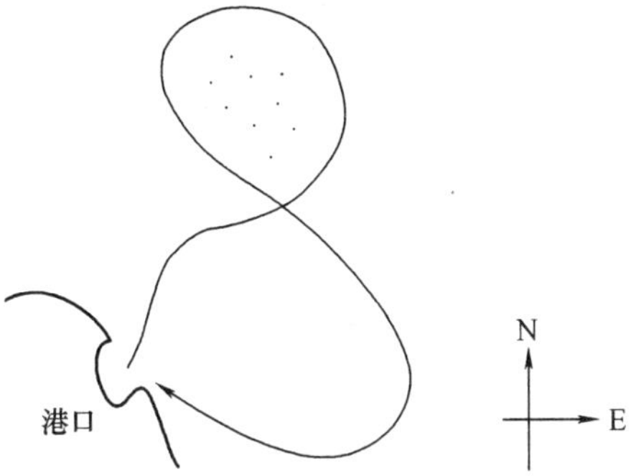

图 4.22 S 和 F

练习 4.22 移动实数的表示

练习 4.21 说明移动实数足以表示一个移动区域的提升面积。在本练习中,我们将稍微扩展这一结果。请说明移动实数同样可以表示如下结果:

(1) 一个移动区域的提升周长;

(2) 两个移动点之间的提升距离。

练习 4.23 鲜花和蜜蜂

在本练习中,我们尝试使用时空谓词及演变对蜂群的生活习性进行建模。假设有如下的场景:一个养蜂员将许多蜂房放在一个公园里,在蜂房的周围有许多花坛,花坛里种着不同类型的花,但每个花坛里只种有一种鲜花(如兰花)。假设所有的鲜花都正在盛开,因此蜜蜂可以从所有的花坛中采集花蜜。我们可以将蜂群表示为移动区域。花坛同样也可以表示为移动区域,因为实际上我们不需要去考虑花坛本身,而只要考虑那些还没有被蜜蜂采过的那部分区域就可以了。因此,如果一个花坛已经被完全采过了,这个花坛(即移动区域)就消失了。假设蜜蜂不会将花丛采出孔洞,都是从花丛的外面向里面采集(图 4.23),这就意味着一个蜂群在采蜂蜜时总是首先与花坛的边界相接。一个蜂群所采集的最大面积就是蜂群本身的面积。

(1) 请给出下面的谓词定义,可以使用书中已经给出的谓词。

Orientate:蜂群四处飞舞并寻找一个可以采蜜的花坛(即在寻找的过程中蜂群飞过一个花坛或者与一个花坛相接)。

HarvestOneBed:蜂群进入一个花坛并且采集花蜜。最后,花坛可能被完全采集,也可能没有完全(只是部分)被采集。

CompletelyHarvested:蜂群进入花坛并且采集了全部的花蜜。

(2) 假设使用了如下的关系:

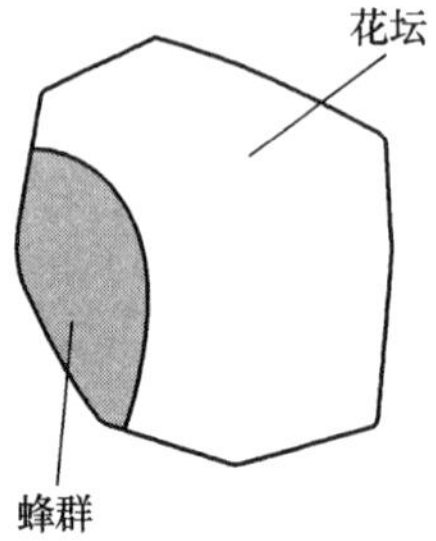

图 4.23 从外面向里面采集

```
swarms(id:string;route:mregion)
unharvestedFlowerbeds(flowers: string;extent:mregion)
```

请用 STQL 语言表示如下查询：

① 找出所有在种有兰花的花坛里采过蜜的蜂群。

② 有多少花坛已经被全部采过了？

③ 找出所有在定位(**Orientate**)之后开始采蜜的蜂群。

练习 4.24 时空谓词

(1) 针对图 4.24 所示的移动点轨迹和一个(静态)区域的情形，定义一个时空谓词，使其在图中的情况时为真。要求该谓词也同样适用于其他类似的演变(例如，都有或多或少的穿越区域边界的情形)，并且要表示得尽可能地紧凑；此外，它必须由基本谓词组成。

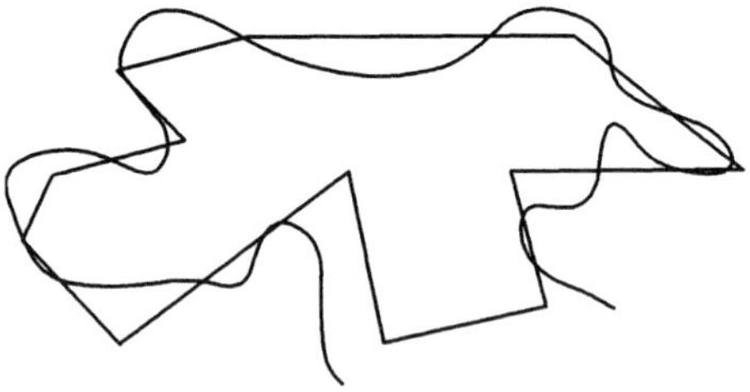
图 4.24 移动点轨迹和一个(静态)区域

(2) 图 4.25 所示为在 $t_1,\cdots,t_5$ 时刻的 3 个移动区域 A、B 和 C。t_1 是初始状态，t_5 是最后状态。假设 3 个区域的范围和位置改变都是连续的，并且在初始状态之前和最后状态之后区域间的拓扑关系都不再发生变化。请定义谓词 p_1、p_2 和 p_3，使得不管两个时刻之间区域如何移动，$A\ p_1 B$，$A\ p_2 C$ 和 $B\ p_3 C$ 都成立。

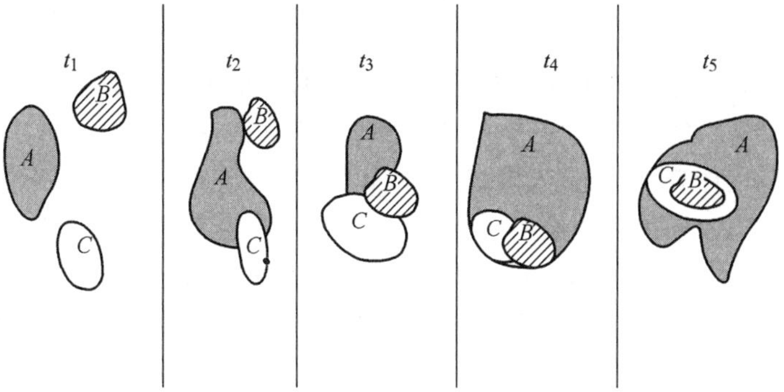

图 4.25 3 个移动区域 A、B 和 C 的变化

练习 4.25 点/点演变图

定义点/点演变图并证明其中存在 13 种可能的演变路径。

4.6 参考文献注释

本章的内容基于 3 篇论文：Erwig 等(1999)，Güting 等(2000)以及 Forlizzi 等(2000)。第 1 篇论文描述了时空数据类型，并特别讨论了抽象模型和离散模型之间的区别，这篇论文是 4.1 节的基础，其中有些内容也在 1.4 节中进行了介绍。第 2 篇论文给出了时空类型和操作的一个详细设计，它就是 4.2 节中的抽象模型。第 3 篇论文为 Güting 等(2000)中提出的抽象模型定义了一个离散模型，其中的内容我们已经在 4.3 节进行了介绍。

Cotelo Lema 等(2003)对离散模型中所表示的操作的算法进行了详细的研究。Tøssebro and Güting(2001)中描述了根据给定的区域快照系列(比如通过航拍或卫星影像得到的观测序列)，构造离散模型的移动区域表示的算法。

Güting 等(2005)给出了本章模型的一个扩展，它可以处理受限网络中的移动情形。8.3 节将详细讨论基于网络的移动对象的问题以及相关工作。

本章模型的另一个扩展可用于表示不确定性问题，它是由文献 Tøssebro 与 Nygård(2002)和 Tøssebro 与 Nygård(2003)提出的。也可以参考 Tøssebro 的学位论文(Tøssebro,2002)。基本上，他们开发了一个与本章介绍的“确定”类型相对应的一个不确定数据类型系统。

在 2001 年的一个研究项目中，研究者设计了一个时空模型和查询语言——不过，很明显它们不是针对移动对象，而是针对离散变化的(Griffiths 等(2001b)；Griffiths 等(2001a))。

Erwig 与 Schneider(1999b)提出了一个数据模型，它主要解决了平面的时间相关划分问题。Onofrio 与 Pourrabas(2003)中也讨论了另外一个类似但只支持离散变化的模型。

二维空间对象之间的拓扑关系是时空谓词的一个重要基础。一直以来,它们都是许多领域中的研究重点,包括空间数据库、地理信息系统、CAD/CAM 系统、图像数据库、空间分析、计算机视觉、人工智能、认知科学、心理学和语言学学科等。研究者提出了许多模型以描述拓扑关系,其中一个著名的模型是 9-交模型,它定义了两个简单区域之间的 8 种拓扑关系(Egenhofer 等(1989);Egenhofer 与 Herring(1990);Egenhofer 与 Franzosa(1991)),本章的内容也使用了该模型。复杂区域的情况在文献 Behr 与 Schneider(2001)中进行了讨论。

文献 Erwig 与 Schneider(2002)中形式化地给出了时空谓词的概念。Erwig 与 Schneider(1999a)讨论了将时空谓词集成到类 SQL 查询语言 STQL 中的问题。文献 Erwig 与 Schneider(2000)以及 Erwig 与 Schneider(2003)中描述了用于时空谓词图形化表示的一种可视化查询语言以及将查询转换为演变的转换过程。

基于时空演变思想的进一步工作源自文献 Djafri 等(2002)。

第5章　移动对象类型的数据结构和算法

本章在4.3节离散模型的基础上为数据类型设计相应的数据结构，并提出一部分操作的算法。在设计抽象模型中的操作时（4.2节），所有操作都被定义成适用于各种类型的参数组合，这对用户可能是有用的（即操作是重载的）。这就导致操作对应了一个很大的函数集。因此在实现时，操作所对应的算法数目也相应增加，因为同一个操作在不同参数类型的情况下不一定可以用相同的算法来处理。因此，我们将缩小研究的范围，具体的简化将在5.2.1小节讨论。

5.1节将详细讨论我们即将使用的数据结构，这是描述和分析算法的基础；5.2节介绍空间数据类型上操作的算法；5.3节讨论提升操作的算法。

5.1　数据结构

5.1.1　一般性要求和策略

在数据库中，设计作为属性数据类型的数据结构必须满足一定的要求。属性的值在DBMS的控制下被读入内存，这就意味着我们不能使用指针来表示值，而是应该通过一小部分内存块来表示，这样就可以在辅存和主存之间有效地移动值。

下面讨论的是满足以上要求的一种策略。数据类型一般用记录来表示（称为根记录），记录中包括一些定长的部分，可能还有一个或多个指向数组的指针。这些数组用来表示一个数据类型值的变长部分，数组的大小可以按需进行分配。根记录中的所有指针都通过数组的索引来表示。

另一方面，很多数据类型都是集合值。集合可以用数组来表示，通常在集合域上定义一个唯一的顺序，然后按照这个顺序将集合中的元素存入数组。这样可以保证当且仅当两个集合的数组表示方法相同时这两个集合相等，从而保证集合间可以进行有效的比较。此外,所有算法都必须运行在基于块的数据结构上。

最后,不同的算法处理相同的对象时往往倾向于使用不同的内部对象表示结构。和传统的算法研究相比,这里的重点并不在于寻找某一个问题(操作)的最有效算法和对应的复杂数据结构,而是需要整体考虑我们的代数,并协调不同算法的各种需求,使其可以通过每个数据类型上的一个数据结构来表示。另外,我们的另一个目标是寻找可以应用于大量操作的算法模式。

5.1.2 非时态数据类型

基本类型 int、real、string、bool 和 instant 都可以通过记录来表示,该记录由相应的程序设计语言的值和一个表明这个值是否被定义的布尔型的标志位组成。string 类型的值是一个固定长度的字符数组。instant 类型的值是一个辅助数据类型 *coordinate*,*coordinate* 类型用来表示满足一定精度的有理数,两个预先定义的常数 *mininstant* 和 *maxinstant* 分别对应过去可表示的起始时刻和未来可表示的最后时刻。这就意味着,在离散层次上假定时间域是有界的,而不是无限的。

下面来看一下空间数据类型。空间数据类型使用 *coordinate* 类型来表示坐标。point 值表示为记录,记录中包含两个 *coordinate* 类型的值 x、y 和一个 *defined* 标志。points 值是平面上的无限点集,它表示为一个(根)记录,记录中包含一个指向数组的指针。数组中的每一个元素都是由两个坐标表示的点,所有的点按照(x,y)的词典顺序排列。

在离散层上,line 值是由不相交线段组成的无限集合(见图 4.11[b])①。line 值也通过根记录来表示,记录中包含一个由半段组成的数组。半段的思想是将每个线段都存储两次:一次存储左端点(值小的部分),而另一次则存储右端点。我们分别称其为左半段和右半段,并把半段中的相关点称为控制点。半段的概念是为平面交换(*plane-sweep*)算法的需要而提出的,平面交换算法从左往右遍历一个线段集合,遇到线段的左端点和右端点时分别采取某个操作(比如遇到左端点时将端点插入到某个扫描状态结构中)。每个半段都通过一对 point 值和一个标志位来表示,point 值用来存储半段的端点,标志位用来表明控制点。半段按词典顺序在数组中保持有序,该词典顺序是按照相同的控制点和角度标准对所有半段处理之后得到的。

region 值(见图 4.12)通过构成边界的线段集合来表示。在更高的结构层次上,它是由边缘不相交的面组成的无限集合。region 值包含了 3 个数组的根记录。第 1 个数组(线段数组)包含一个记录序列,其中每个记录包含一个半段和一个附加字段 *next-in-cycle*,这个字段链接了属于同一个环的所有线段(外环按顺时针方向,孔

① 这样表示是为了以后可以重用 ROSE 代数的结果(见 5.5 节),但它要求线段不相交。当然,也可以允许线段是相交的,但当线段相交时需要使用不同的算法。

洞环按逆时针方向,所以总是可以正确计算面的面积),因此我们可以有效地遍历整个环。第 2 个和第 3 个数组(环数组和面数组)分别表示属于这个 region 值的环的链表和面的链表,它们同样用适当的方法链接在一起,这样就可以遍历属于同一个面的环的链表。

练习 5.1 让我们仔细看一下 line 和 region 类型的半段表示。

(1) 设 $N \in \{\mathbb{I}, \mathbb{Q}, \mathbb{R}\}$(即 N 是整数集合、有理数集合和实数集合中的任一种),设 $P = N \times N$ 是基于 N 的点集。在 P 上定义词典序关系 $<_p$。

(2) 设 H 为定义在 P 上的半段集。在 H 上定义顺序关系 $<_H$。这里需要考虑两个半段的可能的拓扑结构。假设我们采用了 ROSE 代数,这种情况下两个半段是不相交的(也就是说它们不相交或者有且仅有一个相同的端点)。

(3) 画出一个由两个三角形组成的区域,其中一个三角形在另一个的内部,线段的名称为 $s_1, \cdots, s_6$。请给出这个区域的半段序列,并在每个半段附上一个标志,说明区域的内部位于半段的哪一边。 ■

对于数据类型 points、line 和 region,我们也引入一些"汇总字段"并将其存入各自的根记录中,这样可以在常数时间内得到对象的一些统计信息,从而避免使用代价较高的计算方法。在创建空间对象时可以很容易计算得到这些字段的值。对象的最小包围盒是与坐标轴平行的矩形,在字段 *object_mbb* 中给出。*no_components* 字段在 points 值中保存的是点的数目,在 line 值中保存的是连通部件的数目,而在 region 值中保存的是面的数目。line 值中的 *length* 字段以实数的形式保存了线段的总长度。region 值中的字段 *perimeter* 和 *area* 分别保存了实数形式的周长和面积。另外,在各种表示所使用的所有数组中都有一个字段来表示数组的实际长度。因此,我们可以很容易确定一个 region 值中线段和面的数目。

范围数据类型 rint、rreal、rstring、rbool 和 periods 都通过根记录表示,该根记录包含了一个数组,数组的元素是区间(或时间间隔),并且它们都是有序排列的(所有的区间必须是不相交和不相邻的,因此存在着一个全序)。每个区间记录包括 4 个组成部分(s, e, lc, rc),s 和 e 分别是区间的起点值和终点值(类型可以是 int 或 real 等),*lc* 和 *rc* 是布尔值,分别表示区间是否左封闭和右封闭。在范围类型中也定义了汇总字段。区间的数目作为一个整数存储在 *no_components* 字段中。区间集合中设定的最小值和最大值分别按照相应的类型存放在 *min* 和 *max* 字段中。对于 periods 值,所有时间间隔的长度之和保存在字段 *duration* 中。

类型 iint、ireal、istring、ibool、ipoint 和 iregion 的 intime 值通过相应的记录(*instant*, *value*)来表示,其中 *value* 的类型是相应的数据类型。

5.1.3　时态数据类型

所有时态数据类型都是通过分片表示方法来表示的(见4.3.1小节)。它将时态(移动)数据类型的值表示成一个单元集合(见图4.17),单元表示为一个包含值对(时间间隔,单元函数)的记录,其中时间间隔定义了单元的有效时间间隔,它与范围类型中的时间间隔(s,e,lc,rc)有相同的形式。单元函数是一个从时间到相应非时态类型 α 的"简单"函数,对于时间间隔中的每个时刻,单元函数都返回一个有效的 α 值。每个时态类型都有相应的单元函数数据结构。任意两个不同单元的时间间隔是不相交的,因此单元可以按照时间顺序排列。

离散变化类型单元 `const(int)`、`const(string)`和 `const(bool)`使用相应的非时态类型值作为单元函数。因此对于单元(i,v),其单元函数是 $f(t)=v$。

`ureal` 类型的单元函数是通过记录(a,b,c,r)来表示的,其中 a,b,c 是实数,r 是布尔值。对应于这4个元素的单元函数为:如果 r 为假,则 $f(t)=at^2+bt+c$;如果 r 为真,则 $f(t)=\sqrt{at^2+bt+c}$。因此,可以将每个片段表示为二次多项式和平方根式。

`upoint` 类型的单元函数是通过记录(x_0,x_1,y_0,y_1)来表示的,所表示的函数为 $f(t)=(x_0+x_1t,\ y_0+y_1t)$,该函数描述了一个线性移动的点。我们也把元组($x_0,x_1,y_0,y_1$)称为 *mpiont*("移动点")。

`uregion` 类型的单元函数是通过包含3个数组的记录来表示的,这3个数组分别是 *msegments* 数组、*cycles* 数组和 *faces* 数组。*msegments*("移动线段")数组存储了单元的"移动线段",其中所有的移动线段都是按其定义结构中的词典顺序排列的。对于 `region` 类型,每个移动线段记录都有一个附加的字段 *next-in-cycle*,这样属于同一个环的移动线段可以按次序链接起来,而且约定内部的移动线段放在右边。数组 *cycles* 和 *faces* 与 `region` 类型中的构造方式相同。在 `uregion` 单元中,*cycles* 数组为每个环保存一条记录,记录中包括指向环的第一个移动线段的指针(通过数组索引来表示)以及指向面的下一个环的指针。*faces* 数组为每个面保存了一条记录,记录中包含指向面的第一个环的指针。

时态数据类型的值包含一个单元集合,并表示为一个根记录,该记录包含一个单元数组,其中的单元按照时间间隔有序排列。

在以后的各种算法中我们都会用到汇总字段,汇总字段附加在移动对象的根记录或表示单元的记录中。在对象层次上,对于所有的时态类型,单元的数目作为一个整数保存在字段 *no_units* 中,字段 *deftime* 保存了一个 `periods` 值,这个值用来表示移动对象所定义的时间间隔的集合。*deftime* 字段的值通过合并单元定义上的时间间隔得到,我们也称其为 *deftime* 索引。`periods` 值的根记录中的信息被整合到移动对象的根记录中,这样移动对象的根记录就包含一个 *deftime* 数组和一个 *units* 数组。对于非时空类型 `mint`、`mreal`、`mstring` 和 `mbool`,字段 *min* 和 *max* 分别表示对象的相应数据类型在对象定义的时间间隔内的最小值和最大值。对于时空类型 mpoint 和 mregion,字段 *object_pbb* 表示了投影包围盒,也就是在二维空间中包含某个时刻时空对象中所有点的最小包围矩形。

在单元层次上,对于 ureal 类型,实数字段 *unit_min* 和 *unit_max* 通过单元函数分别保存了所有值中的最小值和最大值。对于类型 upoint 和 uregion,字段 *unit_pbb* 包含了单元的空间投影所对应的单元投影包围盒。对于 uregion 类型,单元的移动面的数目以整数形式存储在字段 *unit_no_components* 中;字段 *unit_perimeter* 和 *unit_area* 表示了 ureal 单元函数,该函数描述了在单元时间间隔内周长和面积的变化;字段 *unit_ibb* 表示了单元插值包围盒。单元插值包围盒是一个"移动矩形",并且比单元投影包围盒有更高的精度,它将单元开始时刻 uregion 投影的包围盒和结束时刻投影的包围盒连接了起来,并存储为(a_{xmin}, b_{xmin}, a_{xmax}, b_{xmax}, a_{ymin}, b_{ymin}, a_{ymax}, b_{ymax})形式的记录,每个包围盒的坐标($xmin$, $xmax$, $ymin$, $ymax$)都由函数 $f_i = a_i t + b_i$ 表示。在以后的过滤序列中将用到各种不同的投影包围盒。

5.2 时态数据类型上的操作算法

本节中,我们将给出以下时态数据类型操作的算法描述:投影到域和范围的操作(5.2.2 小节)、与域和范围上的值进行交互的操作(5.2.3 小节)以及变化率操作(5.2.4 小节)。

5.2.1 一般性考虑

选择一个算法子集

4.2 节所讨论的抽象模型将重点放在了一致性、封闭型和一般性上,实际上,所有操作都被定义成适用于各种参数类型的组合,理由是这些组合都可能是有用的。结果是操作都对应着一个很大的函数集。由于同一个操作的不同的参数类型并不是都可以用相同的算法来处理,所以这个集合将会进一步扩大。为了有效地管理算法,我们将算法描述限定在下面的范围中。首先,我们将不讨论非时态类型上的操作算法,因为这些静态对象上的算法已经在计算几何和空间数据库的文献中讨论过了,例如判断一个 point 值是否在 region 值内部的算法。但还需要讨论这些操作在移动对象上相应的提升操作。其次,我们不讨论 mpoints 类型和 mline 类型以及任何与这些类型相关的操作定义。将这些类型加到抽象模型中主要是考虑封闭性和一致性,它们远远没有我们要重点研究的类型 mpoint 和 mregion 重要。第三,我们不考虑拓扑谓词,包括 **touches**、**attached**、**overlaps**、**on_border** 和 **in_interior**。当然,这些谓词也是非常有用的,只是我们需要限制讨论的范围。最后,我们不处理 mregion × mregion 的情况,因为它的算法非常复杂,具体可以参考原始文献(见5.5节)。

结合上面提到的限制,还是很难确定究竟保留了哪些功能。因此,在接下来的讨论中,对于每个操作我们都将明确给出它所保留下来的基调。

符号

从现在起,我们将二元操作的第1个和第2个操作数分别表示为 a 和 b,将一元操作的参数表示为 a。在分析复杂性时,m 和 n 分别表示 a 和 b 的单元(或时间间隔)数目,r 是结果中的单元数目。如果 a 是变长的类型,用 M 来表示 a 中"部件"的数目。例如,如果 a 的类型是 *points*,则 M 就是 a 中所包含的点的数目;如果 a 的类型是 *mregion*,则 M 是组成 a 的移动线段的数目。在任何情况下,a 的大小都是 $O(M)$。对于第2个参数 b 以及操作的结果,分别用 N 和 R 来表示相同的内容(即部件的数目)。如果 a(b 或者操作结果)的类型是 *mregion*,我们用 u(分别是 v 或 w)表示组成它的一个单元的移动线段数目,用 u_{max}(v_{max} 或 w_{max})表示一个单元内所包含的移动线段的最大值。最后,用 d 表示移动对象的 *deftime* 索引的大小。为了便于查找,这些符号的汇总如表5.1所列。

表5.1 符号

符号	含义
a, b	第1个参数和第2个参数
m, n, r	第1个参数、第2个参数和结果的单元数目
M, N, R	参数和结果的大小
u, v, w	两个参数单元和一个结果单元的大小
$u_{max}, v_{max}, w_{max}$	两个参数和结果的单元大小的最大值
d	*deftime* 索引的大小

本章所有的复杂性分析都只考虑CPU时间,所以我们假设所有的参数都已经位于主存,不讨论它们是否需要完全被载入主存的问题。

大部分操作具有多态性(也就是允许参数和结果类型进行某种组合)。为了避免基调列表过长,同时也为了能够精确说明哪些基调是允许的,我们使用下面的简写格式。这里以 **rangevalues** 操作为例来说明:对于 $\alpha \in \{$*int*, *bool*, *string*, *real*$\}$,有

rangevalues $m\alpha \quad \rightarrow \quad r\alpha$

这里,α 是一个类型变量并且取值于上面提到的类型集合,每种 α 类型的绑定都会产生一种有效的基调。因此,上面的简写表示可以扩展为下面的列表:

rangevalues *mint* $\rightarrow$ *rint*

mbool → *rbool*
mstring → *rstring*
mreal → *rreal*

精细划分

现在开始讨论一个适用于多个操作的算法模式。在后面的内容中,我们称时态类型的参数为移动参数。任何以移动参数为参数的二元操作都需要一个预处理的过程。在预处理过程中需要计算两个参数的单元的精细划分。精细划分是将单元分割成具有相同值但定义在更小的时间间隔上的单元(图 5.1),从而使得第 1 个参数的一个精细划分单元和第 2 个参数的一个结果单元都定义在相同的时间间隔上,或者定义在两个不相交的时间间隔上。我们用 p 来表示两个参数精细划分中的单元数目,$p = O(n + m)$。我们用与 M(或者 N)意义相同的 M'(或者 N')来表示 a(或者 b)的精细划分单元的大小。精细划分的计算可以通过并行地扫描两个单元列表来完成,这个过程的复杂度为 $O(p)$。这个复杂度对于所有具有固定大小单元的类型都是很直观的,除了 *mregion* 类型之外。不过即使对于 *mregion* 类型,如果区域单元在处理过程中不是复制值而是将原来单元的指针传递给后面的精细划分算法(即在给定时间间隔上处理两个单元精细划分的算法),复杂度也可以达到 $O(p)$。如果两个 *mregion* 参数的精细划分是显式计算的(即通过单元复制),则计算的复杂度是 $O(M' + N')$。

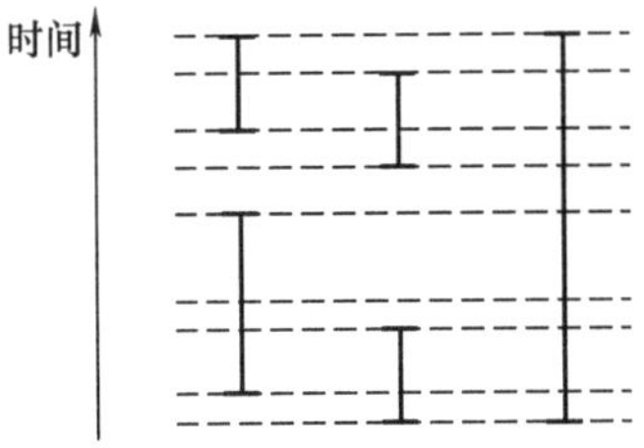

图 5.1 左边是两个时间间隔的集合,右边显示了它们的精细划分

对于大部分结果类型为时态类型的操作,我们都需要一个后处理步骤将具有相同值的相邻单元合并,这一处理所需要的时间为 $O(r)$。

过滤方法

尽管我们没有说明,但每个算法都会使用其参数所提供的辅助信息(即汇总字段)来对参数进行过滤。过滤所用到的辅助信息因参数类型的不同而变化(见 5.1 节)。术语过滤在几何查询处理中广泛应用于表示近似算法中的预检查步骤。比如,两个区域集合上的一个空间连接可以按照如下方法实现:首先是寻找重叠的包围盒对(也叫做 MBRs,最小包围矩形),然后在符合条件的结果上进行精确的几何检查，前一步称为过滤步骤，后一步称为精化步骤。在本书以及其他一些场合中，过滤也被用来描述对两个单独的空间数据类型值的相似性所进行的预检查，在此之后再执行代价更高的精确算法。

过滤需要用到移动非空间类型上的最小值和最大值(存储在根记录中的 *min* 和 *max* 字段中)以及非时空类型中的包围盒。*mpoint* 和 *mregion* 类型的过滤可以通过投影包围盒实现。此外，对于 *mregion* 类型，我们使用两个过滤步骤以提高选择率：第1步使用投影包围盒，第2步对独立单元的包围盒进行插值。

5.2.2 投影到域/范围

本节所要讨论的操作都有一个 *moving* 或 *intime* 类型的操作数，并且这些操作用于计算不同类型的投影。这些投影或者与操作数的时态部件(即域)相关，或者与函数部件(即范围)相关。

deftime：这个操作返回一个移动对象所定义的时间域。对于所有 $\alpha \in \{int, bool, string, real, point, region\}$，该操作的基调为

deftime $m\alpha \quad \rightarrow \quad periods$

所有操作的算法模式是从每个参数对象的 *deftime* 索引中读取时间间隔，其时间复杂度为 $O(r) = O(d)$。

rangevalues：这个操作是仅为一维参数类型定义的，它返回所有时间上的单元值并将其表示为一个区间集合。对于 $\alpha \in \{int, bool, string, real\}$，该操作的基调为

rangevalues $m\alpha \quad \rightarrow \quad r\alpha$

对于 *mbool* 类型，我们可以在 $O(1)$ 的时间内查找移动布尔型的最小范围值 *min* 和最大范围值 *max*，查找的结果是间隔集 $\{[false, false]\}$、$\{[true, true]\}$ 和 $\{[false, true]\}$ 中的一个。对于 *mint* 类型和 *mstring* 类型，我们可以扫描映射结果(即单元函数值)，然后将范围值插入到一个二分搜索树中，最后遍历这棵树，并且输出不相交区间的有序序列。这个过程需要 $O(m + m \log k)$ 的时间，其中 k 是范围中不同的值的数目。对于 *mreal* 类型，我们使用每个实数单元的汇总字段 *unit_min* 和 *unit_max*。因为每个单元函数都是连续的，所以可以保证所有的值都在区间[*unit_min*, *unit_max*]中，因而每个单元函数都可以得到一个区间值。接下来的任务是计算所有区间值的并，并且将结果表示为一个不相交的区间集合。我们可以将所有区间按结束点进行排序，然后遍历这个一维列表，并且维护一个计数器来标志当前位置是否已经遍历过，整个过程的时间复杂度为 $O(m \log m)$。

移动点投影到平面的结果可能包含点和线。我们分别通过 **locations** 操作和 **trajectory** 操作来表示这一投影。

locations：这个操作返回 *mpoint* 值投影中的孤立点并得到一个 *points* 值。当一个移动点永远不会改变其位置或者仅仅是按离散步骤改变位置时，这种类

型的投影将会非常有用。**locations** 操作的基调如下：

locations *mpoint* → *points*

首先，我们遍历 *mpoint* 值的所有单元，并计算每个单元的三维线段到平面的投影。我们可以得到一个线段和点的集合（后者是由具有相同端点的退化线段而得到的）。这个计算过程需要 $O(m)$ 的时间。根据这个结果，我们只需要返回一些点，返回那些不同时位于其中某一条线段上的点。因此，在第 2 步我们通过平面扫描算法来求线段的交。平面扫描算法从左到右遍历线段集合，并将线段插入到扫描状态数据结构中。对于结果中的每个点，检查在扫描状态结构中是否有某个线段包含这个点。如果有就忽略这个点，否则这个点就属于结果集，并将其保存在一个 *points* 值中（按照词典顺序存储）。这一步和整个过程的时间复杂度都是 $O((m+k)\log m)$，其中 k 是投影线段的交点的数目。

trajectory：这个操作更加普遍，它用来计算连续移动点的投影，其结果是一个 *line* 值。操作的基调如下：

trajectory *mpoint* → *line*

首先，我们遍历 *mpoint* 值的所有单元，如果某个单元有三维线段与 $x-y$ 平面垂直，则忽略该单元。对于剩下的单元，计算它们的三维线段到平面的投影。这个步骤需要 $O(m)$ 的时间。接下来，执行平面扫描算法求出相交、共线或者接触的线段对，这需要 $O(m'\log m)$ 的时间，其中 $m'=m+k$，k 是投影中交点的数目。需要注意的是，这里 $k=O(m^2)$。第 3 步，将结果线段插入到一个 *line* 值中。因为这个步骤需要排序，所以时间复杂度是 $O(m'\log m')$，这同样也是整个算法的时间复杂度。这个复杂度如果按参数 m 计算，最坏时间复杂度可以达到 $O(m^2\log m^2)$。

traversed：这个操作计算移动区域到平面的投影。基调如下：

traversed *mregion* → *region*

首先考虑如何计算单个区域单元投影到平面上的结果。可以观察到，平面中的每个投影点要么位于起始时间的区域单元内，要么在移动过程中被某个边界线段所遍历。因此，投影结果就是区域单元起始值和区域单元所有移动线段到平面的投影的几何并。

这个算法包含 4 个步骤。第 1 步，将所有的区域单元都投影到平面内。第 2 步，将得到的结果集进行排序，准备进行平面扫描。第 3 步，在投影上执行一次平面扫描，以计算得到构成平面覆盖区域轮廓的线段。在第 4 步中，根据这些线段构造出一个 *region* 值。以下是详细的遍历算法。

Algorithm *traversed* (*mr*)

Input：移动区域 *mr*

Output：表示 *mr* 轨迹的一个区域

Method：

Step 1：设 L 是一个线段的列表，初始为空；

for each 区域单元 **do**

计算起始时刻的区域值 r;

将 r 的每条线段放入 L 中,并且设定一个标志位表示是左线段还是右线段(当区域的内部在线段右边时该线段是左线段);

将单元的每个移动线段投影到平面,将它们加上左/右标记后放入列表 L 中

end for

Step 2:将 L 中的线段(半段)按照 x,y 词典排序;

Step 3:在 L 中的线段上执行一个平面扫描算法,将平面的每个部分被投影区域覆盖的频率保存在扫描状态结构中,并且将属于边界的线段(即将区域 0 和区域 c 分开的线段,其中 $c > 0$)加入到列表 L'中

Step 4:将 L'中的线段按词典排序,然后将它们插入到一个 *region* 值中

end.

第 1 步的时间复杂度是 $O(M)$。第 2 步和第 3 步分别需要 $O(M\log M)$ 和 $O(M'\log M)$的时间,其中 $M' = M + K$,K 是投影中相交线段的数目。最后一步需花费 $O(R\log R)$的时间,其中 R 是构成覆盖区域轮廓的线段数目,在最坏情况下,$R = \Theta(M')$。因此,总的时间复杂度是 $O(M'\log M')$。

inst,**val**:这两个普通的投影操作分别在 $O(1)$的时间内返回 *intime* 类型值的第 1 个和第 2 个部件。对于 $\alpha \in$ {*int*,*bool*,*string*,*real*,*point*,*region*},这两个操作的基调如下:

inst $i\alpha \rightarrow$ *instant*

val $i\alpha \rightarrow \alpha$

5.2.3 与域/范围的交互

atinstant:这个操作将作为参数的移动实体限制到某个特定时刻。对于 $\alpha \in$ {*int*,*bool*,*string*,*real*,*point*,*region*},该操作的基调为

atinstant $m\alpha \times$ *instant* $\rightarrow i\alpha$

所有的类型都具有相同的算法模式。首先在单元数组上执行一次二分搜索找到包含参数时刻 t 的单元,然后计算时刻 t 移动实体的值。对于 *mint* 类型、*mbool* 类型和 *mstring* 类型,这个计算过程很简单;对于 *mpoint* 类型和 *mreal* 类型,这个过程也仅仅是计算 t 时刻的一个低次多项式而已。以上的这些类型都需要$O(\log m)$的时间。对于 *mregion* 类型,通过计算每个区域单元中的每个移动线段在时刻 t 的值得到一条线段,然后对半段按词典排序,并构建一个适当的区域数据结构,这个过程可以在 $O(R\log R)$时间内完成。所以,总的时间复杂度为 $O(\log m + R\log R)$。

atperiods:这个操作将作为参数的移动实体限制到一个特定的时间间隔集合上。对于 $\alpha \in \{int, bool, string, real, point, region\}$,该操作的基调为

$$\textbf{atperiods} \quad m\alpha \times periods \quad \rightarrow \quad m\alpha$$

对于所有类型,实质上是需要计算两个时间间隔的有序列表的交。对于每个列表可以进行二分搜索。这里有 3 种策略。第 1 种策略是在两个列表上执行一个并行扫描,返回满足条件的单元 a(或者 a 的某些部分),条件是 a 的时间间隔包含在 b 的时间间隔内。这一策略的时间复杂度为 $O(m+n)$。第 2 种策略是对 a 的每个单元都在 b 上执行一次二分搜索以确定其在 b 中的起始时间,然后沿着 b 遍历从而决定相交的时间间隔,同时输出相应单元的副本。这一策略的时间复杂度为 $O(m \log n + r)$。这种策略的一个变换是交换两个列表的角色,相应的时间复杂度为 $O(n \log m + r)$。第 3 种策略更加复杂。对于 b 中的第 1 个间隔,在 a 上执行一次二分搜索找到 a 中包含其起始时间(或者在其起始时间之后)的单元 s;对于 b 中的最后一个间隔,在 a 上执行一次二分搜索找到包含其结束时间(或者在其结束时间之前)的单元 e;计算位于 s 和 e 之间的单元的数目 q(使用 s 和 e 的索引)。到目前为止,该策略所花费的时间为 $O(\log m)$。如果 $q < n \log m$,就对 b 以及 a 中 s 与 e 之间的单元做一次并行扫描,从而计算得到结果单元;否则,首先对 b 的每个间隔在 a 上执行一次二分搜索以确定其在 a 中的起始时间,然后沿着 a 遍历找出相交的时间间隔,同时输出相应单元的副本。当 $q < n \log m$ 时,这一策略的时间复杂度为 $O(\log m + n + q)$;当 $q \geq n \log m$ 时,所需要的时间为 $O(n \log m + r)$。总的时间复杂度为 $O(\log m + n + \min(q, n \log m) + r)$,当 $q < n \log m$ 时,$q = \min(q, n \log m)$;否则,$n \log m = \min(q, n \log m)$。

通常我们希望 m 相对大一些,而 n 和 r 小一些。例如,假设 $n=1$ 且 $r=0$,在这种情况下,时间复杂度能够减小到 $O(\log m)$。另一方面,如果 $n \log m$ 比较大,时间复杂度的上限依然是 $O(\log m + n + q)$(注意 $r \leq q$),进而可以得到上限为 $O(m+n)$(因为 $q \leq m$)。因此,这种策略可以很好地适应不同情形,是输出敏感的(即其代价受结果单元数目 r 的影响),而且代价不会超过对两个时间间隔列表直接进行并行扫描的代价。

将 *mregion* 类型复制到结果单元的代价更大,要求时间复杂度为 $O(\log m + n + \min(q, n \log m) + R)$,其中 R 是结果中 *msegments* 的总数目。

initial,final:这两个操作分别提供了操作数在其时间域的第 1 个和最后 1 个时刻的值以及相应的时间值。对于 $\alpha \in \{int, bool, string, real, point, region\}$,这两个操作的基调为

$$\textbf{initial, final} \quad m\alpha \quad \rightarrow \quad i\alpha$$

对于所有类型,第 1 个(最后 1 个)单元获取后,我们可以在单元的起始时刻(结束时刻)计算得到参数的值。操作的时间复杂度为 $O(1)$,但是对于 *mregion* 类型,需要 $O(R \log R)$ 的时间来创建 *region* 值。

present:这个操作允许我们检查一个移动值是否存在于某个特定时刻上,或者是否一直出现在某个特定的时间间隔集合中。对于 $\alpha \in \{int, bool, string, real, point, region\}$,该操作的基调为

present	$m\alpha \times instant$	$\rightarrow$	$bool$
	$m\alpha \times periods$	$\rightarrow$	$bool$

当第2个参数是一个时刻时,所有类型的处理方法都是在 *deftime* 数组上执行一次二分搜索,并寻找包含特定时刻的时间间隔。这一过程的时间复杂度为 $O(\log d)$。当第2个参数是一个时间区间时,所有类型的处理方法和 **atperiods** 的方法相似。不同的地方是:**atperiods** 中使用的是第1个参数的单元列表,而这里使用的是 *deftime* 数组;此外当结果为真时,**present** 的计算过程就可以结束(提前停止),而不需要像 **atperiods** 那样返回结果单元。根据不同的策略,这里的时间复杂度分别为 $O(d+n)$、$O(d \log n)$ 或者 $O(n \log d)$、$O(\log d + n + \min(q, n \log d))$。一种可能的通用策略是在 $O(\log d)$ 的时间内计算出 q 的值,然后在所有的策略中选择代价最低的策略,因为这里所有的参数都是未知的。

at:这种操作的目的是将移动实体限制到一个特定的值或者范围内。对于 $\alpha \in \{int, bool, string, real\}$ 和 $\beta \in \{point, points, line, region\}$,该操作的基调为

at	$m\alpha$	$\times \alpha$	$\rightarrow$	$m\alpha$
	$m\alpha$	$\times r\alpha$	$\rightarrow$	$m\alpha$
	$mpoint$	$\times \beta$	$\rightarrow$	$mpoint$
	$mregion$	$\times point$	$\rightarrow$	$mpoint$
	$mregion$	$\times region$	$\rightarrow$	$mregion$

限制到特定值的一般方法是对第1个参数的每个单元进行一次扫描,并在扫描过程中检查单元是否与第2个参数相等。对于 *mbool* 类型、*mint* 类型和 *mstring* 类型,单元的相等检查并不复杂,但是对于 *mreal* 类型和 *mpoint* 类型,则需要计算公式并输出相应的单元数目,有时还要将具有相同值的相邻单元合并。前面所有情况的时间复杂度都是 $O(m)$。

对于 $mregion \times point$,我们将 **inside** 操作($mpoint \times mregion$)的算法推广到更一般的情形上(见5.3节)。这个算法的核心是三维空间中的一条线(对应于一个(移动)点)和一个梯形集合(对应于一个(移动)线段集集合)的交。按照时间的递增顺序,在每次相交中,(移动)点都在进入和离开梯形(移动)区域这两种状态上变化,同时可以相应地产生结果单元列表。特别地,当点 b 对应于三维空间中的一条垂直线时(假设是 (x,y,t) 坐标系统),时间复杂度为 $O(M + K \log k_{max})$,其中 K 是 a 的移动线段和点 b(所构成的线段)的交点数目,k_{max} 是 a 的一个单元的移动线段和 b 的交点数目的最大值。

对于限制到特定范围的值,不同的类型需要使用不同的方法。对于 *mbool* 类

型,只需要简单地对 a 的单元进行一次遍历即可,这一过程的时间复杂度为 $O(m)$。对于 *mint* 类型和 *mstring* 类型,可以在 b 的范围上执行一次二分搜索来寻找 a 的每个单元,其时间复杂度为 $O(m \log n)$。

对于 *mreal* 类型,会面临一定的问题(图 5.2)。对于 a 的每个单元,需要寻找单元函数和 b 相交的部分,这可以通过在 b 的时间间隔上进行二分搜索(使用当前单元的 *min* 字段给出的 a 的最小值),然后沿着 b 进行一次遍历来完成。对于 a 的单元函数在时间间隔 b 上的每次相交,都返回一个单元函数相同并且具有适当限定的时间间隔的单元。这个过程的时间复杂度是 $O(m \log n + r)$。

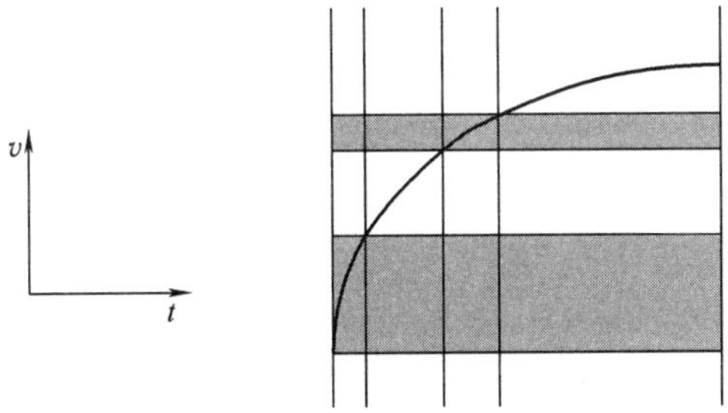

图 5.2 实数单元和实数时间间隔集合上的 **at** 操作。
返回结果为两个具有相同单元函数的单元,时间间隔显示在图的底部

对于 *mpoint* × *points*,a 中的每个单元都需要在 b 上通过 *unit_pbb* 上的 x 区间进行二分搜索,以寻找 b 在 x 区间中的第 1 个点。从找到的点开始遍历 b 中的点,对每个点首先检查它们是否在 *unit_pbb* 中,然后检查该点是否与移动点相交。接下来,需要对结果单元进行排序。这一策略的时间复杂度是 $O(m \log N + K' + r \log r)$,其中 K' 是 b 所有单元中落在各自 *unit_pbb* 的 x 区间中的点的总数目。另一个方法是为 a 的每个单元计算它与 b 的 *unit_pbb* 以及 *object_pbb* 的交并,以此作为过滤结果。如果 a 的单元与包围盒相交,就计算移动点和 b 中每个点的交,并对结果单元进行排序。这一过程的时间复杂度为 $O(m N + r \log r)$。

对于 *mpoint* × *line*,将 a 中每个单元的 *unit_pbb* 和 b 的 *object_pbb* 求交,以执行预过滤操作,然后计算 a 中当前单元的 *mpoint* 值(在三维空间中是一条线段)和 b 中每条线段(在三维空间中是一个垂直的长方形)的交,并根据相交结果形成结果单元。最后,对结果单元进行排序。这个过程的时间复杂度是 $O(m N + r \log r)$。

对于 *mpoint* × *region*,将 **inside** 操作(*mpoint* × *mregion*)推广到更加一般的情形。这就意味着我们首先需要将 *region* 值转化成 *uregion* 单元,这可以通过将 *region* 中的线段用相应的(垂直)移动线段代替来实现。这一步的时间复杂度是 $O(m N + K \log k_{max})$,其中 K 是 a 中的移动点(三维线段)和 b 中移动线段的交点数目,k_{max} 是 b 的移动线段和单个 *mpoint* 值的交点数目的最大值。

对于 *mregion* × *region*, 将 **intersection** 算法推广到更加一般的

mregion × *mregion* 情形上(见 5.3 节)。

atmin,atmax:这两个操作分别返回最小值和最大值时刻的移动值。对于 α ∈ {*int*,*bool*,*string*,*real*},这两个操作的基调为

atmin,atmax	*m*α	→	*m*α

对于所有类型,我们遍历所有单元,并且检查它们的值是否等于移动对象 *min* 字段(*max* 字段)给出的最小值(最大值)。对于 *mreal* 类型,相应的比较是和 *unit_min* 和 *unit_max* 字段进行的。如果单元符合条件,我们将它的时间间隔缩小为对于最小值或最大值时的时刻或者时间间隔。该算法的时间复杂度为 $O(m)$。

passes:这个操作允许我们检查给定的移动值是否曾经等于第 2 个参数给出的值(或者值集中的某个值)。对于 α ∈ {*int*, *bool*, *string*, *real* } 和 β ∈ {*point*,*points*,*line*,*region* },该操作的基调为

passes	*m*α	×α	→	*bool*
	mpoint	×β	→	*bool*
	mregion	×β	→	*bool*

对于 *mbool* 类型,我们可以在 $O(1)$ 的时间内将 b 和索引 *min* 或 *max* 进行比较。对于 *mint* 类型、*mstring* 类型和 *mreal* 类型,可以遍历每个单元(*mreal* 类型中可以使用 *unit_min* 和 *unit_max* 值作为过滤),当匹配的值被找到时过程就停止,这一过程的时间复杂度为 $O(m)$。

对于 *mpoint* × β 和 *mregion* × β,处理过程和 **at** 操作类似,但是只要找到一个交点就停止处理并返回 *true*。最坏情况下,这一过程的时间复杂度和 **at** 操作相同。

5.2.4 变化率

如下的操作主要处理所有时间相关值的一个重要的特性——变化率:

derivative	*mreal*	→	*mreal*
derivable	*mreal*	→	*mbool*
speed	*mpoint*	→	*mreal*
velocity	*mpoint*	→	*mpoint*
mdirection	*mpoint*	→	*mreal*

它们都具有相同的算法模式,即首先遍历移动对象参数 a 的单元列表,然后在常数时间内对 a 的每个单元计算其对应的结果单元,并且有可能需要将具有相同值的相邻结果单元合并。整个算法过程所需要的时间为 $O(m)$。接下来我们简要讨论各个操作的含义以及如何从参数单元计算得到结果单元的问题。

derivative:这个操作的含义很明显,即返回移动实数的导数,返回值的类型仍为移动实数。但是,这个操作在离散模型中并不能完全实现。回忆一下,实数单元可以表示为 $u=(i,(a,b,c,r))$,与此对应的实数函数为

$$at^2 + bt + c$$

如果 $r = false$，则函数为

$$\sqrt{at^2 + bt + c}$$

如果 $r = true$，在间隔 i 上以上两个函数都有定义。但是，只有在第 1 种情况下才能用实数单元来表示导数。相应的导数为 $2at + b$，它可以通过单元 $u' = (i,(0,2a,b,false))$ 来表示。在第 2 种情况中，即 $r = true$，我们假定结果单元函数没有被定义。因为任何移动对象单元只有在时间间隔有定义时才存在，所以这种情况不返回任何结果单元。

这种部分定义是有问题的，但是总比根本不提供这种操作要好。另一方面，这个函数在使用时必须要小心谨慎。为了缓解这个问题，接下来介绍一个附加操作：**derivable**（这个操作在抽象模型中不存在，也没有必要存在）。

derivable：这个操作检查移动实数的每个单元所描述的二次多项式的导数是否可以通过实数单元来表示，操作返回一个相应的布尔型单元。

speed：这个操作计算移动点的速度，结果为实数函数。因为每个 *upoint* 单元描述的是线性移动，所以 *ureal* 结果单元只是包含一个实常数，其计算很简单。

velocity：这个操作计算移动点的速率，结果为一个向量函数。由于 *upoint* 单元内表示的是线性移动，所以速率在单元间隔 $[t_0, t_1]$ 中的任何时刻都是恒定不变的。因此，每个结果单元包含恒定的移动点来表示向量函数，即

$$\textbf{velocity}\ (u,t) = \left(\frac{x(t_1) - x(t_0)}{t_1 - t_0}, \frac{y(t_1) - y(t_0)}{t_1 - t_0}\right)$$

mdirection：这个操作返回在一个移动点生命期中的某个时刻 t 移动点切线（方向）和 x 轴的夹角。由于 *upoint* 单元内表示了线性移动，因此方向在单元的时间间隔内是恒定不变的。一种特殊情况是，如果两个连续时间单元 u 和 v 有两个结束点重合，也就是说 $x_u(t_1) = x_v(t_0)$ 并且 $y_u(t_1) = y_v(t_0)$，此时，我们将 **mdirection** (v,t) 赋值为这个共同的结束点与 x 轴的夹角，这和前面定义的抽象模型的语义基本一致。

练习 5.2 假设 v 是一个 *upoint* 单元，t 是一个时刻，请给出 **mdirection**(v,t) 的准确计算公式。 ■

turn：这个操作计算移动点在其生命周期所有时刻的方向的改变。在一个 *upoint* 单元中，方向不会发生变化，因为它的单元函数是线性的。因此，对于每个 *upoint* 单元时间间隔中，任何时刻都有 **turn**$(u,t) = 0$（结束端点同样满足）。这个结果并不令人感兴趣，因为这个操作不需要在这里讨论的特定离散模型上实现。

5.3 提升操作算法

本节中我们将给出提升操作的算法描述。这些操作以前都是为非时态对象而定义的,现在要将它们应用到移动型参数上。我们将讨论谓词(5.3.1 小节)、集合操作(5.3.2 小节)、聚集(5.3.3 小节)、数值特性(5.3.4 小节)、距离和方向(5.3.5 小节)以及布尔操作(5.3.6 小节)。

5.3.1 谓词

isempty:这个谓词用来检查参数是否在每个时刻都有定义。对于 $\alpha \in \{int, bool, string, real, point, region\}$,该操作的基调为

isempty $m\alpha \rightarrow mbool$

操作的结果定义在 *mininstant* 到 *maxinstant* 的范围内(时间界限在 5.1.2 小节中已介绍)。我们可以遍历 *deftime* 索引,如果在单元间隔上 *a* 有定义,则该单元返回 *true*,否则返回 *false*。这一过程的时间复杂度为 $O(d)$。

$=, \neq$:这些谓词检查参数的相等性。对于 $\alpha \in \{int, bool, string, real, point, region\}$,操作的基调为

(1) $m\alpha \times \alpha \rightarrow mbool$

(2) $m\alpha \times m\alpha \rightarrow mbool$

第1组操作的一般实现方法是遍历第1个参数中的每个单元,并且检查与第2个参数的相等性。对于 *mregion* 类型外的所有类型来说,相等性检查过程和相应的 **at** 操作是相同的(见 5.2.3 小节)。对于 *mregion* 类型,单元的相等性检查步骤如下:首先,检查 *u* 和 *N* 是否相等。如果不相等则返回单个单元$(i, false)$,其中 *i* 是参数单元的时间间隔。否则,按照如下步骤处理:从 *a* 的当前单元中连续地读取移动线段 *s*。如果 *s* 是静态的(不随时间变化),就在 *b* 中寻找一条相匹配的线段(*)。如果找不到相匹配的线段,则返回$(i, false)$。否则,继续上述处理过程,直到 *s* 不是静态的或者 *s* 是最后一条线段为止。如果 *s* 是最后一条线段并且是静态的,返回$(i, true)$(也就是单元的投影和 *b* 相等)。如果 *s* 不是静态的,则将 *s* 和 *b* 中的每个线段进行比较,找到在时刻 $t_1, \cdots, t_k$ 时的 *k* 个相交结果,其中每个时刻里 *s* 值都与 *b* 的某个线段相等。如果 $k=0$ 则返回$(i, false)$,否则对时刻 t_i 时的相交结果做如下处理:对于当前单元中的每条移动线段 *s*,计算时刻 t_i 时的 *s* 值并且在 *b* 中寻找和这条线段相匹配的线段(*)。如果对于所有的 *s* 值查找都能成功,就说明找到相匹配的区域并返回$(i, true)$,否则,继续处理时刻 t_{i+1} 的情况。如果对于所有的 t_i 都没有找到相匹配的区域则返回$(i, false)$。

这个算法是基于如下的结论:如果 *uregion* 单元只有一条移动线段,则这条线段仅在一个时刻和一个静态区域相等。以上标志(*)的步骤需要 $O(\log N)$ 的时间,

因为 *region* 中半段的表示是按照词典排序的。每个单元处理的最坏时间复杂度为 $O(k\ N\log N)$。在最坏情况下，$k=O(N)$，但是在大部分情况下，k 是一个比较小的常数。假设是后一种情况，则总的时间复杂度为 $O(m\ N\log N)$。实际上，大多数情况下单元的计算过程都会提前结束，因此大部分单元计算所消耗的时间都为 $O(1)$。如果移动区域一直不和静态区域相等，这个过程需要 $O(m)$ 的时间。

第 2 组操作的一般方法是对精细划分的单元进行并行的扫描，然后检查每对单元的相等性。对于 *mbool* 类型、*mint* 类型和 *mstring* 类型，这种检查相对简单。对于 *mreal* 类型和 *mpoint* 类型，首先检查它们的单元函数的系数是否相等：如果相等就输出结果单元；否则，我们求出两个参数的移动曲线的交，并计算结果单元（最多是一个很小的常数）。前面提到的所有情况的时间复杂度都是 $O(p)$。

对于 *mregion* 类型，按照下面的步骤处理时间间隔 i 上的每对精细划分单元：如果 u 和 v 不同，直接返回（i，*false*）；否则，在移动线段列表上执行一次并行的扫描来寻找不同的线段对（s_1,s_2）。如果没有找到不同的线段对则返回（i，*true*）；否则，假设 s' 是 s_1 和 s_2 中较小的那条线段（必须保证这条线段不会出现在其他列表中），将 s' 和另一个列表中余下的线段进行比较，寻找在时刻 $t_1,\cdots,t_k$ 时交点的数目 k 来判断是否与 s' 相等。如果 $k=0$ 则返回（i，*false*）。否则，对于每个时刻 t_i，计算这两个单元并对所获得的线段进行排序，然后执行一次并行的遍历来检查相等性。如果没有找到相匹配的线段对，则可以提前结束，否则将返回一个准确的结果单元（*）。

以上标有（*）的步骤需要 $O(u\log u)$ 时间，每个单元的时间复杂度为 $O(ku\log u)$。在最坏情况下，$k=O(u)$，但是在大部分情况下，k 是一个比较小的常数。假设是后一种情况，则总的时间复杂度为 $O(p\ u_{max}\log u_{max})$。此外，如果两个移动区域绝对不会相等，则任何一对单元都必定可以在 $O(1)$ 的时间内处理完毕，这时候总的时间复杂度为 $O(p)$。

intersects：这个谓词用来检查参数是否相交。基调如下：

intersects	*points*	×	*mregion*	→	*mbool*
	region	×	*mregion*	→	*mbool*
	line	×	*mregion*	→	*mbool*
	mregion	×	*mregion*	→	*mbool*

对于 *points* × *mregion*，我们使用和 **inside** 谓词一样的算法（见后面的内容）。*mregion* × *mregion* 的情形对于大部分操作都很复杂，在这里暂不讨论（见 5.5 节）。这种情形可以特化成 *region* × *mregion* 和 *line* × *mregion* 两种情况。

inside：这个谓词检查 b 是否包含 a。基调如下：

inside	*mregion*	×	*points*	→	*mbool*
	mregion	×	*line*	→	*mbool*
	mpoint	×	*region*	→	*mbool*

point	×	mregion	→	mbool
mpoint	×	mregion	→	mbool
points	×	mregion	→	mbool
mpoint	×	points	→	mbool
mpoint	×	line	→	mbool
line	×	mregion	→	mbool
region	×	mregion	→	mbool
mregion	×	region	→	mbool
mregion	×	mregion	→	mbool

在前两种情况中，操作返回的结果总是 *false*。对于 mpoint × region 和 point × mregion 的情况，处理 mpoint × mregion 情况可以使用更加一般的算法（在5.2.3小节做过简要介绍）。对于每个单元，upoint 值是三维空间中的一条线段，而且可能会穿过 uregion 值中的某些移动线段，这些移动线段在三维空间中呈现为梯形。在每次相交中，upoint 值都按照时间先后顺序在进入和离开 uregion 值这两种状态上变化。因此，可以随之得到在 *true* 和 *false* 之间变化的布尔型单元列表。如果没有交点，则需要检查在单元时间间隔的起始时刻 upoint 值是否在区域内部。这可以通过计算几何中很著名的"垂线"算法来实现。垂线算法用于计算二维空间中位于点的正上方的线段的数目。整个操作的时间复杂度为 $O(N' + K \log k_{max})$。

练习 5.3 设 *up* 是一个 upoint 单元，*ur* 是一个 uregion 单元，并且它们在精细划分后具有相同的单元间隔 $i = (s, e, lc, rc)$。根据上面的描述，请给出算法 *upoint_inside_uregion* (*up*, *ur*) 的描述。该算法返回一个由常量构成的布尔型单元的序列，其中每个单元表示了 *up* 在间隔 *i* 中是否位于或者不位于 *ur* 的内部。为简单起见，我们假设 *i* 是封闭的。其他情况的处理也是比较简单的，只不过处理过程要相对长一些。■

在 points × mregion 情况中，对于 *a* 中的每个点，我们都使用 point × mregion 情况的算法。这一过程的时间复杂度为 $O(M\ (N + K \log k_{max}))$。对于 mpoint × points，*a* 的每个单元和 *b* 中的每个点，我们检查 *a* 的移动点是否经过给定的 *b* 的点。如果是，则在相应的时刻生成包含 *true* 的结果单元，然后按照时间顺序将所有生成的单元进行排序，并将 *false* 值加入到剩下的单元中。这一算法的时间复杂度为 $O(mN + r \log r)$。mpoint × line 情况和 mpoint × points 情况类似，不过需要注意的是，如果一条移动线段的投影和 *b* 的一条线段重叠，则相应的结果单元需要在时间间隔上定义，而不是定义在某个时刻上。对于 line × mregion、region × mregion 和 mregion × region，我们按照 mregion × mregion 的一般情形来处理(见 5.5 节)。

<,≤,≥,>:这些谓词检查两个参数的顺序。对于 $\alpha \in \{int, bool, string, real\}$,这些操作的基调为

$$\begin{array}{lllll} <,\le,\ge,> & \alpha & \times\ m\alpha & \to & mbool \\ & m\alpha & \times\ \alpha & \to & mbool \\ & m\alpha & \times\ m\alpha & \to & mbool \end{array}$$

这些操作的算法和"="操作的算法类似。

5.3.2 集合操作

回忆一下对于集合操作我们采用的是正则化集合语义。例如,一个 *region* 值和一个 *points* 值的并将形成一个 *region* 值,因为一个 *region* 值不能包含孤立点。

intersection:这个操作计算两个参数相交的结果。对于 $\alpha \in \{int, bool, string, real, point\}$ 和 $\beta \in \{points, line, region\}$,该操作的基调为

$$\begin{array}{llllll} (1) & m\alpha & \times & \alpha & \to & m\alpha \\ & mpoint & \times & \beta & \to & mpoint \\ & mregion & \times & point & \to & mpoint \\ & mregion & \times & region & \to & mregion \\ (2) & m\alpha & \times & m\alpha & \to & m\alpha \\ & mpoint & \times & mregion & \to & mpoint \\ & mregion & \times & mregion & \to & mregion \end{array}$$

对于第 1 组中的所有基调,我们采用相应的 **at** 操作算法(见 5.2.3 小节)。

对于第 2 组中的基调(两个参数都是移动类型并且属于相同的点类型),我们在精细划分的单元上进行并行扫描。如果参数的值在某个时间间隔上相同,则产生一个具有该值的结果单元。对于 *mpoint* 类型和 *mreal* 类型,我们需要求解若干等式。这个过程在所有情况下的时间复杂度都是 $O(p)$。

mpoint × *mregion* 情况的算法和相应的 **inside** 操作的算法类似(见 5.3.1 小节),但是它返回具有相同 *a* 值的 *upoint* 单元而不是返回具有 *true* 值的布尔型单元,或者返回一个空单元而不是返回具有 *false* 值的布尔型单元。*mregion* × *mregion* 情况在这里不做讨论(见 5.5 节)。

union:这个操作返回两个参数的并。基调如下:

$$\begin{array}{lllll} \textbf{union} & mpoint & \times\ region & \to & mregion \\ & mpoint & \times\ mregion & \to & mregion \\ & point & \times\ mregion & \to & mregion \\ & mregion & \times\ region & \to & mregion \\ & mregion & \times\ mregion & \to & mregion \end{array}$$

对于 *mpoint* × *region* 情形，其结果是区域 b 中在所有时间里 a 都有定义的部分（基于正则化集合语义）。因此，我们通过遍历 a 的 *deftime* 索引来得到时间间隔，从而创建相应的 *uregion* 单元 d。因为排序要求把移动线段放到 *uregion* 单元中合适的位置上，因此总的时间复杂度为 $O(dN + N\log N)$。对于 *mpoint* × *mregion* 情形和 *point* × *mregion* 情形，我们只是将 b 作为结果返回。对于 *mregion* × *region* 情形，采用 *mregion* × *mregion* 情形的更具一般性的算法（见5.5节）。

minus：这个操作计算 a 和 b 的差。对于 α ∈ {*int*, *bool*, *string*, *real*, *point*} 和 β ∈ {*points*, *line*, *region*}，该操作的基调为

(1)	$m\alpha$	×	α	→	$m\alpha$
	α	×	$m\alpha$	→	$m\alpha$
	$m\alpha$	×	$m\alpha$	→	$m\alpha$
	mpoint	×	β	→	*mpoint*
	point	×	*mregion*	→	*mpoint*
	mpoint	×	*mregion*	→	*mpoint*
(2)	*region*	×	*mpoint*	→	*mregion*
	mregion	×	*point*	→	*mregion*
	mregion	×	*mpint*	→	*mregion*
	mregion	×	*points*	→	*mregion*
	mregion	×	*line*	→	*mregion*
(3)	*mregion*	×	*region*	→	*mregion*
	region	×	*mregion*	→	*mregion*
	mregion	×	*mregion*	→	*mregion*

对于 a 的类型为点类型的所有情况（第1组），算法中除了结果单元的产生外都和相应的 **intersection** 操作类似，时间复杂度也和相应的 **intersection** 操作算法相同。由于是正则化集合语义，所以第2组中的所有情况的算法都比较简单。对于 *region* × *mpoint* 情况，我们只需要将 a 放到一个与 b 有相同定义时间的移动区域内即可，时间复杂度为 $O(dM + M\log M)$（类似于前面讨论过的 **union**(*mpoint* × *region*)）。同时，对于第2组中的其他类型组合，只需要直接将 a 作为结果返回即可。对于 *mregion* × *region* 情形和 *region* × *mregion* 情形，采用 *mregion* × *mregion* 情形的更具一般性的算法（见5.5节）。

5.3.3 聚集

在未提升模式中，聚集操作将点集缩减为点。在提升操作中，聚集操作作用在移动对象生命期的所有时刻上，并执行将点集缩减为点的操作。在简化的类型系统中，我们只需要讨论移动区域的情况。

center：这个操作计算移动区域在其生命期中的中心点，其结果类型为移动

点。基调如下：

center *mregion* → *mpoint*

该操作首先需要遍历 *uregion* 单元的列表。因为一个 *uregion* 单元在单元间隔 $i=[t_0,t_1]$ 上是线性变化的，所以其中心也是线性变化的，并且可以用一个 *upoint* 单元来描述。因此，只要计算区域在 t_0 和 t_1 时刻的中心就可以计算出相关的线性函数。为了计算区域的中心，首先我们将区域的所有面进行三角化。这个操作可以在 $O(u \log u)$ 时间内完成，并且可以将区域划分为 $O(u)$ 个三角形（见 5.5 节）。对于每个三角形，我们可以在常数时间内计算出其中心，并将其视做向量与三角形的面积相乘。对于所有三角形，将这些具有权重的乘积相加然后除以所有权重的和（也就是所有三角形的面积和），所得到的结果向量就是区域的中心。需要注意的是，中心可能位于区域的所有面的外部。综上所述，计算中心的总的时间复杂度为 $O(u \log u)$。对于 *uregion* 单元，通过在起始时刻的中心和结束时刻的中心之间进行插值可以生成相应的 *upoint* 单元。移动区域的 **center** 操作的总的时间复杂度为 $O(M \log u_{max})$。

练习 5.4 设 ur 是一个 *uregion* 单元，t 是一个时刻。请给出 **center**(ur,t) 操作的准确计算公式。 ■

5.3.4 数值特性

如下这些操作用于计算移动区域提升的数值特性：

no_components	*mregion*	→	*mint*
perimeter	*mregion*	→	*mreal*
area	*mregion*	→	*mreal*

这里，**no_components** 操作以整数形式返回移动区域中和时间相关的组件（也就是面）的数目。**perimeter** 操作和 **area** 操作分别计算相应的周长和面积，类型都是移动实数。这 3 种操作的算法模式都相同而且都非常简单。只需要遍历单元序列，并将存储在各自的汇总字段 *unit_no_components*、*unit_perimeter* 或者 *unit_area* 中的值返回即可，但可能需要合并具有相同单元函数的邻近单元。在 m 个单元的情况下，这些操作的时间复杂度为 $O(m)$。

汇总字段值在 *uregion* 单元创建时就可以计算得到。*unit_no_components* 字段是单元的面结构创建时生成的（见 5.1 节）。对于 *unit_perimeter*，我们需要考虑由移动线段组成的 *uregion* 单元的边界。由于每条边界的长度都是一个线性函数，所以周长（这些边界的长度和）也需要通过线性函数表示。周长的函数既可以采取将所有移动线段长度函数的系数相加的方式，也可以通过在起始时刻的单元周长和结束时刻的单元周长间进行线性插值得到。

unit_area 函数的计算稍复杂。简单的静态多边形(环)c 由线段 $s_0,\cdots,s_{n-1}$ 组成，其中 $s_i=((x_i,y_i),(x_{(i+1)\bmod n},y_{(i+1)\bmod n}))$。为了得到 c 的面积，我们首先计算由每条线段 s_i 和 x 轴①组成的梯形的面积，然后计算多边形顶部线段下方的梯形的面积之和并减去位于多边形底部线段下方的梯形的面积之和。以上过程可以用如下公式来表示：

$$area(c)=\sum_{i=0}^{n-1}(x_{(i+1)\bmod n}-x_i)\cdot\frac{y_{(i+1)\bmod n}+y_i}{2}$$

需要注意的是，如果环是按照顺时针方向连接的，则顶部线段将产生正的面积而底部线段计算得到的面积是负的。因此，上述公式对于外环将计算得到一个正确的正的面积值(见5.1.2小节)。但是，对于孔洞(逆时针方向表示)，计算得到的结果是个负值，不过这同样也是正确的，因为区域面积中本来就需要减掉孔洞的面积。这意味着我们只需要按照前面的公式计算区域中所有环的面积，然后求它们的面积和就可以得到区域的面积。

由于在 uregion 单元中存在移动线段，所以我们需要用线性函数代替 x_i 和 y_i。对于一个移动单元，环 c 的面积为

$$area(c,t)=\sum_{i=0}^{n-1}(x_{(i+1)\bmod n}(t)-x_i(t))\cdot\frac{y_{(i+1)\bmod n}(t)+y_i(t)}{2}$$

和式中的两个因子分别是两个线性函数的差与和，所以它们也都是线性函数，因此最后得到的乘积是一个二次多项式。二次多项式的和还是一个二次多项式。可以将一个 uregion 单元所有移动环的面积函数相加，从而得到这个单元的面积函数。很明显，计算 *unit_perimeter* 字段和 *unit_area* 字段的代价和单元的大小成正比，也就是说需要 $O(u)$ 的时间。在所有情况下，算法的其余代价主要取决于 uregion 单元的构建代价。

5.3.5 距离和方向

本节中，我们将讨论提升的距离和方向操作。

distance：距离函数返回两个参数对象在它们共同的生命期中的最小距离。对于 α，β ∈ {*point*，*region*}，该操作的基调为

distance	*mreal*	×	*real*	→ *mreal*
	mreal	×	*mreal*	→ mreal
	*m*α	×	β	→ *mreal*
	*m*α	×	*m*β	→ *mreal*

对于所有的函数实例，该操作遍历移动对象的单元列表，为每个参数单元返回一个或者多个 ureal 单元。mreal 值和 real 值 s 之间的距离计算有如下几种情况：

① 这里假设 y 值是正数。如果它们不是正数，可以通过减去负的 y 值来构造梯形。

如果 $ur=(i,(a,b,c,r))\in$ *ureal*，其中 $i=[t_0,t_1]$，$t_0<t_1$，且 $r=false$，则 ur 的单元函数可以用二次多项式 at^2+bt+c 描述。因此，ur 和 s 间的距离通过函数 $f(t)=at^2+bt+c-s$ 给出，它同样也是一个二次多项式。但是，这个函数对于所有的 $t\in i$ 并不都是按照距离定义中所要求的那样产生一个正数值。因此，有必要确定 $f(t)=0$ 的所有时刻，并且当函数值在某些时间间隔中为负时，我们取该值的相反数。为了便于编程实现，需要分几种不同的情况考虑，这一点有些烦琐。在任何情况下，在结果中都将会得到 1 个、2 个或者 3 个新的 *ureal* 单元。如果 $r=true$，则 ur 的单元函数表示了如下平方根式：

$$\sqrt{at^2+bt+c}$$

所以，ur 和 s 间的距离可由如下函数给出：

$$\sqrt{at^2+bt+c}-s$$

但是，由于这个结果不能用平方根式来表示，所以也无法通过 *ureal* 单元来表示。因此，在前面讨论的抽象模型中不能实现这个操作。和前面讨论 **derivative** 操作时一样，我们认为提供一个部分实现的算法还是比不实现这个操作要好。因此，对于平方根式单元，我们将其看成是没有定义的结果，所以不返回任何单元（同样和 **derivative** 操作类似）。在这里，**derivative** 操作也可以用来检查在参数的哪些部分可以得到计算结果。上面的两种情况中，每个单元的时间复杂度是 $O(1)$，而移动实数的复杂度为 $O(m)$。

计算两个 *mreal* 值之间的距离算法和前面的算法类似，因为上面讨论的 *real* 值可以看成是一个“静止”的移动实数。不同的是，我们首先要计算两个移动实数的精细划分，这个过程所需要的时间为 $O(m+n)$。如果 $ur=(i,(a,b,c,r))$ 和 $vr=(i,(d,e,f,s))$ 是与细化的移动实数相对应的 *ureal* 单元，并且 $r=s=false$，则它们之间的距离可通过二次多项式 $(a-d)t^2+(b-e)t+(c-f)$ 给出。这和前面的算法处理过程类似。如果 $r=true$ 或者 $s=true$，则不返回任何单元。这个算法的时间复杂度为 $O(m+n)$。

现在考虑一个 *mpoint* 值和一个 *point* 值 $p=(x',y')$ 的情况，其中 $x',y'\in$ *real*。如果 $up=(i,(x_0,x_1,y_0,y_1))\in$ *upoint*，其中 $x_0,x_1,y_0,y_1\in$ *real*，时刻 t 的线性移动点通过 $(x(t),y(t))=(x_1t+x_0,y_1t+y_0)$ 给出。则可以得到如下距离公式：

$$\begin{aligned} distance((up,p),t) &= \sqrt{(x(t)-x')^2+(y(t)-y')^2} \\ &= \sqrt{(x_1(t)+x_0-x')^2+(y(t)+y_0-y')^2} \end{aligned}$$

对结果进行进一步计算可以得到一个关于 t 的二次平方根式，我们将其作为一个 *ureal* 单元返回。移动点和点之间距离的计算时间复杂度为 $O(m)$。对于两个 *mpoint* 值之间的距离计算，首先我们需要在 $O(m+n)$ 的时间内计算精细划分。计算相应的 *upoint* 单元 up 和 vp 之间的距离的方法与 *mpoint* 值和 *point* 值的情况类似，并且也可以得到一个关于 t 的二次平方根式，然后将这个平方根式作为

ureal 单元返回。这个算法所需要的时间是 $O(m+n)$。

剩下的操作实例可以按照两种算法模式来分组。第1种算法模式涉及移动点和区域、移动点和移动区域以及移动区域和点之间的距离的计算，而第2种算法模式涉及移动区域和区域以及两个移动区域间距离的计算。因为空间对象可以看做是“静止”的时空对象，所以上面的分组是可行的。因此，第1个算法模式处理移动点和移动区域间的距离，而第2个算法模式处理两个移动区域间的距离。两个算法模式都比较复杂，在这里不做讨论(见5.5节)。

direction：这个操作返回两个点对象在它们共同的生命期中从第1个点对象到第2个点对象之间所构成的直线的角度。

direction	*mpoint*	×	*point*	→	*mreal*
	point	×	*mpoint*	→	*mreal*
	mpoint	×	*mpoint*	→	*mreal*

但是，这些操作实例的结果不能用移动实数表示，因为它们的计算要用到反正切函数。我们通过下面的例子来说明这一点。给定两个点 $p=(x_1, y_1)$ 和 $q=(x_2, y_2)$，则 p、q 两点之间的直线和水平轴之间的斜率可以表示为

$$\tan\alpha = \frac{y_2 - y_1}{x_2 - x_1}$$

因此有

$$\alpha = \arctan\frac{y_2 - y_1}{x_2 - x_1}$$

也可以将上面的结论应用到时态类型的情形。对于两个 *upoint* 单元(精细划分后)以及一个 *upoint* 单元和一个 *point* 值，分别得到如下结果：

$$\alpha(t) = \arctan\frac{y_2(t) - y_1(t)}{x_2(t) - x_1(t)}$$

以及

$$\alpha(t) = \arctan\frac{y_2(t) - y_1}{x_2(t) - x_1}$$

因此，我们在离散模型中也没有实现这个操作。

5.3.6 布尔操作

布尔操作属于时态提升操作的范畴。

and，**or**：这两个操作分别表示提升的逻辑并和逻辑或操作。它们的基调如下：

and，**or**	*mbool*	×	*bool*	→	*mbool*
	mbool	×	*mbool*	→	*mbool*

对于第1个操作实例，我们遍历 a 中所有的布尔型单元，并将非提升的逻辑操作应用到每个单元的布尔值和 b 上，然后返回相应的结果单元。这个过程的时间复杂

度为 $O(m)$。对于第 2 个操作实例，首先计算精细划分，然后按照相同的办法处理每对单元。这一过程的时间复杂度为 $O(p)$。

not:这个操作是提升的逻辑否操作。它的基调如下：

not *mbool* → *mbool*

这个操作只需要遍历所有单元，然后将它们的值取反即可。算法的时间复杂度为 $O(m)$。

5.4 进一步练习

练习 5.5 *region* 类型的实现

设 Halfsegment 是一个表示半段的 Java 类。这个类提供了 compare 方法，它的返回值与 String 类中的 compareTo 方法相同。

(1) 实现类 LinkedHalfsegment，其基类为 Halfsegment。该类在区域中用来表示半段的环。

(2) 将数据类型 *region* 实现成 Java 类 Region。在这个类中，你需要实现方法 SortHalfsegment，该方法对所包含的半段进行排序，并且不能破坏环的结构。

(3) 在图 5.3 中画一个你所定义的区域数据类型的实例。

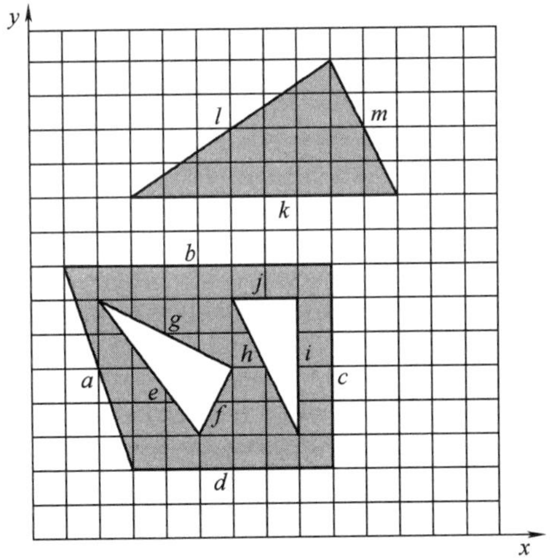

图 5.3 区域数据类型实例

注意：

- 使用练习 5.1 中所定义的点和半段的次序。

- 用缩写 x_L (x_R)表示线段 x,它表示较小(较大)点是这个半段的控制点。

5.5 参考文献注释

本章中的表示方法主要来自于文献 Cotelo Lema 等(2003)。在这篇论文中作者给出了各种操作的详细算法,而这些操作的表示方法使用了 Forlizzi 等(2000)中提出的离散模型。Cotelo Lema 等(2003)中还特别讨论了集合操作 **intersection**、**union**、**difference**、谓词 **intersects** 和 **inside** 以及移动空间对象间的距离计算等操作在 *mregion* × *mregion* 情形下的实现算法。这些比较复杂的算法在本书上都没有介绍。这篇论文还讨论了空间数据类型的数据结构,它们与 Güting 等(1995)中提出的 ROSE 代数类似。其他的关于空间数据结构和算法的文献可以在计算几何文献(Preparata 与 Shamos(1991);de Berg 等(2000))和空间数据库文献(Rigaux 等(2002);Shekhar 与 Chawla(2003))中找到。文献 Bentley 与 Ottmann(1979)中讨论了平面扫描方法。Garey 等(1978)中给出了在 **center** 操作中用到的三角化算法。我们也将在 6.3.3 小节中讨论三角化算法的一些细节。

第 6 章　约束数据库方法

本章中，我们考虑一种完全不同的方法对空间数据、时空数据及移动对象进行建模和操作，即约束数据库方法。这一方法的两种主要思路很简单，说明如下：

■ 空间对象是 k 维空间中的点集。也就是说，空间对象是具有 k 个属性的关系，每个维上一个属性。因此，可以把空间对象简单地表示成关系，并且用非常成熟的技术对空间对象进行操作，例如一阶逻辑或关系代数，实际上其他任意的关系查询语言都可以。这些点集以及关系通常都是无限的，对于这一事实我们不必担心。

■ 无限关系不能在计算机中存储和处理，因此必须找到它们的有限表示方法。基于约束的简单一阶逻辑公式是一种可行的有限表示方法，这里的约束是指具有某种特定形式的等式。例如，二维空间中无限点集形成的矩形($x_{left}, x_{right}, y_{bottom}, y_{top}$)可以通过如下公式表示：

$$x \geqslant x_{left} \wedge x \leqslant x_{right} \wedge y \geqslant y_{bottom} \wedge y \leqslant y_{top}$$

假设这个公式表达了如下关系：

$$\{(x,y) \in \mathbb{R}^2 | x \geqslant x_{left} \wedge x \leqslant x_{right} \wedge y \geqslant y_{bottom} \wedge y \leqslant y_{top}\}$$

把无限关系上的操作映射到这一有限表示的相应操作上。

这一思路和第 4 章中区分抽象模型和离散模型的思想是完全一致的，即先定义一个概念模型用无限集的方式描述类型，然后定义一个离散模型将抽象模型中的所有类型转换为有限表示。这里只有一个抽象类型，即无限关系，以及一系列的离散模型，即约束关系。这些约束关系之间的不同在于它们采用了不同的精确表达形式。

下面的内容中，6.1 节首先从一个纯粹的概念视角来考虑无限关系的数据模型。特别地，我们将使用前面章节中的例子来说明空间和时空对象在这里是如何表示和查询的。然后，在 6.2 节我们介绍一个离散模型——约束关系，它能够表示概念模型中的无限关系。需要特别指出的是，关系代数也可以使用约束表示进行定义。约束模型及其代数实现的细节将在 6.3 节讨论。

6.1 抽象模型:无限关系

假设可以使用潜在的无限关系作为概念模型。现在重新考虑前面章节中讨论过的一些空间数据和移动对象的例子。

对于无限关系,第1种很显而易见的表示方法就是使用常规的关系,但允许它们是无限的。然而,一个空间对象的集合也可以被看成是形状的有限集,而其中每一个形状都是无限点集。换句话说,所有空间对象的无限点集按所属对象(形状)被分成若干子集。很自然地,为了表达这一点,我们只能引入嵌套关系的概念或者引入抽象数据类型"几何对象"(geometry)。这里几何对象类型的值是无限关系,并且可以通过关系查询语言进行操纵。在下面的章节中我们将先考虑平面关系的情况,然后再考虑嵌套和抽象数据类型的情况。

6.1.1 平面关系

在1.2.2小节中,我们介绍了一些简单地理应用中的关系[①],即

```
city (name:string,pop:int,center:point)
country (name:string,area:region)
river (name:string,route:line)
highway (name:string,route:line)
```

现在,我们用无限关系的形式重新对它们进行建模。空间类型已不再需要了,我们用 x 坐标和 y 坐标来表示空间实体,即

```
city (name:string,pop:int,x:real,y:real)
country (name:string,x:real,y:real)
river (name:string,x:real,y:real)
highway (name:string,x:real,y:real)
```

在这一表示中,城市被表示成了一个元组,因为我们假设城市的位置只用一个(中心)点表示。而河流、高速公路或者国家被表示成无数个有相同 *name* 值,但包含不同 (x,y) 对的元组。需要注意的是,这个关系模式并没有告诉我们任何相关的几何形状信息,因为这里没有空间数据类型。根据这个模式,一个城市也可以表示成区域。

现在,我们可以重新来表示1.2.2小节中的查询,它们的结果如下:

【例6.1】 法国的城市总人口是多少?

```
SELECT SUM(c.pop)
FROM city AS c,country AS s
```

---

① 这里我们使用例4.5中稍做了修改的模式,以保证和后面使用的第4章的例子一致。

```
WHERE c.x = s.x AND c.y = s.y AND s.name = 'France'
```

这个查询是可行的。如果一个城市属于法国,它将和法国无数元组中的某一个进行连接。■

【例 6.2】 查找在德国境内的莱茵河段。

```
SELECT r.x,r.y
FROM river AS r,country AS s
WHERE r.name = 'Rhine' AND s.name = 'Germany' AND
    r.x = s.x AND r.y = s.y
```

这个查询也很有效。在查询结果中,如果莱茵河的一个点能够在德国的众多元组中找到一个匹配的点,则作为结果返回。和查询涉及的基本关系一样,结果关系也是无限的,但对此我们并不关心。■

【例 6.3】 列出每个国家及其相邻国家的数量,并以列表形式返回。

```
LET neighbors =
    SELECT c1.name AS country1,c2.name AS country2
    FROM country AS c1,country AS c2
    WHERE c1.x = c2.x AND c1.y = c2.y AND c1.name # c2.name
    GROUP BY c1.name,c2.name;
SELECT country1,COUNT(*)
FROM neighbors
GROUP BY country1
```

这里,我们需要进行两次不同的分组,因此需要利用中间结果关系。如果在第 1 次分组中只按一个国家进行分组的话,就没办法在这个有无数个元组的组中找出有多少个不同的国家了。■

无论如何,我们总能容易地表达这些查询,所以这种模型看上去非常有前途和吸引力。我们只需要比较坐标,而不需要了解其他关于空间类型和操作的知识。

下面继续研究第 4 章中的例子。

【例 6.4】 (例 4.6)根据欧洲各国家的区域确定欧洲的区域范围。

```
LET Europe = SELECT x,y FROM country
```

我们只需要用欧洲各个国家的名字进行选择操作即可,毫无疑问这很简单。查询的结果是一个包含欧洲所有点的关系。■

【例 6.5】 (例 4.7)找出高速公路 A1 与莱茵河的交点。

```
LET RhineA1 =
    SELECT r.x,r.y
    FROM river AS r,highway AS h
    WHERE r.name = 'Rhine' AND h.name = 'A1' AND
        r.x = h.x AND r.y = h.y
```

这个查询没有任何问题。 ■

【例 6.6】 (例 4.8)法国和德国的共有边界有多长?

通过如下查询可以得到法国和德国共有的边界线:

```
SELECT c1.x,c1.y
FROM country AS c1,country AS c2
WHERE c1.name = 'France' AND c2.name = 'Germany'
    AND c1.x = c2.x AND c1.y = c2.y
```

然而,我们没有办法计算无限结果关系的大小,至少在没有扩展的无限关系基本模型中是不可能的。对于一个有限关系我们可以对元组进行计数,但是对无限关系进行计数是无法实现的。

假设在无限关系上有一个新的聚集函数。该函数名是 MEASURE,并且可以被应用于一个和多个实数值的列。从而,可以完整地表示查询如下:

```
SELECT MEASURE(c1.x,c1.y)
FROM country AS c1,country AS c2
WHERE c1.name = 'France' AND c2.name = 'Germany'
    AND c1.x = c2.x AND c1.y = c2.y
```

■

【例 6.7】 (例 4.9)找出慕尼黑北边 200 km 范围内的所有城市。

假设允许用户自定义函数。

```
LET distance = fun (x1,y1,x2,y2:real) …;
LET direction = fun (x1,y1,x2,y2:real) …;
```

这些定义和第 4 章中的定义是一样的。其余我们就只需要写出一个有限关系上的普通查询就可以了。 ■

现在考虑移动对象的建模。在第 1 章和第 4 章,我们介绍了如下的示例关系(例 4.10):

```
flight (id:string,from:string,to:string,route:mpoint)
weather (id:string,kind:string,area:mregion)
```

这些移动对象嵌入在三维空间中,它们的三维坐标分别是 x、y 和 t。现在也可以使用无限关系对这些移动对象进行建模,即

```
flight (id:string,from:string,to:string,
   t:real,x:real,y:real)
weather (id:string,kind:string,t:real,x:real,y:real)
```

先考虑1.4.6小节中的查询。

【例6.8】 查找所有从杜塞尔多夫起飞并且航程大于5000 km的航班。

```
LET flightDistanceFromDUS =
    SELECT f.id,MEASURE(f.x,f.y) AS length
    FROM flight as f
    WHERE f.from ='DUS'
    GROUP BY f.id;
SELECT f.id,f.length
FROM flightDistanceFromDUS as f
WHERE f.length >5000
```

首先需要进行分组,以得到分别属于每个航班的点集,然后从点集中可以求出航程。■

【例6.9】 查找航程不足500 m的飞机对。

```
SELECT f1.id,f2.id
FROM flight AS f1,flight AS f2
WHERE f1.id # f2.id AND f1.t = f2.t AND
  DISTANCE(f1.x,f1.y,f2.x,f2.y) <0.5
```

在例6.7中,我们引入了distance作为用户自定义函数。在例6.7中没有任何问题,因为distance函数是应用在有限的情况下的。但是在本例中,我们要计算的是无数个实例之间的距离。暂且不管distance函数到底能不能实现,但至少我们可以知道把distance作为系统函数还是很必要的。为了表明这一点,在上面的查询中我们用大写字母表示了该函数。■

【例6.10】 BA488航班什么时候曾被暴风雪S16包围?

```
SELECT f.t
FROM flight AS f,weather AS w
WHERE f.id ='BA488' AND w.id ='S16' AND
    f.t =w.t AND f.x =w.x AND f.y =w.y
```

这里,我们首先求出航班和暴风雪的交,然后再将它投影到时间维上。■

【例6.11】 (例4.11)法国境内受Lizzy飓风影响的面积有多大?

```
SELECT MEASURE(c.x,c.y)
FROM country AS c,weather AS w
WHERE c.name = 'France' AND w.id = 'Lizzy' AND
    c.x = w.x AND c.y = w.y
```

注意观察,这里我们是怎么通过忽略飓风的 t 坐标来完成 **traversed** 操作的。■

【例 6.12】 (例 4.11)飓风 Lizzy 是在什么时刻开始的?

```
SELECT MIN(t)
FROM weather
WHERE id = 'Lizzy'
```

这个查询同样也很简单。■

【例 6.13】 (例 4.12)飓风 Lizzy 在法国停留了多长时间?

```
SELECT MEASURE(w.t)
FROM country AS c,weather AS w
WHERE c.name = 'France' AND w.id = 'Lizzy' AND
  c.x = w.x AND c.y = w.y
```

■

【例 6.14】 (例 4.12)当飓风 Lizzy 经过法国时,KLM066 航班处于什么位置?

```
LET period =
    SELECT w.t
    FROM country AS c,weather AS w
    WHERE c.name = 'France' AND w.id = 'Lizzy' AND
        c.x = w.x AND c.y = w.y;
SELECT f.x,f.y
FROM flight AS f,period AS p
WHERE f.id = 'KLM066' AND f.t = p.t
```

■

6.1.2 嵌套关系

把空间实体集合建模成平面无限关系使我们不能得到各个对象所包含的点集。我们可以使用另一种方法把某个属性上的空间信息表示成子关系,相应地,我们得到一个嵌套关系模型,这里的嵌套只有一层。在这种情况下,我们的空间示例关系为

```
city (name:string,pop:int,x:real,y:real)
country (name:string,area:(x:real,y:real))
river (name:string,route:(x:real,y:real))
highway (name:string,route:(x:real,y:real))
```

在嵌套关系模型中,我们假设顶层关系是有限的普通关系。关系 city 没有变化,因为每个城市的元组只有一个点。我们再次考虑前两个查询。

【例 6.15】 法国的城市总人口是多少?

```
SELECT SUM(c.pop)
FROM city AS c,country AS s,s.area AS a
WHERE c.x = a.x AND c.y = a.y AND s.name = 'France'
```

现在,变量 *a* 的范围是每个国家元组的子关系 *area*。每个在法国境内的城市元组都会在法国的 *area* 子关系中找到匹配的元组。 ■

【例 6.16】 查找在德国境内的莱茵河段。

```
SELECT [ra.x,ra.y] AS part
FROM river AS r,r.route AS ra,country AS s,s.area AS sa
WHERE r.name = 'Rhine' AND s.name = 'Germany' AND
    ra.x = sa.x AND ra.y = sa.y
```

这个查询比例 6.2 中的查询要稍复杂些,因为我们还需要一个子关系的变量。查询的结果依然是一个包含无限子关系的有限关系。在这种情况下,结果关系只有一个元组,属性 *part* 包含子关系。因此,它的模式是

```
(part:(x:real,y:real))
```

■

通过使用嵌套关系,我们获得了一定的灵活性,因为我们也可以将查询结果构造成对象。

【例 6.17】 查询每条河流在德国境内的河段。

```
SELECT r.name,[ra.x,ra.y] AS part
FROM river AS r,r.route AS ra,country AS s,s.area AS sa
WHERE s.name = 'Germany' AND ra.x = sa.x AND ra.y = sa.y
```

■

下面我们把移动对象也建模在嵌套关系中。

```
flight (id:string,from:string,to:string,
  route:(t:real,x:real,y:real))
weather (id:string,kind:string,area:(t:real,x:real,
  y:real))
```

这样一来,使用一个步骤就可以表达例 6.8 中的查询了。

【例 6.18】 查找所有从杜塞尔多夫起飞,并且航程大于 5000 km 的航班。

```
SELECT f.id
FROM flight AS f
WHERE f.from = 'DUS' AND
    ELEMENT(SELECT MEASURE(r.x,r.y) FROM f.route AS r) >
    5000
```
■

6.1.3 结论

我们已经看到空间数据和移动对象上的很多查询都很容易通过无限关系的概念模型自然地进行表达。我们所使用的仅仅是进行了很小扩展的标准关系查询语言(MEASURE 和 DISTANCE)。如果可实现的话,这种模型的主要优点可以归纳如下:

- 用户不必要学习很多不同的操作来处理特定数据类型。
- 这种模型是维数无关的,所以它能够处理任意维数的空间数据。

因此,这种模型是非常吸引人的。我们来看看这一模型能够实现到什么程度。

6.2 离散模型:约束关系

6.2.1 基于约束的空间模型

基于约束方法的无限关系(k 维的点集)建模的基本思想是使用由特定原子约束组成的逻辑公式来描述关系。因此,一个 k 维关系被定义为

$$\{(x_1,\cdots,x_k) \in \mathbb{R}^k | \Phi(x_1,\cdots,x_k)\}$$

这里 $\Phi(x_1,\cdots,x_k)$ 是关于变量 $x_1,\cdots,x_k$ 的公式。这个关系包含了使公式为真的所有点。一些原子约束的例子如下:

$$x = 7.2$$

$$3x + 5.6y \leqslant 2$$

$$x^2 + y^2 + z^2 \leqslant 1$$

稍后我们将讨论约束的正确形式。通常,公式使用逻辑连接词 $\wedge$、$\vee$、$\neg$ 和量词 $\exists$、$\forall$ 进行构建。

简单的几何形状可以通过如下形式的约束公式加以表示,或如图 6.1(a)所示。

- 点 p: $x = 2 \wedge y = 3$
- 线 l: $1.5x - y = 1.5$
- 线段 s: $1.5x - y = 1.5 \wedge x \geqslant 3 \wedge x \leqslant 5$
- 半平面 h: $2x - 3y \leqslant -9$
- 圆 d: $x^2 - 14x + y^2 - 6y \leqslant -54$

约束的合取式对应于相应几何图形的一个交集。因此,半平面约束的合取式描

述了一个凸多边形,如图 6.1(b)所示。

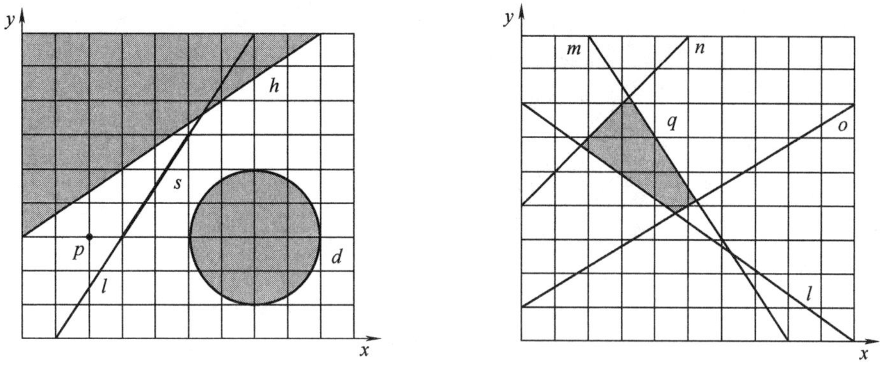

(a) 简单几何形状的约束表示　　　　(b) 一个凸多边形

图 6.1　简单几何形状和凸多边形的约束表示

- 凸多边形 q:

$$\begin{aligned} & 7x + 10y \geq 70 && (\text{半平面 } l) \\ \wedge\ & 3x + 2y \leq 24 && (\text{半平面 } m) \\ \wedge\ & -x + y \leq 4 && (\text{半平面 } n) \\ \wedge\ & -3x + 5y \geq 5 && (\text{半平面 } o) \end{aligned}$$

一个约束的合取式也可以叫做一个符号元组。它通常描述一个 k 维凸多边形。

更复杂的形状可以表示成若干符号元组的析取式,也称为符号关系。图 6.2 所示为由符号关系表示的 `point` 值 p、`line` 值 l 和 `region` 值 r。

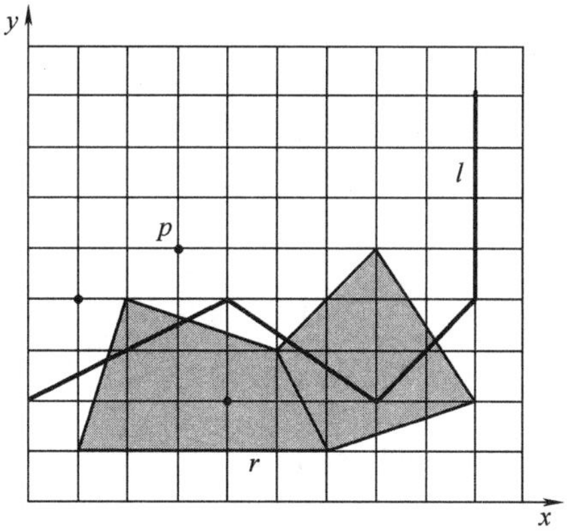

图 6.2　空间数据类型的约束表示

- `point` 值 p:

$$\begin{aligned} & (x = 1 \wedge y = 4) \\ \vee\ & (x = 3 \wedge y = 5) \end{aligned}$$

$\vee \quad (x=4 \wedge y=2)$

- `line` 值 l：

$$(-x+2y=4 \wedge x \geqslant 0 \wedge x \leqslant 4)$$
$$\vee \quad (2x+3y=3 \wedge x \geqslant 4 \wedge x \leqslant 7)$$
$$\vee \quad (x-y=5 \wedge x \geqslant 7 \wedge x \leqslant 9)$$
$$\vee \quad (x=9 \wedge y \geqslant 4 \wedge y \leqslant 8)$$

- `region` 值 r：

$$(y \geqslant 1 \wedge 3x - y \geqslant 2 \wedge x+3y \leqslant 14 \wedge 2x+y \leqslant 13)$$
$$\vee \quad (2x+y \geqslant 3 \wedge x-y \geqslant 2 \wedge 3x+2y \leqslant 31 \wedge x-3y \leqslant 3)$$

需要注意的是，约束模型其实是传统关系模型的一般化。传统关系模型只允许包含形为 *Attribute* = *Value* 的单变量等值约束，例如，表 6.1 所列关系可以表示成如下的约束关系：

(Author = "Rigaux" ∧ Title = "Spatial Databases" ∧
    Publisher = "Morgan Kaufmann")
∨ (Author = "Scholl" ∧ Title = "Spatial Databases" ∧
    Publisher = "Morgan Kaufmann")
∨ (Author = "Voisard" ∧ Title = "Spatial Databases" ∧
    Publisher = "Morgan Kaufmann")
∨ (Author = "Revesz" ∧ Title = "Introduction to Constraint Databases" ∧
    Publisher = "Springer")

表 6.1 一个传统关系

Author	Title	Publisher
Rigaux	Spatial Databases	Morgan Kaufmann
Scholl	Spatial Databases	Morgan Kaufmann
Voisard	Spatial Databases	Morgan Kaufmann
Revesz	Introduction to Constraint Databases	Springer

在这种情况下，一个符号元组表示了一个传统元组，一个符号关系就是一个标准关系。

原子约束的准确形式决定了可以表示哪些几何形状。下面是两类重要的原子约束形式：

- 多项式约束形式

$$p(x_1, \cdots, x_k) \ \theta \ b$$

其中 $p(x_1, \cdots, x_k)$ 是关于变量 $x_1, \cdots, x_k$ 的多项式，变量可以是数、变量、和式以及乘积等任意合法的表达式。θ 是比较符，b 是个常数。例如，圆可以用多项式约束表示(见图 6.1(a))。

■ 线性约束形式

$$a_1x_1 + \cdots + a_kx_k \ \theta \ b$$

线性约束只能表示线性形状,如直线、多边形、超平面以及多面体。

一方面,多项式约束在表示图形方面的表达能力明显比线性约束要高。另一方面,多项式约束实现起来要比线性约束困难得多。在后面的内容中,我们的讨论集中在线性约束上。正如我们前面已经提过的,在本书其他地方我们都使用线性约束来表达空间类型和移动对象①。

6.2.2 线性约束数据模型

下面给出线性约束数据模型的更准确的定义。

□ **定义 6.1** 一个线性约束是一个如下形式的谓词:

$$a_1x_1 + \cdots + a_kx_k \ \theta \ b$$

其中 a_i 和 b 是整形的常数,x_i 代表变量,θ 是来自集合{≤,=}的比较符。 ■

注意,我们也可以用有理数作为系数,因为有理数总可以用整数替代。此外,符号 a_ix_i 代表了 $x_i + \cdots + x_i$(a_i 次相加)。我们也可以使用谓词≥,但使用谓词≥的不等式可以使用谓词 ≤进行重写。因此,在原子公式中只需要ℝ 上的常数和变量、整数、加操作以及谓词 = 和≤。

给定线性约束,我们可以把它们作为原子公式插入到一阶逻辑中,并得到一种标准化定义的约束公式语言。

□ **定义 6.2** 线性约束公式的语言 L 定义如下:

(1) 一个线性约束是一个线性约束公式。

(2) 如果 f 和 g 是线性约束公式,则 $f \wedge g$、$f \vee g$ 和 $\neg f$ 都是线性约束公式。

(3) 如果 f 是具有自由变量 x 的线性约束公式,则 $(\exists x)f$ 和 $(\forall x)f$ 都是线性约束公式。 ■

□ **定义 6.3** 设 $S \subseteq \mathbb{R}^k$ 是一个可能的无限 k 维关系。如果存在一个线性约束公式 $\varphi(x_1, \cdots, x_k)$,其中 $x_1, \cdots, x_k$ 是 k 个不相同的自由变量,并满足

$$x_1, \cdots, x_k \in S \Leftrightarrow \varphi(x_1, \cdots, x_k)$$

为真。则 S 是一个线性约束关系。我们称 φ 是 S 的约束表示,S 是 φ 的解释。 ■

对于给定的集合 S,存在着多种可能的线性约束公式表示方法。这里,我们采用

---

① 但是,在 4.3 节和第 5 章中的移动实数表示中没有使用线性表示方法。

一种特别的范式表达，该范式具有如下特点：

■ 公式中不存在量词。

■ 公式满足析取范式（DNF）。

我们可以把任意的公式都转换成这种形式①，因为存在量词可以通过一种算法加以消除，而全称量词可以根据等式 $(\forall x)f \equiv \neg(\exists x)\neg f$ 加以消除。借助德摩根定理，可以得到析取范式，其形式如下：

$$f_1 \vee f_2 \vee \cdots \vee f_n$$

其中每个 f_i 都是原子线性约束的合取式，其形式如下：

$$g_1 \wedge g_2 \wedge \cdots \wedge g_m$$

这个范式引出前面已经提到过的符号元组和符号关系的概念。

□ **定义 6.4** 符号元组是若干线性约束的合取式。符号关系是符号元组的有限集合 R，它是 R 中所有元组的析取式。 ■

6.2.3 约束关系上的关系代数

关系查询语言是基于一阶逻辑的，比如 SQL，也叫做关系运算或者关系代数。在查询求解时，查询语言一般被转换成关系代数，然后再应用一些特殊的求解技巧。因此，如果能够定义一种可以操纵线性约束关系的关系代数，我们离无限关系上的查询语言实现就不远了。

一个线性约束关系是一个可能的无限集 $S \subseteq \mathbb{R}^k$，而符号关系 e_S 则给出了线性约束关系的一个有限表示。无限线性约束关系上的操作可以通过符号关系上的相应操作来加以实现。

关系代数操作已经众所周知。设 R_1 和 R_2 是两个关系，如下是关系代数操作：

■ 传统的集合操作：$R_1 \cup R_2$、$R_1 \cap R_2$、$R_1 - R_2$。这里，R_1 和 R_2 必须要有相同的模式（变量集）。

■ 选择操作：$\sigma_F(R_1)$。在传统的情况下，F 是个涉及 R_1 中属性和比较符（如 =、< 等）的谓词。在约束关系中，我们假设 F 是线性约束。

■ 投影操作：$\pi_{[x1,\cdots,xm]}(R_1)$。

■ 笛卡儿积：$R_1 \times R_2$。R_1 和 R_2 的模式（变量集）必须是不相交的。

■ 自然连接：$R_1 \infty R_2$。R_1 和 R_2 必须有相同的属性（变量）。

---

① 如果使用完整的比较符集合{ <，>，≥，≤，=，≠ }也是可以的，但这里我们忠实于原著（见 6.5 节），只允许集合{ ≤，= }中的元素用于线性约束。这使得在我们的模型中只能表示封闭的形状，大家可以参考 4.2.2小节中给出的对于空间数据类型的相关讨论。这样做的目的可能是因为如果只需要表示闭合形状的话，我们可以简化模型的实现。

符号关系上的操作定义如下:设 e_1 和 e_2 分别表示 R_1 和 R_2 的符号关系。

- $R_1 \cup R_2 \equiv e_1 \cup e_2$
- $R_1 \cap R_2 \equiv \{t_1 \wedge t_2 \mid t_1 \in e_1, t_2 \in e_2\}$
- $R_1 - R_2 \equiv \{t_1 \wedge t_2 \mid t_1 \in e_1, t_2 \in C(e_2)\}$,其中 $C(e_2)$ 是对应于 $\neg\, e_2$ 的线性约束公式的元组集合,且该线性约束公式满足析取范式。
- $\sigma_F(R_1) \equiv \{t \wedge F \mid t \in e_1\}$
- $\pi_{[x1,\cdots,xm]}(R_1) \equiv \{\pi_{[x1,\cdots,xm]}(t) \mid t \in e_1\}$,其中 $\pi_{[x1,\cdots,xm]}(t)$ 表示一个符号元组在变量 $x_1,\cdots,x_m$ 上的投影。
- $R_1 \times R_2 \equiv \{t_1 \wedge t_2 \mid t_1 \in e_1, t_2 \in e_2\}$
- $R_1 \infty R_2 \equiv \{t_1 \wedge t_2 \mid t_1 \in e_1, t_2 \in e_2\}$

我们看到 $R_1 \cap R_2$、$R_1 \times R_2$、$R_1 \infty R_2$ 的表达式是相同的。但是,它们是不同的操作,原因在于它们与两个参数的变量集合有关。如果进行交操作时要求双方的变量集合必须相等,进行笛卡儿积操作时要求双方变量集合必须没有交集,而进行连接操作时则要求双方变量集合必须有部分重叠。

对于符号关系 e,计算符号关系的补 $C(e)$ 是一件很困难的事。在 6.3.5 小节中我们将介绍解决此问题的算法。

把符号元组投影到它的一些变量上意味着把一个凸多面体投影到低维空间。关于这个问题的算法我们也将在后面讨论。

可以看出符号关系的求解确实有点不一样。它定义了正确的结果,但它的表示却不是最小化的。例如,在传统情况下的选择操作一般都会减少元组的数量(经常是很大程度地减小),而在符号关系中,选择操作后符号元组的数量可能保持不变,甚至会更多,因为我们加入了附加的约束。类似地,传统的交操作结果不会比任何一个参数关系大,而在符号关系中,交操作的结果与笛卡儿积一样大。

出现上述现象的原因是两个符号元组的析取式(或者是元组和选择操作约束 F 的析取式)可能会产生一个无法满足的约束(即定义了一个空关系)。这时,我们需要一个清理过程将"空"的符号元组从结果关系中移除。这个清理过程可以和其他的操作一起在生成结果元组时立即被执行,也可以将其推迟到后面去执行。

即使一个结果元组非空,它也可能会有冗余的约束。例如,如果把约束 $x \leqslant 7$ 和 $x \leqslant 4$ 放在一起,结果符号元组 $x \leqslant 7 \wedge x \leqslant 4$ 可以简化成 $x \leqslant 4$。因此,清理过程也应该包括冗余约束的去除。

在下面的内容中,我们将说明约束关系上的关系操作求解过程,包括选择、交以及投影操作。

选择操作

【例 6.19】 首先考虑一个在 `line` 值 l 上的简单选择查询(见图 6.2)。该查询是找到线 l 中位于 $x=5$ 东边的部分。在关系代数中,这个查询对应于如下选择操作:

$$\sigma_{x\geqslant 5}(l)$$

图6.5(a)所示说明了这一查询。图6.3所示显示了线 l 和区域 r 的符号关系，各个符号元组被写在不同的框中。图中我们省略了符号元组内部的合取符号 $\wedge$ 和符号元组之间的析取符号 $\vee$。

(a) 线 l 的符号关系

$-x$	$+2y$	$=$	4
x		$\geqslant$	0
x		$\leqslant$	4
$2x$	$+3y$	$=$	20
x		$\geqslant$	4
x		$\leqslant$	7
x	$-y$	$=$	5
x		$\geqslant$	7
x		$\leqslant$	9
x		$=$	9
	y	$\geqslant$	4
	y	$\leqslant$	8

(b) 区域 r 的符号关系

	y	$\geqslant$	1
$3x$	$-y$	$\geqslant$	2
x	$+3y$	$\leqslant$	14
$2x$	$+y$	$\leqslant$	13
$2x$	$+y$	$\geqslant$	13
x	$-y$	$\geqslant$	2
$3x$	$+2y$	$\leqslant$	31
x	$-3y$	$\leqslant$	3

图6.3 符号关系

$\sigma_{x\geqslant 5}(l)$的求解过程如图6.4所示。我们只是简单地把约束 $x\geqslant 5$ 加入到 l 的各个符号元组中来计算结果(图6.4(b))。

正如前面所提到的,一个真正的求解过程需要对结果的所有符号元组都进行不一致性和冗余性检查。图6.4(c)说明了这个步骤。在这个例子中,可以发现(b)中的第1个元组不一致(即定义了一个空的点集),因为任何 x 值都不能同时满足 $x\leqslant 4$ 且 $x\geqslant 5$。在第2个元组中,我们去掉了一处冗余,因为 $x\geqslant 4$ 且 $x\geqslant 5$ 可以简化成 $x\geqslant 5$。在第3个元组中,$x\geqslant 7$ 且 $x\geqslant 5$ 可以简化成 $x\geqslant 7$。最后在第4个元组中,因为有 $x=9$,所以 $x\geqslant 5$ 是冗余的。

可以发现,图6.4(c)所示的每一个结果元组都正好对应了图6.5(a)的一条结果线段。 ■

【例6.20】 第2个选择操作的例子,考虑 $\sigma_{x-2y\leqslant 0\wedge x\leqslant 6\wedge y\leqslant 7}(r)$。图6.5(b)说明了这个查询。

在这个例子中,我们只说明一下最后的简化过程(图6.6)。在第1个元组中,约束 $x\leqslant 6$ 和 $x\leqslant 7$ 是冗余的。在第2个元组中,约束 $3x+2y\leqslant 31$、$x-3y\leqslant 3$ 和 $y\leqslant 7$ 是冗余的。我们是怎么知道的呢？从图6.5(b)可以看出:冗余的约束对构造由所有约

$-x$	$+2y$	$=$	4
x		$\geqslant$	0
x		$\leqslant$	4
$2x$	$+3y$	$=$	20
x		$\geqslant$	4
x		$\leqslant$	7
x	$-y$	$=$	5
x		$\geqslant$	7
x		$\leqslant$	9
x		$=$	9
	y	$\geqslant$	4
	y	$\leqslant$	8

(a) 线 l 的符号关系

$-x$	$+2y$	$=$	4
x		$\geqslant$	0
x		$\leqslant$	4
x		$\geqslant$	5
$2x$	$+3y$	$=$	20
x		$\geqslant$	4
x		$\leqslant$	7
x		$\geqslant$	5
x	$-y$	$=$	5
x		$\geqslant$	7
x		$\leqslant$	9
x		$\geqslant$	5
x		$=$	9
	y	$\geqslant$	4
	y	$\leqslant$	8
x		$\geqslant$	5

(b) $\sigma_{x\geqslant 5}(l)$的符号关系

$2x$	$+3y$	$=$	20
x		$\geqslant$	5
x		$\leqslant$	7
x	$-y$	$=$	5
x		$\geqslant$	7
x		$\leqslant$	9
x		$=$	9
	y	$\geqslant$	4
	y	$\leqslant$	8

(c) 简化后的 $\sigma_{x\geqslant 5}(l)$ 的符号关系

图 6.4 求解过程

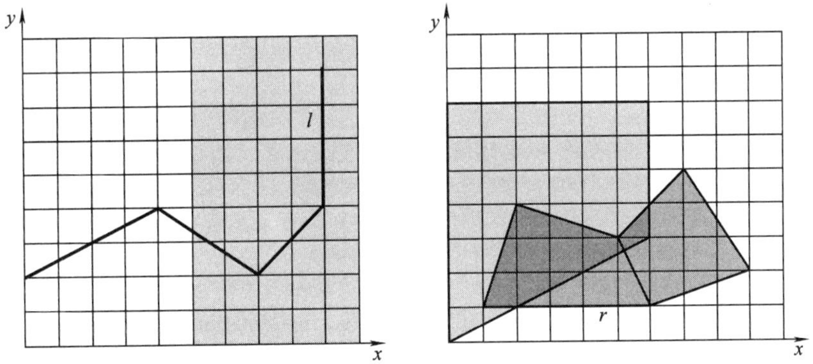

(a) $\sigma_{x\geqslant 5}(l)$　　(b) $\sigma_{x-2y\leqslant 0\wedge x\leqslant 6\wedge y\leqslant 7}(r)$

图 6.5 选择操作例子

束的交形成的凸多边形不起任何作用。约束数据库系统可以通过6.3.4小节描述的算法来判断这种冗余性。 ■

交

交的求解方法与笛卡儿积及连接相同,即构造并返回两个参数关系的所有符号元组对。

(a) 区域 r 的符号关系

	y	$\geqslant$	1
$3x$	$-y$	$\geqslant$	2
x	$+3y$	$\leqslant$	14
$2x$	$+y$	$\leqslant$	13
$2x$	$+y$	$\geqslant$	13
x	$-y$	$\geqslant$	2
$3x$	$+2y$	$\leqslant$	31
x	$-3y$	$\leqslant$	3

(b) $\sigma_{x-2y\leqslant 0\wedge x\leqslant 6\wedge y\leqslant 7}(r)$ 的符号关系

	y	$\geqslant$	1
$3x$	$-y$	$\geqslant$	2
x	$+3y$	$\leqslant$	14
$2x$	$+y$	$\leqslant$	13
x	$-2y$	$\leqslant$	0
x		$\leqslant$	6
y		$\leqslant$	7
$2x$	$+y$	$\geqslant$	13
x	$-y$	$\geqslant$	2
$3x$	$+2y$	$\leqslant$	31
x	$-3y$	$\leqslant$	3
x	$-2y$	$\leqslant$	0
x		$\leqslant$	6
y		$\leqslant$	7

(c) 简化后的 $\sigma_{x-2y\leqslant 0\wedge x\leqslant 6\wedge y\leqslant 7}(r)$ 的符号关系

	y	$\geqslant$	1
$3x$	$-y$	$\geqslant$	2
x	$+3y$	$\leqslant$	14
$2x$	$+y$	$\leqslant$	13
x	$-2y$	$\leqslant$	0
$2x$	$+y$	$\geqslant$	13
x	$-y$	$\geqslant$	2
x	$-2y$	$\leqslant$	0
x		$\leqslant$	6

图 6.6　符号关系

【例 6.21】　考虑线 l 和区域 r 的交,如图 6.7(a)所示。图 6.7 给出了计算得到的结果符号关系。■

练习 6.1　对图 6.7 中的关系进行简化。■

投影

投影操作稍复杂。我们可以通过所谓的 Fourier-Motzkin 消去法来求解投影的结果。该方法能从若干约束 C 的合取式中消除一个变量。这相当于将 k 维多面体投影到 $k-1$ 维空间中。这里假设 C 中的每个约束都包含 y 的不等式。这一方法主要包括以下 2 个步骤:

(1) 对于 C 的每个约束,分离其中的 y 不等式。这一步将 C 的全部约束分为了 2 个子集:

——形为 $y\geqslant\alpha_i, i=1,\cdots,l$

——形为 $y\leqslant\beta_j, j=1,\cdots,m$

(2) 用 $\{\alpha_i<\beta_j \mid i=1,\cdots,l, j=1,\cdots,m\}$ 替代 C。

第 2 步是合理的,因为对于任何满足 C 中所有约束的点 $(x_1,\cdots,x_{k-1},y)$,y 的下界 α_i 必定小于或等于 y 中的上界 β_j。

−x	+2y	=	4	−x	+2y	=	4
x		≥	0	x		≥	0
x		≤	4	x		≤	4
	y	≥	1	2x	+y	≥	13
3x	−y	≥	2	x	−y	≥	2
x	+3y	≤	14	3x	+2y	≤	31
2x	+y	≤	13	x	−3y	≤	3

2x	+3y	=	20	2x	+3y	=	20
x		≥	4	x		≥	4
x		≤	7	x		≤	7
	y	≥	1	2x	+y	≥	13
3x	−y	≥	2	x	−y	≥	2
x	+3y	≤	14	3x	+2y	≤	31
2x	+y	≤	13	x	−3y	≤	3

x	−y	=	5	x	−y	=	5
x		≥	7	x		≥	7
x		≤	9	x		≤	9
	y	≥	1	2x	+y	≥	13
3x	−y	≥	2	x	−y	≥	2
x	+3y	≤	14	3x	+2y	≤	31
2x	+y	≤	13	x	−3y	≤	3

x		=	9	x		=	9
	y	≥	4		y	≥	4
	y	≤	8		y	≤	8
	y	≥	1	2x	+y	≥	13
3x	−y	≥	2	x	−y	≥	2
x	+3y	≤	14	3x	+2y	≤	31
2x	+y	≤	13	x	−3y	≤	3

图 6.7 $l\cap r$ 的符号关系

在对符号元组进行投影时,不包含变量 y 的约束保持不变,如果存在包含 y 的等式,该等式可以转换成 $y=\gamma$。然后,在投影中把所有的 y 都替换成 γ 即可。

【例 6.22】 把区域 r 投影到 x 轴上,如图 6.8(b)所示,即计算 $\pi_x(r)$。图 6.9 所示为第 1 步后的结果,图 6.10 所示为第 2 步的结果。

最后,依然可以对得到的符号元组进行简化。图 6.11 所示为简化后的结果关系。可以看到,这是区域 r 的两个子多边形在 x 轴上的正确投影结果。也可以看到,图 6.11 中的两个符号元组的凸区域(区间)存在着部分重叠。也可以继续应用一个

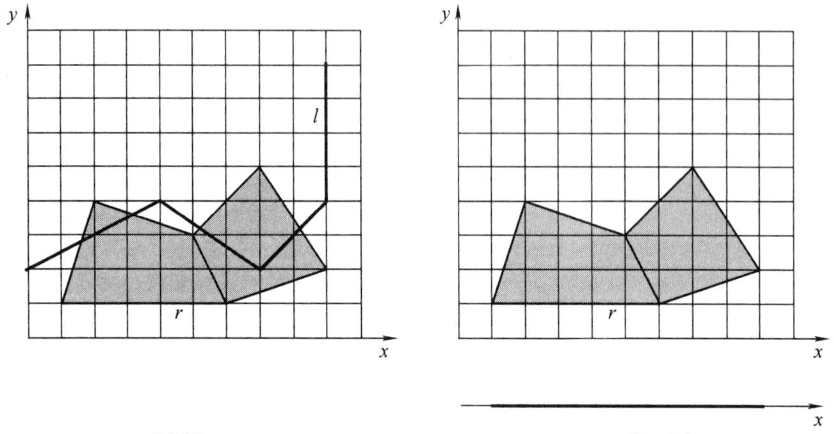

(a) $l \cap r$ (b) $\pi_x(r)$

图 6.8 交操作、投影操作例子

	y	$\geqslant$	1
$3x$	$-y$	$\geqslant$	2
x	$+3y$	$\leqslant$	14
$2x$	$+y$	$\leqslant$	13
$2x$	$+y$	$\geqslant$	13
x	$-y$	$\geqslant$	2
$3x$	$+2y$	$\leqslant$	31
x	$-3y$	$\leqslant$	3

(a) 区域 r 的符号关系

y	$\geqslant$	1	
y	$\leqslant$	$3x$	-2
y	$\leqslant$	$-1/3x$	$+14/3$
y	$\leqslant$	$-2x$	$+13$
y	$\geqslant$	$-2x$	$+13$
y	$\leqslant$	x	-2
y	$\leqslant$	$-3/2x$	$+31/2$
y	$\geqslant$	$1/3x$	-1

(b) 分离后的变量 y（第1步）

图 6.9 第 1 步

	1	$\leqslant$	$3x$	-2
	1	$\leqslant$	$-1/3x$	$+14/3$
	1	$\leqslant$	$-2x$	$+13$
$-2x$	$+13$	$\leqslant$	x	-2
$-2x$	$+13$	$\leqslant$	$-3/2x$	$+31/2$
$1/3x$	-1	$\leqslant$	x	-2
$1/3x$	-1	$\leqslant$	$-3/2x$	$+31/2$

(a) 第 2 步结果

1	$\leqslant$	x
x	$\leqslant$	11
x	$\leqslant$	6
5	$\leqslant$	x
-5	$\leqslant$	x
$3/2$	$\leqslant$	x
x	$\leqslant$	9

(b) 求解后的约束

图 6.10 第 2 步

针对整个符号关系而不是仅针对单个符号元组的简化步骤，这样就可以把两个符号元组集合合并成一个，结果关系的两个约束分别是 $1\leqslant x$ 和 $x\leqslant 9$。 ■

1	$\leqslant$	x
x	$\leqslant$	6
5	$\leqslant$	x
x	$\leqslant$	9

图 6.11 $\pi_x(r)$的最终结果

练习 6.2 考虑符号元组 $t\equiv$

$$2x+3y+5z\leqslant 30 \land x\geqslant 0 \land y\geqslant 1 \land z\geqslant 2$$

请消除变量 z，即计算 $\pi_{x,y}(\{t\})$。 ■

6.3 约束模型的实现

在本节中，我们考虑实现一种约束模型，该模型与 6.2 节中介绍的模型类似。我们描述的实现策略基本源自原型系统 Dedale（见 6.5 节）。首先，这个原型处理的是二维空间值。也可以通过附加的一些概念来处理某些高维空间值，只要这些高维空间值有一个位于二维或者更低维空间中的键值。这使得我们能够表达出各种空间的值，比如在(x,y,z,t)四维空间中的移动点，因为这些移动点是从 t（一维）映射到三维空间的函数。我们也可以表达(x,y,z)三维空间中的数字地形模型，因为它是一个从 xy 映射到 z 的函数。

6.3.1 约束关系的表示

顶层的约束关系是有限的，而且和任何其他关系或者对象关系系统中的关系相同，因此我们可以用标准的方法进行实现。例如，一个关系可以表示成记录的集合，并存放在文件中，其中的记录和文件抽象则由底层的存储管理器提供，存储管理器也同时负责处理事务、日志、锁以及恢复等问题。

表示无限嵌套关系的符号子关系或约束公式可以像其他非标准的属性那样存储，即作为变长的二进制存储对象。这要求数据库管理系统提供某种机制以处理变长以及可能很大的属性值。这些要求和 5.1.1 小节讨论过的实现空间和时空数据类型的要求是一致的。

6.3.2 符号关系（约束公式）的表示

我们假设下文中的符号关系都是范式关系。

线性约束 $a_1x_1 + \cdots + a_kx_k\theta b$ 表示一个包含系数 $a_1,\cdots,a_k$、b 和约束类型（≤和=）的简单数据结构，在磁盘中的存储结果是一个紧凑的存储块和一个字节流，我们称其为约束字节块。

约束元组由其所有对应的约束字节块构成。我们需要一个管理器来管理每个约束的存储位置，其复杂程度取决于约束字节块是定长的还是变长的。存放到存储设备上的约束元组仍是一个字节块，我们称其为元组字节块。

约束关系由其所有元组对应的元组字节块构成，这也需要额外的附加信息来记录每个元组字节块的位置。约束关系的存储结果称为关系字节块。

另外，我们还需要存储满足约束关系的 k 维空间点的最小包围盒，它是一个形为 $((min_1,\cdots,min_k),(max_1,\cdots,max_k))$ 的元组。包围盒的作用是加快计算速度，这和 5.1.3 小节和 5.2.1 小节的包围盒是一样的。

符号关系以范式的形式存储，这意味着：

（1）它满足析取范式。这表明在几何上空间实体都已被分解成凸的部件。

（2）合取式中没有冗余的约束。例如，$x\leqslant 3$ 和 $x\leqslant 5$ 不能同时出现在一个合取式中。

（3）合取式中没有不一致的约束（即每个约束都可以被满足），例如，$x\leqslant 3$ 和 $x\geqslant 5$ 不能出现在同一个合取式中。

（4）元组中的约束是按某种确定顺序存储的。这有利于高效地将元组转换成向量模式的表示结构。例如，在用户接口上显示数值时（见 6.3.3 小节）需要这种约束顺序。

总之，符号关系存储为（*mbb*，*ref*）对，其中 *mbb* 是最小包围盒，*ref* 是指向关系字节块所在位置的指针。在 Dedale 原型中，不同层次元组的关系字节块顺序地存放在二进制存储区中，如图 6.12 所示。

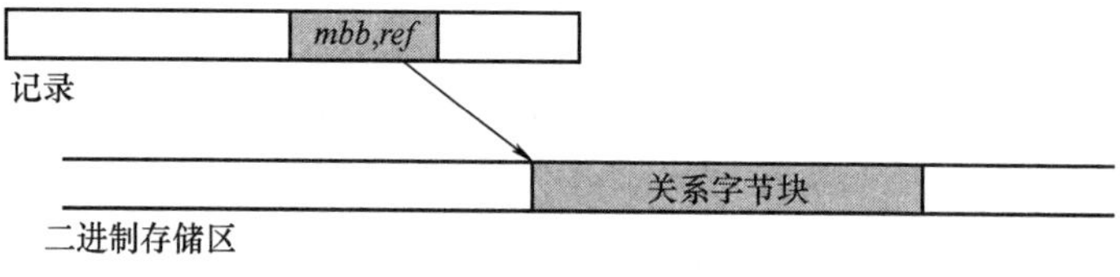

图 6.12 符号关系的存储

6.3.3 数据装载和转换

二维空间中的空间数据通常都以矢量格式（或者边界）表示。现在来考虑空间数据如何才能转换成范式形式的约束关系，一个基本要求是空间数据必须分解成一个凸的形状集合。

二维空间数据通常以点、折线和多边形的形式出现。一个点 (x_0,y_0) 表示一个约束元组，即

$$x = x_0 \wedge y = y_0$$

一条折线表示为一个符号关系,其中折线的每个线段是一个约束元组。该元组由5个约束组成,即一个描述线段的约束和另外4个描述线段包围盒的约束。例如,6.2.1小节中的 `line` 值 l 的第1个线段可以表示为

$$-x + 2y = 4 \wedge x \geqslant 0 \wedge x \leqslant 4 \wedge y \geqslant 2 \wedge y \leqslant 4$$

每条线段都是一个凸的部件。使用4个约束来描述包围盒(而不是只在 x 或 y 上用2个约束)使得我们可以对特殊情况如水平或垂直线进行快速、简单的处理。因此,把点和折线转换成约束表示是不成问题的。唯一的难题是如何把多边形分解成凸的部件。

如果已经有了一个三角化算法,那么一个简单的想法是把多边形分解为三角形。然而,这将导致很大数目的凸的部件(=符号元组)。为了保证计算的高效性,我们希望能把多边形表示成最小数量的凸部件。

目前已经有一种算法可以把多边形分解成最优数量的凸部件。但是该算法很复杂,而且该算法的时间复杂度太大——$O(r^2 n\log n)$,其中 r 是所谓的凹点的数量。凹点是多边形中内角大于 π 的顶点。

在下面的内容中,我们描述一些相对简单的算法,这些算法不能得出一个最优分解,但是也不会导致过多的凸部件。我们将这些算法分成三部分进行描述:

- 把多边形分解成单调多边形
- 单调多边形三角化
- 通过三角化构建凸多边形

把多边形分解成单调多边形

首先,我们对所谓的单调多边形很感兴趣,因为有一个简单的算法可用于单调多边形的三角化。一个关于 x 轴的单调多边形定义为:当且仅当该多边形存在一个上边界和一个下边界,并且每个边界都是一个单调的多边形链。

□ **定义 6.5** 多边形链是平面中的点序列 $\langle p_0, \cdots, p_n \rangle$ ($p_i \in \mathbb{R}^2$),它表示了一个边的序列 $\langle (p_0, p_1), (p_1, p_2), \cdots, (p_{n-1}, p_n) \rangle$。 ■

□ **定义 6.6** 如果一个多边形链 $\langle p_0, \cdots, p_n \rangle$, $\forall i \in \{0, \cdots, n-1\}$ 都满足 $p_{i+1}.x \geqslant p_i.x$,则称它关于 x 轴单调(简称单调)。 ■

也就是说,一个单调多边形链和任意垂直线的交点最多只有一个。

□ **定义 6.7** 如果一个简单多边形的边界可以用两条单调多边形链表示,则称该多边形是(关于 x 轴的)单调多边形。 ■

图 6.13 说明了这些概念。

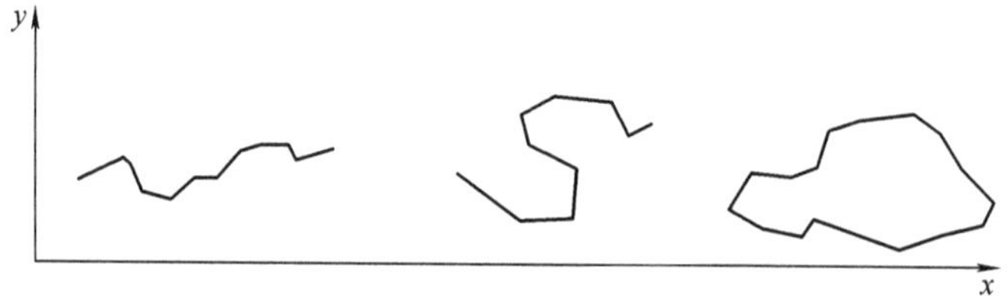

(a) 单调多边形链　(b) 非单调多边形链　(c) 单调多边形

图 6.13 概念图示

现在的问题是如何把任意的简单多边形分解成一组单调多边形。考虑图 6.14(a)所示的多边形。可以看到，通过加入图 6.14(b)所示的粗线，该多边形可以分解成若干单调多边形。

(a) 简单多边形和其内尖角　(b) 由分解算法添加的分割线

图 6.14 将多边形分解成若干单调多边形

在简单多边形中有一些特定的点——即凹点(内部角大于 π 的点)——会使其成为非单调多边形。多边形中和凹点相邻的两条边是在一条通过该凹点的垂直线的同一侧。我们把这些凹点叫做内尖角。如果内尖角相邻的边都在垂直线左侧(右侧)，那么该内尖角就叫做左(右)尖角。在图 6.14(a)中，箭头所指的都是内尖角。

为了构造单调多边形，每个内尖角都需要通过一条线段(称为分割线)和多边形的其他顶点连接。分割线用来分割不同的单调多边形(见图 6.14(b))。

分割线可以通过沿着 x 轴的平面扫描算法得到。与尖角 c 连接的顶点 v 通过下面的规则选取。设 l 和 m 是多边形中在尖角 c 上方和下方离 c 最近的两条边。设 c 的尖角区域是一个由通过 c 的垂直线、边 l 和 m 以及另一条垂直线构成的梯形区域，其中最后一条垂直线是经过在 x 方向上离 c 最近并且位于 l 和 m 之间的顶点的垂直线。这个最近的顶点记做 v，它可以是 l 或 m 的顶点或者是另外一个尖角，如图6.15所示。

平面扫描算法对于每个顶点都需要处理多种类型的变换，如图 6.16 所示，其中阴影部分是多边形所在的位置。

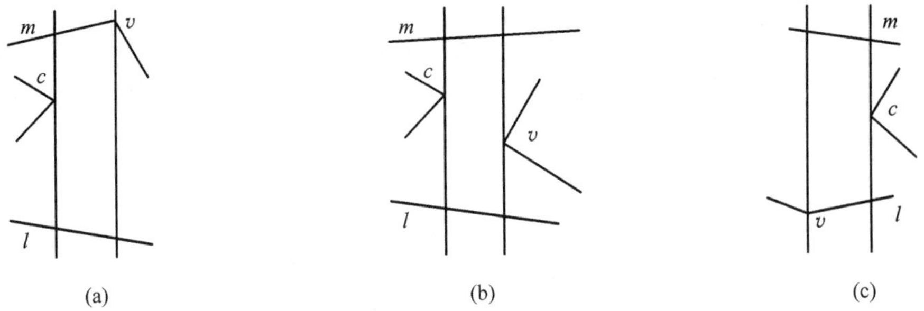

图 6.15 尖角区域

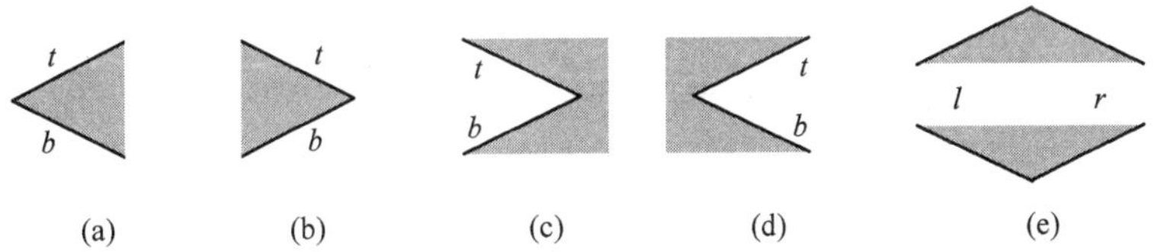

图 6.16 平面扫描中 5 种可能的变换

扫描状态结构是当前和扫描线相交的边的列表,这些边扫描状态结构按 y 维上的顺序有序排列。另外,它还保存了当前尚未处理的尖角信息,即扫描线没有完全通过的尖角区域所对应的尖角。扫描状态结构中的每条边还包含了一个多边形标识符(用于标识返回的单调多边形)以及一个标记,该标记来自集合 $\{l,u\}$,并指示该条边属于上部边界还是下部边界。图 6.17 所示为这种编号方式,这样我们就可以返回各个单调多边形。可以看到,由算法产生的每条分割边实际上都对应了两条分别属于两个不同单调多边形的边。

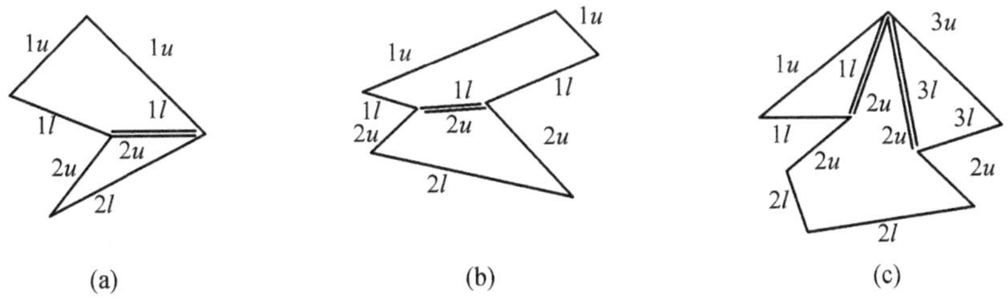

图 6.17 单调多边形的边编号

算法 6.1 分解成单调多边形

Input:简单多边形 P,P 的边集合为 S。

Output:一组单调多边形 $M_1,\cdots,M_n$,它们的并集是 P。每个单调多边形 M_i 以 (L_i,U_i) 对的形式返回。L_i 和 U_i 分别是组成 M_i 下部边界和上部边界的边序列。

Method:

Step 1:平面扫描算法的准备阶段,S 中的每条边用其左、右端点表示(或半段)。通过 x 坐标对所有的半段排序。这个结果记为扫描事件结构 SE。

Step 2:设 SS 是扫描状态结构,初始为空。扫描 SE 中的半段,并处理图 6.16 中 5 种类型的变换。在所有的变换中,设 b 和 t 分别是下部线段和上部线段,l 和 r 分别是左边线段和右边线段,设 v 是所涉及的点。

Case (a)——左端点:产生一个新的多边形标识符 i。把边 (b,i,l) 和 (t,i,u) 存入 SS 中。

Case (b)——右端点:在 SS 中找出边 (b,i,l) 和 (t,j,u)。

if 在边 (b,i,l) 和 (t,j,u) 之间存在尖角 (w,m,n) **then**

创建分割边 $(w-v,m,u)$ 和 $(w-v,n,l)$ 并输出。从 SS 中删除尖角 (w,m,n)。

endif;

输出 (b,i,l) 和 (t,j,u),并将它们从 SS 中删除。

Case (c)——左尖角:在 SS 中找出 (b,i,u) 和 (t,j,l) 并输出。然后将它们从 SS 中删除,并把尖角 (v,i,j) 加入到它们原来所在的位置。

Case (d)——右尖角:在 SS 中找到分别在点 v 下、上,且离点 v 最近的边 $(bottom,i,l)$ 和 (top,j,u)。

if 在 SS 的边之间存在尖角 (w,m,n) **then**

创建分割边 $(w-v,m,u)$ 和 $(w-v,n,l)$ 并输出。从 SS 中删除尖角 (w,m,n)。

$lower := m; higher := n;$

else 不失一般性,设 (top,j,u) 是左端点的 x 值较大的边,这里的 x 值介于边 $(bottom,i,l)$ 和 (top,j,u) 的 x 值之间,并设 w 是这个左端点。产生一个新的多边形标识符 k。创建分割边 $(w-v,j,u)$ 和 $(w-v,k,l)$ 并输出。用 (top,k,u) 替代原来在 SS 中的 (top,j,u)。(一个标识符为 k 的新单调多边形被创建,边 top 现在属于该多边形,见图 6.17(c)。)

$lower := j; higher := k;$

(边 $bottom$ 具有较大端点值的情况可以做类似处理。)

endif;

把 $(b,lower,u)$ 和 $(t,higher,l)$ 加入到 SS 中。

Case (e)——混合情形:不失一般性,设 l 和 r 是上部边。在 SS 中找到 (l,j,u),并令

higher: $=j$;

if 在 *SS* 中(l,j,u)下面且离它最近的尖角(w,m,n)存在 **then**

创建分割边$(w-v,m,u)$和$(w-v,n,l)$并输出。从 *SS* 中删除尖角(w,m,n)。

higher: $=m$;

endif;

输出边(l,j,u),并将它从 *SS* 中删除。将$(r,higher,u)$加入 *SS* 中。

(l 和 r 是下部边的情况可以做类似处理。)

end.

算法的第 1 步因为需要对左、右端点进行排序,所以需要 $O(n\log n)$ 时间。在第 2 步中,如果用平衡树结构表示按 y 维有序的边序列,则每个变换需要的时间为 $O(\log n)$。因此,第 2 步以及整个算法的时间复杂度都是 $O(n\log n)$。

将单调多边形三角化

单调多边形三角化主要是指添加对角线,即由多边形的点构成的完全在多边形内部且不和其他对角线相交的线段。三角化算法以 x 上的增序扫描关于 x 轴的单调多边形。只要有可能,它就添加一条对角线,并从多边形中分解出一个三角形,我们把剩下的还没有被三角化的多边形叫做剩余多边形。图 6.18 所示为一个根据三角化算法添加了对角线的多边形例子。

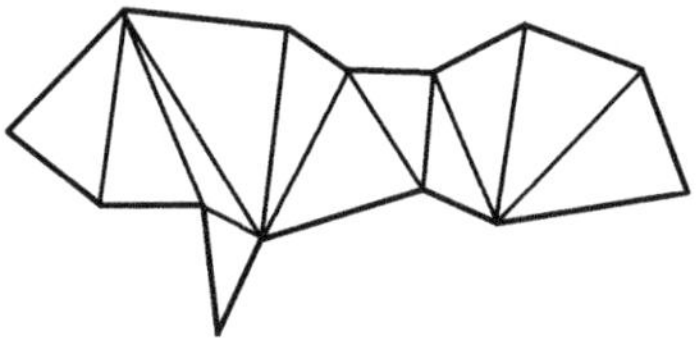

图 6.18　添加了对角线的单调多边形

三角化算法需要维护一个顶点的堆栈结构$\langle q_1,\cdots,q_i\rangle$,栈内存放了已经被算法处理过但是不能形成对角线的顶点。栈$\langle q_1,\cdots,q_i\rangle$具有如下性质:

(1) $\langle q_1,\cdots,q_i\rangle$是以 x 上的增序排列的。

(2) $\langle q_1,\cdots,q_i\rangle$形成了剩余多边形上的单调多边形链。

(3) 由$\langle q_2,\cdots,q_{i-1}\rangle$组成的剩余多边形的内角至少是 π。

(4) 下一个被处理的顶点要么是和 q_1 相邻,要么和 q_i 相邻,或者和它们都相邻。

下面给出了具体的算法。

算法 6.2　三角化单调多边形

Input:单调多边形 P,P 包含下边界 L 和上边界 R,L 和 R 中所有边都在 x

轴上有序。

Output:P 的三角划分(即一个三角形的集合且所有三角形的并是 P)。

Method:

Step 1:并行扫描 L 和 R,得出多边形 P 在 x 上有序的顶点序列 $p_1,\cdots,p_n$。

Step 2:初始化栈为 $\langle p_1,p_2\rangle$。扫描 $p_3,\cdots,p_n$:

设 $\langle q_1,\cdots,q_i\rangle$ 代表栈,q 是下一个要处理的点。

Case (a):q 和 q_1 相邻但是不和 q_i 相邻(图 6.19(a))

添加对角线 $(q,q_2),(q,q_3),\cdots,(q,q_i)$,输出对应的三角形。

用 (q_i,q) 替代栈中的内容。

Case (b):q 和 q_i 相邻但是不和 q_1 相邻(图 6.19(b))

$j:=i$;

while $j>1$ 并且内部角 (q_{j-1},q_j,q) 小于 π **do**

添加对角线 (q,q_{j-1});

输出相应三角形 (q,q_{j-1},q_j);

从栈中删除 q_j;

$j:=j-1$;

endwhile;

q 进栈。

Case (c):q 和 q_1、q_i 都相邻(图 6.19(c))

添加对角线 $(q,q_2),(q,q_3),\cdots,(q,q_{i-1})$,输出对应的三角形包括三角形 (q,q_{i-1},q_i)。这里的 q 已经就是多边形最后的一个顶点 p_n。

end.

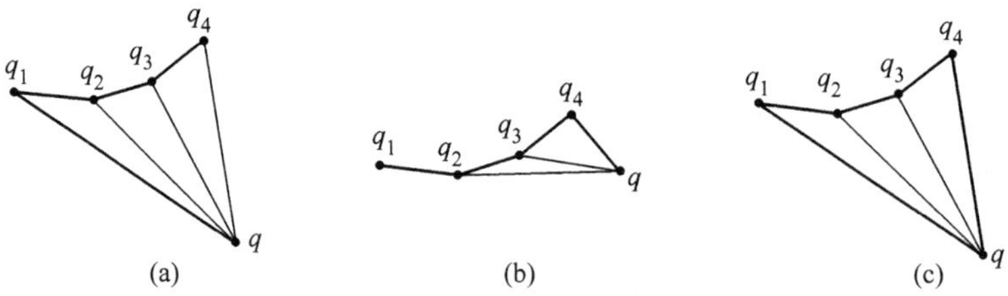

图 6.19 算法 6.2 的 3 种情况

三角化算法正确性的关键在于所有加入的对角线必须在多边形内部,这一点很容易检验。在(a)和(c)中,顶点 q 和 $q_2,\cdots,q_i$ 分别在通过 q_1、q_2 的直线的两边,而剩余多边形的所有其他顶点的 x 值都比 q 大。因此,算法加的对角线是正确的。(b)的情况与此类似。

对于该算法的时间复杂度分析,很重要的一点就是三角化后的三角形个数与多边形顶点个数之间是满足线性关系的。

练习 6.3 证明 n 个顶点的简单多边形的任意三角化可以得到 $n-2$ 个三角形和 $n-3$ 条对角线。

提示:一条对角线把一个多边形分解成了两个具有较少结点的多边形。 ■

现在我们可以分析算法 6.2 的时间复杂度了。第 1 步合并两个有序的序列只需要 $O(n)$ 时间。第 2 步,每个顶点按照(a)到(c)3 种情况中的某一种进行处理,这只需要常数时间(如果不包括对角线的创建和三角形的输出)。在练习 6.3 中已经知道,对角线和三角形的总数量是 $O(n)$。因此,整个算法最终的时间复杂度为 $O(n)$。

结合算法 6.1,我们现在得出一个完整的简单多边形三角化算法,并且它的时间复杂度为 $O(n \log n)$。

通过三角化构建凸多边形

给定了简单多边形 P 的一个三角划分,我们很容易把 P 分解成凸的部件(多边形)。

算法 6.3 将简单多边形分解为凸部件集合

Input:单调多边形 P 和 P 的三角化结果 T。

Output:凸多边形的集合,它们的并等于 P。

Method:

设 D 是三角划分 T 中的对角线集合,即,三角形中属于三角形但是不属于 P 的边。

以任意顺序考虑 D 中的边。

for each D 中的边(q,r) **do**

  if 从D 中删除(q,r)后 q 和 r 的内部角都将小于 π **then**

    将(q,r)从 D 中删除

  endif;

endfor;

输出剩余多边形;

end.

该算法正确创建了凸多边形集合,它以三角形起始(三角形是凸多边形),然后通过删除一条边来合并两个相邻的凸多边形,并保证合并得到的多边形仍是凸的。

对于一个有 n 个顶点的多边形,三角形和对角线的数量是 $O(n)$。该算法中,每条对角线可以在常数时间内被检测出来(这将在练习中说明)。因此,算法执行的时间是 $O(n)$。

剩下的问题就是算法产生的分解究竟有多好,即算法所创建的凸多边形数量和最优凸多边形数量相比相差多少。

定理 6.1 算法 6.3 中多边形 P 分解出的凸多边形的数量小于最优凸多边形数量的 4 倍。

证明:设 OPT 是最优多边形数量,c 是算法产生的凸多边形数量,r 是 P 中凹点的数量(内部角大于 π 的顶点)。设 D'是在 P 上应用算法后 P 中剩下的对角线的数量(即分割不同凸多边形的对角线)。注意,到每个凹点都需要 D'中的一条分割边,并且两个凹点可能共享同一条分割边,因此,我们得到 OPT 的下界为

$$OPT \geqslant 1 + \lceil r/2 \rceil$$

现在,把 D'中的每条边和它的一个端点 p 对应——p 就是使得该边没有在分解过程中被删除的那个端点。每个凹点最多和 D'中 2 条边对应。

下面说明为什么每个凹点最多和 D'中 2 条边对应。我们提出一个矛盾的假设:一个凹点可以和 D'中 3 条边对应。设这 3 条边及 P 中形成凹点的 2 条边,按逆时针分别编号为 e_1、e_2、e_3、e_4、e_5(图 6.20)。

现在,为了使 e_2 存在,e_1 和 e_3 组成的角肯定要大于 π,同样,为了使 e_4 有意义,e_3 和 e_5 组成的角肯定要大于 π。但是这就意味着 e_1 和 e_5 组成的角大于 2π,这显然是不成立的。因此,最多有 2 条 D'中的边和一个凹点对应。于是可以得到对角线数量 d 的上界,即

$$d \leqslant 2r$$

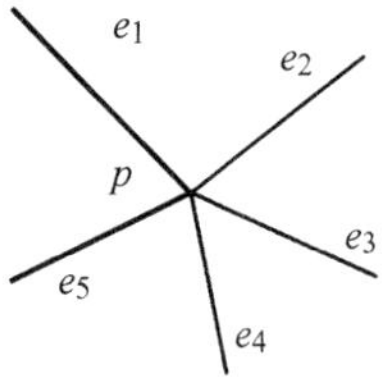

图 6.20 凹点周围的边

因为 $c = d + 1$,所以凸多边形数量 c 的上界为

$$c \leqslant 2r + 1 = (2r + 4) - 3 \leqslant 4OPT - 3$$

证毕。 ■

综上所述,我们得到了一种能把简单多边形分解成数量较少的凸多边形的有效算法。

现在每个凸多边形都被表示成约束的合取式,这些约束把多边形的边定义成了半平面。在元组字节块中这些约束以顺时针顺序存储。这样我们就可以通过线性扫描约束元组来重建多边形,比如在屏幕上绘制多边形。

因此,现在我们已经达到了将给定多边形数据转换成约束表示的目标。

6.3.4 符号元组的规范化

查询处理的一个重要任务就是符号元组的规范化。规范化的目的是将约束的合取式转换成 6.3.2 小节描述的范式。特别地,我们需要检查约束的可满足性,并且需要删除冗余的约束。

规范化算法的流程大致如下：首先，扫描给定元组，统计含有“=”的约束个数。除退化的情况以外，如果该数大于2，则该元组是无法满足的；如果等于2，说明该元组描述了一个点；如果等于1，说明该元组描述了一条线段；否则，说明该元组描述了一个多边形。在最后一种情况下，我们调用一个半平面的交操作算法，该算法接着会调用一个凸多边形的交操作算法。下面我们自底向上地描述这些算法。这些算法按顺序分别是：

- 计算两个凸多边形的交
- 计算一组半平面的交
- 规范化

计算两个凸多边形的交

两个凸多边形的交仍是一个凸多边形，该算法的思想如图6.21所示。我们对两个多边形的每个顶点都作一条经过该顶点的垂直线，从而把平面分成垂直的条带，或者称为分片。任意一个凸多边形和每个分片的交集都是一个梯形（有时候可能会退化成三角形）。通过对两个凸多边形进行交操作得到的多边形是每个分片内两个梯形的交的并集。最后一步并操作可以在常数时间内完成。

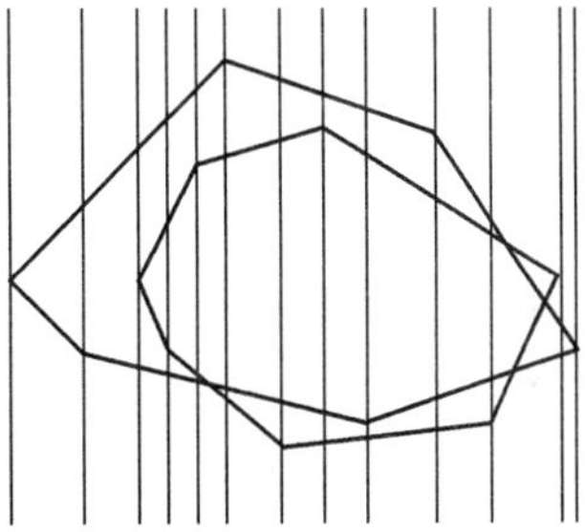

图6.21 两个凸多边形的交

算法6.4 *CPI*(P,Q)（求凸多边形的交）

Input：凸多边形P和Q，它们的点序列以顺时针方向给出。

Output：多边形$P\cap Q$。

Method：

(1) 分别计算P的上边界、P的下边界、Q的上边界和Q的下边界的按x轴有序的分片序列。下边界的点是按x轴上的降序排列的，但我们只需要线性时间即可完成顺序的颠倒，比如使用一个堆栈。得到的每个分片都有一条来自多边形的底部边或者顶部边。

(2) 将4个分片的序列合并为一个新的分片序列。现在，每个分片都和一个或两个梯形相关。

(3) 对于每个分片，计算在这个分片内的两个梯形的交集（如果只有一个，交集为空）。

(4) 顺序扫描所有分片内的两个梯形的交集，将它们合并成多边形。返回这个多边形。

end.

第1步按顺时针方向扫描P和Q中的顶点可以在线性时间内实现。第2步是合并有序序列，它也可以在线性时间内完成。第3步对于每个分片的计算需要常数时间，因此，它也与分片数量和点数量成线性关系。第4步也是线性的。因此，对于两个分别有 m 和 n 个顶点的凸多边形，算法6.4共需要的时间为 $O(m+n)$。

计算一组半平面的交

这个算法的思想很简单：我们通过对每个半平面和一个足够大的矩形求交集的方法将它们转换成凸多边形。在每次递归调用中，分别计算两个半平面子集各自的交，即凸多边形集合，然后通过计算这些凸多边形的交自底向上地合并凸多边形中蕴含的约束子集。

算法 6.5 *HPI*(C)（求半平面的交）

Input：定义半平面的不等约束集合 C。

Output：一个凸多边形，它表示了 C 中不存在冗余的约束。

Method：

设 $C=\{C_1,\cdots,C_n\}$，*RECT* 是一个足够大的矩形。

if $|C|=1$ **then**

return $C_1 \cap RECT$

else return $CPI(HPI(\{C_1,\cdots,C_{\lceil n/2\rceil}\}),HPI(\{C_{\lceil n/2\rceil+1},\cdots,C_n\}))$

endif

end.

这是一个平衡的分治算法。这里的合并过程（即计算两个凸多边形的交集）需要的时间为 $O(n)$，所以总的时间复杂度是 $O(n\log n)$。

规范化

现在描述规范化算法了。为了简化描述，我们不处理退化的情况（即表示平行线的两个约束或者无边界的对象）。算法的输入/输出都是一个表示符号元组的数据结构，它由以下字段组成：

- *constraints*：组成元组的元组线性约束集合
- *type*：属于集合{*Unknown*, *Point*, *Segment*, *Polygon*}的一个类型描述
- *mbb*：约束所表示的点集的包围盒
- *normal*：指示元组是否已进行规范化的布尔值

算法用到了两个辅助函数：函数 *MBB* 返回一个给定多边形的包围盒，函数 *ToConstraints* 返回一个凸多边形的约束表示。以下为具体的规范化算法流程：

算法 6.6 符号元组的规范化

Input：符号元组 t。

Output：规范化的符号元组 t'。

```
Method:
    t'.constraints: = ∅; t'.type: = Unknown; t'.mbb: = ∅; t'.normal: = true;
    设 CEQ 是 t.constraints 的等值约束(线)的子集,CNE = t.constraints \
    CEQ (半平面);
    if |CEQ| > 2 then                    //元组是不可满足的,不修改 t'
    elsif |CEQ| = 2 then                 //点 p
      if CNE 中的每个约束包含 p then
            t'.constraints: = (x = p.x ∧ y = p.y);
            t'.type: = Point;
            t'.mbb: = MBB(p);
      endif
    elsif |CEQ| = 1 then                 //线段
      设 c 是 CEQ 中已转换成半平面约束的约束;
      if HPI(CNE ∪ {c})不空 then
            t'.constraints: = CEQ ∪ ToConstraints ( MBB ( HPI ( CNE ∪
            {c})));
            t'.type: = Segment;
            t'.mbb: = MBB(HPI(CNE ∪ {c}));
      endif
    else
       if HPI(CNE)不空 then
            t'.constraints: = ToConstraints(HPI(CNE));
            t'.type: = Polygon;
            t'.mbb: = MBB(HPI(CNE));
       endif
    endif;
    return t'
end.
```

算法在处理$|CEQ| = 1$的情况时(即元组描述了一条线段),线段的等式约束被转换成定义了半平面的不等式约束,这样就可以使用半平面的交集算法计算线段和其他约束定义的多边形的交集了。一个规范化元组包含了线段的约束以及半平面交集的包围盒的约束。

算法时间主要由 *HPI* 函数决定,因此算法的时间复杂度为 $O(n \log n)$。

6.3.5 代数操作的实现

现在考虑约束关系的关系代数操作实现(见 6.2.3 小节)。下面再一次给出这些操作的定义。

- $R_1 \cup R_2 \equiv e_1 \cup e_2$
- $R_1 \cap R_2 \equiv \{t_1 \wedge t_2 \mid t_1 \in e_1, t_2 \in e_2\}$
- $R_1 - R_2 \equiv \{t_1 \wedge t_2 \mid t_1 \in e_1, t_2 \in C(e_2)\}$,其中 $C(e_2)$是对应于$\neg e_2$ 的线性约束公式的元组集合,且该线性约束公式满足析取范式。
- $\sigma_F(R_1) \equiv \{t \wedge F \mid t \in e_1\}$
- $\pi_{[x1,\cdots,xm]}(R_1) \equiv \{\pi_{[x1,\cdots,xm]}(t) \mid t \in e_1\}$,其中 $\pi_{[x1,\cdots,xm]}(t)$表示一个符号元组在变量 $x_1,\cdots,x_m$ 上的投影。
- $R_1 \times R_2 \equiv \{t_1 \wedge t_2 \mid t_1 \in e_1, t_2 \in e_2\}$
- $R_1 \infty R_2 \equiv \{t_1 \wedge t_2 \mid t_1 \in e_1, t_2 \in e_2\}$

关系上的另外3个辅助操作也是有用的,它们是 *NORMALIZE*、*SATISFY* 以及 *OVERLAP*。*NORMALIZE* 操作扫描符号元组并规范化每个元组,并在结果中忽略空的元组。*SATISFY* 操作检查一个符号关系是否是可满足的。它顺序处理符号元组,规范化每个元组,当找到一个非空元组时停止并返回 *true*;如果没有这样的元组,则返回 *false*。*OVERLAP* 操作处理两个符号关系,对于这两个关系中的每一对符号元组,如果它们的包围盒重叠则返回它们的合取式。注意,返回的元组不是范式。

下面讨论这些关系代数操作的处理算法。

并,$\cup$

合并两个符号元组的列表。操作仅需要 $O(1)$时间。

交,$\cap$;积,$\times$;连接,∞

这些操作有着相同的定义,并且都需要通过调用 *OVERLAP* 操作来实现。如果参加操作的两个关系大小分别是 m 和 n,则时间复杂度为 $O(mn)$。其结果都不是范式。

选择,$\boldsymbol{\sigma}$

选择操作 $\sigma_F(R)$的实现是 *OVERLAP*$(R,\{F\})$。对于一个大小为 n 的关系 R,这需要 $O(n)$的时间。得出的结果不是范式。

投影,$\boldsymbol{\pi}$

在一般的 k 维情况下,6.2.3 小节描述的 Fourier-Motzkin 方法可以用来实现投影操作。但在这里我们只讨论二维的情况。二维情况下我们可以用一种更简单的方法来实现投影操作:先规范化所有元组,这一步包括元组包围盒的计算,正如在算法6.6中所见;然后,把包围盒直接投影到 x 或 y 轴上。对于一个有 n 个元组的符号关系,这一过程需要的时间为 $O(n)$(假设每个元组都在常数时间内处理完毕)。

差，-

唯一一个比较复杂的操作符是差。我们在这里只讨论多边形对象的差①。

在二维空间中实现差操作 $R_1 - R_2$ 的思想如图 6.22 所示。首先，我们进行平面的单元分解，过程如下：首先将两个关系的所有半平面约束转换成线的等值约束，这些线将二维平面分解成若干凸单元。由于一个单元不和其他任何约束（线）有交集，因此每个单元要么是完全在 R_1 或 R_2 之内，要么完全在 R_1 和 R_2 之外。这也意味着 R_1 和 R_2 都是单元的并。然后，检查每个单元是否属于 R_1 和/或 R_2，并返回属于 R_1 且不属于 R_2 的单元。

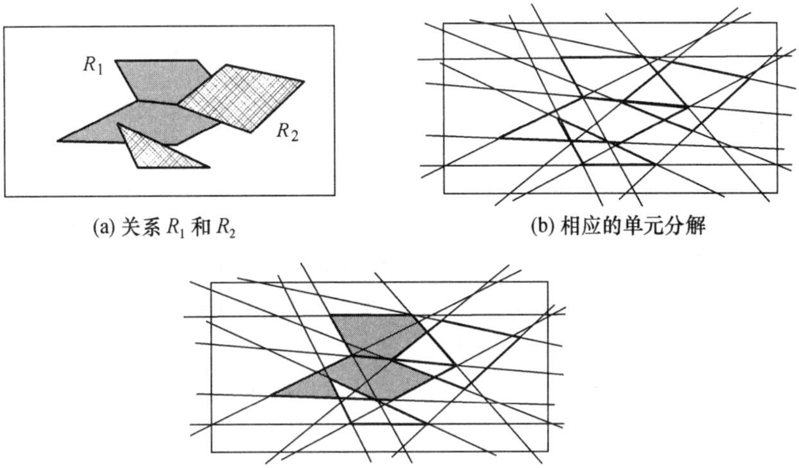

(a) 关系 R_1 和 R_2　　(b) 相应的单元分解

(c) 结果是属于 R_1 但不属于 R_2 的单元集合

图 6.22　二维空间实现差操作

计算单元分解的算法如下：

算法 6.7　计算单元分解

Input：定义半平面的一个非等值约束集合 C。

Output：一个符号元组集合，它表示了由 C 计算而来的单元分解结果。

Method：

(1) 设 $L = \{l_1, \cdots, l_n\}$ 是限定了 C 中半平面的线集合。

(2) 计算 $n \times n$ 的矩阵 $\boldsymbol{M}$，计算方法：$M_{ij} := (i, j, p_{ij})$，其中 p_{ij} 是线 l_i 和 l_j 的交点。

(3) 对 $\boldsymbol{M}$ 的每一行 i（即线 l_i 和其他所有线的交点集合）按 x 坐标 $p_{ij}.x$

① 原始文献中没有讨论其他数据类型的差操作以及相关的封闭性问题，例如线段与多边形的差或者多边形与线段的差等。

的增序进行排序。

(4) 计算第 2 个 $n \times n$ 的矩阵 $\boldsymbol{N}$，计算方法：扫描 $\boldsymbol{M}$ 的每一行，如果发现 M_{ik} 的值等于项 (i, j, p_{ij})，则设置 $N_{ij} := (k, false, false)$。这表示线 l_i 和 l_j 的交点出现在矩阵 $\boldsymbol{M}$ 的元素 M_{ik} 中，因此该交点对应的所有扇形区都还没有被用做单元。两个 *false* 值表示了图 6.23 中的扇形区 1 和扇形区 2。

(5) 扫描 $\boldsymbol{N}$ 中的所有元素。对每一个还没有处理的交点扇形区（标记了 *false*），执行如下步骤：

① 创建一个新的单元；

② 按顺时针方向处理单元的顶点，对于每一个顶点，将相应的约束加入到单元描述中，并将属于当前单元的交点扇形区标记为 *true*；

③ 输出单元表示结果。

end.

对于有 n 条线的一个集合，我们首先设置两个 $n \times n$ 的矩阵，从而可以在常数时间内找到与某个给定的线交点相邻的所有其他交点。然后按顺时针处理单元的边界顶点，以构造单元的表示结构，处理每一个单元顶点都会标记该顶点对应的一个扇形区（图 6.23）。两条线的交总共构成了 4 个扇形区（这里忽略退化的情况，比如多条直线交于一点）。对于线 l_i 和 l_j 的交点，沿顺时针方向扫描 l_i 和 l_j 得到的 2 个扇形区对应于矩阵中的元素 N_{ij}，另外的 2 个对应于 N_{ji}。如果一个扇形区在矩阵中对应的元素已做了标记（*visited* = *true*），则该扇形区处理结束。当所有扇形区都已做标记（*visited* = *true*），则算法结束。

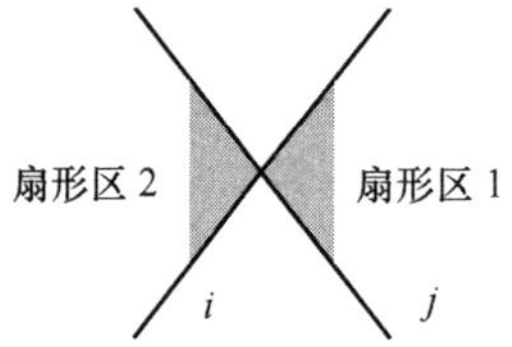

(a) 交的扇形区

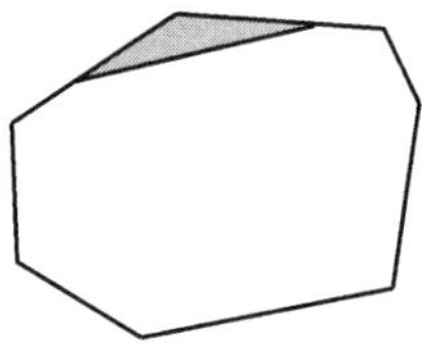

(b) 属于一个单元的扇形区

图 6.23 标记扇形区

算法 6.7 的时间复杂度分析如下：第 1 步需要 $O(n)$ 时间，第 2 步需要 $O(n^2)$。由于排序的原因，第 3 步需要的时间为 $O(n^2 \log n)$，第 4 步也需要 $O(n^2)$，第 5 步处理每个扇形区都需要常数时间，因此也需要 $O(n^2)$ 时间，因此总的时间复杂度为 $O(n^2 \log n)$。该算法的空间复杂度是 $O(n^2)$。

一旦得出单元分解，计算差操作的结果就很简单了（但是也需要很大代价）。对于每个单元，我们检查每个内部点是否属于 R_1 和/或 R_2。因为有 $O(n^2)$ 个单元需要检查，且 R_1 和 R_2 中都有 n 个约束，所以计算差操作的总的时间复杂度为 $O(n^3)$。

6.4 进一步练习

练习 6.4 无限关系

在这个练习中，我们用嵌套关系对公共汽车和火车线路形成的公共交通网络进行建模。公共汽车和火车是公交车站网络和火车站网络上的移动点。

(1) 定义关系 station 和 vehicle。这两个关系对于所需的空间和时空信息使用嵌套关系以及其他一些用来标识道路、车辆和车站的字符串信息加以表示。

(2) 使用一个查询语句来创建一个新的关系 transit(name:string, line1:string,line2:string)。换句话说，就是找出可以从一条线路换乘到另一条线路的所有地方。记住，转车是需要一部分时间的。因此，需要寻找到达车站之后停留时间大于 5 分钟但小于 10 分钟的线路连接点。

(3) 找出下午 5 点之后从 St. Paul's 站到 Victoria 站之间只需要一次换乘的所有线路，并根据所需的旅行时间将结果排序。

练习 6.5 线性约束

(1) 图 6.24 所示为一条线 l 以及一个由三部分组成的区域 r。写出 l 和 r 的符号关系。

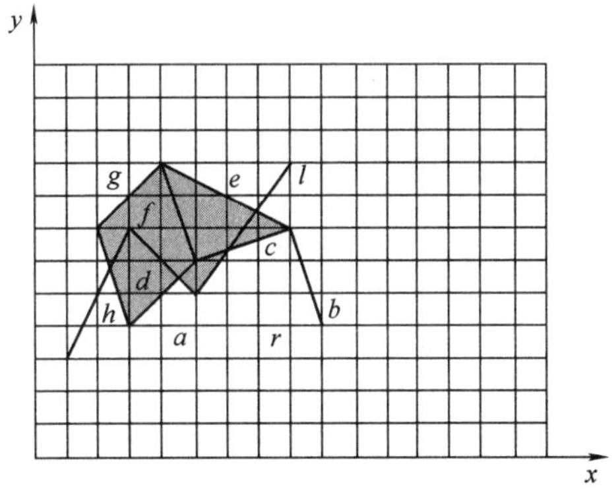

图 6.24 l 和 r

(2) 通过计算 $l \cap r$ 来求 l 和 r 的交。请首先写出 $l \cap r$ 的符号关系，然后简化每个元组，最后对整个元组集合进行简化。

(3) 图 6.25 所示为一个三维对象。请写出该对象的符号关系。

$P_1=(6,2.5,0), P_2=(9,2,5), P_3=(9,5,5), P_4=(3,5,5)$,

$P_5=(3,2,5), P_6=(3,5,12), P_7=(3,2,12)$。

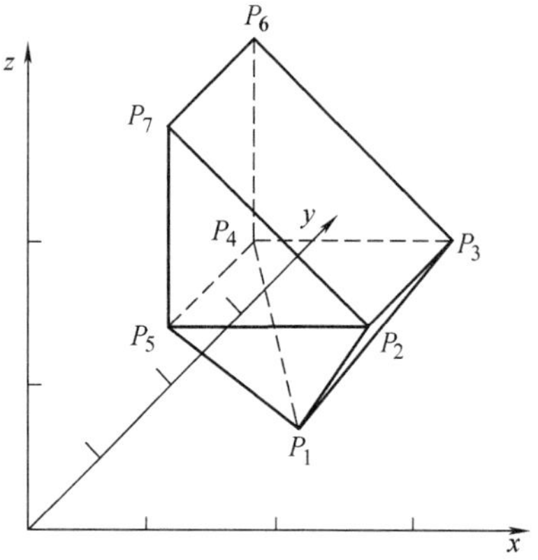

图 6.25 一个三维对象

练习 6.6 单调多边形

使用算法 6.4 将图 6.26 所示的简单多边形分解成单调多边形,并在最后结果中插入分割边和多边形标识。

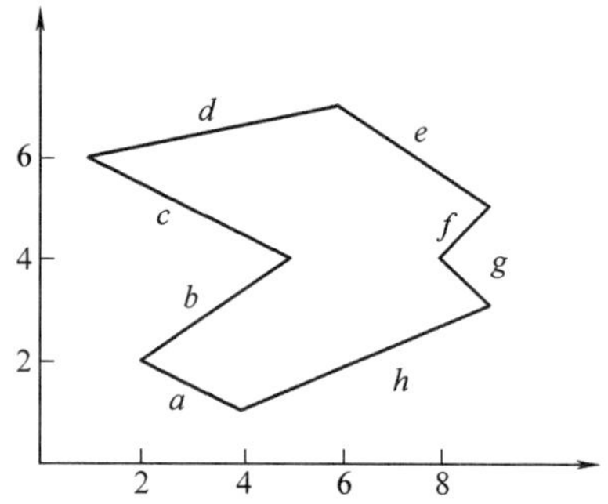

图 6.26 一个简单多边形

6.5 参考文献注释

约束数据库的概念是在文献 Kanellakis 等(1990)和 Kanellakis 等(1995)中提出的。2002 年,Revesz 出版了一本覆盖所有约束数据库主题的书。文献 Kuper 等(2000)中讨论了约束数据库研究的许多分支。

本章内容主要基于 Grumbach 和他的同事所发表的文章。Grumbach 所在的团队开发出了 Dedale 原型(参见文献 Grumbach 等(1997,1998,2000,2001)以及 Rigaux 等(2003))。Grumbach 等(1997,1998)中提出了 Dedale 的基本模型和实现设计;Grumbach 等(2001)中主要讨论了时空应用;Grumbach 等(2000)中描述了在约束框架下处理插值数据的一般性方法。他们所提出的思想可应用于多种不同的应用情形,例如高程数据和移动对象的建模与查询。Rigaux 等(2003)中给出了这方面研究的一个非常好的综述。线性约束模型在 Rigaux 等(2002)中的第 4 章也做了描述,该书的第 5 章还讨论了一些相关的算法(6.3 节)。

作为概念模型的无限关系其思想与 6.1 节相似,文献 Revesz(2002)中的第 1 章对此进行了论述。Dedale 中使用了只有一层嵌套的嵌套关系模型,该模型与本章 6.1.2小节中的描述类似。Belussi 等(1997)中也使用了相似的嵌套关系模型。

不等式变量的 Fourier-Motzkin 消除法可以参考文献 Schrijver(1986)。

文献 Kanellakis 等(1990,1995)中提出的原始模型使用了多项式约束。对于线性约束模型的优点和缺点,文献 Vandeurzen 等(1995)中给出了详细的讨论。Vandeurzen 的博士论文(1999)中深入研究了以一阶逻辑作为查询语言的线性约束模型的表达能力,包括线性约束模型能够表达什么以及不能够表达什么等问题,相关的工作也可参考文献 Vandeurzen 等(2001)。

约束数据库的进一步工作参见文献 Chomicki 与 Revesz(1997),Chomicki 与 Revesz(1999),Su 等(2001)以及 Mokhtar 等(2002),他们讨论了特定的时空或移动对象应用问题。Chomicki 与 Revesz(1997)中简要讨论了一个移动多边形的模型,在该模型每个多边形的顶点都是随着时间线性移动的。Chomicki 与 Revesz(1999)中研究了简单几何实体以及这一结构在各种操作下的封闭性问题,简单几何实体的时态演变可以通过仿射映射表示。Su 等(2001)中也研究了移动点对象,但它着重于研究速度和加速度等模型概念。Mokhtar 等(2002)中提出了一种基于距离的一般性查询语言以及一种有效的基于平面扫描的查询求解方法。

6.3 节中对约束模型实现的描述基本来自 Dedale 团队的研究工作。实现的细节可参见 Grumbach 等(1997)以及 Rigaux 等(2003)。约束关系的存储(6.3.1 小节和 6.3.2 小节)请参考 Rigaux 等(2003)中的 5.2 节。Keil(1985)中给出了一个将简单多边形分解成凸多边形的最优算法,其时间复杂度为 $O(r^2 n \log n)$。

将简单多边形分解成单调多边形的算法可参见文献 Lee 与 Preparata(1977)中的第 5 节,其中提供了该算法的略微更详细的一些描述。基于这个算法,文献 Garey 等(1978)中提出了单调多边形的三角化算法。其他的三角化算法可参见 Hertel 与 Mehlhorn(1983),Mehlhorn(1984)的Ⅷ.4.2 节以及 Chazelle(1991),其中 Chazelle 最终提出了一个最优算法,其时间复杂度为 $O(n)$。根据三角化结果构造凸多边形的方法以及定理 6.1 可参见 Hertel 与 Mehlhorn(1983)以及 Mehlhorn(1984)的Ⅷ.4.2节。

凸多边形的交操作算法参见 Shamos 与 Hoey(1976),也可参考文献 Preparata 与 Shamos(1991)的 7.2.1 小节。将半平面的交简化成凸多边形的交的算法(算法 *HPI*)以及算法 *NORMALIZE* 参见文献 Rigaux 等(2003)的 5.3 节。Rigaux 等(2003)的 5.3 节中还给出了代数操作的实现(即 6.3.5 小节)。差操作的算法可以参考文献 Grumbach 等(1997)的第 5 节。

第7章　时空索引

在数据库领域中，索引结构的设计与构造一直以来都是一个被深入和广泛研究的主题。索引结构的主要任务是确保在数据库中可以按查找键快速存取单个或多个记录，从而避免对整个文件进行顺序扫描。为了实现这个目的，索引结构提供了一些特定操作来支持下面几种特殊的查询类型：精确匹配查询、范围查询和顺序存取。这些查询类型在查询处理中扮演着重要的角色。对于一般的文本与数字型数据，研究者已提出了多种索引结构，包括索引顺序存取方法（ISAM）、基于树的索引结构（如B树、B^+树、B^*树等）和基于散列表的索引结构（如外部静态散列表、动态散列表、可扩展散列表以及线性散列表等）。

新兴的一些特殊应用往往基于更复杂的数据和算法，因此要求使用新的、更复杂的索引结构。这类应用的例子包括多媒体、医药、天气、环境、生物信息和天体物理等。正如在前几章所看到的，空间数据和时空数据也属于这种类型的复杂数据。对于空间数据，研究者设计了多种几何索引结构，并将它们作为多维空间存取方法（SAMs），但这些结构没有包含时间方面的信息。对于一般的时态数据，研究者提出了用于索引有效时间和（或）事务时间的时态索引结构，但也没有考虑任何空间方面的信息。这些时态索引主要处理步进式常量（即离散变化的数据）。例如，一个雇员的工资在一些特定的时刻上不时地发生变化，但在这些时刻之间他的工资保持不变。空间索引和时态索引这两种索引结构构成了当前关于时空索引结构（也就是本章讨论主题）的基础。时空索引的主要目的是索引空间物体的移动，尤其是连续移动。这个领域的发展非常快，所以我们很难在一本书中包括所有的新发展。

7.1节中给出了一些必需的几何概念，这些概念构成了本章所描述的时空索引结构的基础。7.2节介绍了移动对象索引结构的具体要求，它们必须要能够处理空间对象的运动。该节也概括了早期在索引时空数据方面采取的方法，这些方法都存在一定的局限性。然后，在7.3节中着重介绍索引当前以及近期未来移动的最新研究成果。最后，7.4节中讨论索引过去轨迹的最新方法。

7.1 几何学前提

为了保证本章内容的自包含性以及使大家能够理解本章所介绍的时空索引结构方法，我们首先介绍一些纯粹的几何学概念，并将它们作为我们继续讨论的基础。这些概念包括R树家族(7.1.1小节)、对偶转换技术(7.1.2小节)、外部划分树(7.1.3小节)、目录结构(7.1.4小节)、外部优先搜索树(7.1.5小节)以及外部范围树(7.1.6小节)。

7.1.1 基于R树家族的多维空间索引

最早、最重要也是最流行的支持扩展空间对象的SAMs之一是R树。R树以及后来的变种R^*树和R^+树都是平衡树，而且是B树在k维上的自然扩展。空间对象用它们的最小包围盒(MBB)表示，MBB也称最小包围矩形(MBR)。一个空间对象s的MBB定义为包围s的与xy轴平行的最小矩形(在k维空间中)。因此MBB是s的一个近似表示。R树家族的SAMs是数据驱动的，即它们都可以根据MBB在k维空间中的分布来调整自身的结构。在B树中，每一个结点都被映射成一个磁盘页，不管是中间结点还是叶结点。B树的构造以键为基础，并可以根据键值得到一个全序，而R树则根据拓扑包含关系来组织所有的MBBs。在R树中，每一个结点与一个k维的包围盒相关联，这个包围盒是该结点所有孩子结点的MBBs的MBB。

R树

R树具有以下性质：

- 每个结点包含m到M个元素。参数m和M满足$0<m\leq M/2$。
- 对于非叶结点的每一个元素(*mbb*,*nodeid*)，*mbb*是其MBB，它在空间上包含了由结点标识符*nodeid*指向的孩子结点的MBBs。
- 对于叶结点的每一个元素(*mbb*,*oid*)，*mbb*是空间上包含对象标识符*oid*指向的k维对象的最小包围盒(MBB)。
- 树的根结点至少包含两个元素，也就是两个孩子，除非它是叶结点。
- 所有的叶结点在同一层。

对象标识符*oid*包含了对象在数据库中的地址，而结点标识符*nodeid*则包含了子树结点在数据库中的地址。图7.1所示为包含14个由MBBs索引的空间对象以及相应的R树($m=2,M=4$)。叶结点a、b、c和d的MBBs用虚线表示。可以看到R树中同一层的MBBs可能会重叠，它们并不能构成一个正确的空间划分。每一个结点(根结点除外)的MBB必须正确包含在父结点的MBB中，并与父结点建立关联。

一个结点能容纳的最大元素数M取决于元素的长度e和磁盘页大小p(即$M=\lfloor p/e\rfloor$)。索引N个空间对象的R树的最大层数(即树的深度)至多为$\lfloor \log_m(N)\rfloor$

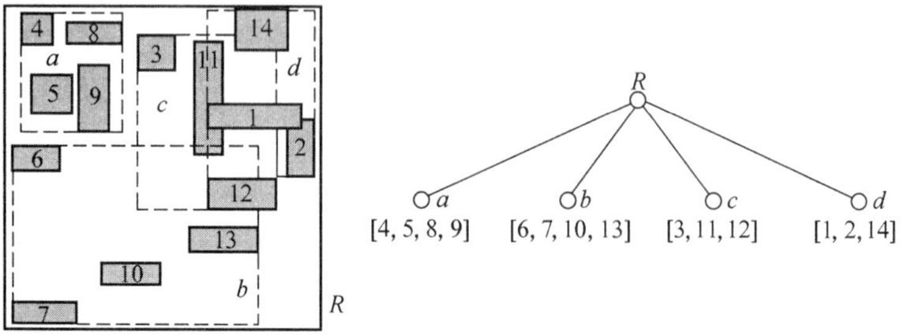

(a) 空间对象集合　　(b) R树

图 7.1　一个空间对象集合及其 R 树表示

-1，至少为 $\lfloor \log_M(N) \rfloor - 1$。在最坏情况下，除根结点外，结点的空间利用率为 m/M。

在 R 树中，点查询和范围查询等搜索操作以自顶向下的递归方式进行。首先将查询点和查询区域同根结点的每个元素（*mbb*，*nodeid*）进行比较。如果查询点位于 *mbb* 内或查询区域与 *mbb* 重叠，则我们递归地调用搜索算法，并应用到由孩子结点标识符指向的元素上。如果搜索过程到达 R 树的叶结点则算法结束。然后访问找到的叶结点的相应元素，以读取相应的对象。由于 R 树中每一层 MBBs 有可能存在重叠，因此一个查询点可能位于几个 MBBs 中，而一个查询区域也可能与若干个 MBBs 重叠。这意味着搜索路径可能不是唯一的，从而搜索算法通常必须遍历 R 树中的几条路径。

R 树的搜索性能取决于两个参数：覆盖域和重叠域。R 树某一层的覆盖域是该层所有结点的全部 MBBs 所覆盖的总区域。因此，如果将 R 树与索引空间对象的区域总和相关联，则覆盖域就可看做是对 R 树所覆盖的无效或空的空间区域的一个间接度量。R 树某一层的重叠域是指与该层结点相关联的多个包围盒所共同覆盖的空间区域。重叠包围盒可能使得查找一个对象时不得不访问树的多条路径。因此，最小化重叠域是一个有意义的目标。然而，R 树中的重叠问题暗示了我们不能够确定最坏情况下搜索操作的性能，即使我们的目的是最小化重叠域。

在 R 树中插入一个对象时，首先自顶向下从根结点开始遍历树，最终终止于某个叶结点。在 R 树的每一层，我们有可能会找到一个或几个包含该对象 MBB 的 MBB，也可能找不到这样的结点。在前一种情况下，如果找到多个结点就选择其中的一个，否则就选择唯一的结点。在后一种情况下，我们选择结点的 MBB 与结点本身相比面积增加最小的结点。在这两种情况下，我们都递归地重复这个过程，直到到达一个叶结点。如果叶结点不为空，则在与叶结点相关联的结点中插入一个新的元素（*mbb*，*oid*）。如果叶结点的 MBB 必须增大才能容纳新的元素，其父结点的 MBB 也必须更新。因此，可能会发生这样一种情况，即叶结点的 MBB 的增大会向树的上层传播，最坏情况下可能传播到根结点。如果叶结点是满的，则我们需要分裂该叶结点。结点分裂的算法相当复杂，在此不做讨论。

R* 树

我们已经讲过，最小化覆盖域和重叠域是一个值得做的目标，因为这样做可以改善R树的性能。与覆盖域比起来，重叠域的最小化更加关键。R* 树是R树的一个变种，它对R树的插入算法进行了几个改进。在二维空间中它依赖于3个参数的组合优化，即结点重叠域、结点覆盖域以及结点MBB的周长。后一个参数考虑了MBB的形状，因为给定一个固定的面积，使矩形周长最小的形状是正方形。目前没有任何方法可以同时最小化全部3个参数。但是，研究者已经对此开展了一些启发式的实验。

R+ 树

在R+ 树中，任何给定层上的MBBs都是相邻的，但相互之间没有重叠。因此，对于一个点查询，我们只需遍历一条单独的、唯一的从根到叶结点的路径。为了使区域空间对象的MBBs不相互重叠，它们的MBBs可能被分裂成多个非叶结点中的MBBs。如果一个对象的MBB在R+ 树的较高层结点被分裂为两个或多个MBBs，每一个与中间结点MBBs相关联的元素将有一个指向该对象的后代叶结点。不同于以前的变种，该操作运行时复杂性受树的高度限制。R+ 树的性质如下：

- 每一个非叶结点的MBB包含其子树的所有MBBs。
- 一个被索引的空间对象被分配（复制）到所有与其MBB存在部分重叠的叶结点上，或者分配到包含了该对象MBB的某个叶结点上。
- 同一层两个结点的MBBs不重叠。
- 根结点至少包含两个元素，除非它是叶结点。
- 所有的叶结点都在同一层。

图7.2所示为一个R+ 树。可以看到，在非叶结点层和叶结点层，所有结点的MBBs都不重叠。MBB 1与叶结点 p 和 q 重叠，p 和 q 的MBBs是而且必须是不相交的。因为在R+ 树中一个对象的MBBs有可能存在多个副本，因此在同一数据集上构造的R+ 树可能会比R* 树要大得多。R+ 树的构造和维护算法要比R树和R* 树复杂得多。插入一个空间对象时，它的MBB被插入到所有MBBs与其重叠的叶结点中。R+ 树通过一种裁剪方法来保证同一层的MBBs不重叠。当要插入的MBB mbb 与多个结点的MBBs $\{mbb_1, \cdots, mbb_n\}$ 重叠时，mbb 被分裂为一个MBBs的集合，并在每一个与它重叠的 mbb_i 中插入一个MBB。插入操作从 mbb_i 开始，并沿着 mbb_i 为根的路径递归执行。因此，同一个MBB将存在于树的多个叶结点中。这可能会增加树的高度，但可以提高搜索操作的执行效率。

练习 7.1 对于图7.3所示叶结点和非叶结点集合，请说明该图属于R树家族的哪一种索引结构。请画出相应的树结构，并列出由粗虚线查询矩形搜索到的结点。第1层结点是 a 和 b，第2层结点是 p、q、r、s 和 t，叶结点是 $1,2,\cdots,12$。 ■

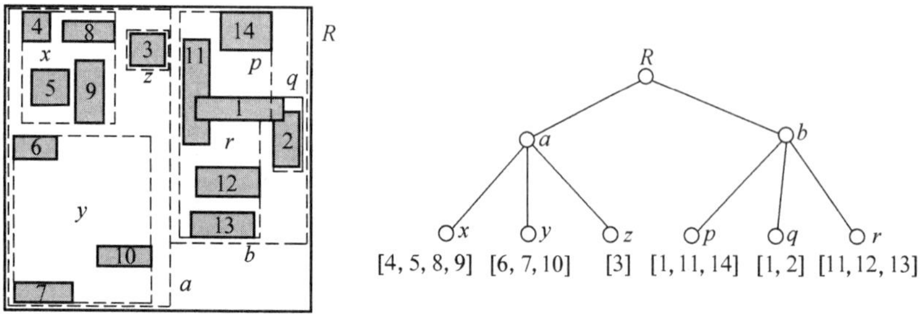

(a) 空间对象集合 (b) R^+树

图 7.2 一个空间对象集合及其 R^+ 树表示

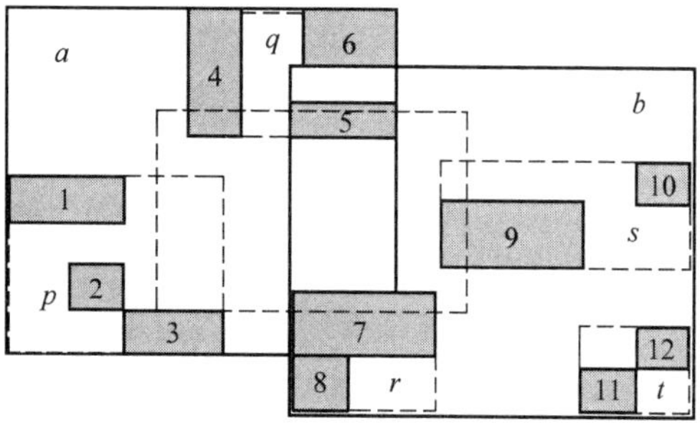

图 7.3 一个被索引的空间对象集合

7.1.2 对偶性

对偶性是几何算法用到的一种非常有用的技术，它利用了平面中的点和线都可以由两个参数来描述这样一个事实。一个点可通过 x 坐标和 y 坐标来指定，一条线通过一个斜率和它在 y 轴上的截距表示。因此，我们能够以一对一的方式将一个点的集合映射为一个线的集合，反之亦然。这种映射称为对偶性转换。该定义不适合垂直线的情形，我们可以单独处理垂直线情形，而且一般也不是问题。一个对象（点或者线）σ 经过对偶性转换后得到的图形称为该对象的对偶 σ^*。例如，一个点 $p:=(a,b)\in\mathbb{R}^2$的对偶 p^* 可定义为线 $p^*:=(y=ax-b)$；一条以 $y=ax+b$ 表示的线 l 的对偶 l^*是点 p，并有 $p^*=l$（即 $l^*:=(a,-b)\in\mathbb{R}^2$）。

我们也称对偶性转换将对象从原始平面映射到对偶平面。这种映射甚至可以这样定义，即原始平面上一个点集的某些属性转换为对偶平面上一个线集合的另外某些（等价的）属性。设 p 为平面上的一点，l 为平面上的一条非垂直线。一个对偶性转换 $o\rightarrow o^*$ 满足关联保持性（即 $p\in l$ 成立当且仅当 $l^*\in p^*$ 成立），并且也具有顺序保持性（即 p 位于 l 上方（或者下方），当且仅当 l^* 位于 p^* 上方（或者下方））。一个条带 σ 的对偶是一条垂直线 σ^*，其中一个点 p 位于 σ 内当且仅当其对偶 p^* 与 σ^*

相交。图 7.4 所示显示了这些特性。原始平面上,3 个点 p_1、p_2 和 p_3 位于线 l 上,在对偶平面上 3 条线 p_1^*、p_2^* 和 p_3^* 穿过点 l^*。点 p_4 在原始平面上位于线 l 的上方,在对偶平面上点 l^* 位于线 p_4^* 的上方。点 b 位于条带 σ 内,其对偶线 b^* 与 σ^* 相交。

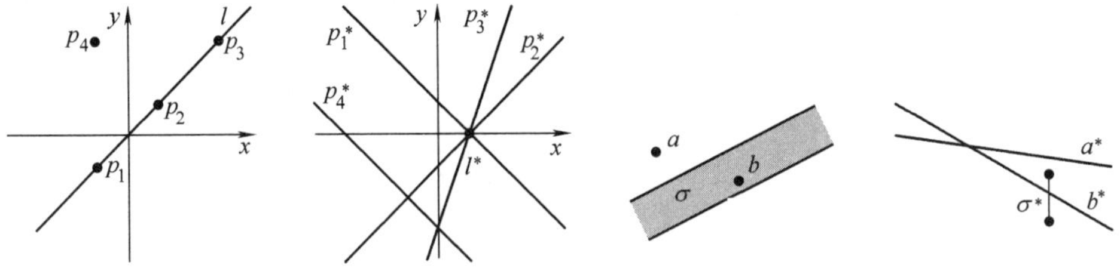

(a) 原始平面 (b) 对偶平面 (c) 原始 (d) 对偶

图 7.4 对偶性转换

现在我们已经明白对偶性原理是如何工作的,接下来的问题是应该怎样使用它。为了解决原始平面中的一个问题,我们可以在对偶平面上解决它。特别是如果在对偶平面上计算和求解原始平面中的对偶问题都更容易时,这样做就非常合适。原因是原始问题和对偶问题在本质上是相同的。将一个问题转化到对偶平面的另一个优点是可以提供一种不同的问题视角,并且可以给出一些解决问题的线索。

练习 7.2 除了点和线之外,对偶性转换也可以应用到别的对象上。考虑一条线段 $s=(p,q)$,其中 p 和 q 是 s 的端点。s 的对偶 s^* 是什么?假设线 l 与 s 相交,相对于 s^*,l 的对偶 l^* 位于什么位置? ■

7.1.3 外部划分树

划分树是一种用于几何范围搜索的流行数据结构,它既可用于内存搜索,也可用于外存搜索。划分树基于单纯划分的概念。对于一个欧几里得平面 $\mathbb{R}^2$ 中 N 个点的集合 S,S 的一个单纯划分是一个集合 $\Pi=\{(S_1,\Delta_1),\cdots,(S_r,\Delta_r)\}$,其中 $\{S_1,\cdots,S_r\}$ 是 S 的一个划分,并且各个子集都不相交,Δ_i 是一个包含了 S_i 中所有点的三角形。S 中的一个点可能位于多个三角形中,但只能属于一个子集 S_i(图 7.5)。Π 的大小 r 是子集 - 三角形组合 (S_i,Δ_i) 的数目。如果每一个子集 S_i 包含的点个数都不超过 $2N/r$(即 $|S_i|\leqslant 2N/r$),则一个单纯划分是平衡的。换句话说,在平衡单纯划分中,没有一个三角形包含的点超过所有三角形包含的点的平均数的两倍。一个单纯划分的穿越数是一条线能够穿越的三角形的最大数目。

练习 7.3 图 7.5 所示的单纯划分的大小是多少?这个单纯划分是平衡的吗?它的穿越数是多少? ■

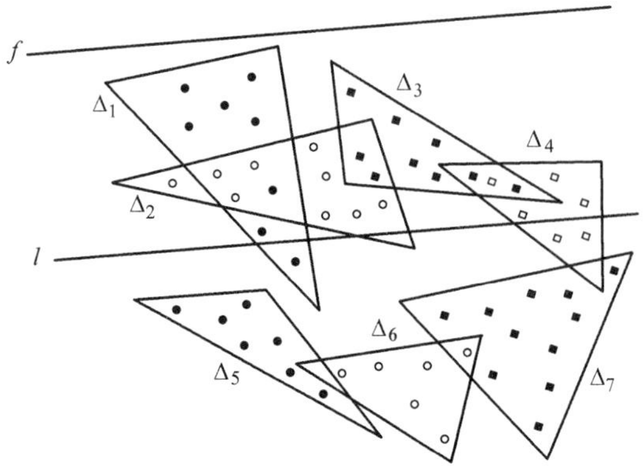

图 7.5 一个单纯划分

剩下的问题是如何使用单纯划分和穿越数。一个可能的应用是半平面查询。如果划分中的一个三角形 Δ_i 没有被一个查询半平面 h 的边界线穿过，那么与它关联的点集 S_i 或者完全位于 h 内部，或者完全与 h 相离。因此，我们只需检查那些 Δ_i 被 h 边界线穿过的点集 S_i。例如，如果查询的半平面位于图 7.5 中的 l 之上，我们只需调查 7 个点集中的 3 个就可以了。因此查询处理的效率取决于单纯划分的穿越数。穿越数越低，查询响应时间越小。可以看出，对于平面中一个给定的包含 N 个点的集合 S，根据参数 $s=O(B)$、$n=N/B$，我们可以在 $O(ns)$ 时间内为 S 构造一个大小为 $O(s)$ 的单纯平衡划分 Π，这样 Π 的穿越数就为 $O(\sqrt{s})$ 。

为了给点集 S 建立划分树 T，我们使用一个递归的构造方案。将划分树中的每一个结点 v 与点集 S 的一个子集 S_v 和一个三角形 Δ_v 联系起来。因此，树的根结点 S_{root} 包含了整个 S，即 $S_{root}=S$，三角形 Δ_{root} 包含了 S 的整个点集 N，即 $\Delta_{root}=N$。设 $N_v=|S_v|$，$n_v=\lceil N_v/B\rceil$，其中 B 为磁盘块大小（即存放在一个磁盘块中的点的数目）。因此，$N_{root}=n=\lceil N/B\rceil$。以 v 为根的子树可以按如下方法构造：如果 $N_v\leqslant B$，则 S_v 存储到一个磁盘块中，v 成为一个叶结点。否则，v 变成一个度为 $r_v=\min(cB,2n_v)$ 的中间结点，其中 c 是一个大于等于 1 的常数。对于穿越数为 $O(\sqrt{r_v})$ 的 S_v，计算 S_v 的一个平衡单纯划分 $\Pi_v=\{(S_1,\Delta_1),\cdots,(S_{r_v},\Delta_{r_v})\}$，然后递归地为每一个子集 S_i 和三角形 Δ_i 构造一棵划分树 T_i。对于每一个 i，在 v 中保存三角形 Δ_i 的顶点和指向 T_i 的指针。T_i 的根是 v 的第 i 个孩子，并且与 S_i 和 Δ_i 相关联。我们需要 $O(c)=O(1)$ 个块来保存任意一个结点 v。选择一个 r_v 值以确保每个叶结点包含 $\Theta(B)$ 个点。因此，划分树的高度为 $O(\log_B n)$。因为树包含 $O(n)$ 个结点，所以它使用了 $O(n)$ 个磁盘块。总的构造时间需要磁盘存取次数为 $O(N\log_B n)$。

在查询中会对如下这个问题感兴趣：查找一个查询条带 σ 内的所有点。为此，假设在点 v 处，以自顶向下的方式访问 T。如果 v 是一个叶结点，输出 S_v 中所有位于 σ 内的点。否则,测试 Π_v 的每一个三角形 Δ_i。如果 Δ_i 完全位于 σ 之外,则忽略它。如果 Δ_i 完全位于 σ 之内,则遍历 v 的第 i 个子树,并输出 S_i 中所有的点。最后,如果 σ 穿过 Δ_i,则递归地遍历 v 的第 i 个孩子。整个过程中 σ 中的每一个点只能输出一次。可以证明,给定$\mathbb{R}^2$内 N 个点的集合 S 和一个参数 $\varepsilon>0$,S 可预处理成大小为 $O(n)$ 个块的索引,可以通过 $O(n_v^{1/2+\varepsilon}+k)$ 次磁盘存取找到一个查询条带内的点,其中 k 为找到的点的数目。

练习 7.4 根据图 7.5 的单纯划分构造出划分树的前两层结构。找到所有位于以线 f 和 l 边界的查询条带内的点。对划分树中的结点做相应的标记来表示该结点是否被选中、访问或没被访问。请给出第 2 层中被递归访问的结点。 ■

我们使用一种称为部分重建的技术来处理插入和删除操作。在树中的每一个结点 v 中保存其子树中点的数目 N_v。当插入一个新的点 p 到以 v 为根的子树中时,首先增加 N_v。如果 v 是一个叶结点,把 p 加入到 S_v 中。否则,在单纯划分 Π_v 中找到一个包含 p 的三角形 d,然后 p 被递归地插入到相应的子树中去。如果在 Π_v 中存在多个包含 p 的三角形,则选择子树最小的三角形。删除过程与此类似。不同之处是必须知道保存要删除的点的叶结点。我们可以通过维护一个单独的字典来实现这一点。对于每一个点 p,字典中记录了包含点 p 的叶结点的索引。可以证明,该索引可以在 $O(N\log_B n)$ 次磁盘存取内构造,而且点的一次插入或删除的平均代价为 $O(\log_B^2 n)$ 次磁盘存取。

有时为了确保静态情况下查询时间相同,我们必须在一次更新之后重建划分树的某些部分,并使它们平衡。如果结点 u 的某个孩子 v 满足 $N_v < N_u/2r_u$ 或者 $N_v > 4N_u/r_u$,则它是不平衡的。特别是,如果一个叶结点满足 $N_v < B/4$ 或者 $N_v > 2B$,则叶结点 v 的父结点是不平衡的。这里的常量 2 和 4 是任意选取的。如果有必要,一个点在每一次插入或删除后都需要一次重新平衡,即重构以最靠近根的那个不平衡结点为根的子树。重构以任意结点 v 为根的子树需要 $O(N_v\log_B n_v)$ 次磁盘存取,且 N_v 在两次重构之间发生的增加或减少次数为 $\Omega(N_v)$。因此修改 N_v 的平均代价是 $O(\log_B n_v)$ 次磁盘存取。因为每一次插入或删除操作改变 $O(\log_B n)$ 次计数,故一个插入或删除的总的平均成本为 $O(\log_B^2 n)$ 次磁盘存取。

7.1.4 目录结构

目录结构可以用来回答包含 B^2 个点①的集合 S 上的三面范围查询,并且只需要 $O(1+k)$ 次磁盘存取。设集合 S 中的点 (x_i, y_i) 按 x 坐标的升序排列。目录结构 C 保存了 $2B-1$ 个存储了点的磁盘块 $b_1, b_2, \cdots, b_{2B-1}$。另外,它还包含有一个记录了目录块数的常数。我们为每个 b_i 关联一个矩形 $[x_{l_i}, x_{r_i}]\times[y_{d_i}, y_{u_i}]$。这 $2B-1$ 个矩形存

① 在 7.1.5 小节中,目录结构将用做另一个数据结构的部件,那时将说明为什么使用一个仅存储 B^2 个点的数据结构。

储在目录块中。块 b_i 包含点 $(x_j,y_j)\in S$ 当且仅当该点位于块矩形之内或直接位于块矩形的上方(即 $x_{l_i}\leqslant x_j\leqslant x_{r_j}$ 且 $y_{d_i}\leqslant y_j$)。

构造块 b_i 时,首先初步构造 B 个块 $b_1,b_2,\cdots,b_B$。对于每一个 $1\leqslant i\leqslant B$,与 b_i 关联的矩形左边的 x 坐标为 $x_{(i-1)B+1}$,右边的 x 坐标为 x_{iB},下边的 y 坐标为 $-\infty$。这意味着 b_i 包含了点 $(x_{(i-1)B+1},y_{(i-1)B+1}),\cdots,(x_{iB},y_{iB})$。下一步,从 $y=-\infty$ 向上扫描一条水平线,同时对每一个块 b_i 统计其位于扫描线上的点。当扫描线到达某个点 (x_j,y_j),使得两个连续的块 b_i 和 b_{i+1} 都包含不超过 $B/2$ 个位于线 $y=y_j$ 上方的点时,与 b_i 和 b_{i+1} 相关联的矩形的上方 y 坐标设为 y_j。此后,在扫描过程中不再考虑块 b_i 和 b_{i+1},但创建一个新的块 b_r,其左边的 x 坐标为 x_{l_i},右边的 x 坐标为 $x_{r_{i+1}}$,下边的 y 坐标为 y_j。因此,b_r 最多包含了 B 个位于线 $y=y_j$ 上方的点。扫描以该方式继续进行,直到扫描线到达 $y=+\infty$。此时,最多创建 $B+(B-1)=2B-1$ 个块。图 7.6(a)所示为一个例子。整个目录结构的构造过程需要 $O(B)$ 次磁盘存取。

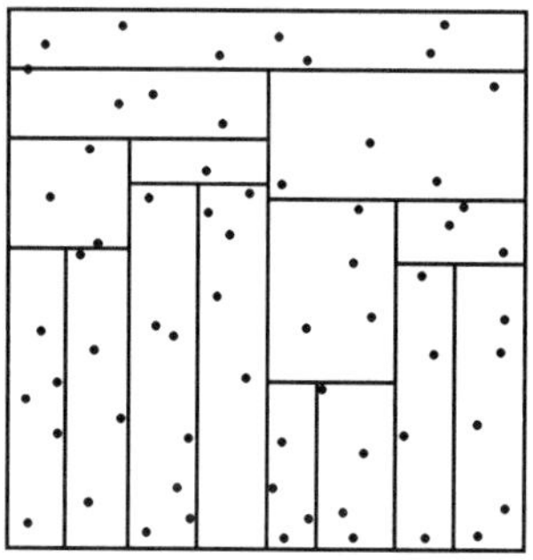

(a) 每个块包含了位于其矩形内部和上方的点

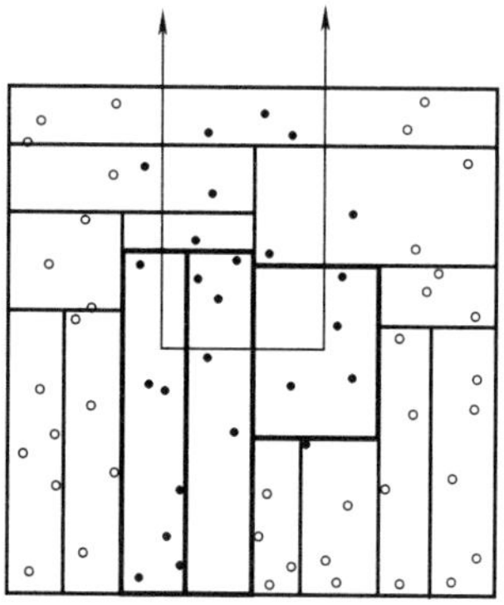

(b) 查询过程装载的块以粗线矩形显示,并且包含了实心的点

图 7.6 一个目录结构的例子($B=8$)

例如,对于一个形为 $[a,b]\times[c,\infty]$ 的三面范围查询,首先将目录块在常数时间内加载到主存,然后确定其关联矩形与查询矩形的底边 $[a,b]\times c$ 相交的所有块。这些块一次一块地被加载到主存,并输出相关的点。该查询需要 $O(1+k)$ 次磁盘存取,因为除去包含 a 和 b 的块外,每一对连续的块都最少贡献 $B/2$ 个结果点。图 7.6(b)说明了这一点。

通过使用全局重建的概念可以构造动态的目录结构。基本策略是将目录结构的更新以日志的方式记录到另外一个块 U 中。如果经过 B 次更新后 U 满了,则使用 $O(B)$ 次磁盘存取从头重建整个结构。因此,插入和删除的平均成本是 $O(1)$ 次磁盘存取。对于每一个查询,我们需要花费另外一次磁盘存取,并检查 U 以确保查询结果与所记录的更新一致。

7.1.5 外部优先搜索树

下面讨论线性空间外部优先搜索树,并重点讨论通过 $O(\log_B n+k)$ 次磁盘存取来回答 N 个点集合 S 上形为 $[a,b]\times[c,\infty]$ 的三面范围查询,这里 $n=\lceil N/B\rceil$。该结构为 S 中所有点的 x 坐标建立一棵基本的 B 树。假设树的扇出为 B。每个中间结点 v 保存了 x 的一个范围 X_v,X_v 又被 v 孩子结点的 x 范围分割为一个个区间。v 的每个孩子结点 v_i 的 B 个最高值没有保存在 v 的祖先结点中,而是存储在 v 的一个辅助目录结构 C_v 中(见 7.1.4 小节)。C_v 使用了 $O(B)$ 个块,并支持只需要 $O(1+k)$ 次磁盘存取的三面范围查询和更新。因此,在 C_v 需要保存 $O(B^2)$ 个点,因为每一个点都在目录结构中保存了一次,所以外部优先搜索树需要 $O(n)$ 个磁盘块。

给定一个形为 $q=[a,b]\times[c,\infty]$ 的三面范围查询,从外部优先搜索树的根开始递归遍历整棵树,直到找到一棵合适的子树。在每一个结点 v,查询目录结点 C_v 以得到 $C_v\cap q$ 中的点。如果 a 或 b 位于 X_{v_i} 内或者 $C_v\cap q$ 中至少有 B 个点的 x 坐标位于 X_{v_i} 内,则递归地处理 v_i。图 7.7 所示为一个例子。在查询中对于 a 或 b 位于 X_v 内的情形,需要访问 $O(\log_B n)$ 个结点 v。对每一个其他结点 v,查询过程在处理 v 的父结点时至少会输出 B 个点,这些点的 x 坐标都位于 X_v 内。最后,查询过程使用了 $O(\log_B n+k)$ 次磁盘存取输出 q 中的所有 K 个点。由于每一个目录结构可以通过 $O(1)$ 次磁盘存取更新,因此可以证明,外部优先搜索树可以在 $O(\log_B n)$ 次磁盘存取中完成更新。

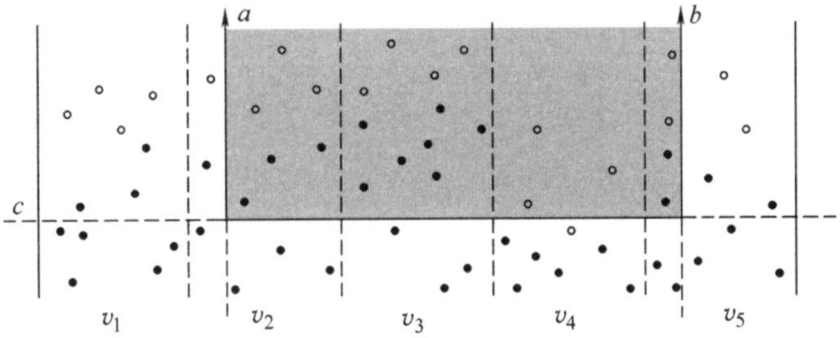

图 7.7 外部优先搜索树中与结点 v 对应的区间 $v_1,v_2,\cdots,v_5$。每个区间中最高的 B 个点(显示为白色)存储在 C_v 中;其他的点(显示为黑色)被递归地保存。为了回答查询,我们在 C_v 中查询标记为白色的点,然后递归地在区间 v_2,v_3,v_5 中查找相关的黑色点

7.1.6 外部范围树

外部范围树 R 是一棵三层结构的树。设 S 是平面 $\mathbb{R}^2$ 上的 N 个点的集合,外部范围树 R 的主要结构是建立在 S 中 N 个点的 x 坐标上的一棵树,这棵树的结构与 B 树类似,并且其扇出为 $r=\log_B n$。自然地,这里每一个结点代表一个 x 的范围 X_v。v 的孩子结点 $v_1,v_2,\cdots,v_r$ 将这个范围继续细分成为 $\log_B n$ 个区间。区间边界的 x 坐标保存在一棵 B 树中,这样可以在 $O(\log_B \log_B n)$ 次磁盘存取中找到包含查询点的区间。设 $S_v\subseteq S$ 是 x 坐标位于 x 范围 X_v 内的 N_v 个点的集合。S_v 被保存在与 v 关联的 4 个

次要数据结构中，其中之一是 S_v 上的 B 树 B_v，B 树中的键值是 S_v 中点的 y 坐标，其他 3 个结构都是外部优先搜索树（见 7.1.5 小节）。

外部优先搜索树用来回答三面范围查询（即它可以输出位于形为 $[a,b]\times[c,\infty]$ 矩形内的点），并且需要的磁盘存取次数在 $O(\log_B n+k)$ 以内。前两棵外部优先搜索树表示为 $p^{]}(v)$ 和 $p^{[}(v)$。这两棵树将点保存在 S_v 中，并且可以在 $O(\log_B n+k)$ 次磁盘存取内回答形如 $]\infty\ ,a]\times[b,c]$ 和 $[a,\infty[\ \times[b,c]$ 这样的范围查询。第 3 个优先查询树 $p^{\div}(v)$ 根据 S_v 中点的 y 坐标保存点，方法如下：假设 $p=(x_p,y_p)\in S_v$ 是位于第 j 个区间中的一个点。如果 p 不是 S_{vj} 中 y 坐标最大的点，设 $q=(x_q,y_q)\in S_{vj}$ 是点 p 在 y 轴正方向上的后继点。然后，将点 p 映射为 $p^*=(y_p,y_q)$。设 S_v^* 是所有点 $p\in S_v$ 的映射结果点集。$p^{\div}(v)$ 是用如下方式构造的：即它包括了可在 $O(\log_B n+t/B)$ 次磁盘存取内返回的位于形如 $]\infty\ ,a]\times[a,\infty]$ 范围内的 t 个点。一个点 $p^*=(y_p,y_q)$ 位于这一范围内的条件是当且仅当 y 间隔 $[y_p,y_q]$ 与水平线 $y=c$ 相交（图 7.8）。因为仅有一个这样的间隔存在于每一个区间中，因此可以得出结论 $t=\log_B n$。除了保存在 $p^{\div}(v)$ 中的每一个点 p^*，我们也在 B_{vj} 的结点中保存一个指针，它保存了 S_{vj} 对应的点 p。因为外部优先搜索树和 B 树都使用线性空间，而且每一个点 p 被保存在从根到保存 p 的 x 坐标的叶结点的整个路径上所有结点的次要数据结构中。这一路径上的全部结点数为 $O(\log_{\log_B n} n)=O(\log_B n/\log_B \log_B n)$，故该结构共使用了 $O(n\log_B n/\log_B \log_B n)$ 个块。

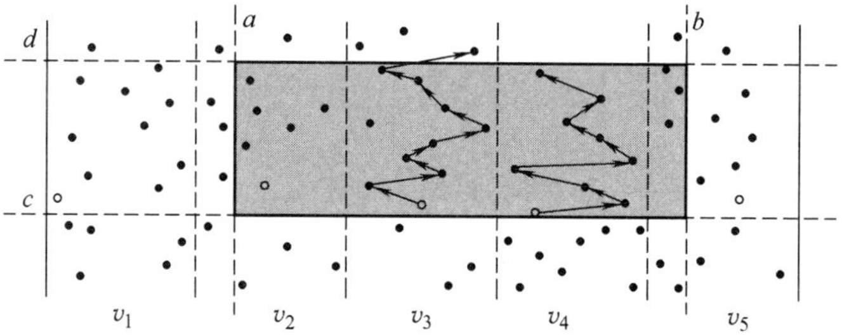

图 7.8 外部范围树中与主要树结构中的结点 v 对应的区间 $v_1,v_2,\cdots,v_5$。为了找到阴影矩形中的点，我们使用 $p^{[}(v_2)$ 和 $p^{]}(v_5)$ 来回答三面查询。它们允许我们利用 $p^{\div}(v)$ 找到每一个区间中位于矩形底边之上的最低点。从最低点开始，我们向上遍历区间 v_3 和 v_4 内的点

可以按下面的方式使用外部范围树在 $O(\log_B n+k)$ 次磁盘存取内找到位于一个查询矩形 $q=(a,b,c,d)$ 内的点：我们在 $O(\log_B n/\log_B \log_B n)\times O(\log_B \log_B n)=O(\log_B n)$ 次磁盘存取内可以找到 R 中最高的结点 v，使得 a 和 b 位于 v 不同的区间中，假设 a 位于 x 范围 v_i 中，b 位于 x 范围为 v_j 中。查询矩形 q 可以被分裂为 3 个部分：$q^{[}=([a,b]\cap X_{vi})\times[c,d]$，$q^{]}=([a,b]\cap X_{vj})\times[c,d]$ 和 $q^{\div}=q\backslash(q^{[}\cup q^{]})$（与图 7.8 比较）。通过使用 $p^{[}(v_i)$ 和 $p^{]}(v_j)$，可以在 $O(\log_B n+k)$ 次磁盘存取内返回包含在 $q^{[}$ 和 $q^{]}$ 中的点。为了确定 $q^{\div}$ 内的点，首先考查 $]-\infty,c]\times[c,\infty[$ 中的

$p^{\div}(v)$,以找到每一个 $S_{v_l}(i<l<j)$ 中位于 $q^{\div}$ 中最低的点(以及指向 B_{v_l} 中对应点的指针)。B 树 B_{v_l} 使得我们可以输出 $S_{v_l}\cap q^{\div}$ 中所有的点。这个过程所需要的总的磁盘存取次数为 $O(\log_B n+k)$。

外部范围树上的一次更新要求在基树 $O(\log_B n/\log_B \log_B n)$ 层的每一层结点的次要结构上都执行 $O(1)$ 次更新。每一次更新需要 $O(\log_B n)$ 次磁盘存取,因为外部优先搜索树可在 $O(\log_B n)$ 次磁盘存取内更新。我们也需要去更新主要数据结构。一个改进的方法可以使得点的插入或删除操作在 $O(\log_B^2 n/\log_B \log_B n)$ 次磁盘存取内完成。

7.2 移动对象索引要求

时空索引特别是移动对象索引有什么特殊之处呢？空间索引结构能够索引移动对象吗？本节试图回答这些问题。我们也试图为时空存取方法(STAMs)构建一个表示和分类的方案。为了实现这个目标,我们使用另外一个等价的时空对象定义。

一个时空对象 o(由它的标识 o_id 指示)是一个随时间而演变的空间对象,也就是说它的演变或者历史表示为一个三元组(o_id, s_i, t_i)的集合,其中 s_i(也叫空间戳)为对象 o_id 在时刻 t_i(也叫时间戳)的位置。因此,一个随时间而演变的点(非点)对象可以用三维空间中的线(或体)来表示对应的移动点(移动区域)。

7.2.1 时间索引结构的特殊性

一种索引移动对象数据的简单方法是利用现成的空间数据存取方法,比如 R 树或四叉树①。但是当我们试图通过简单地利用纯空间领域中的方法将时空对象视做三维对象并操纵它们时,出现了几个问题。这些问题的出现使得我们不能简单地使用几何索引结构来索引时空对象。下面给出了这些问题。

(1) 支持的数据集。高级数据的本质必须在所考虑的应用领域内的大量应用中进行考查,并且我们需要在研究索引之前预先了解它们的本质特征。这些知识通常对相关索引结构的设计和构造有着必然的影响。在时空情形下,我们将移动点、移动区域以及重要性不大的移动线作为基本的随时间而演变的空间对象类。

(2) 有效时间与事务时间。正如在 1.3 节中所提到的,时态数据库文献中已提出了许多可部分共存的时间模型。特别重要的一点是提出了事务时间和有效时间,事务时间是指某个事实存在于数据库中,并且有可能被检索的时间,有效时间是指一

① 四叉树是二维空间中组织空间对象的另一种流行的数据结构,也存在着 k 维上的变种。其基本思想是按下述方法构造一棵每个结点都包含一个关联矩形的树:树的根关联了一个覆盖整个感兴趣空间的矩形(实际是一个正方形)。把这个正方形分解成 4 个大小相等的部分("象限"),然后递归地为 4 个象限构造四叉树,并把它们作为树的孩子结点。例如,我们可以在四叉树中保存点,然后构造一棵具有一定深度的树,使其每个叶结点仅包含有限数目的点,因此四叉树可以存储为一个外存上的桶。Samet 在 1990 年写了一本详细介绍四叉树的书。这里关于四叉树的评价只是假设你已经从其他地方了解过这种树结构,在本书中我们并不讨论四叉树。

个事实在所建模的现实世界中为真的时间。这导致了(至少)3 种已知的时空数据库管理系统(STDBMS):有效时间数据库(也称历史数据库)、事务时间数据库(也称回滚数据库)和双时态数据库。同样地,索引技术也根据这一分类法进行分类。

(3) 数据库动态性。另一种描述时空索引结构要求的方法是引入时空数据库的动态性程度。第 1 种情况是数据库的势(即移动对象的数目)是静态的,即不随时间而变化,但移动对象可能会改变位置。例如,在军事应用中,舰船的数量可能是不变的,但舰船的位置必须随时监视。第 2 种情况正好相反,即数据库的势随时间而改变,但所有空间对象的位置保持不变。例如,我们可以用一系列地图来表示某个地区的地震活动变化情况,并且每幅地图中使用点来表示地震活动情况。第 3 种情况是允许数据库的势和对象的位置都随时间而变化。这样的一个例子是不同位置发生的森林大火。第 4 种以及其余的情况中,数据库包含了固定数目的非时空对象,可以用空间数据库的方法来处理这些对象。可以根据相应的情况调整时空索引结构的设计,从而为加快数据存取速度提供特定的支持。

(4) 数据装载。另一个问题是将数据成批(组)还是动态装载到数据库中。这意味着我们要区分两种应用。一种应用允许成批地装载数据库中带有时间戳 t_i 的数据,但数据库中不允许更新过去时刻的数据。另一种应用允许动态地插入对象和更新对象的时间戳(不适用于事务时间数据库)。时空存取方法(STAM)的高效设计也依赖于这个区分。

(5) 移动对象的近似表示。正如在 7.1 节所看到的,为了构建空间索引,R 树及其变种通过最小包围盒(MBBs)来模拟空间对象。由于移动对象的动态本性,将这一方法直接应用到时空对象上是一种低效的解决方案。因为时空对象到处移动,它们的 MBBs 通常包含数目极大的无效的以及未被访问的空间。这无疑会导致极大且重叠的数据矩形,这反过来又会造成索引性能的低效。图 7.9 的例子所示为一个点对象从位置 A 移动到位置 B 的轨迹。显然,对应的 MBB 包含了大量的数据空间,这样就容易导致高度重叠,并因此降低索引结构的区分能力。因而,我们必须考虑并设计另外的表示形式。

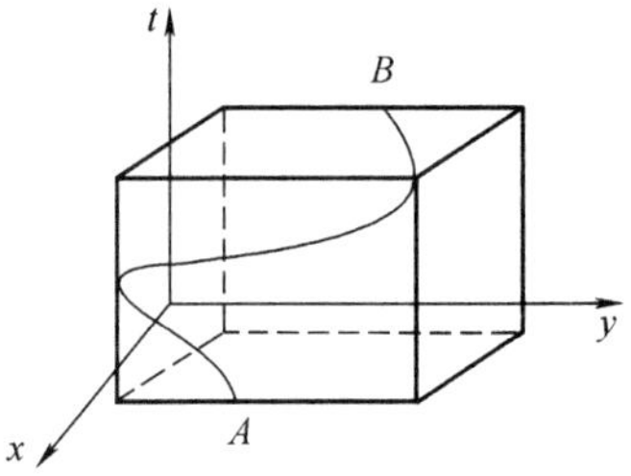

图 7.9 一个移动点的 MBB 占用了大部分的数据空间

另外,如果将一个移动对象保存在一个线性四叉树中,我们必须将它分解为许多最大块,因为可以假设动态演变的空间对象包含许多个最大块。因此,大量的四叉码(指 4 个象限)将被插入到四叉树结构中去。

(6) 时间维特性。在一个移动对象中,时间表示了单调递增的值,因此时间不能仅仅看成是另外的第三维。时空存取方法的构建应该考虑到这个特殊的性质。更精确地说,对于一个对象 o_id 的每两个连续的三元组(o_id, s_i, t_i)和(o_id, s_{i+1}, t_{i+1}),$t_{i+1} > t_i$ 总是成立。这个特性也导致了一个副作用,因为如果某个对象的时

刻 t_i 低于某个阈值,则有可能被认为是过时了。这意味着我们可以压缩 STAM 中的许多对象以便降低索引空间,因为这些相应的数据是不允许更新的。另外,还可以使用一个清除过程将过时数据移至第三级存储器中,或者甚至删除它们。

练习 7.5 请利用图 7.9 的坐标系统,画出一条三维曲线,要求该曲线不能与移动点的轨迹相同。证明你画法的正确性。■

(7) 特定时空查询的支持。索引技术的最终目的是根据用户定义的查询约束高效地检索数据。每一个应用领域都会带来一些专门的查询,例如在空间应用领域中,用户会关心诸如空间选择、空间连接以及最近邻查询等操作。但在时空应用领域中,用户可能会关心其他类型的一些查询。例如时间片查询,时间片可以为一个时刻或者一个时间间隔,一系列的时间片使时空数据库可以将一段时间间隔内的数据可视化。另一个例子是历史查询,例如查询标识为 *o_id* 的对象的所有实例。因此,定义一个能被广泛接受且相当全面的时空查询集合显然是非常必要的,这不仅是出于设计一个合适索引的目的,也是时空数据模型、查询语言以及基准测试等的设计需要。

前面我们提到的所有问题以及其他在这里可能没提到的一些问题,对时空存取方法的设计有着决定性的影响,这些问题也说明了时空存取方法与纯空间索引之间的不同。这也就意味着我们不能简单地将时间维当做多维空间中新的一维来处理。

7.2.2 时空索引结构的设计准则

在下面的内容中,我们提出有效的时空索引技术必须支持的设计准则。根据 7.2.1小节的讨论,我们将设计问题分为 3 类:支持的数据类型和数据集问题、索引构建问题以及查询处理问题。

支持的数据类型和数据集

我们已经看到随时间变化的点对象(移动点)和非点空间对象(移动区域、移动线)必须要有有效的时空存取方法支持。在支持的时间维方面,我们必须区分支持事务时间、有效时间或者双时态时间的索引结构。在数据集的动态性方面,要区别静态对象数目随时间变化的增长型索引结构、空间对象随时间移动但其数目保持恒定的演变型索引结构以及数据库中的空间对象随时间移动且这些移动对象的势也发生变化的全动态型索引结构。在时间戳的更新方面,我们区分下面 3 种数据上的索引结构。一种是成批装载或者批量插入静态数据的索引结构,它假设我们已经提前知道所有对象的实例,并且不允许插入和更新;另一种是按时序型数据集或者仅允许添加的数据集上的索引结构,它只允许插入或者更新当前的实例;第 3 种是动态数据上的索引结构,它允许插入或者更新任何时刻的任意对象(在事务数据库中没有意义)。在空间应用领域中,只有静态数据和动态数据两类是有意义的。

索引构建

由于时空数据特殊的性质以及前面提到的时间维的特性,一个有效的时空存取方法在构造时必须考虑一些问题,并对纯空间索引中的相关概念进行扩展。在后面的内容中,我们要讨论新元素的有效处理、过时元素以及粒度变化等问题。我们的重点放在层次型树结构上,不考虑散列等看起来不太适合用做多维索引的结构。

(1) 插入和分裂操作。每次往数据库中插入对象 o 的一个新的三元组(o_id, s_{i}, t_i)时,都要检查根结点,以选择一个"适合"新元素的位置。该过程递归地在更深的层次中执行,直至到达某个叶结点。然后我们将元素插入到叶结点对应的磁盘页中。插入操作基于空间和时间坐标,并且我们需要谨记时间轴的单调递增特性。在一个叶结点页面溢出的情况下,对溢出元素的处理可能造成一个强制重新插入的过程——即分裂过程,或者我们也可以使用溢出页。我们可能需要考虑整体分裂(类似于 R^+ 树的分裂过程)和部分分裂(即根据空间和时间坐标分裂)的标准,以便可以有效地处理页面溢出问题。

(2) 处理过时元素的组装和清除操作。由过时元素构成的页和包含过时元素的页应当被组装或者清除,以释放磁盘空间。由于所涉及的数据特点,这些重组和清除技术有可能成为时空存取方法设计中的一部分。对于组装操作,我们可以利用已有的实验结果,即动态树索引结构的页平均容量约为 67%。举个例子,这可以引出"3-2 合并"这样的技术。"3-2 合并"的意思是每页约 67% 满的 3 个连续的过时页可以合并为 2 个满页。对于清除操作,我们可以直接从索引结构中删除由过时元素构成的页。所有这 2 种情况都可以带来可观的空间节约。

(3) 改变时间戳粒度。当时间戳粒度(即时间维上的度量单位)变大时(如从小时变成天),底层的索引应当重新组织,以使用新的时间度量来表示对象的时间戳。

查询处理

时空存取方法的主要目标是有效地支持查询处理。支持的查询集合越广,存取方法就越有用,也越具有适用性。下面,我们讨论一组基本的查询类型。

(1) 选择查询。该查询的形式为"查找所有位于某一特定区域(或特定点)且/或处于某一特定时间间隔(或某个特定时刻)的对象"。这类查询是 STDBMS 使用者最常讨论的时空查询问题。在层次型树结构的假设下,检索过程是显而易见的:从根结点开始,以每一个结点所表示的近似结构与查询窗口之间相交的时间间隔(对于时间)和区域(对于空间)为基准向下遍历树。在"或"查询类型中,我们查找的是移动对象的时态或空间投影。

(2) 连接查询。这类查询的形式为"查找所有空间位置接近(即距离为 d)且处于某一特定时间间隔(或某一具特定时刻)的对象"。一个应用例子是通过比较车辆轨迹进行事故检测。该查询的检索过程如下:从两个根结点开始并行地遍历两个索引，并根据 *overlap* 操作对每次结点访问中的两个元素进行比较。

(3) 最近邻查询。该查询的形式为“查找某一时间间隔 l 内距离某个区域或位置最近的 k 个对象”。这类查询也是我们感兴趣的。

上面仅仅提到了 3 种重要的查询类型。其他的查询类型包括时间片查询（可以转换为部分点或范围查询）以及历史查询（可以通过维护适当的 *to-next* 指针来实现）等。时空索引还应该支持用做时空选择或时空连接条件的时空谓词。问题是可能的时空谓词数目是无限的。

7.2.3 已有时空存取方法综述

到目前为止，时空索引方法的设计尝试都全部集中在使用纯空间索引来支持多维数据以及针对标准数据（如数值、字符串）的时态索引上。在下面的内容中，我们将介绍这些方法，并且特别要说明它们的不足。这些方法可以被分成以下几类：

- 方法 1：将时间看做是另一维的方法。
- 方法 2：将时间不作为另一维而是整合到索引结构的结点中的方法。
- 方法 3：运用部分重叠的索引结构来表示不同时刻（有效时间或事务时间）的数据库状态。

第 1 类方法的明确想法是将时间作为另一维对待，因为我们已拥有处理多维数据的各种方法了。一个例子是 3D R 树，它将时间看做是原来二维索引空间之外另增加的一个维度，并将三维的区域转变为三维的包围盒（MBBs）。基于时空范围限制（例如查找与 X 在空间和时间上都部分重叠的所有对象）的对象检索可以通过 R 树结构中典型的三维范围查询来进行。3D R 树的潜在应用范围还包括了那些不随时间而改变位置的对象。因此，在它们的三维表示中没有引入无效空间，这与移动对象的情况不同（见图 7.9）。

第 2 类方法将时间信息作为时间间隔整合到索引结构中。这导致了 R 树的时空版本——RT 树的产生。在这种索引中，时间和空间信息是分开保存和维护的。叶结点或非叶结点中的每一个元素包含了形如 (S,T,P) 的项，其中 S 表示空间信息（MBB），T 表示时间信息（间隔），P 是指向一个子树的指针或是对象的详细描述。设 $T=(t_i,t_j)$，$i \leqslant j$，t_j 是当前时间戳，t_{j+1} 是下一个时间戳。在空间对象从 t_j 到 t_{j+1} 没有发生变化的情况下，T 被更新为 $T'=(t_i,t_{j+1})$。一旦空间对象的位置发生改变，假设是在 t_j 时刻，则我们创建一个带有时间信息的新项 $T=(t_j,t_j)$，并将其插入到 RT 树中。该方法存在如下局限：如果发生变化的对象数目很大，RT 树会非常快地增长。因为带有时间戳的对象的所有实例都被保存在一棵树中，所以针对某个具体时间戳的查询将不得不承受处理其他所有对象的开销。此外，当一个结点溢出时，我们也需要一个分裂策略。在 RT 树中，空间特征、时间特征或是两者的特征都可以被使用，但是每一种方法究竟应该在什么时候使用，这一点在 RT 树中并没有给出回答。

第 3 类方法包括 MR 树和 HR 树。这两种方法都采用了为不同事务时间戳创建不同索引实例的思想。但为了节省磁盘空间，共同的路径在索引中只存储一次，因为所有索引实例可以共享这些路径。因此，我们需要在不同索引实例间建立联系，这样所有索引实例的集合就形成了一个无环图。部分重叠的树结构概念很容易理解和实现。当空间位置随时间改变的对象相对较少时，这种方法的空间效率很好。然而，如果从一个时刻到另一个时刻移动对象的数目很多时，这种方法就退化为一组独立的树结构，因为我们不太可能找到共同的路径。图7.10所示为在两个不同时刻 t_0 和 t_1 的部分重叠树的例子。虚线表示了共同路径间的联系。

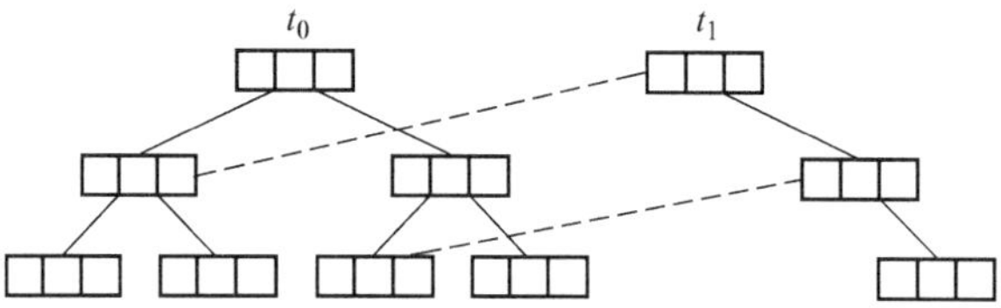

图7.10 两个不同时刻 t_0 和 t_1 对应的部分重叠树

表7.1所列是根据7.2.2小节设计准则给出的目前提出的时空索引方法的一个分类。所有的方法都能索引区域（包括作为退化情形的点），并且4种方法中有3种可以支持事务时间。除了3D R树，其他方法被分为全动态型（按照数据集的动态性）和时序型（按照时间戳的更新）两种类型。3D R树只处理增长型和静态的数据库，因为它的所有对象都附带了其空间位置没有发生变化时的有效时间区间，并且我们事先已经知道了所有的对象实例。对于其他的设计准则，3D R树没有考虑特定的移动对象近似表示方法，因为每个对象本身虽然只是表示为MBB，但在实现中它可以实现特定的时间片操作来表示移动对象。MR树和HR树等部分重叠树为每个对象维护一组MBBs，尽管彼此间可能不存在联系，但它们仍可以有效地处理时间片操作，这里的时间片操作是原始操作的一种特定的变种情形。

表7.1 已有时空存取方法的评价

时空存取方法准则	MR树	RT树	3D R树	HR树
支持的数据类型	区域	区域	区域	区域
支持的时间类型	事务时间	事务时间	有效时间	事务时间
数据集的动态性	全动态型	全动态型	增长型	全动态型
时间戳的更新	时序型	时序型	静态	时序型
特定移动对象的近似表示	是	是	否	是
过时元素的处理	否	否	否	否
特定的查询处理算法	是（时间片）	否	是（时间片）	是（时间片）

综上所述，目前时空存取方法总的现状就是只支持有限的特定时空操作，同时也缺乏 MBBs 之外的移动对象近似表示方法。尽管所有方法都支持静态或时序型数据库，但没有一种方法特别考虑了对过时的对象实例的处理。因此，除了扩展和改进已有的索引，我们还需要研究新的方法。下面两节将对其中的一些方法进行讨论。

7.3 索引当前以及近期未来移动

在本节中，我们讨论移动对象的当前位置和预期未来位置的索引。我们已经在第 3 章中讨论过针对这种情形的一个数据模型。7.3.1 小节引入了后面讨论的所有索引技术的一些共性的一般性策略和概念。7.3.2 小节介绍了时间参数 R 树（TPR 树）。7.3.3小节解释了对偶数据转换方法。在 7.3.4 小节中，我们将讨论时间无关索引的思想。在 7.3.5 小节我们引入了针对一维时序查询的动态 B 树，并在 7.3.6 小节中继续介绍针对二维时序查询的动态外部范围树。7.3.7 小节主要讨论基于多版本动态 B 树的时间敏感索引。7.3.8 小节中讨论了基于多版本动态外部范围树的时间敏感索引。

7.3.1 一般性策略

连续移动给数据库技术提出了新的挑战。在传统的索引结构中，存储的数据是静态不变的，除非这些数据不时地被显式修改。基于这一假设，当我们表示和索引连续移动时，将导致频繁的数据更新或者记录过时的不精确的数据。无论哪一种选择都没什么吸引力，也都是低效和不可行的。

与第 3 章和第 4 章中介绍的模型类似，一种解决方案是以某种方式去捕获连续移动，使得单纯的时间推进并不需要频繁地执行显式的数据更新。也就是说，我们存储表达移动对象位置的函数，而不存储显式的位置以及变化。当函数的参数（如速度、方向）发生变化时才需要执行更新。我们可以很容易地使用时间函数计算一个移动对象在未来任意时刻可能的位置。这种方法可以最小化更新开销，但同时我们在第 3 章中看到该方法也导致了一些新的问题。

本节讨论的索引结构局限于由线性近似方法表示的移动点。一般地，我们首先要区分与移动点的未来线性轨迹索引方法相关的一些概念。

第一，不同的索引方法所索引的空间可能不同。如果对象在 d 维空间中移动，它未来的轨迹可能被索引为 $d+1$ 维空间中的曲线。我们已经将这种观点用在了移动点的可视化中。如果一个点在二维空间中移动，它可以看做是三维空间中的一条线。另外，轨迹也可以映射成更高维空间中的点集，然后再索引（见 7.3.3 小节）。还有一种选择是在它自身的 d 维空间中索引数据，我们通过在索引结构上增加一个速度矢量作为参数来实现，这样一来便可以得到未来任意时间的索引视图（见7.3.2小节）。

第二，我们需要区分索引是划分数据本身（如 R 树）还是划分所在的空间（如四叉树）。如果在数据自身的空间中索引数据，那么基于数据划分的索引似乎更加合适。但如果轨迹被索引为 $d+1$ 维空间中的线并且我们不使用分片表示方法,这种方法将导致不可避免的部分重叠。

第三,索引可能在它们所潜在的数据复制程度上有所不同。数据复制有可能改善查询性能,但反过来也会影响更新性能。

第四,索引方法可以会要求周期性的索引重建。一些方法只使用单一索引,它们只在一定的时期内有效。在这些方法中,一个新的索引必须在它的前继失效时创建。其他的方法可能使用原则上可以无限期工作的索引(见 7.3.2 小节)。但是,可能会出现系统不时地建议优化索引的情况,因为随着时间流逝,索引的性能也不断降低。

7.3.2 TPR 树

第1种讨论的索引技术是时间参数 R 树(简称 TPR 树)。它以一种自然的方式对 R^* 树进行了扩展,并为索引的每一个移动点定义了一个线性函数。当函数进入数据库时,函数带有2个参数,即对象的位置和速度矢量。树中的包围盒也是时间的函数。TPR 树的策略是当所包围的点或者其他矩形移动时连续地跟踪它们。与 R 树相比,新的索引能够索引一维、二维和三维空间中的点。TPR 树在数据的自身空间中索引数据,不使用数据复制技术,也不要求周期性地索引重建。

问题描述

一个 d 维空间中的对象在当前或将来时刻 t 的位置由 $x(t)=(x_1(t),x_2(t),\cdots,x_d(t))$ 给出,并表示为一个时间的线性函数。这个函数通过2个参数来描述。第1个参数是对象在某一指定时间 t_{ref} 时的位置,称为引用位置。第2个参数是对象的一个速度矢量 $v=(v_1,v_2,\cdots,v_d)$。因而,$x(t)=x(t_{ref})+v(t-t_{ref})$。如果一个对象的位置在某一时间 t_{obs} 被观察到时,假设给定了 t_{obs} 时的速度矢量 v 以及对象的位置 $x(t_{obs})$,则第1个参数 $x(t_{ref})$ 是对象在 t_{ref} 时刻可能的位置,或者对象在其他参考时间时可能的位置。这种模型有两个好处:它使我们能够对对象的位置做出暂时的未来预测,而且它解决了频繁更新的问题。只有当对象的实际位置与以前报告的位置的偏离超过了某个给定的阈值时,对象才需要报告它们的位置和速度矢量。在第3章中我们已经讨论过更新频率与期望得到的正确性之间的适当平衡问题。

在 TPR 树中,作为时间函数的引用位置和速度也被用来表示索引中包围盒的坐标,如图 7.11 所示。图 7.11(a)所示为在0时刻的对象位置和速度矢量。图 7.11(b)所示为0时刻时对象分配到 R 树的 MBBs 中的一种可能的情形,这里我们假设每个结点最多只能容纳3个对象。前面的工作已经证明,如果可以最小化某些数值(如部分重叠的 MBB 数目、无效空间数以及周长等),我们就可以得到查询性能良好的索引。因此,看起来这里的分配还不错。然而,尽管在0时刻查询得到了很好的支持,但对象的移动可能会反过来影响这个分配。图 7.11(c)所示为在时刻3时对象的位置和 MBBs。此时,MBBs 已经发生增长,并仍然有效,但它们中的两个 MBBs 发生了部分重叠,并且无效空间的比例也增加了。原因是原来属于同一 MBBs 的对象都靠得很近,但这些对象在不同方向上的移动导致它们之间的距离迅速拉开,因此 MBBs 也随之增大。时刻 3 的查询可能具有较差的查询性能。图 7.11(d)所示的对象分配方案应该更为合适。然而,在 0 时刻这种分配与原本分配相比却具有较差的查询性能。因此,当很多查询到达时,我们必须考虑为对象分配 MBBs 的问题。

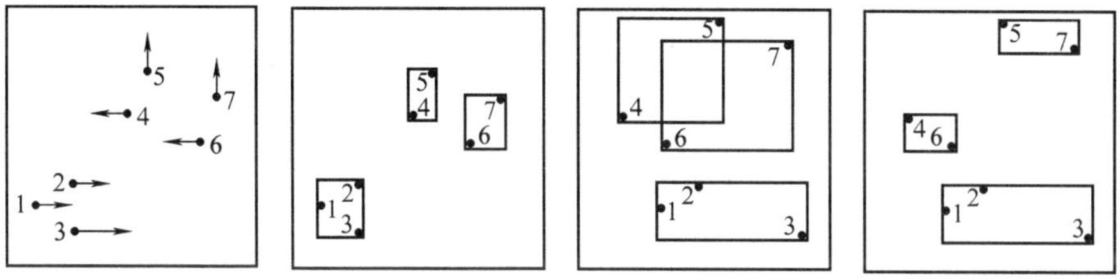

(a) 0时刻对象位置和速度矢量　(b) 一种可能的对象分配方案　(c) 时刻3对象位置和MBBs　(d) 一种对象分配方案

图 7.11　一棵 R 树中的移动点以及形成的叶结点层 MBBs

查询类型

TPR 树支持的查询是检索所有位于特定区域内的点。在下面的内容中,设 R 是由它在 d 个坐标轴上的 d 个投影 $[a_1^s, a_1^e], \cdots, [a_d^s, a_d^e]$ 指定的一个 d 维矩形,其中 $a_i^s \leqslant a_i^e, 1 \leqslant i \leqslant d$。再设 R、R_1 和 R_2 是 3 个 d 维矩形,并设 t、t^s 和 t^e 是 3 个不小于当前时间的时间值,其中 $t^s \leqslant t^e$。根据查询所指定的区域的不同,定义如下 3 种不同的查询类型:

- 时间片查询(类型 1)。$Q=(R,t)$ 指定了一个在时刻 t 的超矩形 R。
- 窗口查询(类型 2)。$Q=(R,t^s,t^e)$ 定义了一个覆盖时间间隔 $[t^s,t^e]$ 的超矩形 R。也就是说,这个查询返回这样的点,这些点在 (x,t) 空间中的轨迹与 $d+1$ 维的超矩形 $([a_1{}^s,a_1{}^e],\cdots,[a_d{}^s,a_d{}^e],[t^s,t^e])$ 相交。
- 移动查询(类型 3)。$Q=(R_1,R_2,t^s,t^e)$ 指定了一个通过连接 t^s 时刻的 R_1 和 t^e 时刻的 R_2 得到的 $d+1$ 维梯形。

类型 2 是类型 1 的一般化情形,也是类型 3 的特化。图 7.12 所示为一维数据集 $\{o_1,o_2,o_3,o_4\}$ 上的这几种查询类型例子,该数据集表示了在不同位置上测量到的气温值。查询 Q_0 和 Q_1 是时间片查询,Q_2 是窗口查询,Q_3 是移动查询。

设 $iss(Q)$ 表示查询 Q 发出的时间,则查询 Q 所看到的移动对象轨迹的 2 个参数,即引用位置和速度矢量,依赖于 $iss(Q)$,因为对象会随着时间流逝而更新它们的参数。对图 7.12 中的对象 o_1 的观察可以说明这一点。它的移动通过 3 条轨迹加以描述,第 1 条是与查询 $iss(Q)<1$ 对应的轨迹,第 2 条是与查询 $1 \leqslant iss(Q) \leqslant 3$ 对应的轨迹,第 3 条是与 $3 \leqslant iss(Q)$ 对应的轨迹。例如,如果 $iss(Q)<1$,则查询 Q_1 的结果是 o_1,否则如果 $iss(Q) \geqslant 1$,则结果为空。

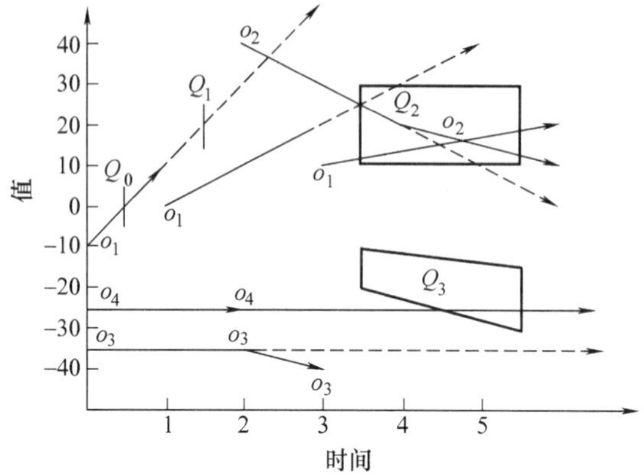

图 7.12 一维数据的查询例子

图 7.12 显示了由于依赖于 $iss(Q)$，一个查询 Q 的结果可能会不相同。而且针对遥远未来的查询可能也没有什么价值，因为查询的未来时间越远所得到的预测位置也会越来越不准确，而且在当前的查询时刻我们也无法预知将来会发生什么样的更新。因此，如果查询与近期未来(*near-future*)相关，则现实世界中的应用将获得最大的好处。这里，近期未来是指从当前时间开始延伸的一个大小限制的时间窗口。

问题参数

如下的 3 个参数影响着索引问题以及 TPR 树的质量(图 7.13)。

■ 查询窗口(W)。它描述了查询延伸到未来的时间区间。对于查询类型 1，有 $iss(Q) \leqslant t \leqslant iss(Q)+W$，对于类型 2 和类型 3，有 $iss(Q) \leqslant t^s \leqslant t^e \leqslant iss(Q)+W$。

■ 索引使用时间(U)。它表示了在查询中使用索引的时间间隔。设 t_l 是索引创建或装载的时间，则有 $t_l \leqslant iss(Q) \leqslant t_l+U$。

■ 时间范围(H)。这是指查询中使用的 t、t^s 和 t^e 可以使用的时间间隔的长度。一个索引的时间范围可以认为是索引使用时间加上查询窗口。

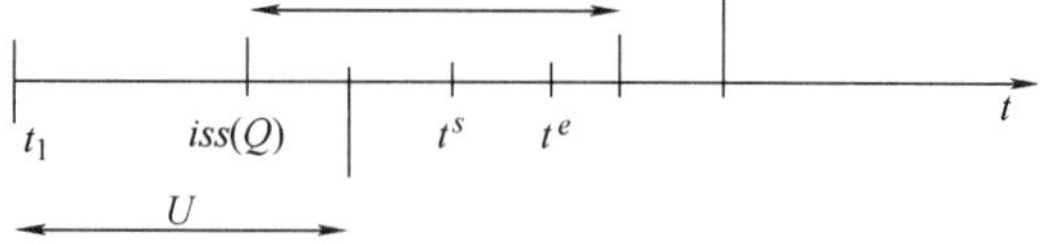

图 7.13 问题参数：时间范围 H、索引使用时间 U 和查询窗口 W

因此一个新创建的索引必须能够支持未来 H 个时间单位内的查询。后面我们将看到参数 U 不仅对于静态数据集和批量装载有用，而且在允许索引更新的动态环境中也同样有用。尽管 TPR 树在创建后可以一直发挥作用,但在插入期间修改参数 U 可以提高索引的查找性能。

TPR 树的结构

一棵 TPR 树是一棵多路平衡树,且具有 R 树结构。它的叶结点包含了一个移动点的位置和一个指向数据库中该移动点对象的指针。中间结点包含了一个指向子树的指针和一个包围了所有移动点位置或子树中其他包围盒的矩形。如前面所述,在一维情况下,一个移动点的位置由一个引用位置和速度矢量(x,v)来表示,其中 $x=x(t_{ref})$。假设 $t_{ref}=t_l$,t_l 是索引的创建时间。也可以将 t_{ref}设置为某个常量(如 0),或者在不同的结点中使用不同的 t_{ref}值。

我们使用 d 维包围盒来包围一组 d 维移动点,d 维包围盒也是时间参数化的(即它们的坐标是时间的函数)。一个 d 维时间参数包围盒包围了一组 d 维移动点或者子树的包围盒,它们的时间都要晚于当前时间。一个问题是如何平衡一个 d 维时间参数包围盒包含移动点或者子树包围盒的准确性以及包围盒的存储空间需求。一个明显但可能的解决方案是总是使用最小的时间参数包围盒,但这样一来它们的存储代价显然会过大。而且在一般情况下这需要检查所有包含的移动点。图 7.14 所示为一个例子,其中一个结点包含两个相对移动的一维点 A 和 B(扩展到任意数目点的情形是很直观的)。在每一时刻,这些点中的每一个都扮演着最小包围间隔的上界或下界的角色。TPR 树使用了所谓的保守包围盒,而不是使用那些总是最小的包围盒或间隔。保守包围盒在某些时刻是最小的,但在其他时刻可能而且非常可能不是最小的。在一维的情况下,一个保守间隔的下界/上界根据所包含点的最小速度/最大速度(依据方向确定速度是正的还是负的)来设置。这种做法保证了任何时刻这些移动点都可以包含在保守间隔内。在图 7.14 中,保守间隔的左边或右边从对象 A 或 B 在 0 时刻的位置开始,并以对象 B 或 A 的速度向左或右移动,因此,保守包围间隔从不会缩小。

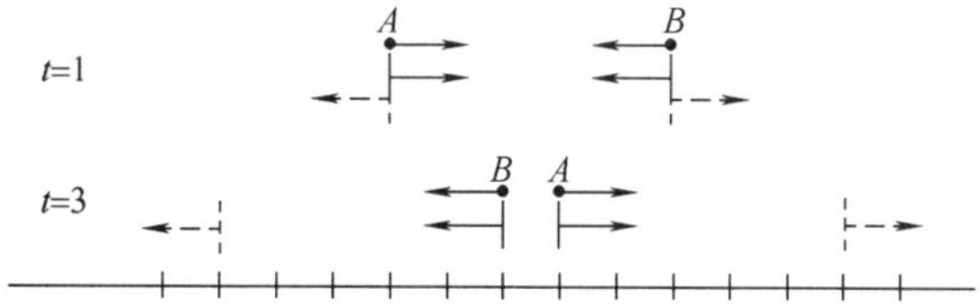

图 7.14 保守包围间隔(虚线)与总是最小的包围间隔(实线)

基于 $t_{ref}=t_l$ 这一假设,一个一维的时间参数化包围间隔$[x^s(t),x^e(t)]=[x^s(t_l)+v^s(t-t_l),x^e(t_l)+v^e(t-t_l)]$并表示为$(x^s,x^e,v^s,v^e)$,其中 $x^s=x^s(t_l)=min\{o_i.x^s(t_l)|1\leqslant i\leqslant n\}$,$x^e=x^e(t_l)=max\{o_i.x^e(t_l)|1\leqslant i\leqslant n\}$,$v^s=min\{o_i.v^s|1\leqslant i\leqslant n\}$和 $v^e=max\{o_i.v^e|1\leqslant i\leqslant n\}$。$o_i$的范围是所包含的 n 个包围间隔。当 o_i 是所包含的 n 个移动点时,$o_i.x^s(t_l)$和 $o_i.x^e(t_l)$由 $o_i.x(t_l)$代替;$o_i.v^s$和 $o_i.v^e$由 $o_i.v$ 来代替。我们把这些包

围了 t_l 之后所有时间的间隔和矩形称为装载时间包围间隔/盒。这些间隔和包围盒从不会缩小。它们甚至可能会增长得太大，所以不时地对它们进行调整是可取的。特别是每次任何一个包含的移动点或包围盒更新时，包围盒的调整是必要的。在更新期间我们可能会做如下的调整：$x^s = min\{o_i.x^s(t_{upd}) \mid 1 \leqslant i \leqslant n\} - v^s(t_{upd} - t_l)$ 和 $x^e = max\{o_i.x^e(t_{upd}) \mid 1 \leqslant i \leqslant n\} - v^e(t_{upd} - t_l)$。这里，$t_{upd}$ 是更新的时间。对于移动点，这个公式也必须和前面一样做修改。我们称这些间隔和矩形为装载时间包围间隔/盒。图 7.15 所示为 2 种类型的包围间隔/盒。

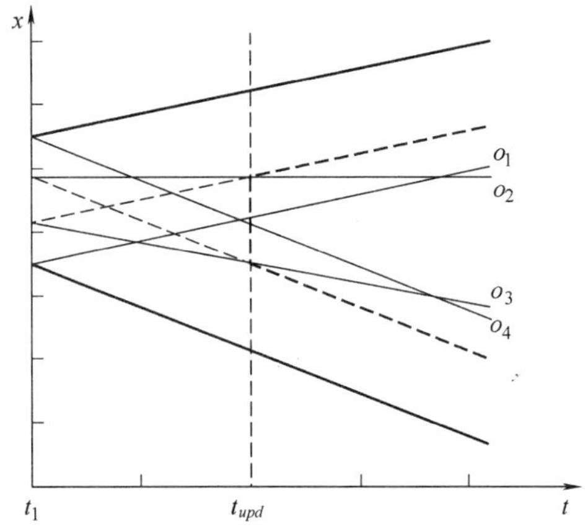

图 7.15　4 个移动点的装载时间（实线）和更新时间（虚线）包围间隔

在图 7.15 中，上下实线显示了由 4 条直线表示的 4 个移动点的装载时间、时间参数包围间隔。在时刻 t_{upd} 给出了一个更窄但更好的更新时间包围间隔，然后继续运行（直至下一个更新）。

查询

通过这些包围间隔和包围盒的定义，下面我们讲解如何利用 TPR 树来回答 3 种类型的查询。回答时间片查询与常规 R 树的过程类似。唯一的不同是需要在相交检查之前计算在查询中指定的时间 t^q 时的所有包围盒。因此，一个由 (x^s, x^e, v^s, v^e) 给出的包围间隔满足查询 (a^s, a^e, t^q) 的条件是当且仅当 $a^s \leqslant x^e + v^e(t_q - t_l) \wedge a^e \geqslant x^s + v^s(t_q - t_l)$。对于回答窗口查询和移动查询，我们需要判断查询梯形（图 7.16）是否在 (x, t) 空间中与下面这个包围盒的部分轨迹所形成的梯形相交，这个包围盒是由查询的开始和结束时间所构成的。对于一维空间这相对简单。对于多维空间可能要利用几何多面体之间的相交测试算法（这里不再讨论）。对于相对简单的情况，我们可以设计一种更有效的算法。

特别地，我们需要一个算法来检查由参数 $(x_1^s, x_1^e, x_2^s, x_2^e, \cdots, x_d^s, x_d^e, v_1^s, v_1^e, v_2^s, v_2^e, \cdots, v_d^s, v_d^e)$ 给定的 d 维时间参数包围盒 R 是否与移动对象 $Q = ([a_1^s, a_1^e], [a_2^s, a_2^e], \cdots,$

$[a_d^s,a_d^e],[w_1^s,w_1^e],[w_2^s,w_2^e],\cdots,[w_d^s,w_d^e],[t^s,t^e]$)相交。简单起见，我们稍微修改了一下前面给出的移动查询（类型3）的定义。原来的定义指定了一个通过连接 t^s 时刻的 R_1 和 t^e 时刻的 R_2 得到的 $d+1$ 维梯形。这里，我们使用速度矢量而不是 R_2。速度 w_i 由 R_1 减去 R_2 并根据间隔 $[t^s,t^e]$ 的长度对它们进行规范化得到。算法基于这样的观察，即如果存在某个时刻使得两个移动包围盒在每一维上都相交，则这两个移动包围盒相交。因此，对于每一维 $j(1\leqslant j\leqslant d)$，算法计算出时间参数包围盒与时间参数查询矩形在这一维上相交的时间间隔 $I_j=[t_j^s,t_j^e]\subseteq[t^s,t^e]$。如果 $I=\bigcap_{j=1}^{d}I_j=\varnothing$，说明移动矩形不相交，因此返回结果为空。否则，当矩形相交时，返回时间间隔 I。每一维 j 上的间隔计算如下：

$$I_j=\begin{cases}\varnothing, & (a_j^s(t^s)>x_j^e(t^s)\wedge a_j^s(t^e)>x_j^e(t^e))\\ & \quad\vee(a_j^e(t^s)>x_j^s(t^s)\wedge a_j^e(t^e)>x_j^s(t^e))\\ [t_j^s,t_j^e], & \text{其他}\end{cases}$$

析取式的第1项（第2项）表示 Q 在 R 之上（之下）。值 t_j^s 定义如下：

$$t_j^s=\begin{cases}t^s+(x_j^e(t^s)-a_j^s(t^s))/(w_j^s-v_j^e), & a_j^s(t^s)>x_j^e(t^s)\\ t^s+(x_j^s(t^s)-a_j^e(t^s))/(w_j^e-v_j^s), & a_j^e(t^s)<x_j^s(t^s)\\ t^s, & \text{其他}\end{cases}$$

第1个（第2个）条件表示在 t^s 时刻 Q 在 R 之上（之下）。对于 t_j^e，有

$$t_j^e=\begin{cases}t^s+(x_j^e(t^s)-a_j^s(t^s))/(w_j^s-v_j^e), & a_j^s(t^e)>x_j^e(t^e)\\ t^s+(x_j^s(t^s)-a_j^e(t^s))/(w_j^e-v_j^s), & a_j^e(t^e)<x_j^s(t^e)\\ t^e, & \text{其他}\end{cases}$$

这里第1个（第2个）条件表示在 t^e 时刻 Q 在 R 之上（之下）。

作为计算 t_j^s 和 t_j^e 的例子，假设在 t^e 时刻 Q 在 R 之下，因此，Q 在 t^s 时不可能在 R 之下，因为否则的话，Q 就一直在 R 的下面，因此就不会发生相交。因而，线 $a_j^e(t^s)+w_j^e(t-t^s)$ 和线 $x_j^s(t^s)+v_j^s(t-t^s)$ 在时间间隔 $[t^s,t^e]$ 内相交。求解 t 得到相交时刻为 t_j^e。图7.16所示为一个移动查询、一个包围盒以及它们在一维中相交的时间间隔。

练习7.6 我们已定义了一个速度矢量 $\boldsymbol{v}$ 作为一个 d 维元组 $\boldsymbol{v}=(v_1,v_2,\cdots,v_d)$。设 $d=2$。① 如果一个移动点在时刻 t 的位置由一个已知时间函数给定，比如 $p(t)=(x(t),y(t))$，一般地我们应该怎样描述随时间而变化的 $\boldsymbol{v}$、v_1 和 v_2？对于移动点表示为线性行为和表示为多项式行为这两种情况，请分别解释你的答案。② 请给出速度矢量 $\boldsymbol{v}=(v_1,v_2)$ 的另外一种定义。 ■

树结构的启发式

一个重要的问题是如何将移动对象有效地分组到结点中，以使索引树可以最有效

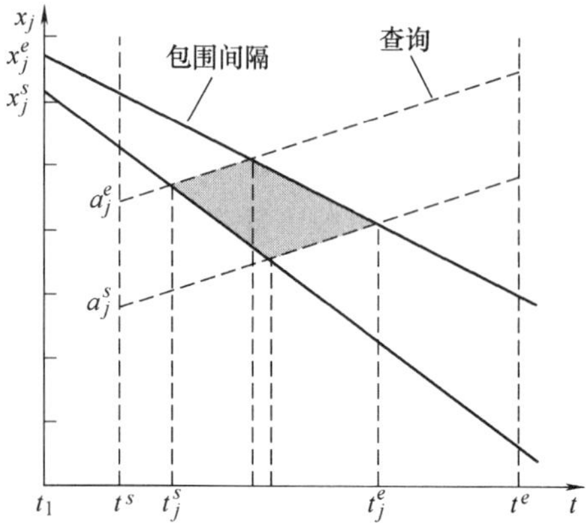

图 7.16 一个移动查询与一个移动包围盒相交

地支持时间范围 H 中的时间片查询。因此,我们的目标是找到对动态插入和批量加载两者都适用的一些原则或启发式。当 H 接近 0 时,树可以简单地利用现存的 R 树插入和批量加载算法。这时,点对象和包围盒的移动已经不再重要,只有它们的初始位置和范围是重要的。然而,当 H 相当大时,根据它们的速度矢量将移动点分组就变得重要起来。包围盒在时间间隔 $[t_l, t_l + H]$ 内的任何时刻都应该尽可能地小,这里的时间间隔 $[t_l, t_l + H]$ 内插入和批量加载操作的结果可能对查询是可见的。因此,t_l 是一个插入时间或索引创建时间。为了实现包围盒的最小化,包围盒的增长率以及它们的速度范围值都必须保持较小。在一维空间中,一个包围间隔的速度范围等于 $v^e - v^s$。

R* 树的插入和批量加载算法的目的是最小化诸如包围盒的面积、周长以及包围盒的重叠程度等目标函数。我们将它扩展到移动点情形上。在我们的设置中,这些目标函数是时间依赖的,我们必须考虑它们在间隔 $[t_l, t_l + H]$ 内的变化。基于这个目的,对于给定的目标函数 $A(t)$,我们应当最小化其积分值,即

$$\int_{t_l}^{t_l+H} A(t)\,\mathrm{d}t$$

如果 $A(t)$ 是一个面积函数,积分计算的是一个梯形的面积(体积),这个梯形表示了一个 (x,t) 空间中的包围盒的部分轨迹(见图 7.16)。

插入和删除

R* 树的插入算法使用了一系列的函数,它们用于计算包围盒的面积、包围盒的交、包围盒的边界(当分裂一个结点时)以及两个包围盒中心的距离(当执行强制重新插入时使用)。TPR 树的插入算法与 R* 树类似,唯一的差别在于它不直接使用刚提到的这些函数,而是使用它们的积分。计算面积、周长和距离的积分相对简单。两个时间参数包围盒的交的积分计算算法是两个包围盒部分重叠检查算法的一个扩展。在包围盒相交的每一时刻,相交区域也是一个包围盒,并且在每一个维中,这个

包围盒的上(下)边界都是这两个包围盒其中之一的上(下)边界。因此,由部分重叠检查算法返回的时间间隔被划分为连续的时间间隔,从而在每一个间隔中的相交区域可以定义为一个时间参数包围盒。之后,可以通过计算所有面积积分的和来得到相交区域的面积积分。对于一维的情况,图 7.16 显示了相交时间间隔被划分成了 3 个较小间隔的情形。

在动态环境下,查询窗口 W 保留了时间范围 H 的一部分,并且它的长度等于插入算法中计算积分的时间区间长度。H 其他部分的长度取决于更新频率。如果更新频率较高,一次插入的影响不会持续很久,因此 H 不会超过 W 太多。

另外一个必要的修改是分裂算法。R^* 树的分裂算法是从两个结点元素的一组候选分布策略中选择一种分布策略。这些候选分布策略是根据点在每个坐标轴上的位置顺序创建的。在 TPR 树的分裂算法中,排序时使用了移动点(或包围盒)在不同时刻的位置。对于装载时间包围盒,它使用 t_l 时刻的位置,对于更新包围盒,它使用当前时间的位置。除了沿空间维进行排序外,TPR 树也考虑了沿速度维进行排序,即按速度矢量的坐标进行排序。这样做的原因是按照基于速度维来分布移动点可能形成速度范围较小的包围盒,这样每个包围盒中速度增长就相对会比较慢。

TPR 树的删除与 R^* 树相同。一个结点的下溢将导致它本身被删除,然后它的元素将被重新插入到树中。

7.3.3　对偶数据转换方法

本节将介绍用对偶数据转换方法来索引移动对象。对偶性是计算几何文献中广泛使用的一个概念,一般用来将 $\mathbb{R}^d$ 中的超平面映射为 $\mathbb{R}^d$ 中的一个点或反过来映射。其目的是将一个问题转换为更加直观的表达形式,并为它找到更容易的解决方法。

一维中的对偶时空表示

假设初始的移动点轨迹由时间 - 位置平面 (t,y) 内的线给出。每条线的公式是 $y(t)=vt+a$,其中速度 v 是斜率,a 是截距。更准确一点,轨迹不是一条线而是一条开始于某一点 (x_i,y_i) 的半直线。不过,因为我们请求的查询与当前或者未来时间相关,所以将轨迹假设为线对查询结果的正确性没有任何影响。最小和最大速度分别由 v_{min} 和 v_{max} 表示。我们认为移动对象在 y 轴上的移动是限制在 0 和常量 y_{max} 之间的。

我们对近似查询特别感兴趣。近似查询是窗口查询,返回所有在时间间隔 $[t_{1q},t_{2q}]$ 内位于空间间隔 $[y_{1q},y_{2q}]$ 内的对象,其中 $t_{now}\leqslant t_{1q}\leqslant t_{2q}$。图 7.17 所示为 (t,y) 平面上的多个轨迹和一个查询。该查询被表示为一个二维间隔 $[y_{1q},y_{2q}]\times[t_{1q},t_{2q}]$。

在这里的讨论中,我们的想法是将原始平面 (t,y) 上的一条线映射为对偶平面上的一个点。对偶平面按这样的方式来定义,它的一个轴表示对象轨迹的斜率,另一个轴表示了对象轨迹的截距。因而公式为 $y(t)=vt+a$ 的线可以表示为对偶空间中的点 (v,a)(这也称为 Hough-X 变换)。v 的值以 $-v_{max}$ 和 v_{max} 为界,而截距的值则取决

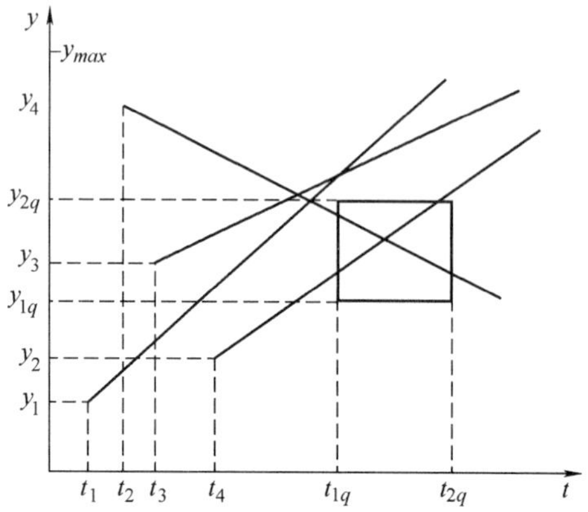

图 7.17 (t,y)平面上的轨迹和查询

于当前时间 t_{now}。a 的取值范围为$[-v_{max}\times t_{now}, y_{max}+v_{max}\times t_{now}]$。

当然,窗口查询 Q 也必须转换到对偶空间。利用如下线性约束,我们可以将窗口查询表示为一个多边形:

对于 $v>0$,有 $Q = v\geqslant v_{min}\wedge v\leqslant v_{max}\wedge a+t_{2q}v\geqslant y_{1q}\wedge a+t_{1q}v\leqslant y_{2q}$。

对于 $v<0$,有 $Q = v\leqslant -v_{min}\wedge v\geqslant -v_{max}\wedge a+t_{1q}v\geqslant y_{1q}\wedge a+t_{2q}v\leqslant y_{2q}$。

练习 7.7 证明上述约束的正确性。假设 $a\leqslant y_{2q}$,并且可以将图 7.18 作为辅助工具。 ■

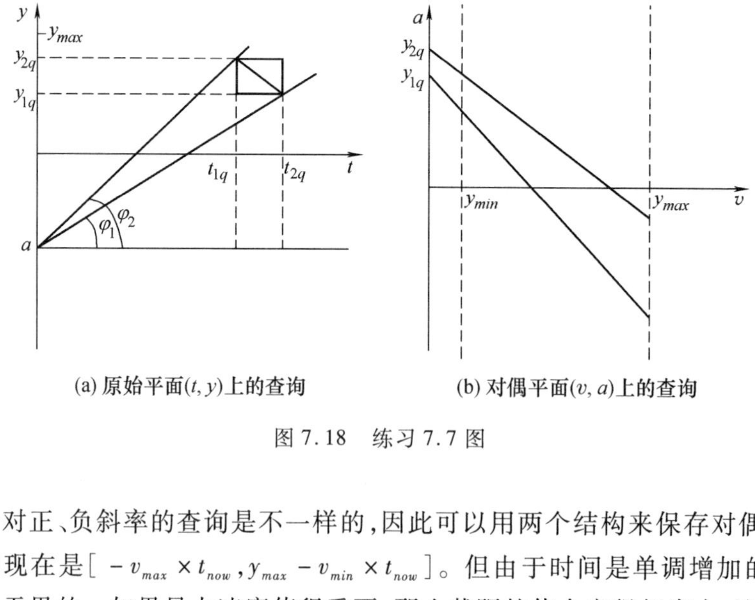

图 7.18 练习 7.7 图

由于对正、负斜率的查询是不一样的,因此可以用两个结构来保存对偶点。a 的取值范围现在是$[-v_{max}\times t_{now}, y_{max}-v_{min}\times t_{now}]$。但由于时间是单调增加的,因此截距的值是无界的。如果最大速度值很重要,那么截距的值会变得相当大,这有可能会

成为一个潜在的问题。

一个解决方法是使用2个索引。其思想是在 $T_{period}=y_{max}/v_{min}$后开始一个新的索引。在每一时刻一个给定的点保存在其中的一个索引中。开始时,所有在 $t=0$ 和 $t=T_{period}$之间插入的点带有它们在 $t=0$ 时的截距并且被保存在第1个索引中。在 T_{period}之后,这些点带有它们在 $t=T_{period}$时的截距并且被保存在第2个索引中。如果第1个索引中的点在 T_{period}后更新,则将它从第1个索引中删除并插入到第2个索引中。因此,可以肯定在 T_{period}时刻后所有对象都应该已经更新了它们的移动信息。在 $t=T_{period}$后,我们删除第1个索引,且下一个索引在 $2\cdot T_{period}$时开始。这个方法确保截距的绝对值总是在0和 $v_{max}\times T_{period}$之间。所有查询将使用2个索引。

下界

对偶时空表示将线型轨迹的移动对象索引问题转化为二维空间中所谓的单形范围搜索问题。给定一个二维点集 S,我们的兴趣在于有效地回答形为“给定一组线性约束(不等式)$ax\leqslant b$,找到 S 中满足全部约束的所有点”的查询。从几何上讲,这些约束构成了平面中的一个多边形,我们的任务是找到位于多边形内部的所有点。这个问题以前在静态的主存环境中已被广泛研究。d 维空间中的单形输出(即报告所有位于查询区域内的点)可在 $O(N^{\delta}+K)$ 时间内完成,其中 N 是点的数目,K 是输出点的数目,$0\leqslant\delta\leqslant1$。对任意给定的值 ε,它要求的空间为 $\Omega(N^{d(1-\delta)-\varepsilon})$。

假设在一次操作中一次磁盘存取可以传输 B 个单位的数据(即 B 是页的容量)。那么需要的最少页数 $n=\lceil N/B\rceil$,输出结果所需的最少磁盘存取次数为 $k=\lceil K/B\rceil$。可以证明(尽管这里没有给出),d 维空间中的单形输出能在 $O(n^{\delta}+k)$ 时间内完成($0\leqslant\delta\leqslant1$),且对任意给定的值 ε,它要求的空间为 $\Omega(n^{d(1-\delta)-\varepsilon})$。

一种次优解法

对于一个给定的静态点集上的单形范围搜索,这里讨论的次优主存算法基于7.1.3小节介绍的划分树和单纯划分的思想。一个范围查询的回答过程如下:首先检查根结点单纯划分中的每一个三角形,看它是否在查询区域内或者在查询区域外或者与查询中定义的某条线相交。在第1种情况下,我们输出所有位于三角形内的点;在第2种情况下,该三角形被忽略;第3种情况下,我们必须进一步考查三角形内的所有点。可以证明,这个过程的查询时间为 $O(N^{1/2+\varepsilon}+K)$,其中 ε 是一个小的正常数,K 是输出点的数目。

一个相应的静态划分树的外存算法需要 $O(n^{1/2+\varepsilon}+k)$ 次磁盘存取来回答查询,其中 $n=\lceil N/B\rceil$,$k=\lceil K/B\rceil$。但按我们的要求,这个划分树的结构必须是动态的。在7.1.3小节中,我们已经看到了如何在一个划分树中插入和删除点。这些操作要求 $O(\log_B^2 n)$ 次磁盘存取。

改善平均时间

上面这些结果的一个问题是划分树在实践中不是非常有用,因为每个查询的查询时间是 $O(n^{1/2+\varepsilon}+k)$,而且如果选择一个小的 ε,则隐含的常数因子将变大。下面我们介绍 2 种方法来改善平均查询时间。第 1 种方法是修改已有的多种可用的存取方法以索引点数据。所有这些索引结构都被设计用来处理正交范围查询(例如表示为一个多维超矩形的查询)。它们中的大多数都可以很容易地修改并适用于非矩形查询,比如单形查询。其中的一种方法是基于 R 树来回答单形查询,它修改 R 树的查找过程,并且提供一种简单方法来测试一个线性约束查询区域是否与超矩形存在部分重叠。对于回答一个对偶空间中的范围查询,由于对偶空间中点的分布极不对称,因此目前还不清楚哪一种索引结构更合适。基于 *kd* 树的索引结构看起来似乎比 R 树更有前途。原因是 R 树只用一个维(截距)来分裂,因为它们趋向于将数据点聚类到近似正方形的区域中。但基于 *kd* 树的方法使用两个维来进行分裂。因此,我们可以认为它们对于范围查询有着更好的性能。

第 2 种方法基于线的不同表示形式。一条线 $y(t)=vt+a$ 也可以表示为

$$t=\frac{1}{v}y-\frac{a}{v}$$

将这条线的表示映射到对偶平面,就得到了如下这样一个点(这也称为 Hough-Y 变换),其坐标为

$$n=\frac{1}{v}\text{ 且 }b=-\frac{a}{v}$$

值 b 是给定线与线 $y=0$ 的交点。注意,这个变换不能代表水平线(这与 Hough-X 变换不能代表垂直线类似)。但这不是什么问题,因为这里考虑的线具有最小和最大的斜率。基于 Hought-Y 变换,第 2 种方法追求的目标是查询近似(图7.19)。一般来说,b 坐标可以在不同的水平线 $y=y_r$ 上计算。查询区域由两个半空间查询的交集给出。第 1 条线与线 $n=\frac{1}{v_{max}}$ 相交于点 $\left(t_{1q}-\frac{v_{2q}-y_r}{v_{max}},\frac{1}{v_{max}}\right)$,与线 $n=\frac{1}{v_{min}}$ 相交于点 $\left(t_{1q}-\frac{v_{2q}-y_r}{v_{min}},\frac{1}{v_{min}}\right)$。类似地,另一条线与水平线相交于点 $\left(t_{2q}-\frac{v_{1q}-y_r}{v_{max}},\frac{1}{v_{max}}\right)$ 和点 $\left(t_{2q}-\frac{v_{1q}-y_r}{v_{min}},\frac{1}{v_{min}}\right)$。下一步,我们用矩形查询 $\left[\left(t_{1q}-\frac{v_{2q}-y_r}{v_{min}},t_{2q}-\frac{v_{1q}-y_r}{v_{max}}\right),\left(\frac{1}{v_{max}},\frac{1}{v_{min}}\right)\right]$ 来近似表示单形查询。现在查询区域增大成 $E=E_1+E_2$,它的大小为 $E=\frac{1}{2}\left(\frac{v_{max}-v_{min}}{v_{min}\times v_{max}}\right)^2(|y_{2q}-y_r|+|y_{1q}-y_r|)$。

我们只考虑速度为正的点,并假设它们保存在固定的 c 个数据结构中。每个数据结构保存了相同的点,但这些点的 b 坐标是在不同的线 $y=y_r$ 上计算的。这意味

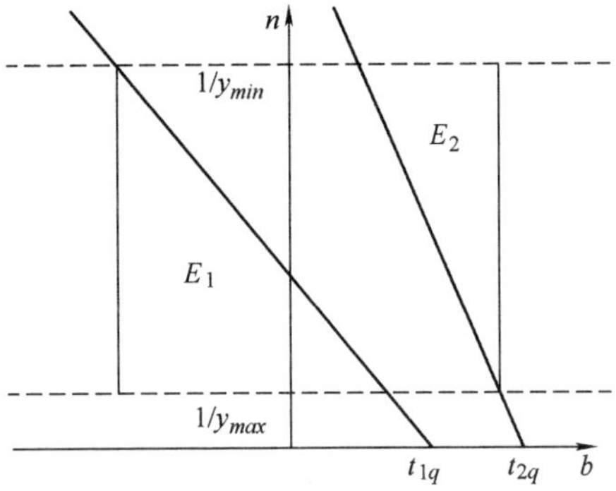

图 7.19 对偶平面上基于 Hough-Y 变换的查询

着第 i 个数据结构保存了使用线 $y = \frac{y_{max}}{c} \times i(i = 0,\cdots,c-1)$ 计算的 b 坐标。

为了回答查询,我们采用使面积 E 最小的数据结构。因为查询矩形的一条边是 $\left(\frac{1}{v_{max}},\frac{1}{v_{min}}\right)$,所以可以采用 B^+ 树,并只保存点的 b 坐标。这意味着原来放大了的查询被映射成了 B^+ 树上一个简单的范围查询。对于查询间隔 $[y_{1q}, y_{2q}]$,如果不等式 $y_{2q} - y_{1q} \leqslant \frac{y_{max}}{c}$ 成立,我们通过使用 c 个数据结构中的一个数据结构(能最小化值 $|y_{2q} - y_r| + |y_{1q} - y_r|$ 的那个数据结构),并得到 $E \leqslant \frac{1}{2}\left(\frac{v_{max} - v_{min}}{v_{min} \times v_{max}}\right)^2 \frac{y_{max}}{c}$。如果 $y_{2q} - y_{1q} \geqslant \frac{y_{max}}{c}$,我们将范围 $[0, y_{max}]$ 划分为 c 个子范围 P_i,其中 $0 \leqslant i \leqslant c-1$,这里的 P_i 表示间隔 $\left[\frac{y_{max}}{c} \times i, \frac{y_{max}}{c} \times i + 1\right]$。然后为每一个 P_i 配置一棵外存间隔树 IT_i,并为每一个对象保存其在子范围 P_i 内时的时间间隔。接下来我们将原来的查询分裂为多个形为 $[P_j, (t_{1q}, t_{2q})]$ 的查询,并且如果 v_{1q} 和 v_{2q} 不是一个子范围的端点,我们就多分裂出两个指向端点的查询。为了回答查询 $[P_i, (t_{1q}, t_{2q})]$,我们在 IT_i 上执行一个范围查询 $[(t_{1q}, t_{2q})]$。这一查询的最佳响应时间是 $O(\log_B(n) + K_i/B)$,其中 K_i 是得到的部分查询结果集的大小。一个对象可以出现在多个查询结果中,但我们只输出一次,因为所有需要的信息如速度和方向等都是可以得到的。在回答指向两个端点的查询时,我们选择 c 个 B 树中的两个,并使得前面的不等式成立。类似地,可以使用这个过程来处理速度为负的对象。总的来说,范围查询可以在时间 $O(\log_B(n) + (K + K')/B)$ 内得到响应,其中 K' 是近似误差。这个算法的空间代价为 $O(cn)$,其中 c 是一个参数。更新时间为 $O(c\log_B(n))$。如果假设所有点均匀分布在 b 轴上,那么近似误差的上界为 $1/c$。这意味着 $K' = O(1/c)$。

二维索引

在下面的内容中,我们来考虑平面中的移动对象问题。我们假设这些对象的移动速度在 v_{min} 和 v_{max} 之间,且它们在 (x,y) 平面上的移动局限在区域 $[(0,x_{max}),(0,y_{max})]$ 内。

作为一个特殊但非常重要的例子,我们称之为1.5维问题,我们首先考虑平面上其移动受限于某个特定道路网络的移动对象(如公路上的汽车、铁路线上的火车等)。如果我们将这种网络的每一条路径表示为一系列连接的线段(折线),这个问题就可以转变为多个一维查询。然后,我们可以使用标准的空间存取方法(SAM)来索引这些线段。这并不会导致太大的开销,因为通常路径的数量比在它们之上移动的对象的数目要少得多。每条路径可以由少量的线段来近似表示,并且我们可以认为路径的更新很少发生。索引给定路径上移动的点是一个一维问题,并可以按前面介绍的方法来处理。对于一个窗口查询,SAM 决定了路径与空间查询矩形 $[x_{1q},x_{2q}]\times[y_{1q},y_{2q}]$ 的交集。这个交集的结果可能是一组不相连的线段。

一般性的二维问题,即允许对象在平面上限定的区域内自由移动,处理起来要困难一些。在时空表示中(二维+一维),移动对象的轨迹可以看做是三维的线。一个窗口查询是一个三维空间 (x,y,t) 中的立方体,其查询结果是一组穿过查询立方体的三维线。不幸的是,直接运用对偶转换法将原始平面 (t,y) 上的线转换到原始空间 (x,y,t) 上的线是不可能的,因为三维空间中的线有4个自由参数。其原因在于每一个坐标 x 或者 y 的演变都可以被独立描述为时间上的一个线性函数,而每一个函数都有2个参数。为了实现对偶转换,我们将三维线投影到 (x,t) 和 (y,t) 平面上,然后对这两个平面上的两条线实施对偶转换。因此,三维线可以表示为一个四维点 (v_x,a_x,v_y,a_y),其中 v_x 和 v_y 分别为平面 (x,t) 和 (y,t) 上线的斜率,a_x 和 a_y 分别是两个平面上线的截距。窗口查询被映射成对偶空间中的一个单形查询。这个查询是4个三维超平面的交集,且查询在平面 (x,t) 和 (y,t) 上的投影是一个楔形,这和一维情况下相同。因此,可以采用四维划分树,并可在 $O(n^{0.75+\varepsilon}+t)$ 次磁盘存取中回答窗口查询,这几乎就是四维情形的下界了。一个更简单的解决四维问题的方法是使用基于 *kd* 树的索引。另一种方法是采用 x 和 y 方向上的独立移动。对于每一个方向,应用一维情况下的方法并响应两个一维窗口查询,然后两个窗口查询返回的交集形成了初始查询的查询结果。

7.3.4 基于多层划分树的时间无关索引

7.3.3 小节所讨论的概念建议将线映射为 $\mathbb{R}^4$ 中的一个点,并采用四维划分树来回答范围查询。它的问题在于最后的查询时间代价相当大。如果使用多层划分树来替代四维划分树,则可以实现一些改进。多层数据结构的一般思路是通过将复杂查询分解为几个简单查询,并为每一个查询设计独立的数据结构来回答该复杂查询。

设 S 是三维时空环境中 N 个移动点的集合。我们知道可以将 S 在几何上解释为一组三维的线。时间片查询要求返回那些在 $t=t_q$ 时刻与 xy－平面上给定的矩形 R 相交的移动点。一条三维线 l 与 R 相交的条件是当且仅当它们在 xt－平面和 yt－平面上的投影都相交。如 7.1.2 小节所述，可以在 xt－平面和 yt－平面上应用对偶转换方法。因此，xy－平面上的每一个移动点都将导致两个分别位于 xt－对偶平面和 yt－对偶平面上的静态点 p^x 和 p^y。对于任意子集 $P\subseteq S$，设 p^x 和 p^y 分别表示在 xt－对偶平面和 yt－对偶平面上对应的点。任何一个查询矩形都被投影为 xt－平面和 xt－平面上的查询线段，因此每一个查询矩形都将导致两个查询条带 σ^x 和 σ^y，并且查询的结果是一组点 $p\in S$，并满足 $p^x\in\sigma^x, p^y\in\sigma^y$。

现在可以按下面的方法来构造一棵多层划分树：设 $\delta<1/2$ 是任意小的一个正常量。为点 p^x 构造一棵主要划分树 T^x，其每个结点 v 的扇出 $r_v=\min\{n^\delta, cB, 2n_v\}$。现在我们的想法是在 T^x 的某些特定的结点 v 上附加一棵索引了点集 S_v^y 的次要划分树 T_v^y。尤其当 $n^\delta>cB$ 时，我们在每个深度为 $\delta\log_{cb}n$ 倍数的结点上都附上一棵次要划分树，否则为 T^x 的每一个结点都附加一棵次要划分树。在任意一种情况下，我们需要对 T^x 的 $O(1/\delta)=O(1)$ 个层上的结点附加次要划分树。每个次要树 T_v^y 需要 $O(n_v)$ 块，故所有次要树总的大小为 $O(n/\delta)=O(n)$ 块。此外，可以使用 $O(N\log_B n)$ 次预计的磁盘存取来构造所有的次要树，而且利用部分重建技术，可以使用平均 $O(\log_B^2 n)$ 次预计的磁盘存取来插入或删除一个点。图 7.20 所示为一个多层划分树的例子。

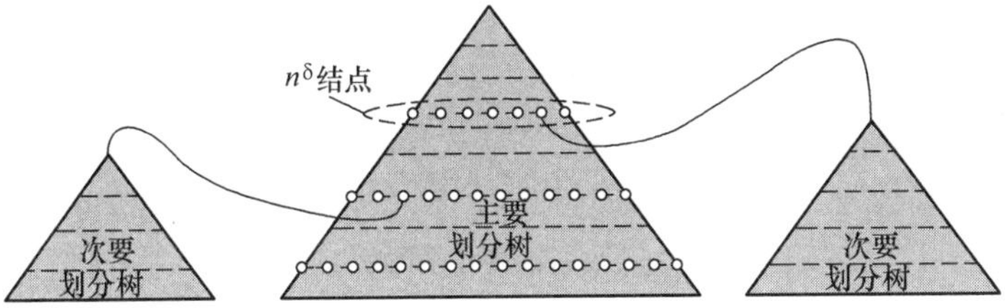

图 7.20　多层划分结构示意图（主要划分树某些层中的每一个结点都附加了一个次要结构。这里只显示了两棵次要树）

我们可以使用一个与基本划分树类似的算法来回答范围查询。给定两个查询条带 σ^x 和 σ，首先在主要划分树中找到 $p^x\cap\sigma^x$ 交集的点。对于一个完全位于 σ^x 中的三角形 Δ_i，我们不对相应的子树执行一个完全深度优先搜索操作。相反，我们只搜索那些带有次要树的后续层次，并对这些层上的每一个结点 v，都使用相应的次要树 T_v^y 来得到 $P_v^y\cap\sigma^y$ 中所有的点。

可以证明：在 N_v 个结点的多层数据结构 T_v^y 上回答一个查询所需的磁盘存取次数为 $O(n^\delta n_v^{1/2+\varepsilon})$，这里没有包括输出查询范围中的 K_v 个点所需的 $O(K_v/B)$ 次磁盘存取。此外，给定 $\mathbb{R}^2$ 上 N 个点的集合 S，对于每一个线性移动，可以将 S 预处理为一

个包含 $O(n)$ 个块的索引，这样一来，回答时间片查询和窗口查询都只需要 $O(n^{1/2+\varepsilon}+k)$ 次磁盘存取，其中 $\varepsilon>0$。构造索引预计需要 $O(N\log_B n)$ 次磁盘存取，另外，点的插入或删除操作的平均磁盘存取代价为 $O(\log_B^2 n)$ 。

7.3.5 动态 B 树

下面我们要讨论的方法针对一维查询，它允许数据结构随时间而改变，并且可以使查询时间得到显著的改进。这一方法只允许基于当前时间的查询，但它也可以扩展用于处理未来时间查询，只要所有查询都是按时间顺序到达的。这个方法基于动态数据结构的框架，动态数据结构的主要思想是在任何时间都仅保存移动点的一个"组合快照"。这一数据结构只依赖于某些组合属性(如点在 x 轴和 y 轴上的排列顺序)，并且只在离散时刻发生变化(称为事件)。当一个事件发生时，我们对数据结构执行一次动态更新。因为点随时间的移动是已知的，所以我们能够预测事件即将发生的时间。以优先队列形式表示的一个全局事件队列包含了所有未来事件，并管理着数据结构的演变。

设 $S=\{p_1,p_2,\cdots,p_N\}$ 为$\mathbb{R}^2$上 N 个点的集合。每个点都以固定的速度移动。设 $S(t)$是在时间 t 时的点集。我们采用一棵 B 树 T 对 S 进行排序。T 是周期性更新的，因此在任意 t 时刻 $T(t)$都是 $S(t)$的一棵有效的 B 树。如果 T 在时刻 t 有效，那么只要 S 中点的顺序不发生变化，它将继续有效。因此，我们将事件表示为时刻 t_{ij}，此时有 $p_i(t_{ij})=p_j(t_{ij})$。我们使用外部优先队列 Q 来保存 $S(t)$ 中每对相邻点 p_i、p_j 的时刻 t_{ij}。插入、删除和删除最小(*delete-min*)操作的执行时间为 $O(\log_B n)$。设 $t^*=t_{ij}$是 Q 中的最小值。如果 $now=t^*$，从 Q 中删除 t^*并交换 T 中的 p_i 和 p_j 的顺序。如果 S 中的顺序在交换前是$\cdots,p_a,p_i,p_j,p_b,\cdots$，那么交换后点对$(p_a,p_i)$和$(p_j,p_b)$不再相邻，并且 t_{ai}和 t_{jb}也从 Q 中删除。反之，插入 t_{aj}和 t_{ib}，因为(p_a,p_j)和(p_i,p_b)现在相邻。因此对于每次事件需要花费 $O(\log_B n)$次磁盘存取。回答一个基于当前时刻的查询，需要 $O(\log_B n+k)$次磁盘存取。同时，保存 S 的 B 树索引所需的磁盘块数为$O(n)$。

7.3.6 动态外部范围树

对于涉及$\mathbb{R}^2$平面上移动点的二维时序性查询，我们采用所谓的动态外部范围树，它基于 7.1.6 小节介绍的外部范围树。动态化的外部范围树能够保存移动点，并有效地回答基于当前时刻的查询。这使得我们必须从下向上地修改所有涉及的数据结构，首先是目录结构 C，然后是外部优先搜索树 P，最后是外部范围树 R。

首先考虑目录结构 C(7.1.4 小节)。回忆一下，C 中的每一个块 b_i 的矩形由 S 中的 4 个点来定义。对于移动点，我们增加时态方面的信息。定义在时刻 t 与 b_i 相关联的矩形为 $[x_{l_i}(t),x_{r_i}(t)]\times[y_{d_i}(t),y_{u_i}(t)]$。假设 4 个坐标函数都是连续的，这样每个块的矩形随时间而连续变化。一个点 $p_j(t)=(x_j(t),y_j(t))$ 必须满足条件

$c = x_{l_i}(t) \leqslant x_j(t) \leqslant x_{r_i}(t)$ 和 $y_{d_i}(t) \leqslant y_j(t)$，并且一直要持续到某个时刻 t，此时有 $x_j(t) = x_{l_i}(t)$，$x_j(t) = x_{r_i}(t)$ 或 $x_j(t) = y_{d_i}(t)$ 成立。因此，可以使用 C 来回答 t 之前的所有查询，而当到达 t 时则必须更新目录结构。

对于条件 c 的检查，分别使用两个建立在 S 中点的 x 坐标和 y 坐标上的 B 树 B_x 和 B_y 以及一个共同的事件队列 Q 来实现。必须考虑到一点，即动态 B 树中如果两个值相等则会发生一次交换事件。也就是说，当两个点 $p_j(t)$ 和 $p_{j'}(t)$ 有相同的 x 坐标和 y 坐标时就会发生一次交换。在每一个交换事件中，检查条件 c 对于点 $p_j(t)$ 和 $p_{j'}(t)$ 是否仍然成立。如果不成立，直接将不满足条件的点从 C 中移走，并使用 $O(1)$ 次磁盘存取将它重新插入。总的来说，一个交换事件的处理需要 $O(\log_B B^2) = O(1)$ 次磁盘存取。点 p 的轨迹改变可在 $O(1)$ 次磁盘存取中实现。首先，将 p 从 C、B_x 和 B_y 中删除，然后，删除 Q 中涉及 p 的 $O(1)$ 个事件时刻，最后 p 和 $O(1)$ 个新的事件时刻被重新插入。在点的轨迹从不发生改变的情况下，有 $O(B^2)$ 个事件。

回答 t_q 时刻的三面范围查询 $q = [a,b] \times [c,\infty]$ 的求解过程与非动态目录结构上的做法完全相同。唯一的不同是保存在目录块中的矩形以及位于块 b_i 中的点。然后，计算 t 时刻相关的 x 坐标和 y 坐标。像前面一样，查询过程需要 $O(1+k)$ 次磁盘存取。

在下一个更高的结构层次中，需要引入 7.1.5 小节讨论的外部优先搜索树 P 的一个动态版本。回忆一下，基于 N 个点的集合 S 上的外部优先搜索树包含一棵基于 x 坐标的 B 树，并且其中间结点中保存了基于 y 坐标的辅助目录结构。由于树结构的定义基于 S 中点的 x 坐标和 y 坐标，因此 t 时刻的一组移动点的外部优先搜索树 P 的有效性将一直持续到下一个交换事件。与目录结构类似，P 可以在交换事件后通过执行两次删除和两次插入操作从而在 $O(\log_B B)$ 次磁盘存取中完成更新。为了确定动态事件数，我们维护 S 中点的 x 坐标和 y 坐标上的 B 树 B_x 和 B_y，以及一个 B 树结构的事件队列 Q。类似于目录结构，对于每一次事件我们都可以利用 $O(\log_B n)$ 次磁盘存取来修改所有的数据结构。事实上，也可以为基本优先树及其辅助目录结构 C_v 中的 3 个结构都维护一个全局的版本。和以前一样，我们需要花费 $O(\log_B n)$ 次磁盘存取来处理点轨迹的改变。如果点的轨迹保持不变，那么总共有 $O(N^2)$ 个事件。因为 S 保存在大小为 $O(n)$ 个块的动态外部优先搜索树中，因此一个三面范围查询所需要的磁盘存取次数为 $O(\log_B n + k)$。

与外部优先搜索树一样，外部范围树(7.1.6 小节)的主要结构也建立在 N 个点的 x 坐标和 y 坐标上。和前面一样，外部范围树的结构一直保持有效直到两个点的 x 坐标和 y 坐标相等。当这样的一个动态事件发生时，通过两次删除和两次插入并花费 $O(\log_B^2 n / \log_B \log_B n)$ 次磁盘存取来更新外部范围树。与外部优先搜索树一样，外部范围树也使用 3 个全局 B 树并需要 $O(\log_B n)$ 次磁盘存取来确定动态事件数。

综上所述，我们得到如下结果：$\mathbb{R}^2$ 平面上 N 个线性移动点的集合 S 可以保存在一个大小为 $O(n \log_B n / \log_B \log_B n)$ 个块的动态外部范围树中。对于查找某个特定时

刻 S 中所有位于某个给定矩形内的点的查询，需要花费 $O(\log_B n+k)$ 次磁盘存取来得到查询结果。一个动态事件或者轨迹变化的平均代价是 $O(\log_B^2 n/\log_B \log_B n)$ 次磁盘存取。如果轨迹没有发生改变，总的事件数为 $O(N^2)$。

7.3.7 基于多版本动态 B 树的时间敏感索引

首先回顾一下，划分树能够回答任意时间顺序的范围查询，但每个查询的求解代价很高。动态范围树可以获得快速的查询响应，但缺点是查询必须按时间顺序到达。我们现在来讨论一个方案，并希望它能够结合两个方案的优点，这样就可以快速地回答查询，并且也可以按任意的时间顺序来回答查询。如果一个查询的时间戳 t_q 接近当前时间，那么查询求解所需的磁盘存取次数会较小。我们首先说明如何使用 $O(\log_B n+k)$ 次磁盘存取来得到一个集合中在未来或者过去的某个时刻 t_q 位于某个矩形内的所有点。然后，我们再把这个方法扩展到任意的时刻。

我们已经知道，一个动态数据结构 K 将一直保持不变直到下一个事件发生。对于动态 B 树，如果两个点的值相等则得到一个事件。对于动态范围树，当两个点的 x 坐标或 y 坐标相同时将导致一个事件。对于事件时刻序列 $t_1, t_2, \cdots, t_n$ 中的每个时刻，K 都会进行一次更新。设 K_i 是 K 在时刻 t_i 的版本。假设当前时间处于 t_{i-1} 和 t_i 之间，我们为 K 维护一系列的版本 $K_{i-\mu}, K_{i-\mu+1}, \cdots, K_{i+\mu}, \mu \in \mathrm{IN}$，这里 μ 是一个很小的值。也就是说，我们维护 K 的 μ 个过去版本以及 μ 个未来版本。未来的版本当然是暂时性的。我们通过点的当前轨迹来预测未来可能的事件，从而得到未来的版本。在 K_{i-1} 和 K_i，我们只保存它们的“差别”。因为 μ 被假设为一个很小的数，因此我们只需保存少数几个过去的版本，并且当某个过去版本变得很老时，将它从版本列表中删除。如果点在 t_{i-1} 和 t_i 之间发生轨迹改变，则有可能会导致未来版本的更新。

在一维移动点的情形下，我们可以采用多版本动态 B 树。这意味着每个数据元素都附带了一个生命期，该生命期保存了元素的插入时间以及可能的删除时间。类似地，B 树中的每一个结点也附加了一个生命期。我们称这种结构表示一个元素活跃在它的生命期中。除了 B 树通常的属性(如一个结点中的最大元素数)，我们也要求一个结点在它的生命期内必须包含 $\Theta(B)$ 个活跃的元素(或孩子)。因此，在一个给定的时刻 t，所有在 t 时刻活跃的元素形成了一棵 B 树，其中每个结点的生命期都包含了时刻 t。这棵改进的 B 树上的插入操作与一般的 B 树插入操作相似。首先，从根结点开始遍历并到达某个叶结点 z，如果该叶结点有空闲空间则插入元素，否则产生溢出。在溢出情况下，复制 z 中所有活跃的元素，且当前时间成为 z 的消亡时间。这样 z 就消亡了。复制的活跃元素数目决定了我们下一步的策略。一种方式是将这些元素分裂为数目相等的两个新的叶结点，然后从它们中选出一个叶结点作为插入结点；另一种方式是从 z 的某个兄弟结点中复制一些活跃元素，并将两个结点中所有复制的元素构造成一个新的叶结点。在所有的情况下，必须保证每个新叶结点中必须包含有 $\Theta(B)$ 次未来更新(即 $\Theta(B)$ 个活跃元素)。然后，新的元素被插入到相应的叶结点中，且所有新叶结点的诞生时间设为当前时间。最后，在 z 的父结点新建一个指针指向新的叶结点，并删除指向 z 的指针。这可能会导致级联溢出，并可能一直延续到树的根结点，但都可以按相似的方法进行处理。这个过程称为持久化结点复制或者指针更新。元素的删除也可以按相似的方法实现。可以证明，一次更新操作需要 $O(\log_B n)$ 次磁盘存取，而且 d 次更新操作需要 $O(d/B)$ 个额外的磁盘块。

如果想保留树的 $\mu = N$ 个过去和将来版本，则需要将所有结点的消亡时间保存在一棵全局优先树中。在第 i 个事件的 t_i 时刻，在优先树中删除所有消亡时间在 $[t_{i-N}, t_{i-N+1}]$ 内的结点。这种结点的数量为 $O(\log_B n)$，故需要 $O(\log_B n)$ 次磁盘存取。可以证明，整棵优先树可以存储在 $O(n)$ 个磁盘块中。下面是另外一个更为简单的方法。假设存在一棵对应于时间间隔 $[t_{i-N}, t_{i+N}]$ 的多版本 B 树，我们在 $[t_i, t_{i+N}]$ 期间创建一棵对应于时间间隔 $[t_i, t_{i+2N}]$ 的新的多版本 B 树，这里每个事件都使用了 $O(\log_B n)$ 次磁盘存取。然后，在 t_{i+N+1} 时刻我们就可以忽略旧的树结构，并在间隔 $[t_{i+N}, t_{i+2N}]$ 中使用新的树结构。这种方法的优点是可以避免使用全局事件队列来保存消亡时间，从而可以确保每个事件的处理时间为 $O(\log_B n)$。但另一方面，它的缺点是必须维护两棵多版本 B 树。我们将这种保存了部分多版本 B 树的方法称为复制法。

如果 S 是 $\mathbb{R}$ 上 N 个线性移动点的集合，则我们可以在一个大小为 $O(n)$ 个块的索引上保存 S。因此返回 t_q 时刻时 S 中所有位于平行于坐标轴的矩形 R 中的点所需要的磁盘存取次数为 $O(\log_B n + k)$，这里假设在 t_q 和当前时间之间最多存在 N 个事件。一个动态事件的平均处理代价是 $O(\log_B n)$ 次磁盘存取。如果一个点 p 保存在索引的 T 个位置，我们需要花费 $O((1+T)\log_B n)$ 次磁盘存取来更新点 p 的轨迹。

7.3.8 基于多版本外部动态范围树的时间无关索引

正如我们所知，一个外部动态范围树有 3 层，其主要结构和次要结构都是 B 树的特殊情形，并且第 3 层结构是保存在一棵优先搜索树的结点 v 中的目录结构 A_v（7.1.4 小节）。这个结构可以回答一个 $O(B^2)$ 个点的集合上的三面范围查询。A_v 维护一个额外的更新块 U 来记录更新（动态事件）。在 B 个事件发生后，重建 A_v 并且丢弃 A_v 的旧版本。

为了保留 A_v 的多个版本，按下面方法修改更新和查询过程。当一个点进入或离开一个块时，在更新块 U 中记录这个事件的时间以及点的标识符。在重建 A_v 时，我们并不丢弃旧的版本而是保存它的消亡时间（即宣布它已不活跃）。在 T 个动态事件中，保留 A_v 的一系列版本 $A_v^1, A_v^2, \cdots, A_v^{T/B}$，其中只有最后一个版本是活跃的。我们为每一个不活跃版本保存它的消亡时间 d_j。对于 A_v 的 T 个版本，共需要 $O(T)$ 个磁盘块。

为了确定 t_q 时刻 A_v 中所有位于三面矩形 R 内的点，首先搜索 d_j 时刻活跃的版本 A_v^j，其中 $d_{j-1} \leqslant t_q \leqslant d_j$。因为我们保存了外部动态范围树的主要结构和次要结构的多个版本，因此可以在 $O(1)$ 次磁盘存取中找到 A_v^j。然后按照 7.3.6 小节介绍的方

法查找 A_v^j。唯一不同的一点是我们只从更新块中报告那些在 t_q 前被插入但未被删除的点。总的来说,我们需要 $O(1+K_v/B)$ 次磁盘存取,其中 K_v 为返回的点的数目。

接下来讨论如何保留一棵优先搜索树 P 的多个版本。P 上的点插入过程需要遍历一条从根结点到某个叶结点的路径,并且有可能在路径上每个结点 v 的目录结构 A_v 中插入(和/或删除)一个点。一旦在 v 上创建了 A_v 的一个新版本,就按前面介绍的持久化方式(指保存旧版本)保存旧版本,并将新版本关联到 v 上。插入过程对优先搜索树的更新与前面讨论的多版本 B 树相同。P 上的点插入过程最多会导致在 $O(\log_B n)$ 个目录结构中都发生一个常数级别的更新。可以证明,维护 P 的 μ 个版本所需的结构总共需要 $O(\mu \log_B n)$ 个磁盘块,每个查询的求解时间仍为 $O(\log_B n+k)$。

优先搜索树 P 的主要树 K 也被存储为一棵多版本 B 树。无论何时,当在结点 v 上创建一棵优先搜索树或一棵 B 树的根结点的新版本时,像前面介绍的那样,在结点 v 处复制新的根结点,并做持久化处理(即保存旧版本)。主要树使用部分重建的方法对自身进行更新。如果一棵以 v 为根的子树重建时,子树的旧版本被保留,且新版本以持久化的方式被关联到 v 的父结点。以 v 为根的子树在 $\Omega(N_v)$ 次更新后重建,且一个点的插入或删除操作将遍历从根到某个叶结点的整个路径,并在经过的所有结点的次要结构中插入或删除一个结点。因此,次要结构上总共要执行 $O(\log_B n/\log_B \log_B n)$ 次更新操作。所有结构保存了 $\mu=n/\log_B n$ 个版本,因此需要 $O((n/\log_B n)(\log_B n/\log_B \log_B n)\ \log_B n)=O(n \log_B n/\log_B \log_B n)$ 个磁盘块。我们仍需在每个事件更新 K 时平均花费 $O(\log_B^2 n)$ 次磁盘存取。查询的回答过程与 7.1.6 小节类似,唯一不同的是在每一结点我们使用多版本 B 树来决定应该访问哪一个孩子结点或者一个结点的哪一个次要结构。

最终,所有辅助结构的所有版本的所有消亡时间都保存在了一个全局优先队列中。当第 i 个动态事件在 t_i 时刻发生时,所有消亡时间位于间隔 $[t_{i-\mu}, t_{i-\mu+1}[$ 内的辅助结构版本都被删除。也可采用另外一种方法,它更为简单,但在任何时刻都需要维护两个结构。

综上所述,可以得出如下结论:给定 $\mathbb{R}^2$ 上一个 N 个线性移动点的集合 S,可以将 S 预处理为一个大小为 $O(n \log_B n/\log_B \log_B n)$ 个磁盘块的索引。从而,返回 t_q 时刻 S 中所有位于一个平行于坐标轴的矩形内的点总共需要 $O(\log_B n+k)$ 次磁盘存取,这里假设 t_q 和当前时刻之间最多存在 $n \log_B n$ 个事件,每个事件的平均处理代价为 $O(\log_B^2 n)$。如果一个点 p 保存在索引的 T 个位置,则需要花费 $O((1+T)\ \log_B n)$ 次磁盘存取来更新点 p 的轨迹。

7.4 轨迹索引(索引移动历史)

在本节,我们将注意力转向空间对象过去时间里的时态演变信息。更准确地说,将集中于查询和索引移动点对象的轨迹信息。通过对点对象移动过程的采样,可以得到一个折线表示的移动点对象的轨迹。一个对象轨迹可以作为三维空间数据来对待。同样地,在分析移动历史时,主要的挑战是如何查询和索引连续变化(而且不离散)的点对象。索引过去的移动历史要求我们必须对轨迹加以保存。这与之前的索引当前和近期未来移动的方法不同,在这些之前的方法中历史信息不起作用或者是起着很有限的作用。这里的保存基于这样的一个特征,即我们认为过去的时空数据是只能随时间而追加的(即数据主要在时间维度上增长)。

下面介绍两种合适的时空存取方法,它们都可以表达上述的时空数据和查询特性。第 1 种存取方法是 7.4.1 小节中要介绍的时空 R 树(STR 树),它不仅根据空间特性组织线段,而且试图根据线段所属的轨迹来对它们进行分组。这种特性被称为轨迹保存。第 2 种方法在 7.4.2 小节中介绍,称为轨迹束树(TB 树),它专门针对轨迹保存问题并且不考虑其他的空间特性。

在图 7.9 中已经看到,用 MBBs 来近似表示线段会导致大量的无效空间。这样的一个 MBB 覆盖了很大的空间,其中轨迹所占用的实际空间却很小。这会导致 MBBs 之间出现很多重叠,也因此会弱化 R 树的区分能力。

练习 7.8 如果在时空环境下考查一个 MBB,那么有多少不同的线段可以用同一个 MBB 表示呢? 请用图给出说明。 ■

另外,R 树并不知道一个线段所属的特定轨迹。作为第 1 步改进,按如下方式修改 R 树的结构:因为一条线段只可能用 4 种不同的方法包含在一个 MBB 中,所以我们在叶结点层保存这一特殊信息。将元素的形式改为(*mbb*, *oid*, *orientation*),其中 *orientation* 的域为{1,2,3,4}。也在每一个元素中保存轨迹号(例如,0 到 n 之间的一个数字)。这样,一个叶结点元素的形式为(*mbb*, *oid*, *traj_id*, *orientation*)。不过我们将会看到,这种措施还不够,而且查询处理仍然会遇到问题。

一个适合对象轨迹的索引的理想特征应该是将时间看成是增长和变化发生的主要维度,然后依据时间划分整个空间并同时保存轨迹。

7.4.1 STR 树

STR 树扩展了上面介绍的 R 树修改并支持有效的移动点轨迹查询处理。除了叶结点的结构外,这两种存取方法的主要不同在于它们的插入/分裂策略。R 树的基于空间近似的(纯空间)插入过程已在 7.1.1 小节做过介绍。STR 树中的插入不仅考虑了空间紧密度,还考虑了部分轨迹保存。也就是说,STR 树的目标是将属于相同轨迹的线段保存在一起,因此我们在插入一个新线段时应尽可能使其靠近它在轨迹中的前继(线段)。为了这一目的,插入过程采用了一个算法 *FindNode* 来查找包含了前继的结点。在插入时,如果找到的结点有空间,那么就将新的线段插入到该结点中。否则,应用一个结点分裂策略。图 7.21 所示为一个索引的例子,在图中由

FindNode 找到的结点都加了一个箭头标记。

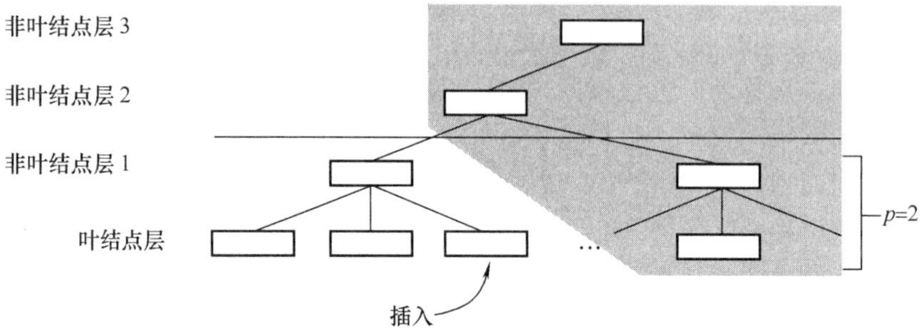

图 7.21 STR 树中的插入

插入算法如下：

algorithm *Insert* (*node*, *elem*)
 node': = *FindNode*(*node*, *elem*);
 if *node'* ≠ *nil* **then**
  if *node'* 有空间 **then** 插入 *elem*
  else
   if *node'* 有 *p* 个或更多的父结点 **then**
    if *node'*的 *p* − 1 个父结点都已满 **then**
     在由 *node''*指向的树上（即去掉了当前分支的树）执行：
      leaf: = *ChooseLeaf* (*node''*, *elem*);
     插入 *elem* 到 *leaf*;
    else
     Splite(*node'*)
    endif
   else
    leaf: = *ChooseLeaf* (*node*, *elem*);将 *elem* 插入到 *leaf* 中
   endif
  endif
 else
  leaf: = *ChooseLeaf* (*node*, *elem*);将 *elem* 插入到 *leaf* 中
 endif
end.

FindNode 算法如下：

```
algorithm FindNode (node,elem)
    if node 不是一个叶结点 then
        for each 结点的 elem′(这些结点的 MBB 与 elem 的 MBB 相交) do
            node″: = FindNode (node′,elem),
                其中 node′ 是由 elem′ 指向的结点的孩子结点
            if node″≠nil then return node″ endif
        endfor;
        return nil;
    else
        if node 包含一个与 elem 连接的元素 then return node
        else return nil
        endif
    endif
end.
```

算法 *Insert* 有一个额外参数,叫做保存参数 p,它表示了我们"保留"用于保存轨迹的层数。当由 *FindNode* 返回的一个叶结点已满时,算法检查 $p-1$ 层父结点是否已满(在图 7.21 中,当 $p=2$ 时,只需要检查非叶结点层 1 中加了粗框的结点)。如果其中某个父结点不空,则分裂叶结点。如果所有的 $p-1$ 层父结点都已满,*Insert* 算法在包括当前插入路径右边所有结点的子树上(图 7.21 中灰色阴影部分)执行原来的 R 树算法 *ChooseLeaf*。

剩下要讨论的是分裂算法 *Split*。分裂策略的设计必须要保证索引中的轨迹保存。分裂一个叶结点时必须分析在一个结点中表示了哪些类型的轨迹线段。一个叶结点中的两个线段可能属于同一个轨迹,也可能不是。如果它们属于同一轨迹,它们可能有相同的端点,但也可能没有。因此,一个结点可以拥有 4 种不同类型的线段。分离线段与结点中的其他线段都不相连。前向连接线段有一个前端点以及一个最近的后端点,并且前端点与同一轨迹的另一个线段的后端点相接。后向连接端点有一个后端点和一个时间更早的前端点,并且后端点与同一轨迹的另一个线段的前端点相接。双向连接线段同时满足前向连接和后向连接。在所有线段都分离的情况下,我们使用传统的 R 树分裂算法 *QuadraticSplit* 来执行分裂。否则至少有一条线段是不分离的,则我们将所有分离的线段移到新创建的结点中。最后,如果不存在分离线段,则将最近时间的后向连接线段放到新创建的结点中。于是得到了如下的 *Split* 算法:

```
algorithm Split (node)
    if node 不是一个叶结点 then
        执行 SplitNonLeafNode(node)
```

```
        else
            执行 SplitLeafNode(node)
        endif
    end.
```

SplitNonLeafNode 算法如下：

```
    algorithm SplitNonLeafNode(node)
        将新的元素放入一个新的结点中,并保持旧结点原样不变
    end.
```

SplitLeafNode 算法如下：

```
    algorithm SplitLeafNode(node)
        if node 中的元素都是分离线段 then
            执行 QuadraticSplit (node)
        elsif node 中包含了分离线段以及其他类型的线段 then
            将所有分离线段放在一个新的结点中
        elsif node 中不包含任何分离线段 then
            将最新的连接线段放入一个新结点中
        endif
    end.
```

这种分裂策略倾向于将较新的线段而不是较旧的线段插入到新结点中。分裂一个非叶结点很简单,因为只需要为新元素创建一个新的结点。运用我们所描述的插入和分裂策略可以构建这样的一个索引,它在分解索引空间时可以保存轨迹,并且将时间作为主要的维度。

7.4.2 TB 树

TB 树与 R 树和 STR 树相比有着根本的不同。STR 树是一种基于 R 树的存取方法,它引入了新的插入和分裂策略以实现轨迹的定位,同时不怎么影响索引的区分能力。当使用 R 树时,一个重要的假设是所有插入的几何对象(在我们的例子中是线段)是独立的。R 树和 STR 树中只是隐式地表示了线段属于某个轨迹这样的知识。从这个意义上说,它们与 TB 树的重点是不同的,因为 TB 树严格保存了轨迹,它在一个叶结点中只保存属于同一个轨迹的线段。因此,这种索引可以被看做是一个轨迹束。这种方法只有在放松了 R 树中最重要的结点重叠或空间区分特性时才有可能使用,它的缺点是接近某个轨迹的独立线段会被保存在不同的结点中。然而,由于不坚持空间区分,TB 树在轨迹保存上有了提高,这对于回答纯时空查询是很重要的。

我们看到 R 树和 STR 树在叶结点层保存元素时使用了格式(*mbb*, *odi*, *traj_id*, *orientation*)。因为 TB 树禁止同一叶结点中有不同的轨迹,所以 *traj_id* 分配在结点而

不是元素上。因此,一个叶结点元素的格式是(*mbb*,*odi*,*orientation*)。

对于插入,TB 树的目标是将一个移动点的轨迹划分成若干段,每一段都包含 *M* 个线段。这里的 *M* 是扇出,即一个叶结点中包含某一轨迹的 *M* 个线段。图 7.22 所示为插入过程中的关键步骤,图中从①~⑥表示了这些步骤。插入一个新的线段时,我们的任务是找到轨迹中包含其前继的叶结点。为了实现这一点,我们从根开始遍历树,并检查每一个与新线段的 MBB 部分重叠的孩子结点。我们最终选择一个包含与新线段相连的线段的叶结点(图 7.22 中的①)。这个过程可以用算法 *FindNode* 来概括(我们已从 STR 树中了解了该算法)。如果叶结点已满,就需要一个分裂策略。简单地分裂一个叶结点将违反轨迹保存的原则。因此,创建一个新的叶结点。在图 7.22 中,我们在树中向上查找,直到找到一个有空间的父结点(②~④)。然后选择在最右边的路径中(⑤)插入新的结点。如果父结点中有空间,就直接插入新的叶结点,如图 7.22 所示。如果父结点已满,就分裂它,并在非叶结点层 1 创建一个新的结点,将新的叶结点作为它唯一的孩子。如果需要的话,分裂过程会一直向上传递(当最右边路径中所有结点都是满的情况下)。这意味着 TB 树是从左向右增长的(即最左边的叶结点是插入的第 1 个结点,而最右边的结点是插入的最后一个结点)。

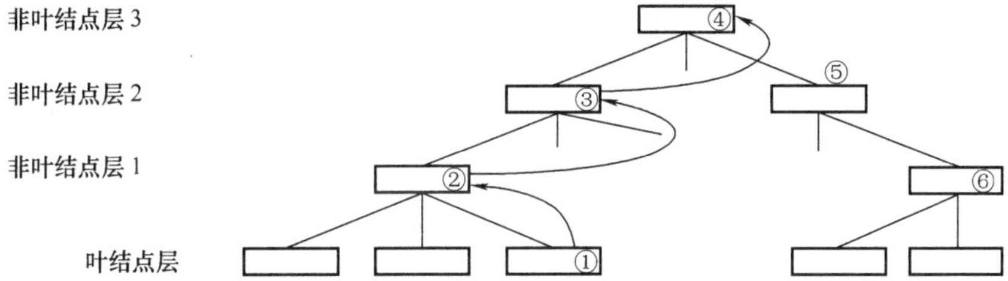

图 7.22 TB 树的插入

练习 7.9 根据上面的解释,请给出 *Insert* 算法的描述。 ■

可以假设我们所追求的索引策略可能会导致一个重叠度很高的索引。事实上,如果索引任意的三维数据,确实会出现这种情形。在我们的例子中,在空间区分问题上忽略了三维中的两维(即空间维度)而只使用了时间维。但是,第三维即时态维在空间区分上有效的前提是它假设数据都是以只追加的方式插入的,其根本原因在于空间对象的移动可以描述为递增时间上的一个函数。

TB 树的结构实际上是以树的层次结构组织的一个叶结点集合。每个叶结点都包含部分轨迹。也就是说,一个完整的轨迹分布在一组没有关联的叶结点上。为了支持有效的查询处理,我们有必要使 TB 树能够按轨迹标识符来检索轨迹中的所有线段。一个简单的解决方法是采用一个双向链表来连接包含了同一轨迹部分内容的叶结点,从而可以得到轨迹演化的信息。图 7.23 所示为一棵 TB 树结构的一部分以及一个说明了这一方法的轨迹,例子中的轨迹包含了6个结点,这些叶结点在TB树中通过一个链表相连。

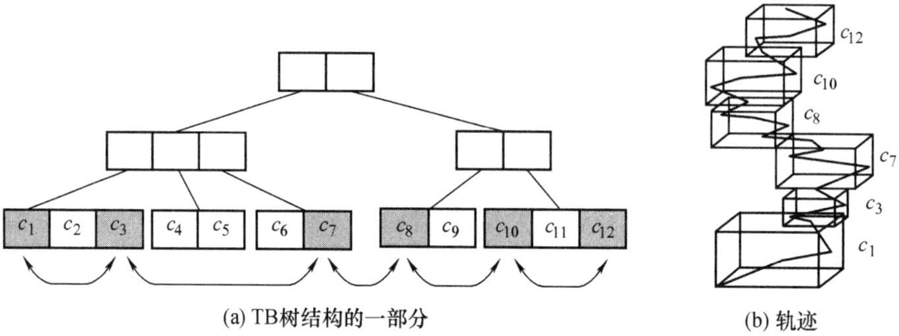

图 7.23 TB树的结构

这些链接允许我们从任一叶结点开始以最小代价检索得到(部分)轨迹。由于叶结点的扇出为 M,因此包含在叶结点中的部分轨迹的大小为 M。假设 $M \geq 3$,通过定义可以知道,在这 M 个线段中有 $M-2$ 个是双向链接的,有一个是前向链接的,还有一个是后向链接的。为了找到同一轨迹的所有线段,必须沿着链表的双向指针搜索下一个叶结点和前一个叶结点。

7.4.3 查询处理

这里主要考虑3种类型的时空查询:基于坐标的查询、基于轨迹的查询和组合查询。基于坐标的查询是指在相应三维空间中的点查询、范围(窗口)查询以及最近邻查询。例如,"查找给定时间间隔内的某个时刻(或在某个给定的时刻)位于给定区域内(或位于给定点)的所有对象"或"查找在某个给定时刻距某个给定点最近的 K 个对象",这类形式的查询都是基于坐标的查询。范围查询的一个特例是时间片查询,它返回过去某个给定时间点的移动对象位置。

基于轨迹的查询包括拓扑查询和导航式查询。拓扑查询涉及轨迹的拓扑,导航式查询涉及对象的速度以及方向等派生信息。拓扑查询使用了时空谓词(见4.4节),例如相离、相接、部分覆盖、进入、离开、穿过和经过等,因为它们出现在时空选择和时空连接中。导航式查询从轨迹中获得信息,因为轨迹中并没有显式保存动态的信息。一个移动点的平均速度或最大速度需要根据随时间而走过的一部分距离来计算。一个移动点的方向是由两个指定点之间的矢量来决定的。一个移动对象所覆盖的区域是通过其轨迹的凸包来计算的。这些属性中的每一个都是唯一的,但都依赖于计算时考虑的时间间隔。例如,一个对象在最近10分钟的方向可能是正东方,但如果考虑最近1小时,方向可能是东北。一个对象的当前速度可能是100 km/h,但在最后的1小时里它的速度可能是70 km/h。

组合查询包含了基于坐标的查询和拓扑查询的某些方面,并组合了这两类查询。例如,可能会询问:“今天上午 7:00 到 8:00 之间这些对象离开了图森,在之后的 1 小时里它们的轨迹是什么?”。该查询使用范围“今天上午 7:00 到 8:00 之间,图森”去确定轨迹,“之后的 1 小时里”给定了一个范围,并限定了我们想要检索的那部分轨迹。我们发现,我们可以构造出各种对于时空应用有意义的查询组合。

一般来说,要抽取轨迹相关的信息,必须选择想要返回的轨迹和轨迹的各个部分。可以通过几种方式来选择轨迹,例如通过它们的标识符、通过根据时空范围得到的轨迹线段、通过拓扑查询以及通过派生信息等。一个时空选择查询的例子是“查找今天上午 7:00 至 7:15 之间在第五大道和中央公园南的拐角处的出租车”。

接下来,我们讨论这些不同的查询类型是如何通过 R 树、STR 树和 TB 树 3 种存取方法来处理的。可以直接扩展传统的 R 树范围查询处理方法来处理基于坐标的查询,其主要思想是根据坐标约束从根结点开始往下遍历树,直到在叶结点中找到元素。

拓扑查询可以转换为普通的范围查询。通过查询例子来加以说明。我们的查询问题是“哪一辆出租车在今天上午 7:00 和 8:00 之间离开了图森市?”图 7.24 所示的立方体表示了一个时空范围,t_2 表示一个正在离开范围的移动点的轨迹,t_1、t_3 和 t_4 分别表示正在进入、穿过和从旁边经过指定范围的轨迹。为了能够确定正在离开一个给定范围的轨迹,我们必须检查与时空范围的 4 个侧面相交的轨迹线段(见图 7.24)。如果一个轨迹正在离开或进入一个范围,我们只需要找到一个满足条件的线段即可。当轨迹进入(或离开)范围时,某个轨迹线段的起始端点(或结束端点)应该在立方体之外(或之内)。如果一个轨迹穿过一个范围(如 t_3),则最少应该发现两个交点,这些交点可能是由一个、两个或更多的满足条件的线段所造成的。如果一个轨迹从旁边经过一个范围(如 t_4),我们不会发现任何满足相交条件的线段。这样,可以采用修改过的范围查询来求解时空谓词。要说明的是,这里只考虑了一个非常简单的例子。对于通过时态组合构造的复杂时空谓词的情形,查询处理的过程要复杂得多。

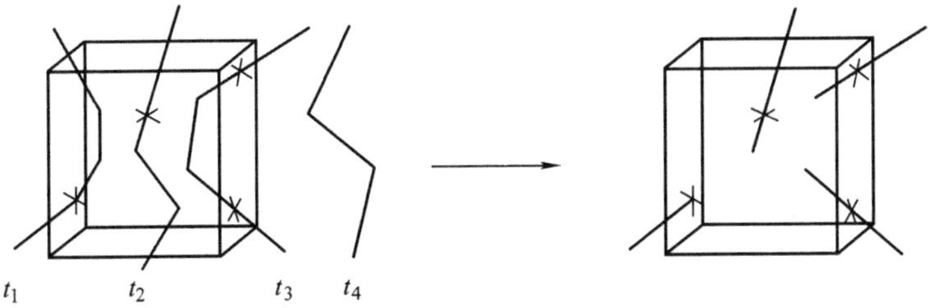

图 7.24 处理拓扑查询

对于组合查询,由于组合搜索的不同,因此算法也有所不同。也就是说,我们不仅检索包含在一个给定的子空间(范围查询)内的所有元素,而且也检索属于相同轨迹的元素。在下面的内容中,我们一方面讨论 R 树和 STR 树上的组合查询算法,另一方面也讨论 TB 树上的算法。TB 树上的算法与其他算法不同,因为它使用了叶结点间的链表数据结构来检索部分轨迹。

我们从 R 树和 STR 树上的组合搜索方法开始。首先根据给定的时空范围来确定初始的轨迹线段集合。为了实现这一点,我们使用 R 树上的范围搜索算法。其思想是依据相交特征访问树,直到在叶结点中找到元素。图 7.25 说明了这一点。这里使用立方体 c_1 搜索树,并获得了 t_1 轨迹的 4 条线段(标记为 3 ~ 6)以及 t_2 轨迹的 2 条线段(标记为 1 和 2)。图 7.25 中用粗线表示了这 6 条线段。

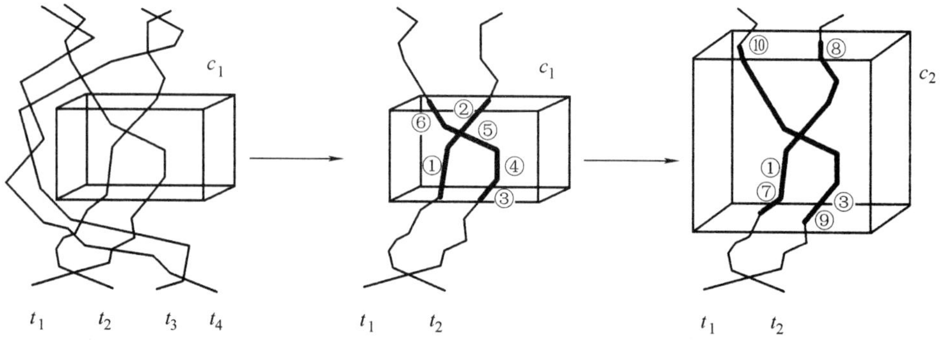

图 7.25 组合搜索的步骤

接下来抽取外部范围 c_2 的部分轨迹。对于找到的每一个段,我们试图找到与其相连接的线段。首先,在同一叶结点中搜索,然后再搜索其他叶结点。例如,对于轨迹 t_2 上的段①我们找到了 2 个段,一个是前向连接线段,一个是后向连接线段。如果想搜索其他叶结点中属于同一轨迹的线段,则可以将待查询线段的端点作为谓词,并执行一次范围查询。当到达叶结点层时,算法检查是否有线段与待查询线段相连接。递归执行这个过程,会得到越来越多的轨迹线段。当一个新发现的、连接的线段在立方体 c_2 之外时,算法终止。最终为段①返回的线段是⑦和⑧。组合查询的算法如下:

algorithm *CombinedSearch* (*node*, *elem*, *range*)
  if *node* 不是一个叶结点 **then**
    for each *node* 中其 MBB 与 *range* 相交的元素 *elem* **do**
      执行 *CombinedSearch* (*node'*, *elem*, *range*)
        其中 *node'* 是由 *elem* 指向的 *node* 的孩子结点
    endfor
  else
    for each 在 *range* 内,但还没有检索轨迹的元素 *elem* **do**

```
            执行 DetermineTrajectory (node, elem, range)
        endfor
    endif
end.
algorithm DetermineTrajectory(node, elem, range)
    在 node 上循环并寻找前向连接到 elem 的线段 elem';
    while found and elem'在 range 内 do
        将 elem' 加入到结果集合中;
        elem: = elem';
        在 node 上循环,并查找前向连接到 elem 的线段 elem';
    endwhile;
    if not found 但在 range 内 then
          执行 FindConnSegment(root, elem, forward);
          从头开始重复执行算法
    endif;
    同上面一样处理后向连接的线段
end.
algorithm FindConnSegment (node, elem, direction)
    if node 不是一个叶结点 then
        for each node 中其 MBB 与 elem 的 MBB 相交的元素 elem' do
            执行 FindConnSegment (node', elem, direction)
            其中 node' 是由 elem' 指向的 node 的孩子结点;
        endfor
    else
        if node 中有元素与 elem 按 direction 连接(前向/后向) then
            return node
        endif
    endif
end.
```

一个仍然存在的问题是同一轨迹可能被检索到 2 次。例如,初始范围查询检索到轨迹 t_2 的①和②这 2 条线段。如果把这 2 条线段都作为开始点,然后分别运行,那么轨迹 t_2 将被返回 2 次。可以用一种简单的方法来避免这一点,即在检索到轨迹时保存轨迹的标识符,并在确定一个新的轨迹前检查它是否已在前面被检索过了。在我们的例子中,只需要使用线段①和②其中之一,而不是两者去检索轨迹 t_2 的部分轨迹,从而可以节省用另一条线段再次执行检索的代价。

TB 树的组合搜索算法与前面介绍过的一个算法类似。主要的不同在于部分轨迹的检索。R 树和 STR 树在检索轨迹时提供的帮助很小，而 TB 树的链表允许我们不需要搜索便可获得相互链接的轨迹线段。在我们的例子中，对于 t_2 的线段①和②以及 t_1 的线段③～⑥，我们想确定包含在外部矩形 c_2 内的部分轨迹，此时存在 2 种可能：一个链接线段可能在同一叶结点中或者在另外一个叶结点中。如果它在同一叶结点中，则很容易找到它。如果它在另外一个叶结点中，我们必须沿着链表的后继（或前驱）指针找到下一个（或前一个）叶结点。而且，还必须注意不要将相同的轨迹检索 2 次。所以，只要检索到部分轨迹就保存轨迹的标识符。这里唯一的算法修改与算法 *FindConnSegment* 有关。*FindConnSegment* 算法如下：

algorithm *FindConnSearchSegment* (*node*, *elem*, *direction*)
　　将 *node* 设置为由 *direction* 指针指向的结点
end.

7.5 进一步练习

练习 7.10 目录结构

目录结构可以用做一个包含 100 个点的集合的索引结构。设变量 B 的值为 10。用图 7.26 所示的例子来构造目录结构。可以直接使用或复制它，但不要重新作图。将那些导致创建新块的点在图中标注出来。

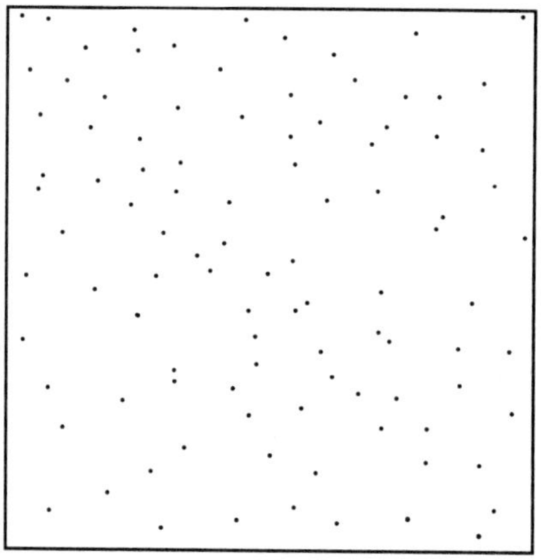

图 7.26 图例

练习 7.11 对偶性

证明（点 p，线 l）的对偶转换满足关联保持性和顺序保持性。

练习 7.12 TPR 树

与 B 树相比，R* 树没有将它的索引属性的域划分为不同的范围。因此，在树的

每一层 L,必须在几个可能的结点中做一个选择,以确定从根到叶结点的一条路径。沿着这条路径,中间结点的包围盒可能会变大。在 TPR 树中这个包围盒是与时间相关的。

(1) 请给出一个 *Findleaf* 算法,它确定一条从根到叶结点的路径。该算法需要调用 *overlap*,*area*,*coverage* 和 *perimeter* 函数,并给它们传递所需的信息,然后,计算函数 *optimize* 所需要的信息。算法需要调用函数 *optimize* 在若干结点中找到一个最佳的结点。此外,还需要保存所选择的路径,因为在后面放大 MBBs 时可能会用到它。

(2) 简要描述 TPR 树的 *insert* 算法。由于分裂操作非常复杂而且在本书中也没有解释,所以你可以直接调用一个函数 *split* 来执行分裂操作。为了最小化分裂次数,你需要使用一个重新插入策略。因此,当第 1 次在一个叶结点中发生溢出时,包含在该叶结点中的一些对象将被重新插入到树中。这将导致树结构的重新构造,并且有可能避免分裂。实验证明,如果按照对象的 MBB 中心与其父结点的 MBB 中心之间的距离的降序来重新插入初始的 $M/3$ 个对象时,重新插入将带来最大的性能改善。

练习 7.13 动态 B 树

动态 B 树基本上就是一棵传统 B 树再加上一个全局事件队列。为了创建这样一棵树,在初始阶段首先必须创建一个事件队列。

对于$\mathbb{R}$上给定 N 个点的集合上的动态 B 树,请写出一个算法来创建它的初始事件队列。

练习 7.14 STR 树

图 7.27 所示为 4 个投影在 x/y 平面上的移动点的轨迹。请考虑第 3 个维度即时间维(指向你的方向)。所有的移动点在 t_0 时开始,在 t_1 时与第 1 个点 T_1^i 相遇,在 t_2 时与第 1 个点 T_2^i 相遇,以此类推。

我们没有 t_i 的确切值,但知道 $t_{i+1}-t_i=1$。

(1) 写出图 7.27 中每一条线段的 STR 树元素表示形式。一个 MBB 应表示为 $(x_{lowerleft}, y_{lowerleft}, t_i, x_{upperright}, y_{upperright}, t_{i+1})$。$R_1$ 的第 1 条线段的标识为 0,R_4 的最后一条线段的标识为 15。

(2) 将所有的线段按标识次序顺序插入到一棵 STR 树中。算法 *ChooseLeaf* 如下:

> **algorithm** *ChooseLeaf* (*node N*, *elem E*)
>
> **while** N 不是叶结点 **do**
>
>   设 F 是 N 的元素。N 的 *mbb* 需要做最小的放大以容纳 E 的 MBB。
>
>   使 F 为 N 中包围矩形面积最小的元素。

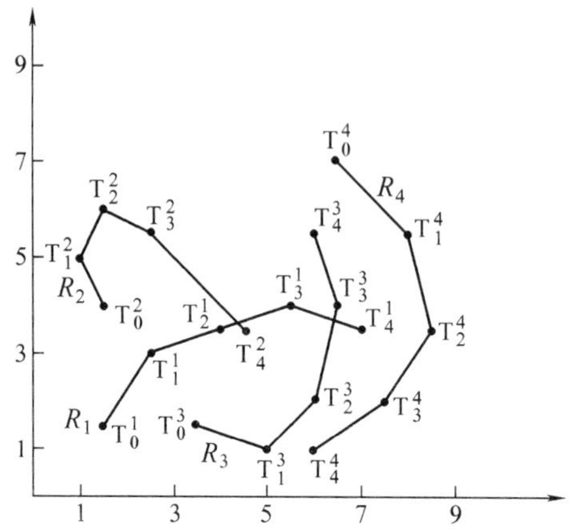

图 7.27 移动点轨迹

N: = F 指向的孩子结点

endwhile;

return N

end.

对于每一条线段,请描述将它插入到树中时所执行的操作。请给出每一次分裂操作后的树结构。此外,设 $m=1$, $M=3$, $p=2$,请给出结果的 STR 树。

(3) 画出结果 STR 树划分的二维图形。

7.6 参考文献注释

关于 7.1 节介绍的几何概念目前已有非常多的参考文献。文献 Guttman(1984)中最早介绍了 R 树,Beckmann 等(1990)中提出了 R^* 树,而 R^+ 树则在文献 Sellis 等(1987)中提出。R 树家族的其他描述可在文献 Rigaux 等(2002)和 Shekhar 与 Chawla(2003)中找到。de Berg 等(2000)中讨论了对偶性概念。单纯划分和划分树的内容可在 Matousek(1992)中找到。文献 Overmars(1983)中介绍了部分重建技术。McCreight(1985)中讨论了优先搜索树。目录结构和外部结构树可在文献 Arge 等(1999)中找到。

7.2 节的介绍基于文献 Theodoridis 等(1998),它介绍了时空索引结构的具体要求,并总结了索引时空数据的早期的一些存在一定局限性的方法。Theodoridis 等(1996)中介绍了 3D R 树;Xu 等(1990)中介绍了 RT 树;Nascimento 与 Silva(1998)中介绍了 MR 树和 HR 树。

7.3 节中关于 TPR 树的讨论基于 Saltenis 等(2000)。对偶数据转换方法的相关内容可以参考论文 Kollios(1999)。这节中所有其他方法的讨论都源自文献 Agarwal 等(2003)。特别注意的是,文献 Basch 等(1997)中提出并描述了动态外部范围树,它是动态范围树在外存上的一个扩展。

7.4 节中索引移动点轨迹的 STR 树和 TB 树的描述来自于文献 Pfoser 等(2000)。

时空索引是一个新兴的领域,文献的数量还在不断增长。下面的内容中,我们介绍一些由于篇幅限制而在本书中没有讨论的方法。关于索引当前和近期未来的移动,Tao 等(2003a)中介绍了 TPR 树的扩展——TPR^* 树,它避免了 TPR 树巨大的更新代价。Kollios 等(2005)中将索引移动对象转变成较易索引的对偶空间,以便能够有效地响应当前和未来位置的范围查询。Jensen 等(2004)中提出了另外一种索引方法,它利用基于 B^+ 树的方法来管理移动对象,并实现快速更新。在文献 Patel 等(2004)中,提出了一种称为 STRIPES 的索引方法,它对一个对偶转换空间中可预测的轨迹进行索引,并使用了划分而不是树来建立索引。

关于轨迹的索引,Kollios 等(2001)中介绍了使用持久化 R 树来保存轨迹数据的方法。Tao 与 Papadias(2001)中提出了 MV3R 树,它利用多版本 B 树和 3D R 树的概念来支持历史时空数据上的时间片查询和范围查询。文献 Hadjieleftheriou 等(2002,2005)中主要讨论了支持时空存档索引的特殊要求。

基于网络的移动对象索引在许多文献中都进行了讨论,例如 Frentzos(2003)、Pfoser 与 Jensen(2003)以及 Almeida 与 Güting(2005)等。Mokbel 等(2003)中给出了一个时空索引技术的综述。

第8章 展 望

移动对象数据库是近年来非常活跃的一个领域。我们已经尽力在本书中覆盖了其中的一些最基础的概念和主题。但是,我们在选择主题时显然会带有一定的个人偏好,所以在书中的很多地方都没有讨论到另外一些很有意思的问题。本章是本书的最后一章,也很简短,但我们希望至少可以介绍一些其他的研究问题以及部分最新的文献。

8.1 数据获取

本书的重点在于基于数据库的移动对象数据管理。但你可能会考虑我们可以获得多少实际的数据。

对于移动点数据,文献 Roth(2004)中对定位设备的技术背景做了非常好的介绍。对于室外移动(例如车辆等),卫星定位系统如 GPS 等可以提供足够的支持。GPS 从多颗卫星中接受组合信号来确定当前的位置,目前其精度大约在 25 米左右。任何人都可以使用这些 GPS 信号,并且不需要进行任何服务注册。室内定位主要使用的技术有红外信号和无线电信号。射频识别(RFID)转发器是无线电信号的一个变种,它们是一些装备了处理器、存储器以及天线但没有电源支持的小型系统,它们从接收信号中获得所需的能量。RFID 标记可以用来跟踪产品(例如在产品流程中)。目前,沃尔玛公司要求它的所有主要的供应商在送交货物时必须给它们各自的货物加上 RFID 标记,这样公司就可以跟踪所有产品在库房里的情况。这一最新的进展对移动对象技术有一定的影响,因为这意味着我们有可能获得大量的移动点数据。

Pfoser 与 Jensen(1999)中讨论了如何通过采样位置来获得移动点轨迹的问题。我们无法精确地知道两次测量之间的对象位置,但作者证明了如果已知最高速度,则不确定的轨迹可以看成是一个部分重叠的椭圆形序列。这个工作与不确定轨迹的其他工作有关,例如本书 3.5 节中的内容。

对于移动区域,其数据获取问题依赖于具体应用以及数据的类型。对于自然现象,例如亚马逊雨林的缩小,原始数据最有可能是一系列时间里的卫星图像。这些图像可以被进一步转化为多边形表示(矢量格式)。Tøssebro 与 Güting(2001)中讨论了利用两次观测结果建立移动区域的插值表示的方法,并且给出了根据 4.3 节中的术语计算移动区域单元的方法。作者提供了该方法的 Java 实现软件包(Tøssebro, 2005)。

Pfoser 与 Roldriguez(2005)中提供了一些实际数据集的链接,它们中的一部分已经使用在了 CHOROCHRONOS 项目中。

8.2 测试数据生成

由于实际数据很难获取,因此从移动对象数据库研究起始就有一些研究组开发了测试数据生成工具。开始时的主要目的是测试索引结构。Theodoridis 等(1999)中提供了一个生成器称为 GSTD 生成器,它可以生成矩形形式的移动点和移动区域数据。它也提供了多种不同的数据分布方式,从而使得生成的数据可以用于表示特定应用中的移动对象行为。

Saglio 与 Moreira(2001)使用了一种仿真方法来生成测试数据,并开发了 *Oporto* 生成器。下面是一个例子。鱼群在靠近港口的海面上游动,然后捕鱼船离开了港口向着鱼群驶去,并用了一些时间捕鱼,最后返回了港口。鱼群会被浮游生物区域所吸引而移动,而捕鱼船则需要避开风暴区域。该生成器的主要想法是生成一个现实的场景,并尽量使移动点和区域的移动自然、一致。

车辆通常行驶在道路网络中。Brinkhoff(2002)中提供了一个流行的基于网络的移动对象生成器。它模拟了德国城市 Oldenburg 中的汽车交通情况。为了符合现实情况,在生成网络中的移动数据时生成器必须考虑许多方面。例如,汽车选择了最短路径从某个起始位置驶向目的点,但如果网络的某条道路上聚集了太多的对象,则将形成堵塞,从而汽车必须要降低速度。

复杂的时态演变区域可以使用 G-TERD 生成(Tzouramanis 等 2002),一个区域被建模为一个部分重叠的矩形集合。该生成器生成的结果是一系列的彩色图像,如前所述,这些图像可以进一步转化为多边形和移动区域。

所有这些生成器都可以在 Web 上下载(GSTD, 2005; Oporto, 2005; Brinkhoff, 2005; G-TERD, 2005)。

8.3 网络中的移动

一个显而易见的事实是,许多情况下移动点对象并不是在二维平面中自由移动的,而是在一个空间嵌入网络中移动(例如公路、铁路等,包括飞机在正常情况下也都遵循规定的路线)。因此,将空间网络加入到移动对象数据模型和查询语言以及查询处理中是很有意义的。这样我们就可以基于空间网络而不是二维平面来表示对象的移动。例如,可以将汽车的位置描述为某条特定高速公路的 170.34 km 处,而不是像二维平面那样表示为地理位置。这将带来以下一系列的好处(Güting 等,2005):

■ 与数据库中仅仅表示了隐式的网络信息相比,现在我们可以更容易地表达涉及移动对象和网络关系的查询,因为现在数据库中显式保存了网络的相关信息。

■ 可以更高效地求解一些查询。例如,为了检查某辆汽车经过了某条高速公路的哪些部分,在传统的自由移动模型中我们必须采用复杂且耗时的方法来比较对象的几何信息与高速公路之间的关系。但在基于网络的模型中,使用基于道路标识的简单比较就已足够了。

■ 在网络模型中,移动对象的表示结构可以变得更小。这是因为地理位置信息现在已经不再包含在移动对象结构中,而只是在整个网络中表示一次。

■ 更小的对象表示结构也可以改进轨迹索引的性能,因为索引的元素会更少。

Vazirgiannis 与 Wolfson(2001)和 Güting 等(2005)中讨论了网络中的移动对象建模和查询问题。文献 Vazirgiannis 与 Wolfson(2001)将网络建模为一个无向图,其结点对应着街道的交叉口,边对应着城市的路段。移动对象仍然表示为几何折线。另外,研究者也提出了一些 SQL 语言的扩展(例如,允许将网络中的移动距离或时间作为查询约束条件)。

Güting 等(2005)将第 4 章介绍的抽象数据类型方法扩展到了网络情形。数据模型中扩展了新的数据类型 *network*,并分别引入了类型 *gpoint* 和 *gline* 来表示网络中的位置和区域①。例如,被雾所笼罩的部分道路网络可以表示为一个 *gpoint* 值。这些数据类型被包含在 4.2 节中的类型系统中,因此也可以得到类型 *moving*(*gpoint*)和 *moving*(*gline*)。因此,可以同时表示静态的网络位置和区域以及移动的网络位置和区域。在高速道路网络中,这 4 种类型的例子分别为加油站、施工区域、汽车以及交通堵塞。4.2 节中的许多查询操作都可以应用在网络情况下,并且模型中也进一步提供了针对网络的操作。

Jensen 等(2003b)和 Hage 等(2003)中也讨论了基于网络的移动对象数据模型。他们使用了丹麦道路数据和一个丹麦公司为例子描述了他们的数据模型。他们的重点是说明现实世界中的道路网络是很复杂的,仅仅使用有向图模型是不够的。在实例研究中,他们使用几种相关的表示方法,包括公里位置表示、连接点表示、地理表示以及路段表示。所有的表示都使用关系表进行存储。

Speicys 等(2003)中提出了一个结合了上面思路的更形式化的模型。他们提出一起使用两种网络模型,其中之一提供了精确的几何描述,另一个则表示了网络的图形结构或者连接结构。作者给出了根据第 1 个模型导出第 2 个模型的算法。这一模

① 空间嵌入网络中的一个区域在几何上对应着一个 *line* 值,因此这一类型称为 *gline*。

型主要目的在于支持基于位置的服务,因此它只支持基于网络的当前移动对象查询问题,并不支持基于网络的完整轨迹的建模。

更早期的在数据模型和查询处理中考虑空间嵌入网络的工作可以在 Güting(1994b)、Shekhar 与 Liu(1997)以及 Huang 等(1997)中找到。Papadias 等(2003)是2003 年发表的一篇关于空间网络查询处理的文章。作者比较了几种查询类型的2种求解方式,即欧几里得空间中的求解和基于网络的求解。这些查询类型包括最近邻查询、范围查询、最近匹配对查询以及距离连接等。

也有一些研究组研究了基于网络的移动对象索引问题,包括 Frentzos(2003)、Pfoser 与 Jensen(2003)以及 Almeida 与 Güting(2005)等。

基于网络的移动对象的特定查询的查询处理算法在文献 Jensen 等(2003a)、Shahabi 等(2003)以及 Gupta 等(2004)中进行了讨论。

基于网络的移动对象测试数据生成器也有一些研究(Brinkhoff,2002)。这是研究这类模型尤其是索引实现技术的一种重要工具。Civilis 等(2004)中介绍了这类实际数据的收集过程,并讨论了将测量到的位置映射到网络地图上的一个算法。

8.4 连续查询和基于位置的查询的处理

在第 3 章的 MOST 模型中我们已经提及了连续查询的概念。目前,已有一些工作研究了移动对象上一些特殊连续查询的算法。事实上,在这个问题上已经有不少的工作。在这里我们只能提及其中的一部分例子。

也许最早在传统数据库范畴中引入连续查询的文献是 Terry 等(1992)。在过去的几年里,数据流上的连续查询已经是一个非常流行的研究问题(Chen 等,2000;Madden 等,2002)。

一些研究者还讨论了最近邻查询的一些动态变种。Zheng 与 Lee(2001)中介绍了支持移动查询点的最近邻查询的方法。这种方法通过构建 Voronoi 图并且将它的单元(Voronoi 区域)存储在一棵 R 树中来实现。假设查询点是线性移动的,查询结果中也包含了对于查询点何时会有效以及下一个最近邻是什么等问题的估计值。

Song 与 Roussopoulos(2001)中考虑了如何为一个移动查询点有效维护 k 个最近邻的问题,例如维护一辆行驶在高速公路上的汽车的最近 5 个加油站信息。他们改进了早期的用于查找某个静态查询点的 k 个最近邻的分支限界方法。

Benetis 等(2002)中不仅提出了处理移动查询的最近邻查询方法,也提出了处理移动数据点以及反向最近邻查询的方法。一个反向最近邻查询返回其最近邻是同一个查询对象的对象。这里,查询结果以一系列结果对〈最近邻,有效时间间隔〉的形式返回。已有的所有文献都假定对象的速度是恒定的,并且都提供了对近期未来的预测方法。如果数据库中发生更新,则正如我们在第 3 章中讨论的,查询结果可能会变得无效。

Tao 与 Papadias(2003)中提供了一个关于时间相关空间查询的更一般性研究。他们考虑了2种类型的查询,称为时间参数查询和连续查询。一个时间参数查询根据当前时间返回查询结果,同时还带有一个过期时间以及一个过期原因。一个连续查询返回和前面段落中一样的 <结果,时间间隔> 结果对。这篇文献中研究了常见查询类型上的移动数据对象和移动查询对象查询处理方法,例如窗口查询、最近邻查询以及空间连接等。

Zhang 等(2003b)中考虑了在静态点数据集上确定移动最近邻查询和窗口查询的有效性区域问题。有效性区域是指查询结果将在其中保持有效的空间区域。与已有方法相比,这种方法的一个优点是不需要假设对象是线性移动的(或者具有恒定的速度),只要查询点包含在有效性区域中,则不管发生多少次位置或速度的更新,查询结果将始终保持有效。

Mokbel 等(2004)考虑了一个移动查询对象集合以及一个移动数据对象集合上的查询处理。他们将查询作为这2个集合之间的连接查询加以处理,并且假设可以共享查询的执行策略。查询结果集中的内容是以增量的方式增加或者删除的。共享执行计划的思想来自于数据流处理项目的研究,例如 Niagara 项目(Chen 等,2000)或者 PSoup 项目(Chandrasekaran 与 Franklin,2002)。

进一步关于移动对象的连续查询处理工作在 Lazaridis 等(2002)和 Gedik 与 Liu(2004)中进行了讨论。

8.5 聚集操作与选择性估计

移动对象数据库中另一个子研究领域主要考虑精确计算问题以及按空间和时间估计某个区域内的移动对象数目问题——即聚集计算问题。聚集信息很有用,这有多个理由。首先,许多应用(如交通控制)并不关心单个移动对象而是关心对象的数目。从另一个方面讲,如果保存单个移动对象的信息可能甚至会侵犯私人的权益。第2点(也是主要的动机)是许多类型的查询都需要用到选择性估计,而在多数情况下聚集计算的结果并不精确,但可以作为一个估计。

如前所述,这一工作可以划分为以下2个方向:

- 考虑移动历史上的聚集
- 计算近期未来预测查询的聚集值

在第1个方向中,Papadias 等(2002)提出了一种用于索引移动对象数据的数据仓库方法。他们假设原始数据包括一个空间区域集合(例如道路的路段集合或者移动通信系统中的蜂窝区域)以及在每个时间戳里包含在区域中的对象集合。他们提出了若干种结合了 R 树和 B 树的多树结构,其目的是支持时空数据上的类 OLAP 查询。之后的一篇论文 Tao 等(2004)解决了 Papadias 等(2002)方法中的一个余留问题,即不重复计数问题。这一问题是指如果某个对象在多个时间戳里都包含在同一区域中,则将在基于时间间隔的聚集计算中被重复计算多次。他们重用了近似计数中一种称为草图的方法来解决这一问题。

文献 Zhang 等(2003a)和 Sun 等(2004)中研究了在大容量数据流环境中维护移动对象数据的聚集信息问题,例如在道路网络中跟踪大量的车辆信息。Zhang 等(2003a)中提出了一个一般性的框架来维护不同粒度层次的时态聚集结果,其中较旧的数据以粗粒度进行聚集,而较新的数据则以细粒度进行聚集。这一框架可以应用到时空聚集上。Sun 等(2004)提出了一种在大更新负载下维护直方图结构的方法。他们也保存了直方图的之前版本以便能够回答历史查询。最后,他们针对未来预测也提出了一种基于当前和最近过去观测值的随机方法。注意,与后面我们要讨论的工作相比,这一预测方法并不要求所涉及的对象必须假设是线性移动的。

第 2 个方向上的工作按照第 3 章中的方式考虑预测查询。因此,我们拥有一个移动数据对象集合以及一个移动查询对象集合。所以这些工作都假设对象是线性移动的,所以预测方法只能在某个有限的时间范围内有效。这一时间范围对于不同类型的应用而言可能是不同的(例如,对于轮船可能是几个小时,对于飞机交通控制可能是几分钟)。对于道路网络中的汽车来说,这种预测是没有意义的(Tao 等,2003c)。

第一篇讨论这一问题的论文是 Choi 与 Chung(2002)。他们研究了窗口查询在近期未来的某个时刻时的选择性估计问题,例如"返回所有从现在开始 10 分钟以后将位于某个查询矩形内的飞机"。他们重新将明斯克直方图结构(Acharya 等,1999)应用于空间选择性估计,并引入了以速度限界的桶区域结构(与 7.3 节中的 TPR 树类似)。这篇论文只针对移动点数据和静态窗口查询。

文献 Tao 等(2003b)用几种方式改进了这一方法,并使其一般化。他们也考虑窗口查询的选择性估计问题,同时也考虑了几种情形,包括静态数据对象和移动数据对象、静态查询和移动查询以及对象是点或者矩形的情形。他们也摒弃了 Choi 与 Chung(2002)中所提出的速度恒定的假设,同时也改进了该文献中使用的组合若干一维预测来获得二维结果的方法,因为原有方法将导致结果大小被估计过大。他们所使用的直方图不仅通过位置而且也通过速度来划分桶,这一点可以大大降低估计的误差。

Tao 等(2003c)中研究了这一问题的更一般化情形。他们不仅考虑了窗口查询,还考虑了连接查询以及最近邻查询。一个连接查询从两个数据集中返回一些对象对,这些对象对在未来某个时间间隔内相互之间的距离将小于 d。一个最近邻查询返回在未来某个时间间隔内离查询对象最近的对象。该论文的目的是为窗口查询和连接查询提供选择性估计方法,为最近邻查询提供一种距离估计。该论文中提出了概率代价模型,并且也提出并评价了直方图结构。

Hadjieleftheriou 等(2003)中给出了针对这类预测查询的几种选择性估计方法的一个全面比较结果。他们也提出了一种基于 7.3.3 小节中的对偶转换技术的新估计方法。该方法同时还假设移动对象上存在着一个辅助索引结构。

关于移动对象上聚集的进一步讨论在文献 Resvesz 与 Chen(2003)和 Chen 与 Resvesz(2004)中。Resvesz 与 Chen(2003)中考虑了几种移动点上的“支配”查询,例如:给定一个移动点集合 S 和一个移动查询点 q,返回时刻 t 时被 q 所支配的 S 中的点。与其他工作相比,这里提出的技术可以返回确定的结果。Chen 与 Resvesz(2004)中研究了这样的查询类型:返回在某个未来时间间隔内将同时位于某个查询矩形内的最大数目的点。他们提供了这一查询问题在一维情况下的一种解决方法。

部分练习答案

第 1 章

练习 1.1

(1) 很显然,我们需要计算一个点和一条线之间的距离,因此我们需要如下的操作:

distance: *points* × *line* → *real*

这个操作返回第 1 个参数点集中的任何一点与第 2 个参数线之间的最小距离。因此,最后的查询为

```
SELECT SUM(c.pop)
FROM rivers AS r, cities AS c
WHERE r.name ='Rhine' and distance(c.location, r.route) <10
```

(2) 我们使用如下的操作来返回 2 个 *region* 值边界的交:

common_border: *region* × *region* → *line*

因此,最后的查询为

```
LET border_lengths =
SELECT t.name AS name, length(common_border(s.area, t.area))
   AS length
FROM states as s, states AS t
WHERE s.name ='Germany' and s.area adjacent t.area;

SELECT name, length
FROM border_lengths
WHERE length =
   SELECT MAX(length)
   FROM border_lengths
```

(3) 我们引入如下的谓词:

intersects: *line* × *line* → *bool*

最后的查询为

```
SELECT r.name, h.name, intersection(r.route, h.route)
FROM rivers AS r, highways AS h
WHERE r.route intersects h.route
```

练习 1.2 （表 S.1 ~ 表 S.3）

表 S.1 Segev 模型

姓名	位置	时间
Mr. Jones	Edinburgh, Grand Hotel	5
Mr. Jones	Edinburgh, Traveler's Inn	8
Mr. Jones	Aviemore, Golf Hotel	15
Mr. Jones	Home	17
Anne	Home	5
Anne	Brighton, Linda	7
Anne	Home	12
Anne	Parents	16

表 S.2 Sarda 模型

姓名	位置	时间
Mr. Jones	Edinburgh, Grand Hotel	[5-7]
Mr. Jones	Edinburgh, Traveler's Inn	[8-14]
Mr. Jones	Aviemore, Golf Hotel	[15-16]
Mr. Jones	Home	[17-∞]
Anne	Home	[5-6]
Anne	Brighton, Linda	[7-11]
Anne	Home	[12-15]
Anne	Parents	[16 - ∞]

表 S.3 HRDM 模型

姓名	位置
5→Mr. Jones	5→Edinburgh, Grand Hotel
…	…
	7→Edinburgh, Grand Hotel
	8→Edinburgh, Traveler's Inn
	…
	14→Edinburgh, Traveler's Inn
	15→Aviemore, Golf Hotel
	16→Aviemore, Golf Hotel
	17→Home
	…
5→Anne	5→Home
…	6→Home
	7→Brighton, Linda
	…

续表

姓名	位置
5→Anne	11→Brighton，Linda
…	12→ Home
	…
	15→Home
	16→Parents
	…

练习 1.3

为了使解答更加清楚,我们给出了所有的中间结果(图 S.1 ~ S.5)。

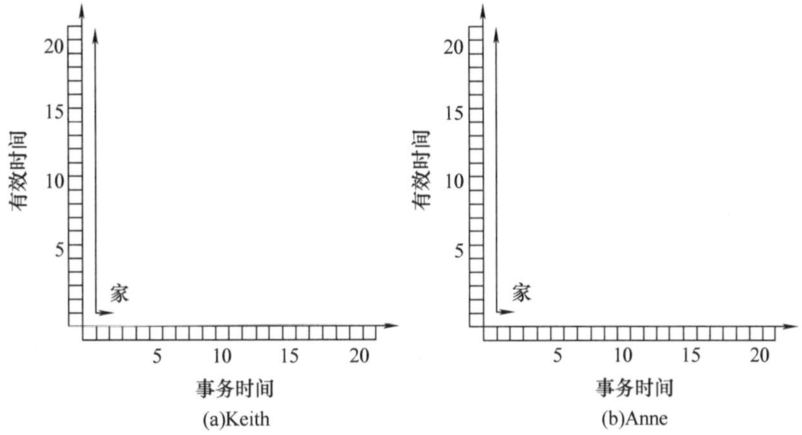

图 S.1　12 月 1 日时 Jennifer 的知识

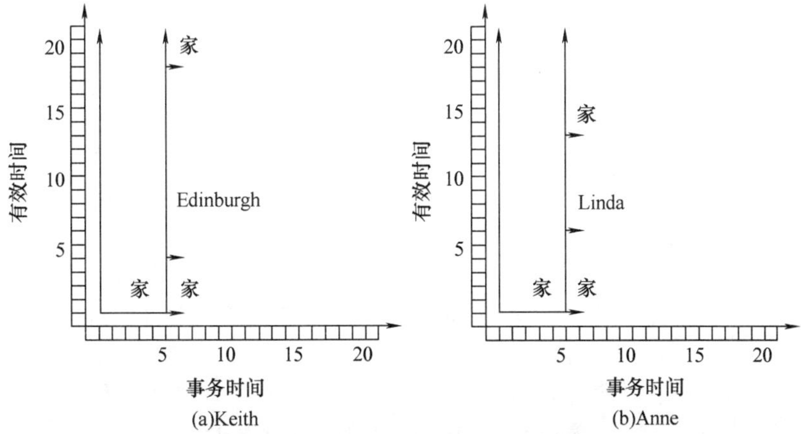

图 S.2　12 月 6 日时 Jennifer 的知识

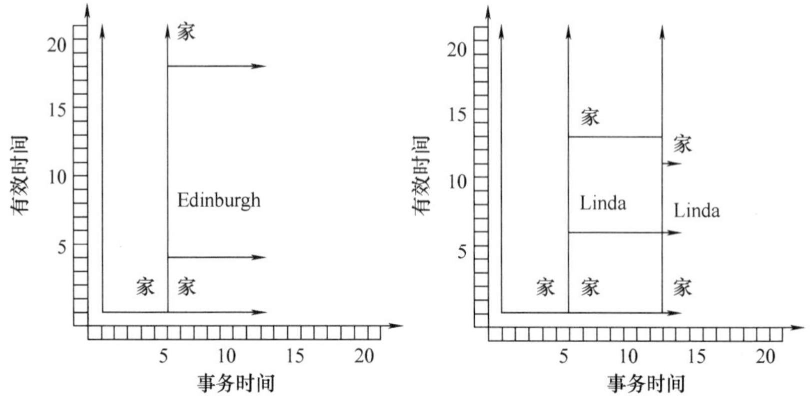

(a)Keith (b)Anne

图 S. 3 12 月 13 日时 Jennifer 的知识

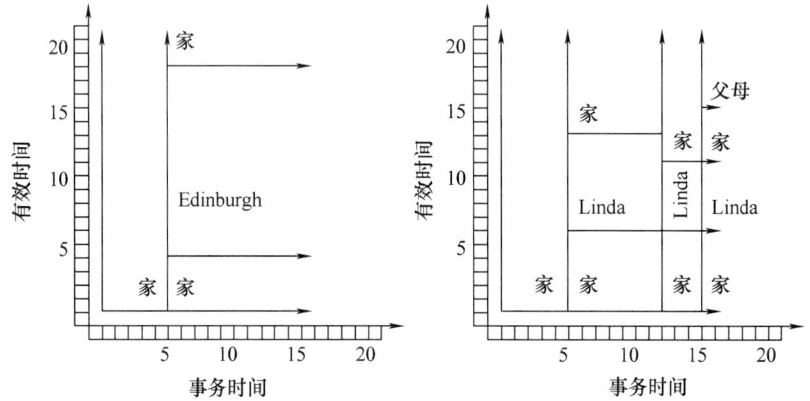

(a)Keith (b)Anne

图 S. 4 12 月 16 日时 Jennifer 的知识

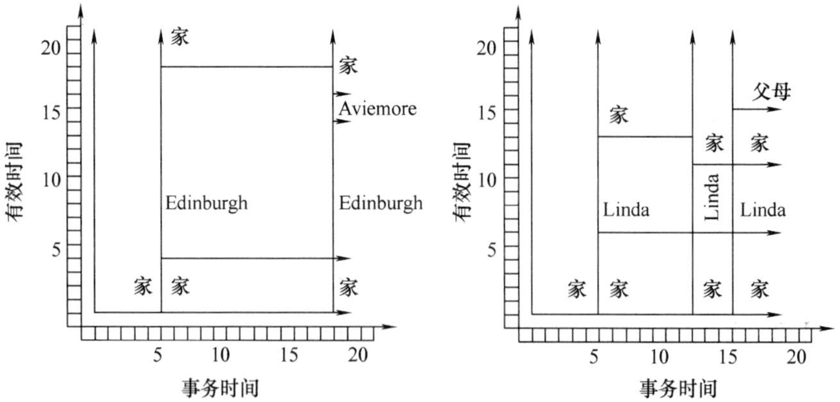

(a)Keith (b)Anne

图 S. 5 12 月 19 日时 Jennifer 的知识

第 2 章

练习 2.1

定义 2.8 中已经明确给出了这一方法的“离散”特性。它将一个 ST 复形定义为一个序对(S, T),其中 S 是一个单形,T 是一个双时态元素。换句话说,在给定的事务时间和有效时间的范围 T 上存在着一个静态的空间结构 S。在 T 期间 S 不发生任何变化。

练习 2.2

(1) 我们引入如下的操作来返回 2 个 *BTE* 值之间的差:

T-difference: *BTE* × *BTE* → *BTE*

因此,最后的查询为

```
SELECT parcel-id, owner,
   T-difference(T-project(area), T-project(building))
      AS undeveloped-area
FROM parcels
```

(2) 我们使用如下的操作:

min *BTE* → *BTE*

该操作对一个双时态元素中的时间区间的笛卡儿积排序,并返回该 *BTE* 值中最小的单个时间区间值。最后的查询为

```
SELECT min(T-project(building))
FROM parcels
WHERE parcel-id = 4
```

练习 2.3

同样的工作在使用快照模型时需要执行如下的步骤:

(1) 在地图序列中找到具有正确时间戳的地图。

(2) 计算该地图与之前地图的差。所得到的结果地图表示了“Δ”值——即与之前地图相比已经发生了变化的所有单元上将含有新的值而没有变化的所有单元值为 0 或者 null。在计算过程中,我们检查每个单元以确定其值是否等于给定的值。

这个算法需要在两个相邻快照上执行 $n = n_x \times n_y$ 次单元对单元的比较,其中 n 是所有单元的总数。这意味着对于完整的快照图像完成整个工作所需要的时间为 $O(n)$。

练习 2.4

查询(1)和查询(3)的算法与查询(2)所使用的算法类似。对于找到的 t_i 时刻的事件,查询(1)输出该事件的部件的所有位置。最坏的时间复杂度分别为 $O(n_e + c_e \cdot k_c)$ 和 $O((\log n_e) + c_e \cdot k_c)$。查询(3)的算法需要额外输出变化单元的新值。类似地,查询(4)和查询(6)是查询(5)的稍微变化的版本,它们的最坏时间复杂度是 $O((\log n_e) + n_f \cdot c_e \cdot k_c)$。

查询(8)需要一次搜索操作,其回答时间分别为 $O(n_e + c_e' \cdot k_c)$ 和 $O((\log n_e) + c_e \cdot k_c)$。如果

找到了相应的事件，我们检查它的相应部件是否与位置(x, y)匹配。类似地，查询(9)在一个时间间隔内执行同样的任务，其时间复杂度为 $O((\log n_e) + n_f \cdot c_e \cdot k_c)$。查询(10)的算法更为耗时。在最坏情况下，我们必须检查事件列表中的所有 n_e 个事件，并且还要检查每个事件中所有 c_e 个部件是否与位置(x, y)匹配。因此，最坏时间复杂度为 $O(n_f \cdot c_e \cdot k_c)$。

第3章

练习3.1

$$g\ \mathbf{until\_with\_c}\ h \equiv [t \leftarrow Time]\ (g\ \mathbf{until}\ (h \wedge Time \leqslant t + c))$$

$$g\ \mathbf{until\_after\_c}\ h \equiv [t \leftarrow Time]\ (g\ \mathbf{until}\ (h \wedge Time \geqslant t + c))$$

练习3.2

简单起见，我们在此忽略对所有元组都相同的 ρ，并且只考虑时间间隔。另外，基于我们拥有一个离散时间模型(时钟)这样的事实，我们做如下假设：

(1) 我们只考虑闭合的时间间隔——即允许使用$[t, t]$来将时刻表示为退化的时间间隔，并且我们在 $t_1 < t_2$ 时将时间间隔$[t_1, t_2)$转化为$[t_1, t_2 - 1]$，将时间间隔$(t_1, t_2]$转化为$[t_1 + 1, t_2]$，同时在 $t_1 + 1 < t_2$ 时将(t_1, t_2)转化为$[t_1 + 1, t_2 - 1]$。

(2) 我们通过如下方式定义闭合时间上的顺序：

$$[t_1, t_2] < [t_3, t_4] \Leftrightarrow t_1 < t_3 \vee (t_1 = t_3 \wedge t_2 < t_4)$$

在算法的(1)中，所有的 n 个时间间隔都根据假设(2)进行排序。这一步需要 $O(n \log n)$的时间。假设得到的结果序列为$\langle [t_{1,1}, t_{1,2}], [t_{2,1}, t_{2,2}], \cdots, [t_{n,1}, t_{n,2}] \rangle$。在(2)中，我们使用 $O(n)$时间遍历该序列，并应用下面的算法适当地合并存在部分重叠的连续时间间隔：

```
result := ⟨ ⟩;
i := 2;
start := t_{1,1};
end := t_{1,2};
while i ≤ n do
    if t_{i,1} > end + 1 then
        result := result ∘⟨[start, end]⟩;
        start := t_{i,1};
        end := t_{i,2};
        i := i + 1;
    elseif t_{i,2} > end then
        end := t_{i,2};
        i := i + 1;
    else
        i := i + 1
    endif
endwhile;
```

result : = *result* °⟨[*start*, *end*]⟩;

注意,时间间隔对[3, 6]和[4, 8]、[3, 6]和[6, 8]、[3, 6]和[7, 8]都合并到了时间间隔[3, 8]中。整个算法的运行时间复杂度为 $O(n \log n)$。

练习 3.3

$h \equiv f$ **until_after_c** g

图 S.6 所示为说明。

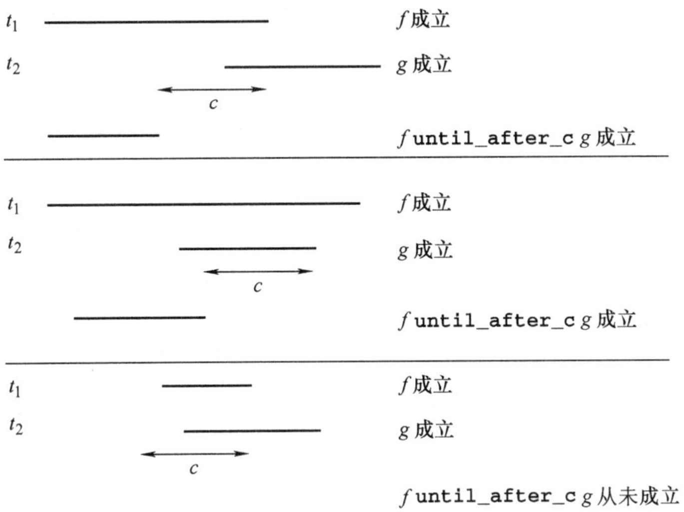

图 S.6 对应 f **until_after_c** g 的时间间隔

回忆一下,f **until_after_c** g 的语义:存在着从现在开始至少 c 个时间单位后的一个未来时间使得 g 在那时成立,并且在那时之前 f 一直都成立。

设 t_1 和 t_2 是 R_f 和 R_g 中具有重叠时间间隔的元组对,$e = \min\{t_1.u, t_2.u\}$。如果 $t_1.l \leq e - c$,则 f **until_after_c** g 在时间区间 $[t_1.l, e-c]$ 上成立。如前所述,我们可以把这一结论延伸到整个时间间隔链上(参见 3.3.4 小节)。

练习 3.4

首先将 **eventually_within_30** 重写为一个操作,其计算方法如下:

```
RETRIEVE t
FROM trucks t
WHERE true until_within_30 (dist(t, T_City) <=20)
```

然后我们自底向上计算子公式来得到相应的关系。

原子谓词 `dist(t, T_City) <=20` 是基本情形。根据图 3.4 我们可以知道在谓词为真之前以及谓词再次为假之前每个卡车所需要行驶的距离。例如,对于卡车 T12 而言,这两个距离分别是 100 km 和 140 km。表 S.4 所列为汇总结果。

表 S.4 卡车的距离和速度

卡车	距离 *True*/km	距离 *false* /km	速度/(km/h)	**10** km 所需的时间/min
T12	100	140	60	10
T42	130	170	100	6
T70	140	180	120	5

根据这个结果我们可以很容易地计算得到第 1 个结果关系(表 S.5)。其中的时间单位是分钟。

表 S.5 对应于谓词 `dist(t, T_City) <=20` 的结果关系 R_2

t	*I*	*u*
T12	100	140
T42	78	102
T70	70	90

下一步我们计算表示谓词 *true* 的结果关系。这是退化的基本情形,因为这里没有包含任何属性变量。我们用[0, T_{max}]来表示"永久"时间间隔。因此,我们可以得到表 S.6 所列的结果关系。

表 S.6 对应于谓词 `true` 的结果关系 R_1

I	*u*
0	T_{max}

接下来,我们应用算法来计算 2 个参数关系 R_1 和 R_2 上的 **`until_within_30`** 计算结果。R_1 的一个元组与 R_2 的每一个元组进行匹配。对于每一个匹配元组对,我们计算 $t_1.l$ 和 $t_1.l-90$ 之间的最大值,并将这一值作为结果元组中的时间间隔的下界。结果关系如表 S.7 所列。

表 S.7 对应谓词 `true until_within_30 (dist(t, T_City) <=20)`的结果关系 R_2

t	*I*	*u*
T12	10	140
T42	0	102
T70	0	90

这就是这一连续查询的结果关系。对于时刻 0 时的即时查询,其结果是卡车集合{T42,

T70}。连续查询的结果随时间而变化的,例如,时刻 20 时的结果是{T12, T42, T70},时刻 100 时为{T12, T42},而在时刻 200 是空集。

练习 3.5

在这种情况下信息代价为

$$COST_I([t_1,t_2[) = C_1 + 0.5a(t_2 - t_1)^2 + C_2K(1 + 1/2 + 1/3 + \cdots + 1/(t_2 - t_1))$$

时刻 t_2 时的偏离为 $a(t_2 - t_1)$,此时的阈值为 $K/(t_2 - t_1)$。因为在 t_2 时偏离达到了阈值,因此这两个值相同。因此,我们有 $K = a/(t_2 - t_1)^2$ 和 $\sqrt{K/a} = t_2 - t_1$。如果将 $COST_I([t_1,t_2[)$除以 $t_2 - t_1$ 以得到每个时间单位里的信息代价,并且用 K 代替 $a(t_2 - t_1)^2$,同时用 $\sqrt{K/a}$替换 $t_2 - t_1$,则我们可以得到函数 $f(K)$。

练习 3.6

为了计算 *loc. uncertainty* 第 1 个阈值,首先计算 $a_1 = 2I_1/t_1^2 = 2 \cdot 1/4^2 = 0.125$。然后,有

$$loc.\ uncertainty = \sqrt{(2a_1C_1)/(2C_2 + 1)} = \sqrt{(2 \cdot 0.125 \cdot 8)/(2 \cdot 1 + 1)} = 0.82$$

为了计算 *loc. uncertainty* 第 2 个阈值,首先计算 $a_2 = 2I_2/t_2^2 = 2 \cdot 1.5/10^2 = 0.03$。然后,有

$$loc.\ uncertainty = \sqrt{(2a_2C_1)/(2C_2 + 1)} = \sqrt{(2 \cdot 0.03 \cdot 8)/(2 \cdot 1 + 1)} = 0.4$$

练习 3.7

在第 1 分钟里阈值等于初始设置的偏离值——即与 $th_1 = 0.5$ 相等。在第 2 个时间单位里,阈值为 $th_1/2 = 0.25$。

loc. uncertainty 的新阈值 th_2 的计算过程如下:首先,我们计算偏离估计函数的斜率 $a_1 = 2 \cdot 0.5/2^2 = 0.25$;然后,*loc. uncertainty* 的新阈值就是方程 $\ln(K) = d_1/K - d_2$ 的解,其中 $d_1 = 2C_1/C_2$,$d_2 = 1/C_2 + 4 - \ln(a_1)$。于是有 $\ln(K) = 16/K - 1 - 4 + \ln(0.25) = 16/K - 6.39$。通过使用 Newton-Raphson 方法我们得到 $K = th_2 = 2.226$。

5 分钟之后的阈值为 $th_2/5 = 2.226/5 = 0.445$。偏离估计函数的斜率为 $a_2 = 2 \cdot 1.2/5^2 = 0.096$。从而我们可以得到 $\ln(K) = 16/K - 1 - 4 + \ln(0.096) = 16/K - 7.343$。*loc. uncertainty* 的新值为 1.992。

练习 3.8

设(x, y, t)是 t_i 和 t_{i+1}之间线段轨迹体中的一个点,根据定义 3.13,这个点必定属于 t_i 和 t_{i+1}之间的某条可能的运动曲线。在这种情况下,根据定义 3.12 我们知道,该点必定位于 t 时刻时不确定性区域的内部或者边界上。根据定义 3.11 可知,不确定性区域是一个以 t 时刻时的预计位置为中心、半径为 r 的圆。根据给定的速度部件,我们可以得到 t 时刻时的预计位置就是点$(x_i + v_{xi} \cdot t, y_i + v_{y_i} \cdot t)$。最终,点$(x, y, t)$必定可以满足那两个不等式。

反过来,如果点(x, y, t)满足那两个不等式,根据定义 3.11,该点必定位于$(x_i + v_{xi} \cdot t, y_i + v_{y_i} \cdot t, t)$的不确定性区域内。因此,根据定义 3.12,它必定属于 t 时刻时的某条可能的运动曲线。最后,根据定义 3.13,该点必定位于线段轨迹体的内部或者边界上。

第 4 章

练习 4.1

结果如表 S.8 所列。这里的 3 条水平线对应划分了表 4.6 中的三组二元谓词操作。

表 S.8 二元谓词

操作	基调		
=, ≠	$\pi \times \pi$	$\to bool$	
	$\sigma_1 \times \sigma_2$	$\to bool$	
intersects	$\sigma_1 \times \sigma_2$	$\to bool$	
inside	$\pi \times \sigma$	$\to bool$	
	$\sigma_1 \times \sigma_2$	$\to bool$	
<, ≤, ≥, >	$\pi \times \pi$	$\to bool$	[1D]
before	$\sigma_1 \times \sigma_2$	$\to bool$	[1D]
	$\pi \otimes \sigma$	$\to bool$	[1D]
touches, **attached**, **overlaps**	$\sigma_1 \times \sigma_2$	$\to bool$	
on_border, **in_interior**	$\pi \times \sigma$	$\to bool$	

练习 4.2 （表 S.9）

表 S.9 集合操作的语义

序号	操作	基调	语义
(1)	**intersection**	$\pi \times \pi \to \pi$	若 $u = v$ 则等于 u，否则为 $\perp$
(2)	**intersection**	$\pi \times \sigma \to \pi$	若 $u \in v$ 则等于 u，否则为 $\perp$
(3)	**minus**	$\sigma \times \pi \to \sigma$	若 $is1D(U)$ 则等于 $U \backslash \{v\}$，否则为 $\rho(U \backslash \{v\})$
(4)	**minus**	$\sigma \times \sigma \to \sigma$[1D]	$U \backslash V$
(5)	**minus**	$\sigma \times \sigma \to \sigma$[2D]	$\rho(U \backslash V)$
(6)	**union**	$\sigma \times \sigma \to \sigma$[2D]	$U \cup V$

练习 4.3

(1) LET volcanoes =
```
        SELECT locations(eruptions) AS place FROM volcano;
    ELEMENT (SELECT union(place) FROM volcanoes)
```
执行上面查询的第 1 步后我们得到如下的表:
```
    volcanoes(place: points)
```
然后在第 2 步中我们汇集表中所有的 *place* 字段。

(2) LET Italy = ...
```
    LET Century17 = period(year(1600), year(1699));
    SELECT name FROM volcano WHERE passes(eruptions, Italy) AND
       Present(eruptions, Century17)
```
(3) LET Etna =
```
        ELEMENT(SELECT eruptions FROM volcano
        WHERE name = 'Etna');
    no_components(deftime(Etna))
```

练习 4.4

initial (*f*) = **atinstant**(*f*, **min**(**deftime**(*f*)))　　(**final** 与此类似)

present(*f*, *p*) = **not**(**isempty**(**deftime**(**atperiods**(*f*, *p*))))

　　(*p* 是一个 *periods* 值)

atmin(*f*) = **at**(*f*, **min**(**rangevalues**(*f*)))　　(**atmax** 与此类似)

passes(*f*, *v*) = **not**(**isempty**(**deftime**(*at*(*f*, *v*))))

练习 4.5

```
LET always = FUN(mb: mbool) min(rangevalues(mb))
LET sometimes = FUN(mb: mbool) max(rangevalues(mb))
LET never = FUN(mb: mbool) max(rangevalues(mb)) = false
```
也可以使用其他的表达方式,例如
```
LET always = FUN(mb: mbool) not(passes(mb,false))
LET sometimes = FUN(mb: mbool) passes(mb, true)
LET never = FUN(mb: mbool) not(passes(mb,true))
```

练习 4.6

```
LET closest = FUN(mp: mpoint, p: point)
   Atinstant(mp, inst(initial(atmin(distance(mp, p)))));
LET LH078 = ... ;
LET TheEiffelTower = ... ;
inst(closest(LH078, TheEfiffelTower))
```

练习 4.7

$$\psi(R_1, R_2) = size(R_1 \setminus R_2) + size(R_2 \setminus R_1)$$

显然,如果两个区域相同,则这个相异性的计算值为 0,并且如果两个区域的形状和位置越来越相似,则该值将趋向于 0。

练习 4.8

(1)
```
LET TheRomanEmpire = ELEMENT(
    SELECT area FROM historic_states
    WHERE name = 'Roman Empire';

LET maxarea = atmax(area(TheRomanEmpire));
LET starttime = start(deftime(maxarea));
```

范围如下:

```
size(val(atinstant(TheRomanEmpire, starttime)))
```

所对应的时间区间是

```
deftime(maxarea)
```

对应的区域为

```
val(atinstant(TheRomanEmpire, starttime))
```

(2)
```
LET hstates = historic_states decompose[area, unit];
```

现在我们得到了如下的关系模式:

```
hstates(name: string, area: mregion, unit: mregion)
```

由于国家面积的变化是离散的,因此每一次变化时都会出现不连续性。因此,每个单元表示了一个时间区间,在该区间里区域保持不变。为了回答查询,需要找到 3 个单元,其中 2 个单元表示合并之前的 2 个国家,而第 3 个单元表示合并之后的国家。

```
SELECT inst(initial(h3.unit)) AS time,
    h1.name AS state1, val(final(h1.unit)) AS region1,
    h2.name AS state2, val(final(h2.unit)) AS region2,
    h3.name AS newstate, val(initial(h3.unit)) AS newregion
FROM hstates AS h1, hstates AS h2, hstates AS h3
WHERE inst(final(h1.unit)) = inst(initial(h3.unit))
    AND inst(final(h2.unit)) = inst(initial(h3.unit))
    AND val(initial(h3.unit)) = union(final(h1.unit),
        final(h2.unit))
```

(3)
```
SELECT rangevalues(name)
FROM historic_cities
WHERE inside('Istanbul', rangevalues(name))
```

(4) 第 1 个问题可以这样简单回答:

```
SELECT s.name
FROM historic_cities AS c, historic_states AS s
```

```
WHERE inside(c.pos, traversed(s.area))
```

查询第 2 部分要求进一步给出查询的细节,为此我们需要将国家分解成一些连续的单元。这一点是必须的,因为伊斯坦布尔有可能在多个不同的时间间隔里都属于某个特定的国家(比如,假设在中间的某个时期伊斯坦布尔所属地区属于另一个国家)。

```
LET hstates = historic_states decompose[area, unit];
```

进一步,为了能够单独得到伊斯坦布尔的各个不同名称,我们也需要将历史上的城市按名称进行分组。对于伊斯坦布尔来说这样做就可以了。

```
LET IstanbulRel =
    SELECT * FROM historic_cities
    WHERE inside('Istanbul', rangevalues(name));
LET Istanbul = IstanbulRel decompose[name, unit_name];
```

因此,我们拥有了如下的关系:

```
Istanbul(name: mstring, pos: point, unit_name: mstring)
```

其中,每个 *unit_name* 都包含了单个的字符串值。

现在,整个查询可以表达为如下的形式:

```
SELECT DISTINCT s.name,
   val(initial(i.unit_name)) AS IstanbulName
FROM hstates AS s, Istanbul AS i
WHERE inside(i.pos, traversed(s.unit))
```

练习 4.9

设 $s = (u, v) \in Seg$, $t \in Seg$。

$points(s) = \{w \in Point \mid w = u + \alpha(v - u),\ \alpha \in [0, 1]\}$

$endpoints(s) = \{u, v\}$

$interior(s) = points(s) \setminus endpoints(s)$

$p\text{-}intersect(s, t) \Leftrightarrow interior(s) \cap interior(t) \neq \varnothing$

$touch(s, t) \Leftrightarrow endpoints(s) \cap interior(t) \neq \varnothing \vee endpoints(t) \cap interior(s) \neq \varnothing$

练习 4.10

设 P 和 Q 是两个 `points` 值,并且每个都包含一个有限的点集。我们可以区分如下 5 种情形:

$equal(P, Q) := P = Q$

$disjoint(P, Q) := P \cap Q = \varnothing$

$inside(P, Q) := P \subset Q$

$contains(P, Q) := P \supset Q$

$overlap(P, Q) := P \cap Q \neq \varnothing \wedge P \setminus Q \neq \varnothing \wedge Q \setminus P \neq \varnothing$

练习 4.11

蕴含式的证明如下:

$$\forall_{\cup} p(S_1,S_2) \Leftrightarrow \forall t \in dom(S_1) \cup dom(S_2) : p(S_1(t),S_2(t))$$
$$\Rightarrow \forall t \in dom(S_1) : p(S_1(t),p(S_2(t))$$
$$\Leftrightarrow \forall_{\pi_1} p(S_1,S_2)$$

练习 4.12

"有向"时空谓词的定义如下：

Meets	:=	$\forall_{\pi 1} meet$
MetBy	:=	$\forall_{\pi 2} meet$
Overlaps	:=	$\forall_{\pi 1} overlap$
OverlappedBy	:=	$\forall_{\pi 2} overlap$

练习 4.13

证明如下：

$$(P|_I)|_{I'}(S_1,S_2) = P|_I(S_{1|I'},S_{2|I'})$$
$$= P((S_{1|I'})|_I,(S_{2|I'})|_I)$$
$$= P(S_{1|I'\cap I},S_{2|I'\cap I})$$
$$= P|_{I\cap I'}(S_1,S_2)$$

练习 4.14

假设两个时空对象 S_1 和 S_2 上有 P **until** p **then** Q 成立。根据 P **until** p **then** Q 的定义，必定存在着一个时刻 t 使得如下的式子成立：① $p(S_1(t),S_2(t))$，② $P_{<t}(S_1,S_2)$，③ $Q_{>t}(S_1,S_2)$。根据①和②可以知道 P **until** p 对于 S_1 和 S_2 成立，根据①和②可知 p **then** Q 对于 S_1 和 S_2 成立。

练习 4.15

该引理的证明如下：

$$\mathbf{True} \triangleright p \triangleright \mathbf{True} = \mathbf{True}\ \mathbf{until}\ p\ \mathbf{then}\ \mathbf{True}$$
$$= \lambda(S_1,S_2).\ \exists t: p(S_1(t),S_2(t)) \wedge \mathbf{True}_{<t}(S_1,S_2) \wedge \mathbf{True}_{>t}(S_1,S_2)$$
$$= \lambda(S_1,S_2).\ \exists t: p(S_1(t),S_2(t))$$
$$= \exists p$$

练习 4.16

等价性证明如下：

$$\lambda(S_1,S_2).P(S_1,S_2) \wedge Q(S_1,S_2) = \lambda(S_1,S_2).\neg(\neg P(S_1,S_2) \vee \neg Q(S_1,S_2))$$
$$= \sim(\lambda(S_1,S_2).\neg P(S_1,S_2) \vee \neg Q(S_1,S_2))$$
$$= \sim(\lambda(S_1,S_2).\neg P(S_1,S_2) | \vee \lambda(S_1,S_2).\neg Q(S_1,S_2))$$
$$= \sim(\sim P | \sim Q)$$

练习 4.17

等式(1)和(2)可以直接根据定义 4.39 得出,因为时空谓词的选择可以归结为 $\vee$ 操作,并且 **True**(**False**)对于任意两个对象都返回 true(false)。等式(3)和(4)只是引理 4.4 按顺序语法表达的另一种形式。等式(5)可以直接根据定义 4.38 得出,因为 **False** $\triangleright\ p \triangleright P$ 要求存在一个时刻 t 使得 $\mathbf{False}_{<t}$成立,但这是不可能的(可参考等式[7])。等式(6)和(7)之所以成立,是因为不管时空对象定义在什么域上,**True**(**False**)永远可以得到 **True**(**False**),时空对象的域是唯一受谓词收缩影响的部分。

练习 4.18

所有结果都可以直接根据定义 4.66 得出,同时还可以得出相应的特性对于逻辑或操作也是成立的。

练习 4.19

对于(1),根据定义 4.43 我们有 $\sim P \& \sim Q = \sim(\sim(\sim P) \mid \sim(\sim Q))$。根据引理 4.10,这等价于 $\sim(P \mid Q)$。对于(2),根据定义 4.43 有 $\sim(P \& Q) = \sim(\sim(\sim P \mid \sim Q))$。进一步根据引理 4.10,可以得知这等价于 $\sim P \mid \sim Q$。

第 5 章

练习 5.1

(1) 点集上的词典序关系定义如下:设 $p, q \in P$,则有

$$p <_p q \Leftrightarrow p.x < q.x \vee (p.x = q.x \wedge p.y < q.y)$$

(2) 半段有意思的地方在于两个半段共享一个端点的时候。设 $h_1, h_2 \in H$ 是两个不同的半段,但它们有共同的端点 p(根据 ROSE 代数的假设,这不包括两个半段部分重叠的情况)。进一步我们假设 α 是 h_1 和 h_2 之间的内夹角,并满足 $0° \leqslant \alpha \leqslant 180°$。然后,我们可以这样定义谓词 *rot*:

$rot(h_1, h_2) = true \Leftrightarrow h_1$ 可以以 p 为中心逆时针旋转 α 角度,然后正好与 h_2 重叠

最后,我们还需要定义点的相等性。设 $p, q \in P$,则有

$$p =_p q \Leftrightarrow p.x = q.x \wedge p.y = q.y$$

现在我们可以在半段上定义完整的顺序关系“$<_H$”。这一顺序基本上就是按照优势点定义的(x, y)词典序。给定两个半段 $h_1 = (s_1, d_1)$和 $h_2 = (s_2, d_2)$,其中 $s_1, s_2 \in P \times P$,$d_1, d_2 \in \{left, right\}$,顺序关系“$<_H$”的定义如下:

$$\begin{aligned} h_1 <_H h_2 \Leftrightarrow\ & dp(h_1) <_p dp(h_2) \vee \\ & (dp(h_1) =_p dp(h_2) \wedge ((d_1 = right \wedge d_2 = left) \vee (d_1 = d_2 \wedge rot(h_1, h_2)))) \end{aligned}$$

(3) 我们考虑图 S.7 中的空间结构。设 $h_i^l = (s_i, left)$和 $h_i^r = (s_i, right)$表示线段 s_i 的左半段和右半段集合,其中 $1 \leqslant i \leqslant 6$。设 *IA*(表示 inside above)是一个标记,它指示了区域的内部是否位于线段 s_i 的上面或者左面。我们可以将此空间结构表示为如下的半段序列,其中每个半段都增加了一个表明是否包含 *IA* 标记的项:

$$\langle(h_1^l, \{IA\}), (h_2^l, \varnothing), (h_3^l, \varnothing), (h_4^l, \{IA\}), (h_4^r, \{IA\}), (h_5^l, \{IA\}),$$

$(h_2^r, \varnothing), (h_6^l, \varnothing), (h_5^r, \{IA\}), (h_3^r, \varnothing), (h_6^r, \varnothing), (h_1^r, \{IA\}))\rangle$

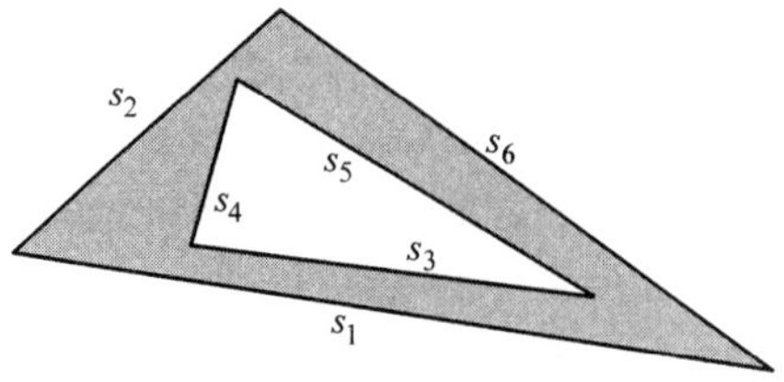

图 S.7 空间结构

练习 5.2

函数 **mdirection**(v, t)的计算方法如下：

$$\textbf{mdirection}(v,\ t) = \arcsin \frac{y(t_1) - y(t_0)}{\sqrt{(x(t_1) - x(t_0))^2 + (y(t_1) - y(t_0))^2}}$$

所以，函数 **mdirection**(v, t)是一个常数。

练习 5.3

算法如下：

Algorithm *upoint_inside_uregion*(*up*, *ur*)

Input：一个 `upoint` 值 *up*，一个 `uregion` 值 *ur*

Output：一个移动布尔单元集合，其值为 `mapping(const(bool))`，表示了 *up* 在间隔 i 中是否位于或者不位于 *ur* 的内部。

Method：

up = (i, p), *ur* = (i, F);

if p 和 F 的投影包围盒(*object_pbb*)不相交 **then**

  return $\varnothing$

else

  计算p 和 F 中所有移动线段之间的交。每一个交的结果表示为(t, *action*)，

    其中 t 表示相交的时刻，$action \in \{enter, leave\}$；

  对相交的结果进行排序。假设有 k 个结果，则排序结果为 $<(t_1, a_1), \cdots, (t_k, a_k)>$

  /* 注意列表中的所有 *action* 必须是交替的，即 $a_k \neq a_{k+1}$ */

  $t_0 = s$, $t_{k+1} = e$;

  if $k = 0$ **then**

    if s 时刻的 p 包含在 s 时刻的 F 中 **then**

      return $\{((s, e, true, true), true)\}$

    else

      return $\{((s, e, true, true), false)\}$

    endif

```
        else
            if a_1 = leave then
                return {((t_j, t_{j+1}, true, true), true) | j ∈ {0,⋯, k}, j 是偶数}
                    ∪ {((t_j, t_{j+1}, false, false), fasle) | j ∈ {0,⋯, k}, j 是奇数}
            else
                return {((t_j, t_{j+1}, true, true), true) | j ∈ {0,⋯, k}, j 是奇数}
                    ∪ {((t_j, t_{j+1}, false, false), fasle) | j ∈ {0,⋯, k}, j 是偶数}
            endif
        endif
    endif
end.
```

如果在每个移动线段（三维空间中的梯形或三角形）中存储一个面法线向量（*face normal vector*），指示 **uregion** 单元的内部位于移动线段的哪一边，则我们可以确定 action 值。

练习 5.4

center(*ur*, *t*)操作的计算如下：

$$\textbf{center}(ur, t) = \frac{\textbf{center}(ur,t_1) - \textbf{center}(ur,t_0)}{t_1 - t_0} \cdot (t - t_0) + \textbf{center}(ur,t_0)$$

因此，**center**(*ur*, *t*)是 t 的一个线性函数。

第 6 章

练习 6.1

图 S.8 所示为简化后的关系。每一个符号元组对应了图 6.8(a)中的 3 条相交线段中的其中一条。

$-x+2y$	$=$	4
$3x-y$	$\geqslant$	2
$x+3y$	$\leqslant$	14
$2x+3y$	$=$	20
x	$\leqslant$	7
$x-y$	$\geqslant$	2
$x-y$	$=$	5
x	$\geqslant$	7
$3x+2y$	$\leqslant$	31

图 S.8 $l \cap r$ 的简化符号关系

练习 6.2

根据题意有如图 S.9 所示的符号元组。

$2x+3y+5z$	$\leqslant$	30
x	$\geqslant$	0
y	$\geqslant$	1
z	$\geqslant$	2

图 S.9 符号元组

隔离变量 z 后得到

$$z \geqslant 2$$

$$z \leqslant -2/5x - 3/5y + 6$$

把上面的两个式子合起来可得到如下的单一约束：

$$2 \leqslant -2/5x - 3/5y + 6$$

计算可得

$$2x + 3y \leqslant 4$$

因此，投影得到的结果元组如图 S.10 所示。

$2x+3y$	$\leqslant$	-4
x	$\geqslant$	0
y	$\geqslant$	1

图 S.10 结果元组

练习 6.3

我们通过对多边形顶点数的归纳来进行证明。很显然，该命题对于 3 个顶点的多边形是成立的。现在考虑一个拥有 $n>3$ 个顶点的多边形 P，并选择一条对角线。该对角线将 P 划分为 2 个多边形 P_1 和 P_2，并假设分别具有 k 个和 m 个顶点。因为对角线的 2 个端点在 2 个多边形中被重复计算了 2 次，所以有 $n=k+m-2$。

因为有 k 和 m 都小于 n，基于归纳假设我们可以知道：

- P_1 有 $k-2$ 个三角形和 $k-3$ 条对角线
- P_2 有 $m-2$ 个三角形和 $m-3$ 条对角线

将 P_1 和 P_2 结合，我们可以知道 P 拥有的三角形数和对角线数分别为

$$k-2+m-2=(k+m-2)-2=n-2$$

$$k-3+m-3+1=(k+m-2)-3=n-3$$

第 7 章

练习 7.1

因为 MBBs 可以部分重叠，图 7.3 只能对应于一棵 R 树或者 R^* 树。因此我们可以得到图 S.11 所示的 R 树。

搜索过程从根结点 R 开始，然后到达 MBB a，该结点与查询矩形 qr 相交。因此，a 的孩子结点 p 和 q 也需要检查。但是 p 的所有孩子都不和 qr 相交，而 q 的两个孩子 4 和 5 与 qr 相交。根据递归过程我们到达结点 b，该结点同样与 qr 相交。在 b 的孩子接到 r、s 和 t 中，只有 r 和 s 与 qr 相交，所以我们只需要检查它们的孩子。结果显示，只有 r 的孩子 MBB 7 以及 s 的孩子 MBB 9 是与 qr 相交的。

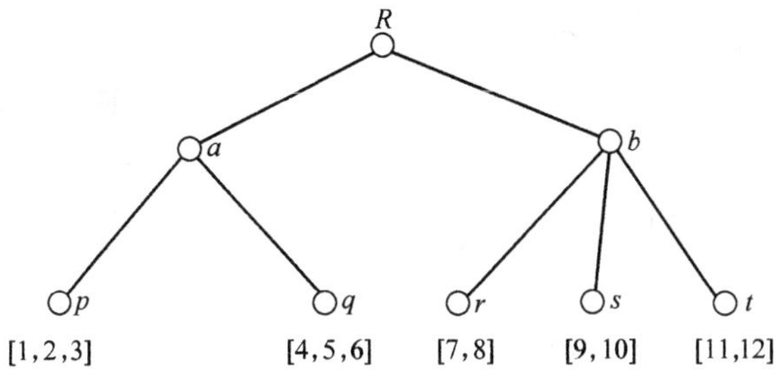

图 S.11 R 树

练习 7.2

s^* 的一个比较逻辑的选择是 s 中所有点的对偶的并。由于 s 中的点集是无限的，因此我们得到了一个无限的线集。因为 s 上的所有点都是共线的，所以所有的对偶线都经过一个点。这些对偶线的并形成了一个双楔形，它的边界是由 s 的两个端点 p 和 q 的对偶所限定的。s 的两个端点的对偶定义了两个双楔形，一个是从左到右的楔形，另一个是从上到下的楔形。s^* 是从左到右的楔形。图 S.12 所示为原始平面，图 S.13 所示为线段 s 的对偶。

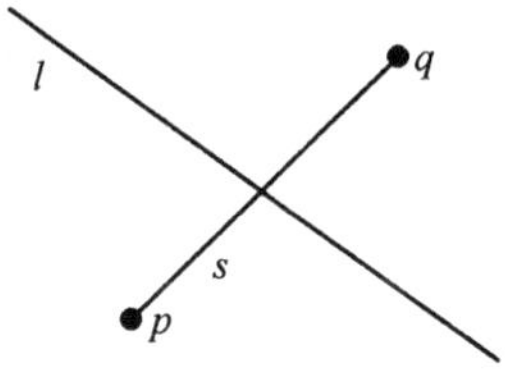

图 S.12 原始平面

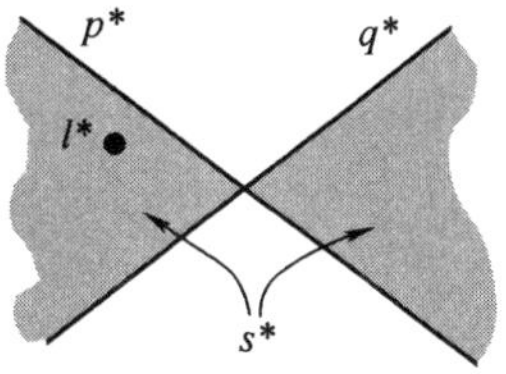

图 S.13 对偶平面

此外，图 S.12 中也给出了一条与线段 s 相交的线 l，它的对偶 l^* 位于 s^* 中。这是对偶转换的顺序保持性特点的一个逻辑结论：线 s 的两个端点之一 p 或 q 必定位于任何与线 s 相交的线 l 上方，而另一个必定位于 l 的下方，并且这样的线 l 的对偶 l^* 必定位于 s^* 中。

练习 7.3

单纯划分的大小 r 是它的三角形数。因此，$r=7$。从左上角的三角形开始我们沿着矩形的“链”得到：$|S_1|=8$，$|S_2|=9$，$|S_3|=9$，$|S_4|=6$，$|S_5|=11$，$|S_6|=6$，$|S_7|=7$。对于 $N=56$，我们发现对于所有 $1\leqslant i\leqslant r$ 都有 $|S_i|\leqslant 2N/r=16$ 成立，因此这个单纯划分是平衡的。该单纯划分的穿越数为 5，因为我们可以发现一条线至多与 5 个三角形相交。

练习 7.4

划分树的第 1 层包含了树的根结点。第 2 层包含了表示 7 个三角形的结点。因为三角形 Δ_3 完全位于线 f 和 l 构成的条带中，因此我们选择它的所有点。三角形 Δ_5、Δ_6 以及 Δ_7 完全位于条带外面，因此我们不选择它们的点。只有与 l 相交的三角形 Δ_1、Δ_2 和 Δ_4 需要被递归访问并检查，如图 S. 14 所示。

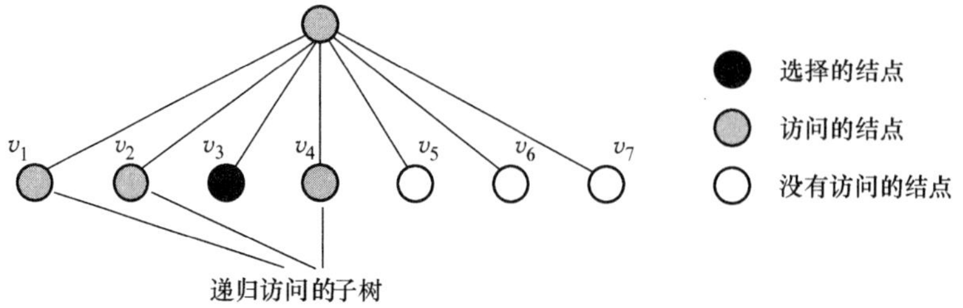

图 S. 14 划分树的前两层结构

练习 7.5

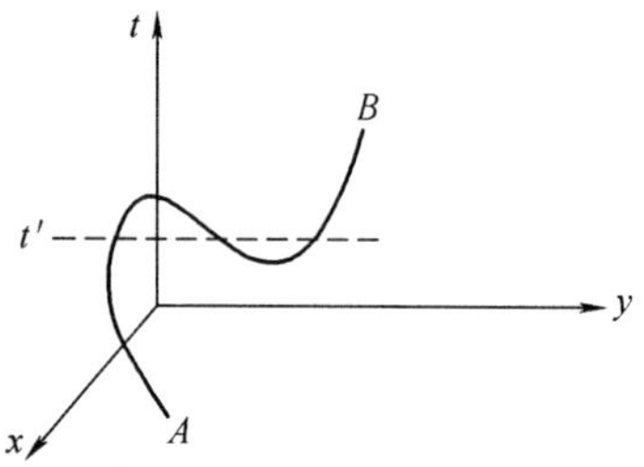

图 S. 15 三维曲线

图 S. 15 所示为一条不对应移动点轨迹的三维曲线。

我们看到在这条三维曲线中，从 A 到 B 移动的相应时态解释为“移动点向后运动到了过去”，这显然是不可能的。在图 S. 15 中，时刻 t' 对应了 3 个位置，但是我们知道一个移动点在某个特定时刻 t' 最多只存在一个位置。换句话说，在时间和空间之间存在着函数关系（`mpoint = time → point`）。

练习 7.6

① 速度矢量 $v(t)$ 是位置的导数，即

$$v(t) = \frac{\mathrm{d}p(t)}{\mathrm{d}t} = \left(\frac{\mathrm{d}x(t)}{\mathrm{d}t}, \frac{\mathrm{d}y(t)}{\mathrm{d}t}\right)$$

对于一个线性函数 p，速度矢量 $\boldsymbol{v} = (v_1, v_2)$ 是函数的斜率，其中 v_1 是移动点沿着 x 轴的速度，v_2 是移动点沿着 y 轴的速度。对于一个 n 次多项式函数，我们得到的导数是一个 $n-1$ 次的多项式函数。

② 速度矢量可以通过速度 v_{xy}（即速度矢量的幅度）和方向（以角度形式给出）来表示。因此我们有

$$v_{xy} = \sqrt{v_1^2 + v_2^2}, \text{并且 } \alpha = \arctan\frac{v_2}{v_1}$$

练习 7.7

设 $v > 0$。问题描述中给出了约束 $v \geqslant v_{min}$ 以及 $v \leqslant v_{max}$。基于假设 $a \leqslant y_{2q}$，一条截距为 a 的线在斜率值满足如下条件时将与查询矩形相交（见图 7. 17）：

$$\tan(\varphi_1) \leqslant v \leqslant \tan(\varphi_2) \Rightarrow \frac{y_{1q} - a}{t_{2q}} \leqslant v \leqslant \frac{y_{2q} - a}{t_{1q}}$$

基于这个不等式我们可以得到另外两个约束。$v < 0$ 的情况与此类似。

练习 7.8

在时空环境下,一个 MBB 是一个三维立方体。通过这样的立方体我们可以近似表示 4 条不同的三维线段,如图 S. 16 所示。

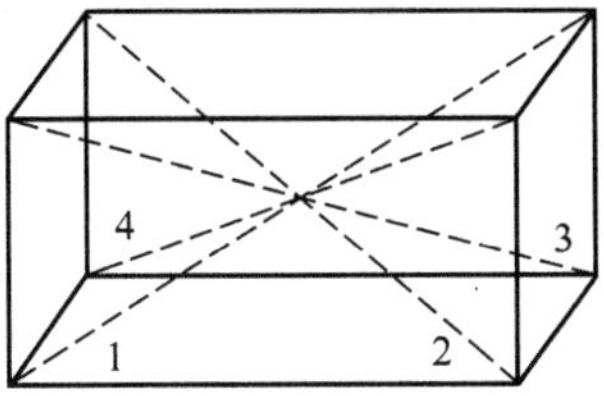

图 S. 16　4 条不同的三维线段

练习 7.9

Insert 算法如下:

algorithm *Insert*(*node*, *elem*)
　　node': = *FindNode*(*node*, *elem*);
　　if *node'* ≠ *nil* **then**
　　　　if *node'*有空闲空间 **then** 插入新的线段 *elem*
　　　　else 为新的线段 *elem* 创建一个新的叶结点
　　　　endif
　　else 为新的线段 *elem* 创建一个新的叶结点
　　endif
end.

这里的算法 *FindNode* 与 STR 树中的 *FindNode* 算法一样。

参考文献

注意:对于引用的 Web 网站,其中的年份是指访问时间,并不是指网站创建的时间或者最近的修改时间。我们通常无法知道网站的最近修改时间,而且这个时间也不总是有意义的。一般我们对 Web 网站的访问时间都是 2005 年。

Abraham T, Roddick J F. 1999. Survey of Spatio-Temporal Databases. GeoInformatica, 3: 61 - 99.

Acharya S, Poosala V, Ramaswamy S. 1999. Selectivity Estimation in Spatial Databases. Proceedings of the ACM SIGMOD Conference on Management of Data.

Agarwal P K, Arge L, Erickson J. 2003. Indexing Moving Points. Journal of Computer and System Sciences, 66: 207 - 243.

Almeida V T de, Güting R H. 2005. Indexing the Trajectories of Moving Objects in Networks. GeoInformatica, 9(1): 33 - 60.

Arge L, Samoladas V, Vitter J S. 1999. On Two-Dimensional Indexability and Optimal Range Search Indexing. Proceedings of the Eighteenth Symposium on Principles of Database Systems (PODS).

Armstrong M A. 1983. Basic Topology. Berlin: Springer-Verlag.

Basch J, Guibas L, Zhang L. 1997. Proximity Problems on Moving Points. Proceedings of the Fifteenth Annual ACM Symposium on Computational Geometry.

Beckmann N, Kriegel H P, Schneider R, Seeger B. 1990. The R*-Tree: An Efficient and Robust Access Method for Points and Rectangles. Proceedings of the ACM SIGMOD Conference on Management of Data.

Behr T, Schneider M. 2001. Topological Relationships of Complex Points and Complex Regions. Proceedings of the Twentieth International Conference on Conceptual Modeling (ER).

Belussi A, Bertino E, Catania B. 1997. Manipulating Spatial Data in Constraint Databases. Proceedings of the Fifth International Symposium on Large Spatial Databases (SSD).

Benetis R, Jensen C S, Karciauskas G, Saltenis S. 2002. Nearest Neighbor and Reverse Nearest Neighbor Queries for Moving Objects. Proceedings of the International Database Engineering and Applications Symposium (IDEAS).

Bentley J L, Ottmann T. 1979. Algorithms for Reporting and Counting Geometric Intersections. IEEE Transactions on Computers, C-28: 643 - 647.

Bhargava G, Gadia S K. 1993. Relational Database Systems with Zero Information Loss. IEEE

Transactions on Knowledge and Data Engineering, 5(1): 76 - 87.

Brinkhoff T. 2002. A Framework for Generating Network-Based Moving Objects. GeoInformatica, 6(2): 153 - 180.

Brinkhoff T. 2005. Network-Based Generator of Moving Objects. Available at: http://www.fh-oow.de/institute/iapg/personen/brinkhoff/generator/.

Chandrasekaran S, Franklin M J. 2002. Streaming Queries over Streaming Data. Proceedings of the International Conference on Very Larga Databases (VLDB).

Chazelle B. 1991. Triangulating a Simple Polygon in Linear Time. Discrete & Computational Geometry, 6: 485 - 524.

Chen J, DeWitt D J, Tian F, Wang Y. 2000. NiagaraCQ: A Scalable Continuous Query System for Internet Databases. Proceedings of the ACM SIGMOD Conference on Management of Data.

Chen Y, Revesz P. 2004. Max-Count Aggregation Estimation for Moving Points. Proceedings of the Eleventh International Symposium on Temporal Representation and Reasoning (TIME).

Cheng R, Kalashnikov D V, Prabhakar S. 2004. Querying Imprecise Data in Moving Object Environments. IEEE Transactions on Knowledge and Data Engineering, 16(9): 1112 - 1127.

Choi Y J, Chung C W. 2002. Selectivity Estimation for Spatio-Temporal Queries to Moving Objects. Proceedings of the ACM SIGMOD Conference on Management of Data.

Chomicki J, Revesz P. 1997. Constraint-Based Interoperability of Spatio-Temporal Databases. Proceedings of the Fifth International Symposium on Large Spatial Databases (SSD).

Chomicki J, Revesz P. 1999. A Geometric Framework for Specifying Spatiotemporal Objects. Proceedings of the Sixth International Workshop on Temporal Representation and Reasoning (TIME).

Civilis A, Jensen C S, Nenortaite J, Pakalnis S. 2004. Efficient Tracking of Moving Objects with Precision Guarantees. Proceedings of the First Ann. International Conference on Mobile and Ubiquitous Systems: Networking and Services (MobiQuitous).

Clifford J, Croker A. 1987. The Historical Relational Data Model (HRDM) and Algebra Based on Lifespans. Proceedings of the International Conference on Data Engineering (ICDE).

Cotelo Lema J A, Forlizzi L, Güting R H, Nardelli E, Schneider M. 2003. Algorithms for Moving Object Databases. The Computer Journal, 46(6): 680 - 712.

Croom F H. 1978. Basic Concepts of Algebraic Topology. Berlin: Springer-Verlag.

de Berg M, van Krefeld M, Overmars M, Schwarzkopf O. 2000. Computational Geometry: Algorithms and Applications. Berlin: Springer-Verlag.

Djafri N, Fernandes A A A, Paton N W, Griffiths T. 2002. Spatio-Temporal Evolution: Querying Patterns of Change in Databases. Proceedings of the Tenth ACM International Symposium on Advances in Geographic Information Systems (ACM-GIS).

Egenhofer M J. 1989. A Formal Definition of Binary Topological Relationships. Proceedings of the Third International Conference on Foundations of Data Organization and Algorithms (FODO).

Egenhofer M J. 1991. Reasoning about Binary Topological Relations. Proceedings of the Second International Symposium on Advances in Spatial Databases (SSD).

Egenhofer M J, Franzosa R D. 1991. Point-Set Topological Spatial Relations. International Journal on Geographical Information Systems, 5(2): 161 - 174.

Egenhofer M J, Herring J. 1990. A Mathematical Framework for the Definition of Topological Relationships. Proceedings of the Fourth International Symposium on Spatial Data Handling (SDH).

Egenhofer M J, Frank A, Jackson J P. 1989. A Topological Data Model for Spatial Databases. Proceedings of the First International Symposium on the Design and Implementation of Large Spatial Databases (SSD).

Elmasri R, Navathe S B. 2003. Fundamentals of Database Systems. 4th ed. Reading, MA: Addison-Wesley.

Erwig M, Schneider M. 1999a. Developments in Spatio-Temporal Query Languages. Proceedings of the IEEE International Workshop on Spatio-Temporal Data Models and Languages (STDML).

Erwig M, Schneider M. 1999b. The Honeycomb Model of Spatio-Temporal Partitions. Proceedings of the International Workshop on Spatio-Temporal Database Management (STDBM).

Erwig M, Schneider M. 2000. Query-By-Trace: Visual Predicate Specification in Spatio-Temporal Databases. Proceedings of the Fifth IFIP 2. 6 Working Conference on Visual Database Systems (VDB).

Erwig M, Schneider M. 2002. Spatio-Temporal Predicates. IEEE Transactions on Knowledge and Data Engineering, 14(4): 881 - 901.

Erwig M, Schneider M. 2003. A Visual Language for the Evolution of Spatial Relationships and its Translation into a Spatio-Temporal Calculus. Journal of Visual Languages and Computing, 14(2): 181 - 211.

Erwig M, Güting R H, Schneider M., Vazirgiannis M. 1999. Spatio-Temporal Data Types: An Approach to Modeling and Querying Moving Objects in Databases. GeoInformatica, 3: 265 - 291.

Forlizzi L, Güting R H, Nardelli E, Schneider M. 2000. A Data Model and Data Structures for Moving Objects Databases. Proceedings of the ACM SIGMOD Conference on Management of Data.

Frank A U, Kuhn W. 1986. Cell Graphs: A Provably Correct Method for the Storage of Geometry. Proceedings of the Third International Symposium on Spatial Data Handling (SDH).

Frentzos R. 2003. Indexing Moving Objects on Fixed Networks. Proceedings of the Eighth International Symposium on Spatial and Temporal Databases (SSTD).

Garcia-Molina H, Ullman J D, Widom J. 2002. Database Systems: The Complete Book. Upper Saddle River, NJ: Prentice-Hall.

Garey M R, Johnson D S, Preparata F P, Tarjan R J. 1978. Triangulating a Simple Polygon. Information Processing Letters, 7(4): 175 - 180.

Gedik B, Liu L. 2004. MobiEyes: Distributed Processing of Continuously Moving Queries on Moving Objects in a Mobile System. Proceedings of the Ninth International Conference on Extending Database Technology (EDBT).

Griffiths T, Fernandes A A A, Djafri N, Paton N W. 2001a. A Query Calculus for Spatio-Temporal Object Databases. Proceedings of the Eighth International Symposium on Temporal Representation and Reasoning (TIME).

Griffiths T, Fernandes A A A, Paton N W, Mason K T, Huang B, Worboys M. 2001b. Tripod: A Comprehensive Model for Spatial and Aspatial Historical Objects. Proceedings of the Twentieth International Conference on Conceptual Modeling (ER).

Grumbach S, Rigaux P, Segoufin L. 1998. The DEDALE System for Complex Spatial Queries. Proceedings of the ACM SIGMOD Conference on Management of Data.

Grumbach S, Rigaux P, Segoufin L. 2000. Manipulating Interpolated Data is Easier than You Thought. Proceedings of the Twenty-Sixth International Conference on Very Large Databases (VLDB).

Grumbach S, Rigaux P, Segoufin L. 2001. Spatio-Temporal Data Handling with Constraints. GeoInformatic, 5: 95 - 115.

Grumbach S, Rigaux P, Scholl M, Segoufin L. 1997. DEDALE, A Spatial Constraint Database. Proceedings of the International Workshop on Database Programming Languages (DBPL).

GSTD, 2005. Benchmarking Spatio-Temporal Databases: the GSTD Tool. Available at: http://db.cs.ualberta.ca:8080/gstd/index.html.

G-TERD, 2005. G-TERD: Generator for Time-Evolving Regional Data. Available at: http://delab.csd.auth.gr/stdbs/g-terd.html.

Gupta S, Kopparty S, Ravishankar C. 2004. Roads, Codes, and Spatiotemporal Queries. Proceedings of the Twenty-Third Symposium on Principles of Database Systems (PODS).

Güting R H. 1994a. An Introduction to Spatial Database Systems. VLDB Journal, 4(3): 357 - 399.

Güting R H. 1994b. GraphDB: Modeling and Querying Graphs in Databases. Proceedings of the Twentieth International Conference on Very Large Databases (VLDB).

Güting R H, Schneider M. 1995. Realm-Based Spatial Data Types: The ROSE Algebra. VLDB Journal, 4: 100 - 143.

Güting R H, Almeida V T de, Ding Z. 2005. Modeling and Querying Moving Objects in Networks. VLDB Journal: in press.

Güting R H, Böhlen M H, Erwig M, Jensen C S, Lorentzos N A, Schneider M, Vazirgiannis M. 2000. A Foundation for Representing and Querying Moving Objects in Databases. ACM Transactions on Database Systems, 25: 1 - 42.

Güting R H, de Ridder T, Schneider M. 1995. Implementation of the ROSE Algebra: Efficient Algorithms for Realm-Based Spatial Data Types. Proceedings of the Fourth International Symposium on Large Spatial Databases (SSD).

Guttman A. 1984. R-Tree: A Dynamic Index Structure for Spatial Searching. Proceedings of the ACM SIGMOD Conference on Management of Data.

Hadjieleftheriou M, Kollios G, Tsotras V J. 2003. Performance Evaluation of Spatio-Temporal Selectivity Estimation Techniques. Proceedings of the Fifteenth International Conference on Scientific and Statistical Database Management (SSDBM).

Hadjieleftheriou M, Kollios G, Tsotras V J, Gunopulos D. 2002. Efficient Indexing of Spatiotemporal Objects. Proceedings of the International Conference on Extending Database Technology (EDBT).

Hadjieleftheriou M, Kollios G, Tsotras V J, Gunopulos D. 2005. Indexing Spatio-Temporal Archives. VLDB Journal: in press.

Hage C, Jensen C S, Pedersen T B, Speicys L, Timko I. 2003. Integrated Data Management for Mobile Services in the Real World. Proceedings of the Twenty-Ninth International Conference on Very Large Databases (VLDB).

Hertel S, Mehlhorn K. 1983. Fast Triangulation of Simple Polygons. Proceedings of the International Conference on Fundamentals of Computation Theory (FCT).

Huang Y W, Jing N, Rundensteiner E A. 1997. Integrated Query Processing Strategies for Spatial Path Queries. Proceedings of the Thirteenth International Conference on Data Engineering (ICDE).

Jensen C S, Kolar J, Pedersen T B, Timko I. 2003a. Nearest Neighbor Queries in Road Networks. Proceedings of the Eleventh International Symposium on Advances in Geographic Information Systems (ACM-GIS).

Jensen C S, Lin D, Ooi B C. 2004. Query and Update Efficient B+-Tree Based Indexing of Moving Objects. Proceedings of the International Conference on Very Large Databases (VLDB).

Jensen C S, Pedersen T B, Speicys L, Timko I. 2003b. Data Modeling for Mobile Services in the Real World. Proceedings of the Eighth International Symposium on Spatial and Temporal Databases (SSTD).

Kanellakis P C, Kuper G M, Revesz P Z. 1990. Constraint Query Languages. Proceedings of the Ninth Symposium on Principles of Database Systems (PODS).

Kanellakis P C, Kuper G M, Revesz P Z. 1995. Constraint Query Languages. Journal of Computer and System Sciences, 51(1): 26-52.

Keil J M. 1985. Decomposing a Polygon into Simpler Components. SIAM Journal of Computing, 14(4): 799-817.

Kifer M, Bernstein A, Lewis P M. 2005. Database Systems: An Application-Oriented Approach. Introductory Version. 2nd ed. Boston: Addison-Wesley.

Kollios G, Gunopulos D, Tsotras V J. 1999. On Indexing Mobile Objects. Proceedings of the Eighteenth Symposium on Principles of Database Systems (PODS).

Kollios G, Gunopulos D, Tsotras V J, Papadopoulos D. 2005. Indexing Mobile Objects Using Dual Transformations. VLDB Journal, 14(2): 238-256.

Kollios G, Tsotras V J, Gunopulos D, Delis A, Hadjieleftheriou M. 2001. Indexing Animated Objects Using Spatiotemporal Access Methods. IEEE Transactions on Knowledge and Data Engineering, 13(5): 758-777.

Kothuri R, Godfrind A, Beinat E. 2004. Pro Oracle Spatial: An Essential Guide to Developing Spatially-Enabled Business Applications. Berkeley, CA: Apress L. P.

Koubarakis M, Sellis T K, Frank A U, Grumbach S, Güting R H, Jensen C S, Lorentzos N A, Manolopoulos Y, Nardelli E, Pernici B, Schek H-J, Scholl M, Theodoulidis B, Tryfona N, eds. 2003. Spatio-Temporal Databases: The CHOROCHRONOS Approach. Lecture Notes in Computer Science 2520. Berlin: Springer-Verlag.

Kuper G, Libkin L, Paredaens J, eds. 2000. Constraint Databases. Berlin: Springer-Verlag.

Laurini R, Thompson D. 1992. Fundamentals of Spatial Information Systems. London: Academic Press.

Lazaridis I, Porkaew K, Mehrotra S. 2002. Dynamic Queries over Mobile Objects. Proceedings of the

Eighth International Conference on Extending Database Technology (EDBT).

Lee D T, Preparata F P. 1977. Location of a Point in a Planar Subdivision and its Applications. SIAM Journal of Computing, 6(3): 594 - 606.

Madden S, Shah M, Hellerstein J, Raman V. 2002. Continuously Adaptive Continuous Queries over Streams. Proceedings of the ACM SIGMOD Conference on Management of Data.

Matousek J. 1992. Efficient Partition Trees. Proceedings of the ACM Symposium on Applied Computing (SAC).

McCreight E M. 1985. Priority Search Trees. SIAM Journal of Computing, 14: 257 - 276.

Mehlhorn K. 1984. Multi-dimensional Searching and Computational Geometry. Berlin: Springer-Verlag.

Mokbel M F, Ghanem T M, Aref W G. 2003. Spatio-Temporal Access Methods. Bulletin of the TC on Data Engineering, 26(2): 40 - 49.

Mokbel M F, Xiong X, Aref W G. 2004. SINA: Scalable Incremental Processing of Continuous Queries in Spatio-Temporal Databases. Proceedings of the ACM SIGMOD Conference on Management of Data.

Mokhtar H, Su J, Ibarra O. 2002. On Moving Object Queries. Proceedings of the Twenty-First Symposium on Principles of Database Systems (PODS).

Mokhtar H, Su J. 2004. Universal Trajectory Queries for Moving Objects Databases. Proceedings of the IEEE International Conference on Mobile Data Management (MDM).

Nascimento M A, Silva J R O. 1998. Towards Historical R-Trees. Proceedings of the ACM Symposium on Applied Computing (SAC).

Onofrio A de, Pourabbas E. 2003. Modelling Temporal Thematic Map Contents. SIGMOD Record, 32 (2): 34 - 41.

Oporto, 2005. Oporto: A Realistic Scenario Generator for Moving Objects. Available at: http://www.infres.enst.fr/~saglio/etudes/oporto/.

Overmars M H. 1983. The Design of Dynamic Data Structures. Berlin: Springer-Verlag. Özsoyoglu G, Snodgrass R T. 1995. Temporal and Real-Time Databases: A Survey. IEEE Transactions on Knowledge and Data Engineering, 7(4): 513 - 532.

Papadias D, Tao Y, Kalnis P, Zhang J. 2002. Indexing Spatio-Temporal Data Warehouses. Proceedings of the Eighteenth International Conference on Data Engineering (ICDE).

Papadias D, Zhang J, Mamoulis N, Tao Y. 2003. Query Processing in Spatial Network Databases. Proceedings of the Twenty-Ninth Conference on Very Large Databases (VLDB).

Patel J M, Chen Y, Chakka V P. 2004. STRIPES: An Efficient Index for Predicted Trajectories. Proceedings of the ACM SIGMOD Conference on Management of Data.

Peuquet D. 2001. Making Space for Time: Issues in Space-Time Data Representation. GeoInformatica, 5: 11 - 32.

Peuquet D, Duan N. 1995. An Event-Based Spatiotemporal Data Model (ESTDM) for Temporal Analysis of Geographic Data. International Journal of Geographical Information Systems, 9(1): 7 - 24.

Pfoser D, Rodriguez M. 2005. Spatio-Temporal Data Sets. Available at: http://dke.cti.gr/people/pfoser/data.html.

Pfoser D, Jensen C S. 1999. Capturing the Uncertainty of Moving-Object Representations. Proceedings of the Sixth International Symposium on Spatial Databases (SSD).

Pfoser D, Jensen C S. 2003. Indexing of Network Constrained Moving Objects. Proceedings of the Eleventh International Symposium on Advances in Geographic Information Systems (ACM-GIS).

Pfoser D, Jensen C S, Theodoridis Y. 2000. Novel Approaches in Query Processing for Moving Object Trajectories. Proceedings of the Twenty-Sixth International Conference on Very Large Databases (VLDB).

Preparata F P, Shamos M I. 1991. Computational Geometry: An Introduction. New York: Springer-Verlag.

Revesz P, Chen Y. 2003. Efficient Aggregation over Moving Objects. Proceedings of the Tenth International Symposium on Temporal Representation and Reasoning and the Fourth International Conference on Temporal Logic (TIME-ICTL).

Revesz P. 2002. Introduction to Constraint Databases. New York: Springer-Verlag.

Rigaux P, Scholl M, Segoufin L, Grumbach S. 2003. Building a Constraint-Based Spatial Database System: Model, Languages, and Implementation. Information Systems, 28(6): 563-595.

Rigaux P, Scholl M, Voisard A. 2002. Spatial Databases: With Application to GIS. San Francisco: Morgan Kaufmann Publishers.

Roth J. Data Collection. Schiller J, Voisard A, eds. 2004. Location-Based Services. San Francisco: Morgan Kaufmann Publishers.

Saglio J M, Moreira J. 2001. Oporto: A Realistic Scenario Generator for Moving Objects. GeoInformatica, 5: 71-93.

Saltenis S, Jensen C S, Leutenegger S T, Lopez M A. 2000. Indexing the Positions of Continuously Moving Objects. Proceedings of the ACM SIGMOD Conference on Management of Data.

Samet H. 1990. The Design and Analysis of Spatial Data Structures. Reading, MA: Addison-Wesley.

Sarda N. 1990. Extensions to SQL for Historical Databases. IEEE Transactions on Knowledge and Data Engineering, 2(2): 220-230.

Schiller J, Voisard A. 2004. Location-Based Services. San Francisco: Morgan Kaufmann Publishers.

Schrijver A. 1986. Theory of Linear and Integer Programming. Chichester, England: John Wiley & Sons.

Segev A, Shoshani A. 1987. Logical Modeling of Temporal Data. Proceedings of the ACM SIGMOD Conference on Management of Data.

Sellis T, Roussopoulos N, Faloutsos C. 1987. The R+-Tree: A Dynamic Index for Multi-Dimensional Objects. Proceedings of the International Conference on Very Large Databases (VLDB).

Shahabi C, Kolahdouzan M R, Sharifzadeh M. 2003. A Road Network Embedding Technique for K-Nearest Neighbor Search in Moving Object Databases. GeoInformatica, 7(3): 255-273.

Shamos M I, Hoey D. 1976. Geometric Intersection Problems. Proceedings of the Seventeenth Annual IEEE Symposium on Foundations of Computer Science (FOCS).

Shekhar S, Chawla S. 2003. Spatial Databases: A Tour. Upper Saddle River, NJ: Prentice Hall.

Shekhar S, Liu D R. 1997. CCAM: A Connectivity-Clustered Access Method for Networks and Network

Computations. IEEE Transactions on Knowledge and Data Engineering, 9(1): 102 – 119.

Sistla A P, Wolfson O. 1995. Temporal Triggers in Active Databases. IEEE Transactions on Knowledge and Data Engineering, 7(3): 471 – 486.

Sistla A P, Wolfson O, Chamberlain S, Dao S. 1997. Modeling and Querying Moving Objects. Proceedings of the Thirteenth International Conference on Data Engineering (ICDE).

Sistla A P, Wolfson O, Chamberlain S, Dao S. 1998. Querying the Uncertain Position of Moving Objects. In: Etzion O, Jajodia S, Sripada S, eds. Temporal Databases—Research and Practice. Berlin: Springer-Verlag.

Snodgrass R T, Ahn I. 1986. Temporal Databases. IEEE Computer, 19(9): 35 – 42.

Snodgrass R T, ed. 1995. The TSQL2 Temporal Query Language. Boston: Kluwer Academic Publishers.

Song Z, Roussopoulos N. 2001. K-Nearest Neighbor Search for Moving Query Point. Proceedings of the Seventh International Symposium on Spatial and Temporal Databases (SSTD).

Speicys L, Jensen C S, Kligys A. 2003. Computational Data Modeling for Network-Constrained Moving Objects. Proceedings of the Eleventh ACM Symposium on Advances in Geographic Information Systems (ACM-GIS).

Su J, Xu H, Ibarra O. 2001. Moving Objects: Logical Relationships and Queries. Proceedings of the Seventh International Symposium on Spatial and Temporal Databases (SSTD).

Sun J, Papadias D, Tao Y, Liu B. 2004. Querying about the Past, the Present and the Future in Spatio-Temporal Databases. Proceedings of the Twentieth International Conference on Data Engineering (ICDE).

Tansel A U, Clifford J, Gadia S, Jajodia S, Segev A, Snodgrass R T, eds. 1993. Temporal Databases: Theory, Design, and Implementation. Redwood City, CA: Benjamin/Cummings.

Tao Y, Papadias D. 2001. MV3R-Tree: A Spatio-Temporal Access Method for Timestamp and Interval Queries. Proceedings of the International Conference on Very Large Databases (VLDB).

Tao Y, Papadias D. 2003. Spatial Queries in Dynamic Environments. ACM Transactions on Database Systems, 28(2): 101 – 139.

Tao Y, Kollios G, Considine J, Li F, Papadias D. 2004. Spatio-Temporal Aggregation Using Sketches. Proceedings of the Twentieth International Conference on Data Engineering (ICDE).

Tao Y, Papadias D, Sun J. 2003a. The TPR*-Tree: An Optimized Spatio-Temporal Access Method for Predictive Queries. Proceedings of the International Conference on Very Large Databases (VLDB).

Tao Y, Sun J. Papadias D. 2003b. Selectivity Estimation for Predictive Spatio-Temporal Queries. Proceedings of the Nineteenth International Conference on Data Engineering (ICDE).

Tao Y, Sun J, Papadias D. 2003c. Analysis of Predictive Spatio-Temporal Queries. ACM Transactions on Database Systems, 28(4): 295 – 336.

Terry D B, Goldberg D, Nichols D, Oki B M. 1992. Continuous Queries over Append-Only Databases. Proceedings of the ACM SIGMOD Conference on Management of Data.

Theodoridis Y, Sellis T, Papadopoulos A, Manolopoulos Y. 1998. Specifications for Efficient Indexing in Spatiotemporal Databases. Proceedings of the Tenth International Conference on Scientific and Statistical Database Management (SSDBM).

Theodoridis Y, Silva J R O, Nascimento M A. 1999. On the Generation of Spatiotemporal Datasets. Proceedings of the Sixth International Symposium on Spatial Databases (SSD).

Theodoridis Y, Vazirgiannis M, Sellis T. 1996. Spatio-Temporal Indexing for Large Multimedia Applications. Proceedings of the Third IEEE Conference on Multimedia Computing and Systems (ICMCS).

Tøssebro E. 2002. Representing Uncertainty in Spatial and Spatiotemporal Databases. Ph. D. diss., Norwegian University of Science and Technology, Department of Computer and Information Science, Trondheim, Norway.

Tøssebro E. 2005. Snapshot Interpolator: A System for Constructing Moving Region Representations from Observations. Available at: http://www. informatik. fernuni-hagen. de/import/ pi4/tossebro/ preface. html.

Tøssebro E, Nygård M. 2002. Uncertainty in Spatiotemporal Databases. Proceedings of the Second International Conference on Advances in Information Systems (ADVIS).

Tøssebro E, Nygård M. 2003. A Medium Complexity Discrete Model for Uncertain Spatial Data. Proceedings of the Seventh International Database Engineering and Applications Symposium (IDEAS).

Tøssebro E, Güting R H. 2001. Creating Representations for Continuously Moving Regions from Observations. Proceedings of the Seventh International Symposium on Spatial and Temporal Databases (SSTD).

Trajcevski G, Wolfson O, Hinrichs K, Chamberlain S. 2004. Managing Uncertainty in Moving Objects Databases. ACM Transactions on Database Systems, 29(3): 463 - 507.

Trajcevski G, Wolfson O, Zhang F, Chamberlain S. 2002. The Geometry of Uncertainty in Moving Objects Databases. Proceedings of the Eighth International Conference on Extending Database Technology (EDBT).

Tzouramanis T, Vassilakopoulos M, Manolopoulos Y. 2002. On the Generation of Time-Evolving Regional Data. GeoInformatica, 6: 207 - 231.

Vandeurzen L. 1999. Logic-Based Query Languages for the Linear Constraint Database Model. Ph. D. diss., University of Limburg, Belgium.

Vandeurzen L, Gyssens M, Van Gucht D. 1995. On the Desirability and Limitations of Linear Spatial Database Models. Proceedings of the Fourth International Symposium on Large Spatial Databases (SSD).

Vandeurzen L, Gyssens M, Van Gucht D. 2001. On the Expressiveness of Linear-Constraint Query Languages for Spatial Databases. Theoretical Computer Science, 254(1-2): 423 - 463.

Vazirgiannis M, Wolfson O. 2001. A Spatiotemporal Model and Language for Moving Objects on Road Networks. Proceedings of the Seventh International Symposium on Spatial and Temporal Databases (SSTD).

Wolfson O, Cao H, Lin H, Trajcevski G, Zhang F, Rishe N. 2002. Management of Dynamic Location Information in DOMINO. Proceedings of the Eighth International Conference on Extending Database Technology (EDBT).

Wolfson O, Chamberlain S, Dao S, Jiang L, Mendez G. 1998a. Cost and Imprecision in Modeling the Position of Moving Objects. Proceedings of the Fourteenth International Conference on Data Engineering (ICDE).

Wolfson O, Sistla A P, Chamberlain S, Yesha Y. 1999a. Updating and Querying Databases that Track Mobile Units. Distributed and Parallel Databases, 7: 257 - 287.

Wolfson O, Sistla A P, Xu B, Zhou J, Chamberlain S. 1999b. DOMINO: Databases for Moving Objects Tracking. Proceedings of the ACM SIGMOD Conference on Management of Data.

Wolfson O, Xu B, Chamberlain S. 2000. Location Prediction and Queries for Tracking Moving Objects. Proceedings of the Sixteenth International Conference on Data Engineering (ICDE).

Wolfson O, Xu B, Chamberlain S, Jiang L. 1998b. Moving Objects Databases: Issues and Solutions. Proceedings of the Tenth International Conference on Scientific and Statistical Database Management (SSDBM).

Worboys M F. 1994. A Unified Model for Spatial and Temporal Information. The Computer Journal, 37 (1): 26 - 34.

Worboys M F, Duckham M. 2004. GIS: A Computing Perspective. 2nd ed. Boca Raton, FL: CRC Press.

Xu X, Han J, Lu W. 1990. RT-tree: An Improved R-tree Index Structure for Spatiotemporal Databases. Proceedings of the Fourth International Symposium on Spatial Data Handling (SDH).

Zaniolo C, Ceri S, Faloutsos C, Snodgrass R T, Subrahmanian V S, Zicari R. 1997. Advanced Database Systems. San Francisco: Morgan Kaufmann Publishers.

Zhang D, Gunopulos D, Tsotras V J, Seeger B. 2003a. Temporal and Spatio-Temporal Aggregations over Data Streams Using Multiple Time Granularities. Information Systems, 28(1-2): 61 - 84.

Zhang J, Zhu M, Papadias D, Tao Y, Lee D L. 2003b. Location-Based Spatial Queries. Proceedings of the ACM SIGMOD Conference on Management of Data.

Zheng B, Lee D L. 2001. Semantic Caching in Location-Dependent Query Processing. Proceedings of the Seventh International Symposium on Spatial and Temporal Databases (SSTD).

引文列表

A

Abraham and Roddick, 1999
Acharya et al. , 1999
Agarwal et al. , 2003
Almeida and Güting, 2005
Arge et al. , 1999
Armstrong, 1983

B

Basch et al. , 1997
Beckmann et al. , 1990
Behr and Schneider, 2001
Belussi et al. , 1997
Benetis et al. , 2002
Bentley and Ottmann, 1979
Bhargava and Gadia, 1993
Brinkhoff, 2002
Brinkhoff, 2005

C

Chandrasekaran and Franklin, 2002
Chazelle, 1991
Chen and Revesz, 2004
Chen et al. , 2000
Cheng et al. , 2004
Choi and Chung, 2002
Chomicki and Revesz, 1997
Chomicki and Revesz, 1999
Civilis et al. , 2004
Clifford and Croker, 1987
Cotelo Lema et al. , 2003
Croom, 1978

D

de Berg et al. , 2000
Djafri et al. , 2002

E

Egenhofer and Franzosa, 1991
Egenhofer and Herring, 1990
Egenhofer et al. , 1989
Egenhofer, 1989
Egenhofer, 1991
Elmasri and Navathe, 2003
Erwig and Schneider, 1999a
Erwig and Schneider, 1999b
Erwig and Schneider, 2000
Erwig and Schneider, 2002
Erwig and Schneider, 2003
Erwig et al. , 1999

F

Forlizzi et al. , 2000
Frank and Kuhn, 1986
Frentzos, 2003

G

Garcia-Molina et al., 2002
Garey et al., 1978
Gedik and Liu, 2004
Griffiths et al., 2001a
Griffiths et al., 2001b
Grumbach et al., 1997
Grumbach et al., 1998
Grumbach et al., 2000
Grumbach et al., 2001
GSTD, 2005
G-TERD, 2005
Gupta et al., 2004
Güting and Schneider, 1995
Güting et al., 1995
Güting et al., 2000
Güting et al., 2005
Güting, 1994a
Güting, 1994b
Guttman, 1984

H

Hadjieleftheriou et al., 2002
Hadjieleftheriou et al., 2003
Hadjieleftheriou et al., 2005
Hage et al., 2003
Huang et al., 1997

J

Jensen et al., 2003a
Jensen et al., 2003b
Jensen et al., 2004

K

Kanellakis et al., 1990
Kanellakis et al., 1995
Keil, 1985
Kifer et al., 2005
Kollios et al., 1999
Kollios et al., 2001
Kollios et al., 2005
Kothuri et al., 2004
Koubarakis et al., 2003
Kuper et al., 2000

L

Laurini and Thompson, 1992
Lazaridis et al., 2002
Lee and Preparata, 1977

M

Madden et al., 2002
Matousek, 1992
McCreight, 1985
Mehlhorn, 1984
Mokbel et al., 2003
Mokbel et al., 2004
Mokhtar and Su, 2004
Mokhtar et al., 2002

N

Nascimento and Silva, 1998

O

Onofrio and Pourrabas, 2003
Oporto, 2005
Overmars, 1983
Özsoyoglu and Snodgrass, 1995

P

Papadias et al., 2002
Papadias et al., 2003
Patel et al., 2004
Peuquet and Duan, 1995
Peuquet, 2001
Pfoser and Jensen, 1999
Pfoser and Jensen, 2003

Pfoser and Rodriguez, 2005
Pfoser et al. , 2000
Preparata and Shamos, 1991

R

Revesz and Chen, 2003
Revesz, 2002
Rigaux et al. , 2002
Rigaux et al. , 2003
Roth, 2004

S

Saglio and Moreira, 2001
Saltenis et al. , 2000
Samet, 1990
Sarda, 1990
Schiller and Voisard, 2004
Schrijver, 1986
Segev and Shoshani, 1987
Sellis et al. , 1987
Shahabi et al. , 2003
Shekhar and Chawla, 2003
Shekhar and Liu, 1997
Sistla and Wolfson, 1995
Sistla et al. , 1997
Sistla et al. , 1998
Snodgrass, 1995
Snodgrass and Ahn, 1986
Snodgrass,1995
Song and Roussopoulos, 2001
Speicys et al. , 2003
Su et al. , 2001
Sun et al. , 2004

T

Tansel et al. , 1993
Tao and Papadias, 2001
Tao and Papadias, 2003
Tao et al. , 2003a
Tao et al. , 2003b
Tao et al. , 2003c
Tao et al. , 2004
Terry et al. , 1992
Theodoridis et al. , 1996
Theodoridis et al. , 1998
Theodoridis et al. , 1999
Tøssebro and Güting, 2001
Tøssebro and Nygård, 2002
Tøssebro and Nygård, 2003
Tøssebro, 2002
Tøssebro, 2005
Trajcevski et al. , 2002
Trajcevski et al. , 2004
Tzouramanis et al. , 2002

V

Vandeurzen et al. , 1995
Vandeurzen et al. , 2001
Vandeurzen, 1999
Vazirgiannis and Wolfson, 2001

W

Wolfson et al. , 1998a
Wolfson et al. , 1998b
Wolfson et al. , 1999a
Wolfson et al. , 1999b
Wolfson et al. , 2000
Wolfson et al. , 2002
Worboys and Duckham, 2004
Worboys, 1994

X

Xu et al. , 1990

Z

Zaniolo et al. , 1997
Zhang et al. , 2003a
Zhang et al. , 2003b
Zheng and Lee, 2001

索　　引

G

H

I

J

K

L

M

N

O

P

Q

Z

关 于 作 者

Ralf Harmut Güting 自1989年起为德国哈根远程教育大学计算机科学专业的教授。他分别于1980年和1983年在多特蒙德大学获得学士学位和博士学位，并于1987年成为多特蒙德大学的教授。从1981年到1984年期间，他的主要研究领域为计算几何。1985年他在IBM Almaden研究中心访问一年，之后可扩展数据库系统以及空间数据库系统成为他的主要研究兴趣；目前，他的主要研究兴趣集中在时空数据库和移动对象数据库方面。他是*ACM Transaction on Database Systems*期刊的副主编，*GeoInformatica*期刊的编委。他也是SSTD会议（空间和时态数据库国际会议）指导委员会的主席。

Markus Schneider 自2002年起担任佛罗里达大学计算机与信息科学工程系的助理教授，同时也是数据库系统研发中心的成员。他于1990年在多特蒙德大学获得计算机科学学士学位，并于1995年在德国哈根大学获计算机科学博士学位。1995年至2001年在哈根大学做博士后研究。他目前是*GeoInformatica*期刊的编委。他的研究兴趣包括空间和时空数据库、移动对象数据库、模糊数据库以及生物数据库。